Design and Application of Microstructured Waveguides and Devices

# 微结构波导及器件的设计与应用

严德贤　著

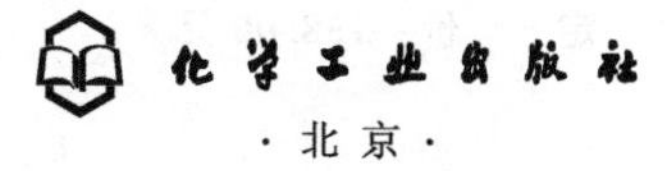


·北京·

## 内 容 简 介

微结构波导的设计与应用研究是电磁学、光学等领域的研究热点，在电磁波传输、传感和通信等方面发挥着重要的作用。本书介绍了微结构波导（主要包括集成光波导、光纤波导以及光子晶体波导等）的传导机理及制备方式，系统地介绍了微结构波导分析方法及传输特性，重点介绍了各种新型微结构波导结构设计及参数优化，以及相关微结构波导在传输、激光器、传感、通信及滤波等领域的应用研究。

本书可作为相关专业高年级本科生、研究生课程的教材，也可作为相关领域科研和工程技术人员的重要参考书。

**图书在版编目（CIP）数据**

微结构波导及器件的设计与应用 / 严德贤著. -- 北京：化学工业出版社，2022. 8

ISBN 978-7-122-41297-3

Ⅰ. ①微… Ⅱ. ①严… Ⅲ. ①波导器件—设计 Ⅳ. ①TN814

中国版本图书馆 CIP 数据核字（2022）第 069678 号

---

责任编辑：陈　喆　王　烨　　　装帧设计：王晓宇

责任校对：杜杏然

---

出版发行：化学工业出版社（北京市东城区青年湖南街 13 号　邮政编码 100011）

印　　装：北京捷迅佳彩印刷有限公司

710mm×1000mm　1/16　印张 19¾　字数 364 千字

2022 年 8 月北京第 1 版第 1 次印刷

---

购书咨询：010-64518888　　　售后服务：010-64518899

网　　址：http://www.cip.com.cn

凡购买本书，如有缺损质量问题，本社销售中心负责调换。

---

定　　价：158.00 元

# 前言

自从麦克斯韦将电场和磁场有机地统一成完整的电磁场并创立了电磁场理论开始，人们对电磁波的认识发展到了新的高度。当今的信息社会，电磁波、光波等已经成为信息传输的基本方式，随着信息技术的迅速发展，人们希望通过研究设计新型的微结构波导，实现更可靠、更灵活、更高效地控制和传递电磁波的目的。研究人员利用微结构波导作为载体在控制和传输电磁波领域进行了大量有益的探索和实践，取得了丰硕的成果，促进了信息技术日新月异的发展。各类新型微结构波导及器件不断涌现，制造材料也从最初的硅和石英，拓展到新型半导体、软玻璃和聚合材料等，工作频段也从通信频段向紫外、可见光、中红外及太赫兹波频段发展。其特有的结构也为新型器件及新功能的实现提供了广阔的创新空间，为通信系统、传感、滤波、计量等诸多应用领域关键问题的解决提供了新的机遇。微结构波导设计及应用研究也已经成为当前波导技术的前沿领域。

本书是作者近年来在微结构波导及器件方面研究成果的总结，并吸收和借鉴了国内外同行的一些有价值的研究成果。首先介绍了微结构波导（主要包括集成波导、光纤波导以及光子晶体波导等）的传导机理及制备方式，系统地介绍了微结构波导分析方法及传输特性，重点介绍了各种新型微结构波导结构设计及参数优化，以及相关微结构波导在传输、激光器、传感、通信及滤波等领域的应用研究。

本书共 9 章。第 1 章为微结构波导器件介绍，从集成光波导、光纤波导以及光子晶体波导出发，介绍了典型的传导机理以及常见的波导制备方法。第 2 章为微结构波导分析方法及参数研究，介绍了几种用于波导分析的模型及数值方法，总结了表征波导传输特性的指标参数。第 3 章为多纤芯微结构光子晶体光纤波导及传感应用，介绍了多纤芯微结构光子晶体光纤的研究现状，基于耦合模理论分析了多纤芯微结构光子晶体光纤的模场特性，实验实现了基于 18 纤芯微结构光子晶体光纤激光器，并将其用于内腔多方向弯曲传感领域。第 4 章为太赫兹波导材料介绍及研究，介绍了几种常见的太赫兹波导材料，对半导体材料硒化镉和镉锗砷的太赫兹波段的光学特性进行了测量分析。第 5 章为空芯波导特性分析及其在激光器领域的应用，介绍了空芯微结构光纤波导的研究进展及应用，研究分析了基于对称花瓣型的微结构光纤在太赫兹波段的工作特性，探索了空芯波导在太赫兹气体激光器领域的应用。第 6 章为负曲率微结构光纤波导传输特性分析，介绍了负曲率微结构光纤的研究现状和理论模型，重点研究分析了几种不同结构的负曲率微结构光纤波导在太赫兹波段的工作特性。第 7 章为微结构波导双折射偏振特性研究，介绍了微结构偏振空芯波导的研究现状，重点研究分析了基于嵌套包层结构双负曲率太赫兹波导的双折射特性。第 8 章为基于微结构波导的传感研究，重点研究分析了基于微环谐振腔波导、向日葵型圆形光子晶体、介质光栅波导耦合器以及长周期光纤光栅等结构的折射率传感特性。第 9 章为基于微结构波导的功能器件研究，重点研究分析了支持多轨道角动量模式的负曲率光纤波导设计和光控可调谐光子晶体滤波器等。

为了方便读者对实验的图形图像有更直观的理解，我们把全书的彩图汇总归纳，制作成二维码，放于封底，有兴趣的读者可扫码查看。

本书中的相关研究工作得到国家自然科学基金项目（项目批准号：62001444）、浙江省自然科学基金项目（项目批准号：LQ20F010009）等项目支持。在此要特别感谢我的导师天津大学徐德刚教授，在科研上给予我的指导与帮助。感谢中国计量大学李向军副教授和天津工业大学石嘉副教授为本书撰写提供素材，本书在撰写过程中得到孟淼、封覃银、袁紫微、朱郑汉、邱宇等研究生的协助。

由于作者水平和时间有限，同时关于微结构波导器件及应用尚处于探索阶段，部分结论还需进一步发展检验，书中难免出现疏漏和不妥之处，祈请专家学者和读者不吝赐教与批评指正。

**严德贤**

**2022 年 3 月于中国计量大学**

# 目录

## 第 4 章
## 太赫兹波导材料介绍及研究 089

# 第 5 章



# 第 6 章

# 第1章

# 微结构波导器件介绍

## 1.1 基本概念

当电磁波在大气、水等开放性介质中传输时，由于介质对电磁波的吸收或者散射会导致电磁波能量的损耗或者发散，使得电磁波中心部分的能量强度产生衰减损耗。而当电磁波在具有限制能力的波导中传输时，能够使电磁波的能量在横向方向受到限制，并使损耗和噪声降到最低。波导是一种能够将电磁波限制在其内部或者其表面附近，引导电磁波沿着特定的方向传输的导波通道。在本书中，主要从光波导、光纤波导以及光子晶体波导等方面展开研究。

### 1.1.1 集成光波导

光波导是限制和引导光波信号在介质界面全反射的结构，主要可以分为平面波导（或称平板波导）和通道波导[1]，如图 1-1 所示。平面波导在传导层中提供

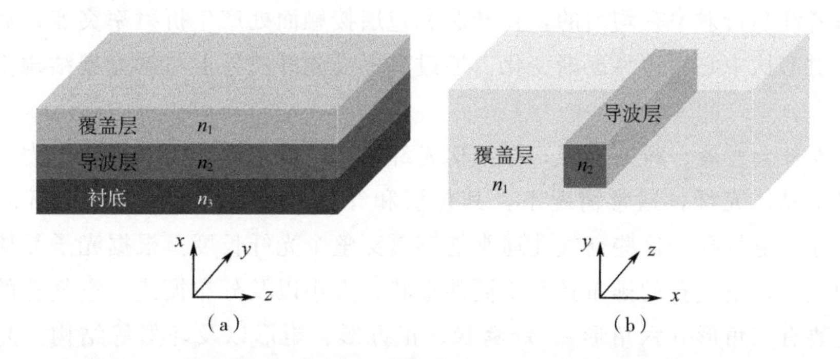


图 1-1　光波导结构示意图（通常情况下，光波沿着 $z$ 方向传输）：平板波导（a）和通道波导（b）

二维光场限制，此类波导能够较为容易地制备并作为简单的模型来研究光波的传输以及光波与波导的相互作用。通常情况下平板波导主要由三层介质构成，中间层是导波层，上层为覆盖层（可以是空气），下层为衬底，覆盖层和衬底的折射率小于导波层的折射率，电磁波能量主要集中在导波层。通道波导是在芯层区域形成一个三维限制，可以将光场限制在较小的横截面区域内部实现光波的高效传输和互作用。通常来说，光波导的模型中，需要芯层的折射率大于包层的折射率。从射线光学的角度分析，导波意味着光线能够在芯层/包层接触面上发生全反射，从而能够在芯层内传输，这部分光线的入射角大于临界角。

## 1.1.2 光纤波导

所谓光纤，就是以光频工作的介质波导，当然，随着太赫兹技术的发展，也可以将光纤波导应用在太赫兹波段，用来产生、传输、调控太赫兹波。光纤能够把电磁波形态的电磁能量束缚在波导表面以内，引导电磁能量沿着光纤轴向方向传输。光纤的传输特性与其结构特性相关。传统的标准光纤波导的结构示意图如图 1-2 所示，纤芯半径为 $a$，折射率为 $n_1$，纤芯周围为折射率为 $n_2$ 的介质包层，且 $n_1>n_2$。

图 1-2 传统的标准光纤波导的结构示意图

标准光纤通常是使用高纯度二氧化硅（$SiO_2$）作为纤芯材料，其被玻璃包层所包围。具有较高损耗的聚合物纤芯光纤的包层也是聚合物，此类光纤波导也具有广泛的应用场合。此外，多数的光纤外层都有一层富有弹性、耐磨抗腐蚀的有机物聚合涂覆层。该涂覆层能够增强光纤的强度，避免光纤的机械损伤。改变纤芯的材料组成，能够形成阶跃折射率光纤和梯度折射率光纤。前者纤芯折射率是均匀的，在纤芯和包层接触面处产生折射率突变；后者是纤芯折射率从中心到边界逐渐变化。通过在标准光纤波导上写制光栅结构实现各类应用[2]。

随着社会发展、科技进步，微结构光纤波导也展现出巨大的应用潜力。第一种是光子晶体光纤，通常情况下，其包层和纤芯（悬浮纤芯或者多空纤芯等情形）中存在空气孔，这些空气孔通常能够贯穿整个光纤长度。根据光子晶体光纤波导的设计，空气孔的排布具有不同的形状、大小以及分布模式。空气孔的排列形状主要有三角形（六角形）、蜂窝状、正方形、矩形以及环形等结构。光子晶体光纤波导中的空气孔的排布能够形成内部微结构，为实现电磁波特性（比如双折射、色散以及非线性等）的调控提供了一个新兴维度。光子晶体光纤主要分为两种类型：折射率引导型光子晶体光纤和光子带隙型光子晶体光纤波导。折射率引导型光子晶体光纤波导又称为全内反射型光子晶体光纤波导，其纤芯缺陷是固体材料实芯，具有较高折射率的纤芯被低有效折射率的包层材料围绕，传导电磁波的机制和传统标准光纤波导类似，电磁波能够基于全反射限制在较高折射率的纤芯中传输。对于光子晶体光纤，包层的有效折射率与工作波长、空气孔的形状以及空气孔之间的距离（晶格常数）相关。光子带隙型光子晶体光纤的纤芯是中空的或者微结构型（悬浮纤芯结构或者多孔纤芯结构等），周围是微结构包层，对包层空气孔的形状和排布具有要求，沿波导截面方向具有光子带隙结构，电磁波受到光子带隙效应作用实现传输。处于带隙中的波长无法进入包层中，因此可以被限制在折射率低于包层材料的纤芯区域中传输[3]。带隙型光子晶体光纤波导的基本原理和半导体中周期晶格的作用比较类似，阻止电子占据能带隙区域[4]。

第二种是多纤芯光纤波导或者多纤芯光子晶体光纤波导，通常是在一个包层中包含两个或者多个纤芯。当几个纤芯的间距比较大时，则可以将这几个纤芯看作是独立的波导，并且能够彼此独立地分别传输电磁波而不会产生相互影响；如果对多纤芯（光子晶体）光纤波导进行热扩散处理，则能够逐渐增大此类光纤波导的纤芯模场，降低纤芯之间的间距，当多纤芯（光子晶体）光纤波导的几个纤芯足够靠近时，纤芯的模场会产生重叠，能量能够在纤芯之间相互耦合[5]。和常规光纤或者光子晶体光纤相比，由于结构的特殊性，多纤芯光纤或者光子晶体光纤除了作为电磁波传输波导制备高容量信号传输线缆，还能够广泛应用于通信和传感领域，比如滤波器、方向耦合器、开关、波分复用器、激光器、各类传感器[6]等。第三种是微结构负曲率空芯光纤波导，其包层是由几个直径较大的空芯介质管环绕组成，因其包层介质管的形状为向中心反向凸起而得名。此种结构能够提供传统实芯波导所不具有的优异特性，其纤芯基模和包层介质管区域重叠度较小，介质材料的吸收对传输电磁波的影响较小，能够实现较长距离传输短波长激光（紫外光）、长波长激光（3～4μm、10μm 中红外光）以及太赫兹波等；与固体介质材料相比，空气或者其他气体中基本不会产生损伤问题，能够承受的脉冲能量和峰值功率会提高几个数量级；通常情况下气体的非线性系数、色散系数等参数比固体介质材料低得多，通过控制气压能够灵活调控，因此能够高效传输高峰值功率、宽光谱激光脉冲，实现实芯类光纤波导无法实现的新奇效应[7-12]。

### 1.1.3 光子晶体波导

类似于光波导的光传输原理，光子晶体是一种基于电磁波和折射率周期结构相互作用的新型控制电磁波传输的材料。光子晶体的概念是由 E. Yablonovitch[13] 和 S. Jhon[14] 于 1987 年在基于研究无序电介质材料中的光子局域和如何抑制自发辐射时提出的。与晶体材料是物质单元的周期性排列类似，光子晶体是物质介电常数的周期性排列，这种物质性质的周期排布同样需要基于物质实体的周期性排列[15]。光子晶体调控电磁波的能力受到排列单元的介电常数的影响。光子晶体对电磁波的传导、调控的原理是基于光子晶体的禁带，也就是光子带隙，能够控制电磁波的传输方向，且理论上能够实现无损耗传输。电磁波在三维光子晶体中能够实现全角度（锐角、直角以及钝角）传输，而常见的光波导以及光纤（全内反射型）一类的波导传输电磁波要满足全反射效应。基于此，光子晶体在未来集成系统中的应用具有巨大的潜力。

将不同的晶体材料周期性排布，可以设计三类光子晶体：一维光子晶体（只在一个方向上提供周期性）、二维光子晶体（在两个方向上提供周期性）和三维光子晶体（在三个方向上提供周期性），其相对应的结构如图 1-3 所示[16]。

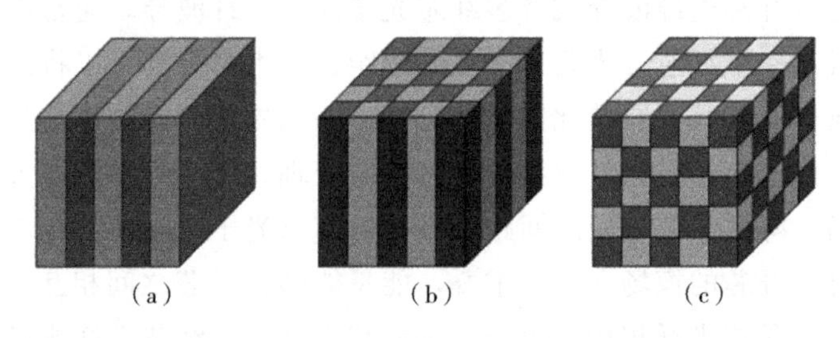


图 1-3　三类光子晶体结构示意图：一维结构（a）；二维结构（b）；三维结构（c）[16]

一维结构光子晶体通常是在单一方向上由介电常数不一样的两种介质材料交替组成的结构。其只在此方向上具有周期性结构，且光子带隙也只在此方向上存在。多层膜状结构是典型的一维光子晶体结构。在实际应用中，这类波导结构简单、制备容易，得到了广泛的应用，比如法布里-珀罗腔多层膜、布拉格光栅、介质光栅[17]等。二维结构光子晶体是具有不同介电常数的材料在二维平面上周期性排列构成的人工结构，在两个方向上产生周期性，在二维空间平面上具有光子带隙。此类结构的介质横截面根据其排布情况能够划分为正方结构、三角结构（六边形结构）、环形结构、蜂窝状结构等；按照常见的设计方法能够划分为介质柱型和空气孔型。前者是在空气背景中周期性地排布介质柱，通过选择不同折射率的介质柱可以实现光子带隙效应；后者是在基底为均匀材料的介质板上按照周期结构打孔，同时能够根据实际应用情况在空气孔内填充其他的介质材料。基于二维光子晶体能够产生各类应用器件，包括光子晶体光纤、传感器[18, 19]、逻辑门[20, 21]、滤波器[22]、半导体激光器等。三维结构光子晶体是在三维空间内按照周期性方式进行排布的人工结构，在三个方向上具有光子带隙，是一种全方位光子带隙。常见的结构有面心立方结构、蛋白石结构、反蛋白结构、厚木堆积结构、三维支架结构等。

# 1.2 典型的传导机理

根据微结构波导的结构特点，其所采用的传导机制也不尽相同。本书主要从实芯微结构波导和空芯微结构波导出发，简要介绍全内反射型导光机制、布拉格空芯微结构波导导光机制、光子带隙型导光机制以及反谐振传导机制。

## 1.2.1 全内反射型导光机理

传统的波导传导电磁波的原理一般是全内反射型的，也就是说可以通过纤芯和包层之间不同的折射率将电磁波限制在纤芯中进行传输，以全反射的形式传输。基于此，波导内传输模式的传播常数 $\beta$ 的取值范围为：

$$k_0 n_{\mathrm{clad}} < \beta < k_0 n_{\mathrm{core}} \tag{1-1}$$

其中，$n_{\mathrm{clad}}$和 $n_{\mathrm{core}}$分别表示纤芯和包层的折射率；$k_0$表示真空中的波数。由于有效折射率 $n_{\mathrm{eff}}=\beta/k_0$，则公式（1-1）可以重新表达为：

$$n_{\mathrm{clad}} < n_{\mathrm{eff}} < n_{\mathrm{core}} \tag{1-2}$$

基于公式（1-2）的结论，当有效折射率 $n_{\mathrm{eff}}$的取值介于 $n_{\mathrm{clad}}$和 $n_{\mathrm{core}}$之间时，该模式可以在波导中进行传输。

光子晶体光纤波导通过结构设计，也能够基于折射率差进行光波传输，此类结构称为全内反射型光子晶体光纤波导。此类波导的结构是由空气孔隙包层和固体材料纤芯结构构成，纤芯是由缺失的一个或者多个空气孔形成。在包层区域引入周期性排列的空气孔，使包层区域的折射率降低，使得其低于纤芯的折射率，这两部分区域的折射率差值在有效折射率范围内，就可以使得电磁波能够在波导纤芯区域传输。

全内反射型光子晶体光纤波导不依赖于光子带隙，因此对波导结构并没有严格周期性要求，随机排列的空气孔也可以有效地降低包层区域折射率，所以此类波导易于设计和拉制。全内反射型光子晶体光纤波导通过空气孔比例调节包层折射率，不需要掺杂介质，同时能够保持波导基模输出及色散可调的优良特性。通过优化其纤芯直径能够获得较小的模场面积和较高的非线性，进一步可以产生多种非线性效应。

## 1.2.2 空芯微结构光纤波导传输机理

空芯微结构光纤波导传输机理根据波导结构设计可以分为三类：具有层状包层结构的布拉格空芯光纤波导（一维光子晶体）、具有大量周期性空气孔围绕中心空气区域排列成环形的空芯光子带隙光纤波导以及具有 Kagome 型或者简单环形管包层结构的负曲率空芯微结构光纤波导。

### (1) 布拉格空芯微结构光纤波导导光机制

布拉格空芯微结构光纤波导的内部结构如图 1-4 所示，是由一系列具有周期性变化的折射率为 $n_1$ 和 $n_2$ 的介质层形成的一维光子晶体结构。布拉格定理如下：

$$N\lambda = 2\Lambda \sin\phi \tag{1-3}$$

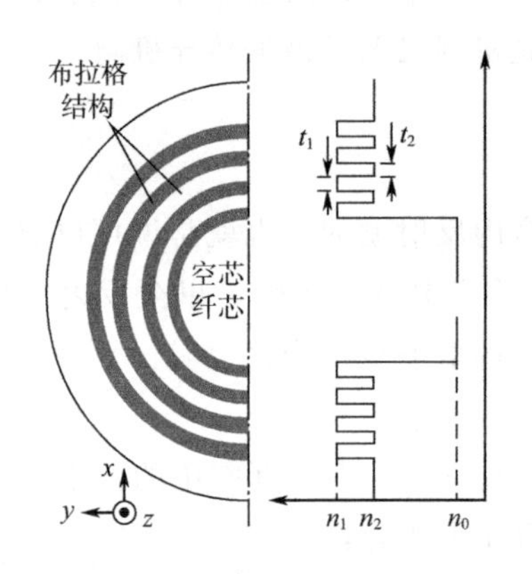


图 1-4 布拉格光栅结构示意图和折射率分布，$n_1$ 和 $n_2$ 表示布拉格层的折射率，$n_0$ 是空气的折射率，$t_1$ 和 $t_2$ 是布拉格层的厚度

其中，$N$ 表示一个正整数；$\lambda$ 表示工作波长；$\Lambda$ 是晶格常数，表示包层结构的周期；$\phi$ 表示电磁波的入射角度。当工作波长和入射角度分别接近 $\lambda$ 和 $\phi$ 时，将会发生全反射。为了实现较高的反射，也即是意味着较低的传输损耗，包层结构介质折射率 $n_1$ 和 $n_2$ 需要有显著的差异。该条件适用于具有高折射率的玻璃材料，从而具有较高的材料损耗，因此使得布拉格空芯光纤波导不能够有效地获得较低的衰减损耗。在短距离（米量级长度）传输中，衰减的影响并不重要，因此，布拉格空芯光纤波导可以用来传输二氧化碳激光[23]或者太赫兹波[24]。

### (2) 光子带隙传导机制

带隙型光子晶体光纤的晶格常数在电磁波波长量级，由于微结构包层的光子带隙效应，波导中心区域不需要有较高的折射率。光纤或者光子晶体波导中引入的缺陷态可以是空气区域，也可以是其他介质，破坏了光子晶体的周期性结构，在其二维带隙中形成一个缺陷态，作为电磁波的传输通道。在空气导光型光子晶体光纤波导中，由于光子带隙存在，电磁波被严格限制在纤芯区域传输，从而能够使得电磁波在较低折射率中传输。对于光子带隙型光子晶体光纤波导，其包层是固体材料-空气组成的二维光子晶体，折射率分别为 $n_1$ 和 $n_2$（$n_1 > n_2$），具有严格的大小、间距和周期排列，纤芯是由空气孔构成，导光机制和传统的光纤波导（包括折射率引导型光子晶体光纤）完全不一样，是通过包层光子晶体结构的布拉格带隙结构（$\beta < kn_2$）的布拉格衍射效应将光限制在纤芯中传输。此时，电磁波可以传播到光子晶体光纤波导的所有层中，在传播过程中遇到不同介质会受

到不同程度的散射及反射，对特定工作波长和入射角，这种多重散射和反射产生干涉从而使得电磁波束缚在纤芯中，当满足布拉格条件时产生光子带隙，对应波长的电磁波无法在包层中传输，周期性的包层结构所具备的光子禁带效应将电磁波限制在纤芯中传输，其带隙波导图如图 1-5 所示[25]。与均折射率包层结构不同，此类波导的包层区域可以设计成更加丰富的结构化形状，甚至可以满足 $n_{\mathrm{eff}}<n_{\mathrm{air}}=1$，从而可以使得在空气纤芯或者充满气体的纤芯缺陷中传导电磁波[26]。

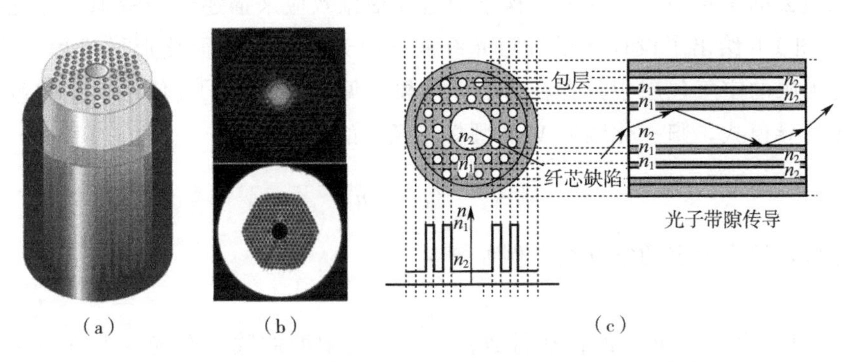


图 1-5　光子带隙光子晶体光纤结构及传导示意图[25]

光子带隙空芯微结构光纤波导是通过在周期性光子晶体结构中引入缺陷单元而形成的。由于光子带隙效应，电磁波无法通过包层结构向外透射，因此被限制在缺陷部分沿着波导传输。通常可以从预制棒中移除毛细管来形成缺陷，比如为了形成对称的低折射率纤芯，可以移除 7、19 或者 37 根毛细管，构成 7、19、37 单元微结构光子带隙空芯光纤波导。电子带隙和光子带隙之间的类比分别起源于原子势和两种不同介质的周期性排列[27]。表示包层结构的两种介质的周期性会产生禁止光子传播的频带。

光子带隙效应在相关的文献中有较为详细的介绍[28-30]。在这里简要介绍三种方法：使用来自固态物理学的数值方法、“暴力破解法”（包括有限差分法、有限元法或平面波扩展法等）以及包层中多个谐振结构的反谐振描述。

1991 年，R. Cregan 等人从固态物理学类比出发，提出了二维光子带隙效应原理[30]。将包层结构看作是一个中间有空气孔的双层介质堆叠而成。当堆叠结构为特定频率下电磁波的传播常数 $\beta=kn\cos\phi$ 提供光子带隙时，电磁波会被限制在空芯区域。为了获得最佳的晶格结构，使用固态物理学的数值方法计算支持单元结构的空气传导模式的光子带隙，其周期边界条件是波矢量方向的函数[31, 32]。这些最初的研究促进了光子带隙空芯光纤波导的优化，比如，使用三角形晶格包层结构要优于使用蜂窝晶格包层结构[33]，以及改变空气填充率（空气含量与衬底材料的百分比）会导致工作带宽的变化[34]等。然而，上述方法仅仅考虑了完美对称的微结构光子带隙空芯光纤波导。

随着计算机技术的快速发展，有限差分法等数值计算方法的应用越来越普遍。这些数值分析方法考虑实际的空芯微结构光纤波导的结构特点，可以描述空芯微结构光纤波导中的模场分布。但这类方法并没有对波导的工作机制进行解释，由于先进的计算能力和较为准确的计算结果，目前广泛用于微结构波导的分析计算中。这类数值计算方法的相关介绍在后续文章中有详细描述。

在过去的十年中，研究人员探索通过反谐振效应来描述光子带隙空芯光纤波导[29]。图 1-6 给出了设计光子带隙光纤波导时光子带隙的简化形成过程。首先，假设在无限的空气包层中只存在一根介质棒［见图 1-6（a)］，使用典型的色散方程描述传导模式，归一化频率 $V$ 和圆棒半径 $r$ 的关系为：

$$V=\frac{2\pi r}{\lambda}(n_1^2-n_0^2) \tag{1-4}$$

然后，给出设定的空气线，例如[29]：

$$w^2=(\beta^2-k_0^2)r^2=0 \tag{1-5}$$

其中，$\beta$ 表示传播方向上的传播常数；$k_0$是空气中的波数。空气线上方的模式与棒模式发生反谐振，因此没有传输的模式，并且它们也无法在包层结构中传播。空气线下方是一个连续的类似平面波的空气模式[29]，如图 1-6（a）所示。

当多个棒以对称或者周期性方式排列以形成围绕中心棒的单个环时［见图 1-6（b)］，在特定模态截止点附近（模式曲线和空气线交点），色散方程发生变化以及条件变宽。事实上，圆棒模式实现扩展并且与其他棒模式重叠，在空间发生叠加。同时，在空气线下方出现周期性的禁带［图 1-6（c）中标记为Ⅰ和Ⅱ的区域］。当移除其中一根棒形成空气缺陷区域，电磁波可以耦合到该缺陷区域并在光子带隙区域中传播。在第二、第三层环中进一步增加更多的棒会提高限制能力。通过减小相邻棒之间的距离（减小晶格常数），可以降低光子带隙的带宽，同时能够在光子带隙中传播更多的模式。但这种方法又将会导致高阶模的产生。为了制备出实际的光子带隙光纤波导，需要将圆形棒连接在一起。通过引入支柱可以实现上述要求［见图 1-6（d)］，该支柱结构不和空芯模式发生反谐振。此时，由于空气线上方的结构支柱提高了有效折射率，导致高频处的光子带隙消失（标记为Ⅱ的区域）。

### （3）反谐振传导机制

对于某些微结构空芯光纤波导，电磁波的传导无法用光子带隙的形成来进行解释，因为这类波导的包层材料管壁结构的厚度 $t$ 通常为数百纳米，比光子带隙的边界条件厚一到两个数量级。反谐振反射效应通常将电磁波限制在空气纤芯或者折射率较低的区域中传输，而不需要周期性包层结构或者光子带隙效应。反谐

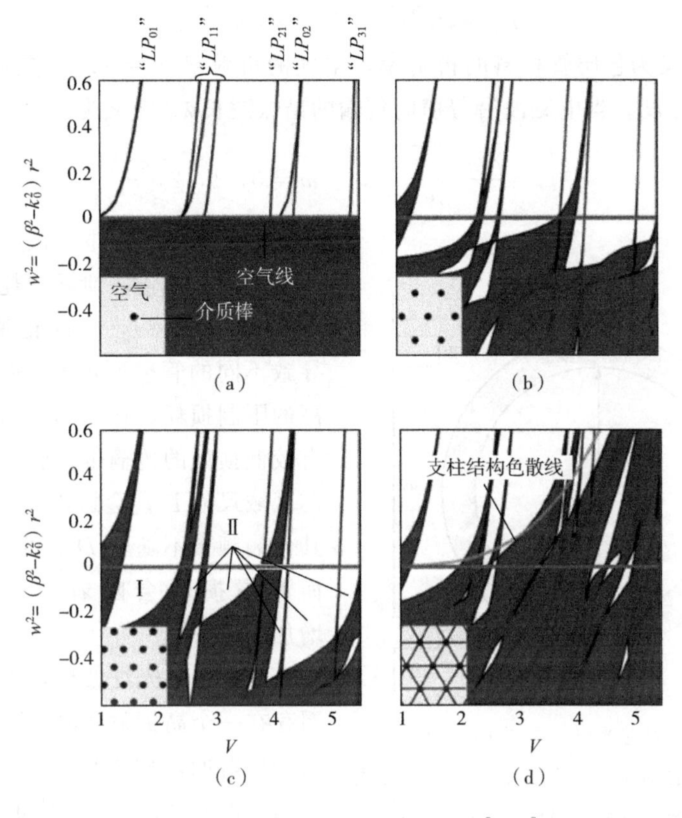


图 1-6　空气引导光子带隙的形成[27,29]

振反射光波导（ARROW）模型通常可以用来描述反谐振光纤波导（也被叫作负曲率光纤波导）。2002 年，N. M. Litchinitser 等人首先提出该模型[35]。反谐振反射光纤波导模型假设围绕空气纤芯的每一层高折射率圆形管层都可以看作是法布里-珀罗谐振结构。接下来通过一维平板波导、环形纤芯光纤波导和负曲率光纤波导的简化模型来分析反谐振传导机制。

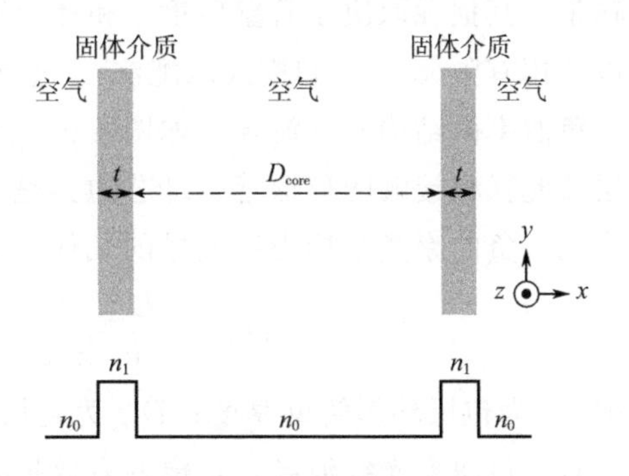


图 1-7　一维平板波导结构，固体介质的折射率为 $n_1$，空气的折射率为 $n_0$，$t$ 表示固体介质的厚度，$D_{core}$ 表示平板宽度

一维平板波导：图 1-7 给出了一维平板波导的模型，其中假设 $D_{core} \gg \lambda$。横波矢量 $k_T$ 的谐振条件（相位差 $2m\pi$）满足[36]：

$$k_T t = m\pi \tag{1-6}$$

$$k_T = \sqrt{k^2 n_1^2 - \beta^2} = k\sqrt{n_1^2 - 1} \tag{1-7}$$

其中，$n_1$定义为包层管材料的折射率，空气的折射率$n_0=1$；$m$是任意正整数；$t$是管壁的厚度。当电磁波沿着横向传输的谐振波长$\lambda_{res}$定义为：

$$\lambda_{res} = \frac{2t\sqrt{n_1^2-1}}{m}, \quad m=0, 1, 2, \cdots \tag{1-8}$$

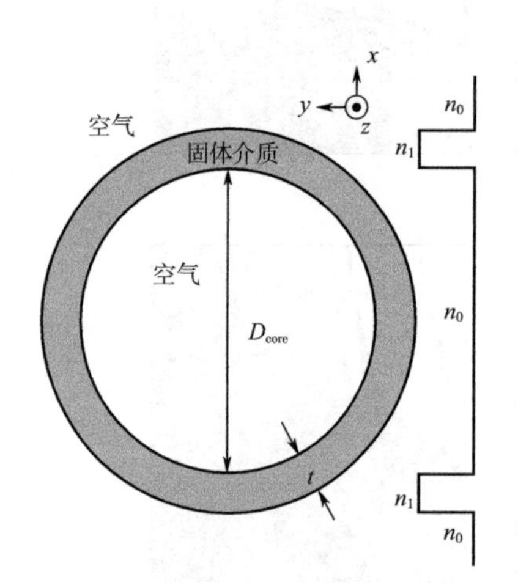

图 1-8 环形纤芯光纤波导结构，固体介质折射率$n_1$，空气折射率$n_0$，$t$是固体介质材料的厚度

非谐振波长的电磁波会被限制在空气纤芯区域传输，泄漏损耗较低。基于上述公式（1-8），不同正整数$m$将会导致不同的管壁厚度$t$，从而会产生较高的限制损耗，在它们之间将会存在具有较低损耗的传输带。管壁厚度$t$和空芯区域尺寸$D_{core}$会影响基模传输特性。其传输频带不随着$D_{core}$的改变而变化，而泄漏损耗会随着$D_{core}$的增加而增加[36]。

环形纤芯光纤波导：当空气纤芯周围存在一个高折射率的环形管时，形成两个反射面，构成环形纤芯光纤波导，如图 1-8 所示。环形管中的模式的有效折射率介于环形管材料和空气的折射率之间。而对于在空气纤芯中传播的模式，其有效折射率略低于空气的有效折射率（随着模式阶数增加，其差异越大）。根据环形管壁厚度$t$，将会产生多个低损耗传输带，其损耗取决于管壁厚度$t$和环形管直径$D_{core}$。环形纤芯光纤波导的模式可以使用有限元法[36]和模式匹配法[37]进行求解计算。

负曲率微结构光纤波导：如图 1-9（a）所示，在中心空气纤芯区域周围设置一层彼此互相接触的环形管。纤芯边界是由相对于径向方向具有负曲率的环形管壁形成。负曲率微结构光纤波导的几何尺寸之间的关系可以表示为[36]：

$$D_{core} = \frac{D_{cap}+2t}{\sin(\pi/p)} - (D_{cap}+2t) \tag{1-9}$$

其中，$t$为包层环形管壁厚度；$D_{cap}$为包层环形管直径；$p$为包层环形管数量。

对于负曲率光纤波导，基模的有效折射率要比具有相同纤芯直径$D_{core}$的环形管光纤波导的有效折射率高 5%[36]。且由于负曲率效应，其环形包层管壁厚度$t$要比环形管光纤波导的管壁厚度小[38]。图 1-9（b）表示的是一种包层无节点负曲率微结构光纤波导，其中$g$表示包层环形管之间的间隙。这种结构可以避免在包层管接触点处发生谐振现象。同时，引入间隙能够更好地实现对纤芯模式的限制并降低环形管反谐振光纤波导的衰减损耗。此外，引入间隙可以显出增加高阶模式的衰减损耗。

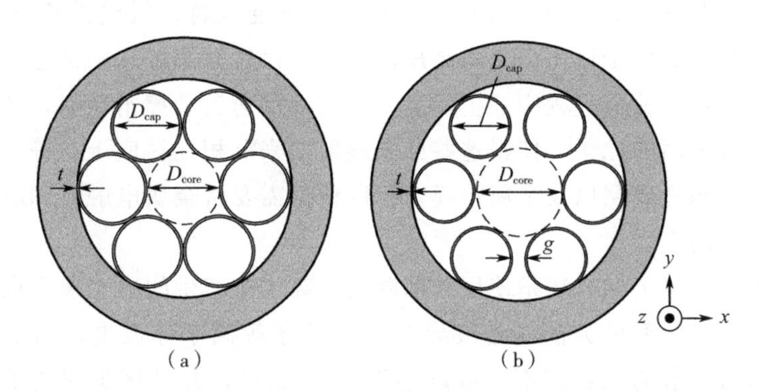


图 1-9 负曲率光纤波导结构（a）和包层管无接触点的负曲率光纤波导结构（b）

反谐振限制了纤芯模式与包层材料的重叠，这将引起较低的表面散射和较低的材料衰减损耗，有利于电磁波的低损耗传输。为了进一步降低损耗，需要在空气纤芯模式和包层模式之间产生显著的耦合抑制，即所谓的抑制耦合[39]。纤芯模式和包层模式之间的低重叠会导致抑制耦合，还可以通过纤芯模式和包层模式的有效折射率不匹配来实现。

# 1.3 常见的波导制备方法

波导取决于波导区域和周围介质区域的折射率差。已经有许多技术可以用来产生所需要的折射率差。每种方法都有其特定的优点和缺点，选择特定的波导制备技术需要根据所要求的应用场合及使用的设备[40]。在本节中，对现有的波导制备方法进行简要介绍。

## 1.3.1 薄膜沉积

介质材料的薄膜沉积是较早使用且较为有效的波导制备方法之一。由于比半导体或者铌酸锂波导的价格低很多，玻璃和聚合物波导的重要性大大增加。

使用固态源的分子溅射沉积是用具有一定能量的离子轰击在真空中源（目标）材料表面去除原子或者分子，从目标材料表面去除的原子（或分子）会沉积在衬底的表面从而形成薄膜层。单个粒子以较大的动能到达表面进行积累，从而能够缓慢地增加溅射薄膜的厚度。由于沉积的原子在表面上动态分布，此过程中产生的薄层较为均匀。和真空气象沉积相比较，上述过程可以在较低的温度下发生，目标材料在使用前能够高度纯化。

等离子体放电是一种常见的溅射薄膜的方法[41]。将靶材和衬底材料放置在真空系统中，并在（2～20）$\times 10^{-3}$torr的压力下通入氩、氖或者氪等惰性气体，避免沉积层被激活原子所污染。将高压偏置电压设置在阴极和阳极之间形成等离子体放电。等离子放电过程中产生的离子向阴极加速运动撞击靶材，从而将其动量传递给靶材表面的原子，使得这些原子溅射出来沉积在衬底上。等离子体溅射可以应用在沉积介质层以及金属薄膜，可以根据需要将金属电触点和电场平板沉积在介质波导的表面。

另一种产生离子的方法是使用局部源或者离子枪产生的准直离子束作为激励源，基于离子束溅射的方法制备波导[42]。相比于等离子体放电，离子束溅射在真空中沉积所要求的压强较小（可以小于$10^{-6}$torr)，并且聚焦的离子束只轰击靶材表面，不会使得污染原子从腔室壁上溅射出来。由于聚焦后的离子束通常情况下会比靶材表面小，因此离子束能够以栅型图案在靶材表面进行电扫描以确保均匀溅射。

使用溶液干燥形成介质薄膜并在光刻胶旋转器的衬底上均匀地涂覆一层，或者把衬底放入溶液中并慢慢取出[43]，或者通过浇注或注射成型技术[44]，都能够将许多材料制成波导。常见的光刻胶[45]、环氧树脂[46]、聚甲基丙烯酸甲酯[47]、聚酰亚胺、旋制氧化硅玻璃等材料都可以基于此方法形成波导。此类波导制作成本低，不要使用复杂设备。但通过这类方法所得到的纯度通常较低，而且均匀性相对较差。

### 1.3.2 掺杂原子置换

前述薄膜沉积方法可以有效地在玻璃和其他非晶材料上制备波导，但它们通常不能够用于产生晶体材料的膜层，比如半导体或者类似铌酸锂或碳酸锂的铁电体等。此类化合物的元素通常不能够实现完全均匀地沉积；当原子从源转移到衬底时，不同元素的相对浓度是会发生变化的。即使可以通过建立条件产生均匀的沉积，生长层通常也不是单晶和外延的（与生长的衬底具有相同的晶体结构）。为了避免上述问题，已经研究了许多不同的方法在晶体材料中或者晶体材料上产生波导，并且不会严重地破坏晶格结构。其中，引入掺杂原子替代某些晶格原子进一步增加折射率是常见的一种产生波导的方法。

由于可见光和近红外光波段的波导一般情况下只有几微米的厚度，可以利用从衬底表面原子的扩散制备波导。使用标准扩散技术，将衬底放置在温度通常为700～1000℃的电炉中，使用流动的气体、液体或者固体表面薄膜作为掺杂原子源[48]。金属扩散也能够用于在半导体中产生波导[49]。通常情况下，将p型掺杂剂扩散到n型衬底中，反之亦然，从而能够形成p-n结，产生电离层以及光波导。掺杂原子置换制备波导并不仅仅限于半导体，也能够在玻璃和聚合物材料中完成。

置换的掺杂离子可以使用离子交换和迁移引入。如图1-10所示是常见的离子交换和迁移过程。使用的衬底材料是掺钠玻璃。当在正负极设置电压时，玻璃衬底被加热，钠离子向阴极迁移。玻璃表面浸没在熔融的硝酸铊中，部分钠离子和铊离子进行交换，导致在表面形成更高折射率的薄层。

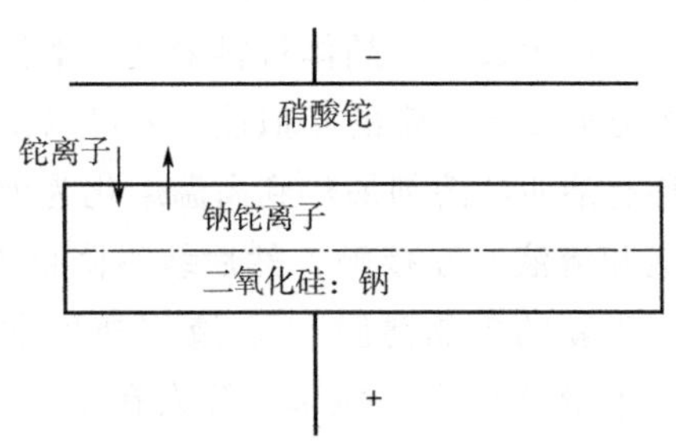

图1-10 制作波导的离子迁移示意图

置换掺杂原子还能够通过离子注入引入。在离子注入掺杂过程中，产生所需要掺杂的离子，然后通过一定强度的电场加速轰击衬底。此过程需要在真空中实现。在大多数情况下，离子注入之后必须在高温下进行退火，以消除注入过程引起的晶格损伤，并使注入掺杂原子移动到晶格中的置换位点。退火后，通过置换掺杂注入制成的波导具有和扩散波导大致相同的特性。注入工艺能够更好地控制掺杂剂浓度分布，因为能够改变离子能量和剂量以产生平坦或其他所需要的分布。此外，离子注入可以在某些易受缺陷中心俘获的半导体中产生第三类光波导。质子轰击可用来产生晶格损伤，从而形成补偿中心，在载流子浓度相对较大的衬底中产生载流子浓度非常低的区域。由于自由载流子通常会降低折射率，则低载流子浓度区域的折射率稍大。注入的质子本不会导致折射率显著增加；折射率差是由载流子俘获（使载流子浓度降低）造成的。

## 1.3.3 外延生长

外延生长法是在衬底材料上生长一层折射率较高的薄膜，从而产生波导。在半导体衬底上形成的单片光学集成电路中，外延生长是制备波导较为常用的方法。因为可以通过改变外延生长层的化学成分以调整波导的折射率和透过波长范围。在单片半导体光学集成回路中，需要解决波长不兼容的基本问题。半导体具有与其带隙能量相对应的特征光发射波长，该带隙能量与其吸收边波长大致相同。因此，如果在半导体衬底上制备发光二极管或者激光器，则辐射的光将在相同衬底材料中产生的波导中被强烈地吸收。此外，由于该光的波长对应吸收边的尾部，其将不会有效地被该基板中形成的检测器所探测。为了产生有效的光学集成回路，必须在电路的各个元件中改变吸收和发射的有效带隙能量，从而使得

$E_{g波导}>E_{g发射器}>E_{g探测器}$。三元（或者四元）材料的外延生长能够实现带隙能量变化以及折射率变化。通常情况下，通过改变生长层的原子组成将可以产生带隙变化，从而可以相应地改变折射率。

液相外延（Liquid Phase Epitaxy）是使用饱和或者过饱和溶液在单晶材料衬底上定向生长一层晶体材料薄膜。生长的薄膜材料和衬底材料在晶格结构以及常数等方面要有一定的相似性，才可以使得相干晶格结构吻合。在此过程中，首先将掺有溶质的溶剂加热到高温熔化为液体，接着冷却到过饱和状态，将衬底和过饱和溶液相互接触，然后缓慢降低温度使得溶质从溶剂中析出，在衬底材料上产生新的单晶薄膜[50]。液相外延常见的三种生长方法包括倾斜法、浸渍法和水平滑动舟法。Nelson 等人在 1963 年基于水平加热炉和活动舟实现了首台液相外延生长设备。基于液相外延法生长波导结构，通常来说能够较好地控制波导厚度，获得较好的结晶性和均匀性，且折射率沿着纵深方向具有阶梯状分布特点。此类方法在半导体材料中的应用较为常见，但在电介质材料中的应用不是很常见。

气相外延（Vapour Phase Epitaxy）是一个热力学平衡过程，使用饱和或者过饱和气体在单晶材料上定向生长一层晶体材料薄膜。在衬底材料表面使得生长材料原子过饱和，然后将气相中的生长材料原子并入固相，在衬底材料表面外延产生薄膜层。气相外延工作的温度一般情况下远低于相同材料块状晶体生长所需要的温度，气体过饱和度也比块状晶体生长时的过饱和度低，因此其生长速率也比较低。上述两种外延生长方式都可以使用较大面积的衬底材料，易于实现多层结构和控制掺杂浓度。

除了上述的液相外延方法外，半导体的多层结构还能够通过分子束外延（Molecular Beam Epitaxy）方法进行生长。该方法是在超高真空和适当温度环境中，成分原子在生长过程中通过加速分子或者原子束输送到衬底表面进行外延的一种方法。由于原子或者分子并非带电粒子，它们只能通过热激发实现加速。通常情况下，当衬底材料表面仅吸附少数生长材料原子时，这部分原子是不稳定的，很容易从衬底表面原子脱落。因此，生长材料的原子或者分子先形成原子团，然后这些原子团不断吸附新的生长材料原子而逐步长大形成晶核。这些晶核进一步相互结合就能够产生连续的单晶材料薄膜。分子束外延法最主要的优势是可以较为容易地实现对纯度、掺杂和厚度的控制。

金属有机化学气相沉积（Metal-Organic Chemical Vapor Deposition）外延生长技术也能够用于光电器件制造。在此类方法中，生长材料原子在生长反应炉中以气流的形式被传送到衬底。以氢气或者惰性气体为输送气体，基于热分解反应，使用Ⅱ族、Ⅲ族金属有机化合物和Ⅴ族、Ⅵ族烷类化合物的气体混合物在衬底材料上实现气相外延，经过吸附、化合、成核、生长等步骤，最终产生单晶薄膜层。金属有机化学气相沉积能够对掺杂浓度和厚度准确地控制，能够产生量子阱结构，可用于大面积的衬底材料。

### 1.3.4 减少载流子浓度技术

减少载流子浓度法能够通过降低载流子浓度在衬底上产生一层折射率高的薄膜，进一步制备出波导。比较常见的减少载流子浓度的方法包括质子轰击、离子注入以及电光效应等方法。其中，质子轰击和离子注入方法已经在前述章节掺杂原子置换中进行介绍，在这里简单介绍一下电光效应。

当金属和半导体接触时能够在金属-半导体接触面产生肖特基势垒，该区域能够起到整流的作用。与 p-n 结面相比较，肖特基势垒具有更低的结面电压，以及在金属端具有相当薄（几乎没有）的空泛区宽度。从半导体到金属，电子需要克服势垒；而从金属向半导体，电子受势垒阻挡[51]。在施加正向偏置电压时，半导体一侧的势垒下降；反之，在施加反向偏置电压时，半导体一侧的势垒升高。当半导体均匀掺杂时，肖特基势垒的空间电荷层宽度和单边突变 p-n 结的耗尽层宽度是一样的。在半导体砷化镓衬底上沉积一层金属条就能够去除肖特基势垒，然后在金属条上设置反向偏置电压后，电极下能够产生耗尽层，该层中的载流子浓度比衬底中的载流子浓度低很多，形成显著的差异，从而产生波导。

### 1.3.5 微结构平板波导制备方法

在平板波导上制备通道波导是常见的一种微结构波导。通道波导是由平面波导变化而来，即当电磁波沿着 $z$ 方向在波导内传输时，在 $x$ 和 $y$ 方向上都会受到约束。在集成系统中，通道波导广泛用于连接不同元器件；在波导调制器件中，利用通道波导可以实现对所传输电磁波的高效控制。常见的通道波导主要有脊形波导、条载波导和埋入型波导。

脊形波导常用的制备方法是在平面波导样品上涂覆光刻胶，通过接触特定波导形状的掩模板使光刻胶在紫外光或者 X 射线下曝光，然后使光刻胶显影从而在样品表面产生图案。这类光刻胶能够应用在化学湿法刻蚀以及离子束溅射刻蚀技术中。离子束溅射刻蚀能够形成更光滑的边缘，有利于制备曲线形状波导。但此方法也会导致一些晶格损坏，如果需要获得较小的光学损耗，必须通过退火去除这些损伤。化学湿法刻蚀也能够和特定通道波导结构的光刻胶掩模结合使用。此方法不会导致晶格损伤，但比较难以控制刻蚀深度和轮廓。大多数刻蚀剂会优先考虑晶体取向，从而导致波导弯曲部分的边缘参差不齐。离子轰击增强刻蚀技术结合了离子束加工和化学湿法刻蚀的优点[52, 53]。离子轰击增强刻蚀既保留了离子束微加工更精确的图案定义，又结合了化学湿法刻蚀实现无损晶体表面特点。

埋入型通道波导可以将适当的掺杂原子通过掩模直接扩散、离子注入或者离子交换进入衬底来产生。在此类方法中，由于需要的温度较高，无法直接用光刻胶作为掩模。较常使用沉积的氧化物（包括二氧化硅、氧化铝等）作为扩散掩模，使用金属（包括金或者铂等）作为注入掩模。使用注入或者扩散通过掩模制备埋入型通道波导最大的优势是其在平板波导加工过程中，光集成回路的表面不受脊形或者谷形结构的破坏，因此光可以有效地耦合进或者出集成回路，且由外界环境（尘埃、水汽等）引起的对表面的影响被降低到最小。

条载波导可以在平面波导上表面沉积介质载条，从而产生横向限制。此类波导的制备可以使用制备脊形波导的技术实现。首先需要在衬底材料上制备一个平面波导，在波导上面涂覆光致抗蚀剂并曝光、显影，然后通过腐蚀去除波导结构处的抗蚀剂。使用溅射技术沉积形成波导的薄膜层，然后去除抗蚀剂以及其上面的薄膜层就可以制备出条载通道波导[51]。在通道波导制备过程中，除了热扩散方法在扩散完成后已经将波导层全部扩散进入衬底内部之外，其他制备方式都需要在加工过程结束后将掩模去除，才能够形成通道波导。

此外，还可以通过将聚焦光束直接写入技术来制备微结构通道波导。美国特拉华大学的 A. Sure 等人使用高能电子束、紫外灰度光刻和电感耦合等离子体刻蚀在 HEBS 玻璃中写入单个灰度掩模，然后将其应用在光刻胶中产生三维结构[54]。同时，通道波导还能够使用聚焦激光束改变折射率来产生。紧密聚焦的飞秒激光脉冲用于在激光束的焦点区域内修改衬底材料的折射率，从而在衬底平板内部形成波导。

### 1.3.6 微结构光纤波导制备方法

常见的二氧化硅光纤波导制备的方法主要有气相氧化过程和直接熔融法。直接熔融法和玻璃生产方法类似，把熔融状态纯化的二氧化硅预制棒直接制备成光纤波导。气相氧化过程是把高纯度的气相金属卤化物和氧气反应从而生成二氧化硅微粒，然后把这些微粒聚集在玻璃表面并进行烧结（进行加热，将没有熔融的二氧化硅微粒变成均匀的玻璃体），从而制备出来纯净的玻璃棒或者玻璃管。这类玻璃棒或者玻璃管就是预制棒。预制棒在拉丝炉中进行单端加热软化并且拉制成非常细的玻璃丝，这就是光纤波导。

与传统硅光纤波导的制备方式相似，微结构光纤波导制备的第一步也是需要制作预制棒。目前来说，预制棒的制备可以通过多种方式实现，包括把实芯或者空芯管排列堆积方法、挤压法、溶胶凝胶铸造法、钻孔等方式。目前比较流行的三维打印技术也能够用来实现微结构波导。

### (1) 实芯空芯管排列堆积方法

1995 年，Russell 等人报道了管排列堆积方法，能够高效地制备预制棒的微结构，因此可以作为微结构光纤波导制备的首选方法。该方法的主要步骤包括以下几步。首先，把直径为厘米量级的普通二氧化硅管进行拉制，形成毫米量级的毛细管。然后，把毛细管（棒）按照所设计的空气-二氧化硅微结构的形式堆积起来得到预制棒。使用这种方法形成预制棒可以按照需求设计芯的尺寸形状、包层区的折射率。最后，把排列堆积的毛细管（棒）固定在外套管中，形成原始的预制棒结构。在光纤拉丝塔中将预制棒拉制成光纤需要经过两个步骤。首先将原始预制棒拉成多段长度 1mm 左右、外径 3～5mm 的预制件。在这一环节中可以按要求将预制件放在不同的套管中产生多种尺寸的预制棒。然后再将预制棒拉制成具有特定结构和尺寸的光纤波导。

实芯空芯管排列堆积方法的优点是可以按照需求拉制复杂结构的微结构光纤波导预制棒，包括全内反射型光子晶体光纤波导、空芯微结构光子晶体光纤波导以及负曲率微结构光纤波导等。在使用此方法制备微结构光纤波导过程中，制备预制棒不仅要控制气孔的尺寸、结构和形状，还要避免对预制棒造成污染，从而能够减小微结构光纤波导的损耗。

### (2) 挤压法

挤压法是在高温高压环境中使用微结构模具将熔融二氧化硅材料挤压成和所设计的微结构一样的预制棒。使用此类方法已经可以制备二氧化硅[55]和聚合物微结构光纤波导预制棒。使用挤压法制备微结构光纤波导的过程通常包括三个环节。首先挤压出具有一定外径尺寸的微结构预制棒和套管；然后在光纤拉丝塔中将预制棒拉制成直径在 1 个毫米量级的细长预制棒；最后把经过拉制得到的预制棒放置在套管内，在拉丝塔内进一步拉制成微结构光纤波导。此类方法在制备复杂的微结构光纤波导预制棒时，模具材料的热力学性能将会在预制棒中引入变形，从而使得包层空气孔不规则[56]。挤压法可以有效地制备硫化物、氟化物玻璃光纤波导，此类材料熔点低，有利于进行挤压操作。

### (3) 溶胶凝胶铸造法

2002 年，弗吉尼亚理工大学的 G. R. Pickrell 等人使用溶胶凝胶方法形成了光子晶体光纤波导预制棒[57]。主要的过程包括以下几个环节。首先根据需求设计制作出金属棒的模型；其次在模型中添加高 pH 的纳米量级尺寸的硅胶颗粒，pH 减小时就会使得溶胶变成凝胶；然后等凝胶完成后，去除金属棒，凝胶内部产生圆柱形的空气孔；最后，使用热化学的方式可以将凝胶体的水蒸气、有机和金属污染物去除。使用此方法能够通过设计不同的模型来制备任意结构的光子晶体光纤波导预制棒，并且可以使用化学方式消除杂质，从而能够制备出纯净的预制棒。在需要制备含有掺杂元素的微结构光纤波导时，这类方法并不适用。

(4) 钻孔法

使用钻孔法能够制备结构复杂的微结构光纤波导，但通常需要花费较长的时间，并且需要具有良好力学性能的基底材料。1991 年，美国的研究人员 E. Yablonovitch 和 K. M. Leung 首次在折射率为 3.6 的介质材料上使用钻孔方式制备了人工光子带隙晶体[58]。可以使用数控钻床对大尺寸玻璃材料上空气孔的排布、尺寸以及角度等参数精密控制。此方法还能够通过单次操作就可以准确制备出多孔光子晶体光纤波导预制棒。2005 年，南安普顿大学的 X. Feng 等人使用超声波钻孔机在硅酸铅玻璃预制棒上形成了多孔微结构[59]。2013 年，德国耶拿光子技术研究所的 M. Becker 等人使用激光钻孔技术制备了光子晶体光纤波导的预制棒[60]。2015 年，P. Q. Zhang 等人使用机械钻孔的方法制备了硫化物玻璃光子晶体光纤预制棒[61]。由于二氧化硅材料容易破碎，且张力和弯曲能力不足，不宜使用钻孔法制备预制棒。对于非二氧化硅材料预制棒，使用钻孔法可以有效地获得预制棒。在此过程中，预制棒空气孔内表面不光滑，需要进行额外的抛光、蚀刻等环节，增加了制备时间和难度。

(5) 3D 打印法

增材制造（3D 打印）方法是在 20 世纪 90 年代中期提出的，本质是使用光固化和纸层叠技术的新型快速成型方法。使用 3D 打印技术制备微结构光纤波导是近几年才提出来的。该方法能够应用在新型复杂波导设计和制备的新领域。2015 年，澳大利亚悉尼大学的 K. Cook 等人使用 3D 打印技术制备了带有六个空气孔的光子晶体光纤预制棒，打印材料是改进的丁二烯聚合物。预制棒的长度为 100mm、直径为 16mm[62]。2016 年，英国阿斯顿大学和丹麦技术大学的研究人员使用 3D 打印技术打印出了聚甲基丙烯酸甲酯（PMMA）空芯微结构光子晶体光纤预制棒，然后拉制成空芯光纤波导[63]。此项工作为使用 PMMA 材料实现 3D 打印光子晶体光纤奠定了基础。使用 3D 打印技术制备二氧化硅光纤波导需要使用较高的温度。2016 年，麻省理工学院研究人员报道了在 3D 打印技术中使用熔融沉积成型和高温锆酸盐喷嘴产生熔融二氧化硅[64]。由于二氧化硅具有较高的黏度，使用此方法 3D 打印的分辨率有限（约为 4mm）。2019 年，多个国家研究小组联合使用 3D 打印技术制备了光纤波导预制棒，然后通过光纤拉制技术制备了单模、多模以及铋铒共掺单模、多芯光纤波导[64,65]。2021 年，法国雷恩大学的 J. Carcreff 等人使用 3D 打印技术首次制备出基于硫化玻璃的空芯微结构光子晶体光纤预制棒[66]。从目前研究现状来看，越来越多研究人员已经使用 3D 打印技术制备微结构光纤波导，应用光谱法覆盖了可见光、近红外[65,67]、中红外[66,68]以及太赫兹波段[69,70]等。3D打印的优点是可以形成结构比较复杂的波导，有助于推动波导器件的发展。但目前此项技术与其他波导制备的技术相比，还略显稚嫩，包括理论、增材制造、新型材料以及设备研发等方面还需要进行大量的探索。

微结构光纤波导预制棒制备完成后，还需要经过高温拉丝炉将预制棒加热软化、在牵引力的作用下将预制棒拉制成光纤波导。传统的实芯微结构光子晶体光纤波导的横向结构是预制棒的等比例缩小形状，较容易拉制；而空芯微结构光纤波导的拉制比较复杂，影响因素较多，若要成功拉制此类光纤波导，需要精准控制拉制参数。空芯微结构光纤波导拉制过程的主要影响因素包括温度、表面张力以及压力等。空芯微结构光纤波导拉制的核心难题是空气孔容易塌陷，从而使得设计好的结构被破坏，不能够制备出具备良好工作性能的波导。将气压控制工艺应用在空芯微结构光纤波导拉制过程中，可以有效避免上述问题[56]。除了以上三个主要影响因素，送料速度、拉丝速度、黏度、波导几何结构以及拉丝设备的选择，甚至测量系统的准确度也能够影响空芯微结构光纤波导的拉制过程，这些因素都能够对光纤波导制备工艺的发展带来挑战。

## 参考文献


[1] Suhara T, Fujimura M. Waveguide nonlinear-optic devices [M]. Springer Science & Business Media, 2003.

[2] 石嘉，徐德刚，严德贤，等. 基于长周期光纤光栅和ZigBee组网技术的无线溶液折射率传感网络 [J]. 激光与光电子学进展，52 (3)，100-106 (2015).

[3] Yan D X, Meng M, Li J S, et al. Proposal for a symmetrical petal core terahertz waveguide for terahertz wave guidance [J]. J. Phys. D: Appl. Phys. 53 (27), 275101 (2020).

[4] 凯泽. 光纤通信. 5版 [M]. 蒲涛，徐俊华，苏洋，译. 北京：电子工业出版社，2016.

[5] 赵雨佳. 多芯光纤耦合技术及传感应用研究 [D]. 哈尔滨：哈尔滨工程大学，2018.

[6] Shi J , Yang F, Yan D X, et al. Multi-direction bending sensor based on supermodes of multicore PCF laser [J]. Opt. Express 27, 23585-23592 (2019).

[7] Meng M, Yan D X, Yuan Z W, et al. Novel double negative curvature elliptical aperture core fiber for terahertz wave transmission [J]. J. Phys. D: Appl. Phys. 54 (23), 235102 (2021).

[8] 孟淼，严德贤，李九生，等. 基于嵌套三角形包层结构负曲率太赫兹光纤的研究 [J]. 物理学报，69 (16)，167801 (2020).

[9] Yan D X, Li J S. Effect of tube wall thickness on the confinement loss, power fraction and

bandwidth of terahertz negative curvature fibers [J]. Optik 178, 717-722 (2019).
[10] Yan D X, Zhang H W, Xu D G, et al. Numerical study of compact terahertz gas laser based on photonic crystal fiber cavity [J]. J. Lightwave Technol. 34, 3373-3378 (2016).
[11] Yan D X, Li J S. Design and analysis of the influence of cladding tubes on novel THz waveguide [J]. Optik 180, 824-831 (2019).
[12] Yuan Z W, Wang Y, Yan D X, et al. Study on the high birefringence and low confinement loss terahertz fiber based on the combination of double negative curvature and nested claddings [J]. J. Phys. D: Appl. Phys. 55, 115106 (2022).
[13] Yablonovitch E. Inhibited spontaneous emission in solid-state physics and electronics [J]. Phys. Rev. Lett. 58 (20), 2059-2062 (1987).
[14] John S. Strong localization of photons in certain disordered dielectric superlattices [J]. Phys. Rev. Lett. 58 (23), 2486-2489 (1987).
[15] 张其锦. 光子学聚合物：聚合物波导结构及其对光的驾驭 [M]. 合肥：中国科学技术大学出版社，2020.
[16] 姜宗丹. 基于二维光子晶体太赫兹波器件的研究 [D]. 南京：南京邮电大学，2021.
[17] Li X J, Wang L Y, Cheng G, et al. Terahertz spoof surface plasmon sensing based on dielectric metagrating coupling [J]. APL Materials 9 (5), 051118 (2021).
[18] Yan D X, Meng M, Li J S, et al. Terahertz wave refractive index sensor based on a sunflower-type photonic crystal [J]. Laser Phys. 30 (6), 066206 (2020).
[19] 严德贤，李九生，王怡. 基于向日葵型圆形光子晶体的高灵敏度太赫兹折射率传感器. 物理学报，68 (20)，207801 (2019).
[20] Yan D X, Li J S, Wang Y. Photonic crystal terahertz wave logic AND-XOR gate [J]. Laser Phys. 30 (1), 016208 (2019).
[21] Yan D X, Li J S. Design for realizing an all-optical terahertz wave half adder based on photonic crystals [J]. Laser Phys. 29, 076203 (2019).
[22] Yan D X, Li J S, Jin L F. Light-controlled tunable terahertz filters based on photoresponsive liquid crystals [J]. Laser Phys. 29, 025401 (2019).
[23] 金杰，张巍，石立超，等. 用于$CO_2$激光传输的10.6μm波段空心布拉格光纤 [J]. 中国激光，39 (8)，0805001 (2012).
[24] Skorobogatiy M, Dupuis A. Ferroelectric all-polymer hollow Bragg fibers for terahertz guidance [J]. Appl. Phys. Lett. 90 (11), 113514 (2007).
[25] 唐灿. 光子晶体光纤研究 [D]. 成都：电子科技大学，2005.
[26] Debord B, Amrani F, Vincetti L, et al. Hollow-core fiber technology: the rising of gas photonics [J]. Fibers 7 (2), 16 (2019).
[27] Komanec M, Dousek D, Suslov D, et al. Hollow-Core Optical Fibers [J]. Radioengineering 29 (3), 417-430 (2020).
[28] Russell P S. Photonic-crystal fibers [J]. J. Lightwave Technol. 24, 4729-4749 (2006).

[29] Poletti F, Petrovich M N, Richardson D J. Hollow-core photonic bandgap fibers: technology and applications [J]. Nanophotonics 2, 315-340 (2013).
[30] Cregan R F, Mangan B J, Knight J C, et al. Single-Mode Photonic and Gap Guidance of Light in Air [J]. Science 285 (5433), 1537-1539 (1999).
[31] Barkou S E, Broeng J, Bjarklev A. Silica-air photonic crystal fiber design that permits waveguiding by a true photonic bandgap effect [J]. Opt. Lett. 24, 46-48 (1999).
[32] Maradudin A A, McGurn A R. Out of plane propagation of electromagnetic waves in two-dimensional periodic dielectric medium [J]. J. Mod. Opt. 41, 275-284 (1994).
[33] Broeng J, Barkou S E, Søndergaard T, et al. Analysis of air-guiding photonic bandgap fibers [J]. Opt. Lett. 25, 96-98 (2000).
[34] Mortensen N A, Nielsen M D. Modeling of realistic cladding structures for air-core photonic bandgap fibers [J]. Opt. Lett. 29, 349-351 (2004).
[35] Litchinitser N M, Abeeluck A K, Headley C, et al. Antiresonant reflecting photonic crystal optical waveguides [J]. Opt. Lett. 27, 1592-1594 (2002).
[36] Wei C L, Weiblen R J, Menyuk C R, et al. Negative curvature fibers [J]. Adv. Opt. Photon. 9, 504-561 (2017).
[37] Choudhury P K, Yoshino T. A rigorous analysis of the power distribution in plastic clad annular core optical fibers [J]. Optik (Stuttg.) 113 (11), 481-488 (2002).
[38] Wei C, Alvarez O, Chenard F, et al. Empirical glass thickness for chalcogenide negative curvature fibers [C]. in Summer Topicals Meeting Series (IEEE Photonics Society, 2015), paper TuE3. 3.
[39] Debord B, Amsanpally A, Chafer M, et al. Ultralow transmission loss in inhibited-coupling guiding hollow fibers [J]. Optica 4, 209-217 (2017).
[40] Hunsperger R G, Ch 4. Waveguide Fabrication Techniques [M]. in Integrated Optics: Theory and Technology, ed: Springer, New York, (2009). https: //doi. org/10. 1007/b98730 _ 4.
[41] Gonsalves A J, Nakamura K, Benedetti, et al. Laser-heated capillary discharge plasma waveguides for electron acceleration to 8 GeV [J]. Phys. Plasmas 27 (5), 053102 (2020).
[42] Kulisch W, Gilliland D, Ceccone G, et al. Ion beam sputtering of $Ta_2O_5$ films on thermoplast substrates as waveguides for biosensors [J]. J. Vac. Sci. Technol. B 27 (3), 1180-1190 (2009).
[43] Al Husseini D, Zhou J C, Willhelm D, et al. All-nanoparticle layer-by-layer coatings for mid-IR on-chip gas sensing [J]. Chem. Commun. 56, 14283-14286 (2020).
[44] Tsay C, Mujagić E, Madsen C K, et al. Mid-infrared characterization of solution-processed $As_2S_3$ chalcogenide glass waveguides [J]. Opt. Express 18, 15523-15530 (2010).
[45] Agnarsson B, Halldorsson J, Arnfinnsdottir N, et al. Fabrication of planar polymer waveguides for evanescent-wave sensing in aqueous environments [J]. Microelectron. Eng.

87 (1), 56-61 (2010).

[46] Ho W F, Uddin M A, Chan H P. The stability of high refractive index polymer materials for high-density planar optical circuits [J]. Polym. Degrad. Stabil. 94 (2), 158-161 (2009).

[47] Kifle E, Loiko P, de Aldana J R V, et al. Passively Q-switched femtosecond-laser-written thulium waveguide laser based on evanescent field interaction with carbon nanotubes [J]. Photon. Res. 6, 971-980 (2018).

[48] Elbersen R, Vijselaar W, Tiggelaar R M, et al. Fabrication and doping methods for silicon nano-and micropillar arrays for solar-cell applications: a review [J]. Adv. Mater. 27 (43), 6781-6796 (2015).

[49] Singh L, Srivastava S, Rajput S, et al. Optical switch with ultra high extinction ratio using electrically controlled metal diffusion [J]. Opt. Lett. 46, 2626-2629 (2021).

[50] 鲁坤. 光子集成中的波导外延生长 [D]. 华中科技大学, 2015.

[51] 宋贵才, 全薇. 光波导原理与器件 [M]. 北京: 清华大学出版社, 2016.

[52] Moriwaki K, Aritome H, Namba S. Etched profile of Si by ion-bombardment-enhanced etching [J]. Jpn. J. Appl. Phys. 20, 1305 (1981).

[53] Kawabe M, Kubota M, Masuda K, et al. Microfabrication in $LiNbO_3$ by ion-bombardment-enhanced etching [J]. J. Vac. Sci. Technol. 15 (3), 1096-1098 (1978).

[54] Sure A, Dillon T, Murakowski J, et al. Fabrication and characterization of three-dimensional silicon tapers [J]. Opt. Express 11, 3555-3561 (2003).

[55] Ravi Kanth Kumar V V, George A K, Reeves W H, et al. Extruded soft glass photonic crystal fiber for ultrabroad supercontinuum generation [J]. Opt. Express 10, 1520-1525 (2002).

[56] 李锦豪, 姜海明, 谢康. 光子晶体光纤制备工艺的发展与现状 [J]. 科技创新与应用, 11 (26), 105-110, 114 (2021).

[57] Pickrell G R, Kominsky D, Stolen R H, et al. Novel techniques for the fabrication of holey optical fibers [C]. Proc. SPIE 4578, Fiber Optic Sensor Technology and Applications 2001, (14 February 2002); https: //doi. org/10. 1117/12. 456080.

[58] Yablonovitch E, Leung K M. Photonic band structure: Non-spherical atoms in the face-centered-cubic case [J]. Physica B 175 (1-3), 81-86 (1991).

[59] Feng X, Mairaj A K, Hewak D W, et al. Nonsilica Glasses for Holey Fibers [J]. J. Lightwave Technol. 23, 2046-2054 (2005).

[60] Becker M, Werner M, Fitzau O, et al. Laser-drilled free-form silica fiber preforms for microstructured optical fibers [J]. Opt. Fiber Technol. 19 (5), 482-485 (2013).

[61] Zhang P Q, Zhang J, Yang P L, et al. Fabrication of chalcogenide glass photonic crystal fibers with mechanical drilling [J]. Opt. Fiber Technol. 26, 176-179 (2015).

[62] Cook K, Canning J, Leon-Saval S, et al. Air-structured optical fiber drawn from a 3D-prin-

ted preform [J]. Opt. Lett. 40, 3966-3969 (2015).
[63] Zubel M G, Fasano A, Woyessa G, et al. 3D-printed PMMA Preform for Hollow-core POF Drawing [C]. The 25th International Conference on Plastic Optical Fibers 2016 (2016).
[64] 楚玉石. 新型近红外宽带发光玻璃和光纤的制备及其特性研究 [D]. 哈尔滨：哈尔滨工程大学，2020.
[65] Chu Y S, Fu X H, Luo Y H, et al. Silica optical fiber drawn from 3D printed preforms [J]. Opt. Lett. 44, 5358-5361 (2019).
[66] Carcreff J, Chevirè F, Galdo E, et al. Mid-infrared hollow core fiber drawn from a 3D printed chalcogenide glass preform [J]. Opt. Mater. Express 11, 198-209 (2021).
[67] Bertoncini A, Liberale C. 3D printed waveguides based on photonic crystal fiber designs for complex fiber-end photonic devices [J]. Optica 7, 1487-1494 (2020).
[68] Talataisong W, Ismaeel R, Marques T H R, et al. Mid-IR Hollow-core microstructured fiber drawn from a 3D printed PETG preform [J]. Sci. Rep. 8 (1), 8113 (2018).
[69] van Putten L D, Gorecki J, Numkam Fokoua E, et al. 3D-printed polymer antiresonant waveguides for short-reach terahertz applications [J]. Appl. Opt. 57, 3953-3958 (2018).
[70] Yang S, Sheng X Z, Zhao G Z, et al. 3D printed effective single-mode terahertz antiresonant hollow core fiber [J]. IEEE Access 9, 29599-29608 (2021).

# 第2章

# 微结构波导分析方法及参数研究

电磁波的传播依据麦克斯韦方程组。与自由空间中传播规律不同，电磁波在导波介质中的传输会产生特定的空间分布，这种特定的空间分布就是电磁波的波导模式。从数学方面来看，波导模式是波导中麦克斯韦方程组在全部边界上都满足边界条件的特征函数。电磁波模式一般都被限制在某一区域内，受到边界条件的影响，电磁波模式除了在波导结构内具有最高的折射率之外，同时会有低折射率区域。具有不同折射率的模式重叠导致电磁波模式的有效折射率，其数值介于波导结构的最低折射率和最高折射率之间。

在研究微结构波导传输特性的过程中，波导的仿真和数值计算是十分重要的，基于对波导的仿真计算，能够获得波导的特征参数，也可以通过仿真模拟设计相关的波导功能器件。由于各方面条件限制，在实验上无法证实的一部分波导器件功能，能够从仿真模拟过程中实现。另外，基于数值分析方法，也能够对波导的模场分布特性进行计算求解。本章将简单介绍几类常用的微结构波导的仿真方法，然后总结归纳目前在微结构波导以及光纤波导研究中常用的几种特性参数，最后介绍目前针对不同结构的波导所使用的耦合方法。

## 2.1 微结构波导分析方法

对于微结构波导来说，还没有一个很完善的解析模型能够精确、可靠地设计和求解微结构波导的传输特性。现阶段的理论研究主要是对微结构波导的结构特性进行数值计算。目前，主要的数值计算方法包括有效折射率模型（Effective Index Model，EIM）、平面波展开法（Plane Waves Expansion Method，PWEM）、时域有限差分法（Finite Difference Time Domain，FDTD）、有限元法

(Finite Element Method，FEM）以及光束传输法（Beam Propagation Method，BPM）等。

### 2.1.1 有效折射率模型

有效折射率模型是由 Briks 等人提出，基于等效简化理论方法分析光纤波导性质，分析求解光纤纤芯的有效折射率和包层结构的等效折射率。首先根据背景材料特性来选择纤芯材料的折射率，将光纤包层的折射率用特定的折射率替代，然后按照传统的阶跃型光纤的理论分析微结构光纤的模式分布，从而能够将成熟的光纤理论引入到微结构光纤来简化数值求解过程。

有效折射率法能够用直观简洁的模型表征微结构光纤的色散特性，但是有效折射率法对微结构光纤包层结构的性质进行了等效近似，因此无法使用该方法对光子带隙型微结构光纤的传输特性进行分析，该方法主要计算分析全内反射型光纤结构。这种方法能够对光子晶体光纤波导的单模工作机制进行解释，总结出相关的工作规律，计算过程相对简单；其缺点是没有考虑微结构光纤波导横截面复杂的折射率分布，在光子晶体光纤波导包层空气孔较大的情况下，会引入较大的误差。

### 2.1.2 平面波展开法

平面波展开法（Plane Wave Expansion Method，PWEM）是光子晶体波导能带计算中使用较早也是使用较多的一种数值分析方法[1]。该方法基于 Bloch 原理，把入射电磁波的波矢按照平面波的形式展开，将麦克斯韦方程转化为本征方程，然后对波矢所对应的本征频率进行计算求解。这种方法基于光子晶体的周期性分布规律，因此能够以数值分析频带结构。该方法不需要设置假设条件，能够确保频带计算的可靠性，使用傅里叶变换和矩阵对角化等方法能够简化编程结构。该方法首先设置光子晶体的晶格常数、介电常数和几何尺寸等参数，对倒格子空间的基矢进行计算；接着设置平面波的数量并计算材料节点函数的傅里叶变换系数；最后建立本征矩阵，使用不同的波矢扫描布里渊区的边界，计算求解获得相对应的本征矩阵及本征值，从而能够获得波矢和频率的色散关系，也就是光子晶体波导的频带结构。结合超晶胞技术，平面波展开法也可以用来分析光子晶体 Anderson 局域态和光子晶体波导本征模。这种方法的缺点是收敛速度慢。

### 2.1.3 时域有限差分法

1966 年，K. S. Yee 提出了一种数值计算方法——时域有限差分法[2]，可以直接计算求解时域麦克斯韦方程组。时域有限差分法的主要思想是基于由微小的网格单元组成的晶格来计算求解电磁场分布。该方法通过将麦克斯韦方程中的偏微分方程组离散化变为差分方程，首先划分计算空间，将其离散化为若干尺寸为 $\Delta x \times \Delta y \times \Delta z$ 的小格，称为 Yee 元胞。在 Yee 元胞中，电场和磁场设置在不同的位置，相邻电场和磁场之间的空间间距为晶格常数的一半。三维和二维的 Yee 元胞的电磁场分布分别如图 2-1（a）和（b）所示。

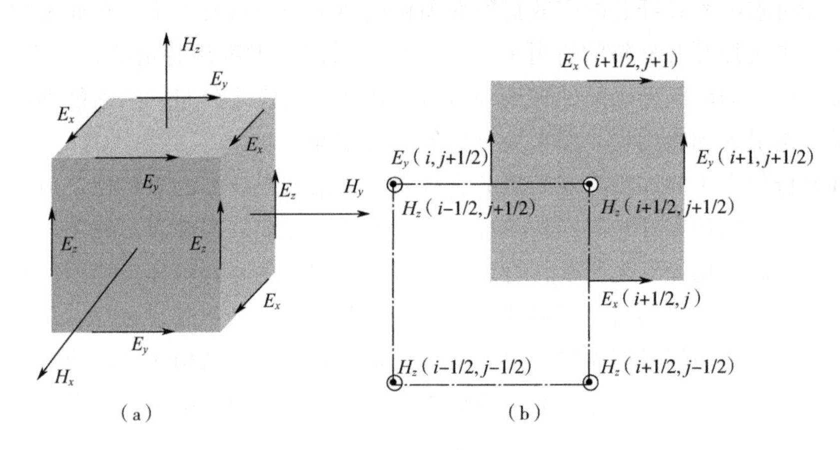


图 2-1　三维 Yee 元胞模型（a）和二维 Yee 元胞模型（b）

时域有限差分法将时间划分为很小的部分，每一个新的电磁场能量分布都是根据上一时刻的电磁场分布情况求解而来。通过在时间和空间上逐步重复上述求解过程，从而可以获得电磁波的传播特性。

在时域有限差分法中，需要将麦克斯韦方程在时间和空间上进行离散化处理。首先，将目标计算空间划分为足够多的网格单元，单独计算求解网格节点上的物理量，将连续分布的物理量进行离散操作。其次，利用一阶中心差分商替代各离散点的导数，获得一阶差分方程。接着，基于该离散结构，将具有时间变量的麦克斯韦方程整理成一组差分方程，在时间轴上计算空间电磁场。最后，结合电磁场初值和边界条件，计算获得时间、空间上的电磁场分布。

在研究开放空间的问题时，假设空间是无限大的，则划分的网格分布也是无限大的。但实际应用的计算资源（计算空间和速度）是有限的，就无法按照理论要求划分出无限的网格，因此使用完美匹配层来吸收边界场和外行波。时域有限差分法属于直接时域方法，基于此方法能够较为精确地获得波导中存在的各个模式的有效折射率 $n_{\mathrm{eff}}$，求解满足相位匹配条件的波导结构，并模拟出波导中电磁场的分布。

时域有限差分法也存在自身的缺点。首先，稳定性问题，如果时间步长和空间网格不匹配，就会使得结果随着计算步骤的增加而增大，得不到收敛；其次，数值频散问题，该方法是基于特定步长对波动方程近似，波速与波长、方向、离散步长等因素相关，则数值计算会导致频散，减小空间和时间步长可以避免该问题，但会增加计算量。为了获得稳定的计算仿真结果，时间和空间步长要求满足稳定条件，即 $\Delta t \leqslant \Delta x/(\sqrt{n}\, c_0)$ 。通常情况下，空间步长应该小于工作波长的十分之一；最后，使用该方法需要处理边界条件、编写调试程序，比较复杂。

### 2.1.4 有限元法

有限元法（Finite Element Method，FEM）最早于 20 世纪 50 年代用于力学领域，70 年代初期应用在电磁计算领域，是一种成熟并且具有广泛应用基础的数值计算方法。有限元法是求解偏微分方程的数值分析方法[3]，其借助矩阵分析求解波动方程，适合用来分析折射率任意分布的复杂波导结构。有限元法的计算精度与区域的离散化程度相关，计算量和网格划分的单元数相关，通常对计算机配置要求较高。该方法可以用来计算分析任意结构设计，因此在微结构波导的设计中经常使用。

有限元法的基本思想是“数值近似”和“离散化”。将复杂的整体结构、连续求解域进行离散化，划分为有限个单独的网格单元。利用在每一个单元内假设的近似函数，分区域地表示完整结构、求解域上待求的未知函数。网格单元内的近似函数通常是根据未知函数或者其导数在单元的各个节点上的数值或者其插值函数表示。基于此，使一个连续的域求解的问题转变成离散的有限个问题进行求解，然后使用插值函数等数值方法就可以计算出各个网格单元内函数的近似值，从而获得完整求解域上的近似解。随着网格单元数目的增加（单元尺寸减小）或者插值函数精度的提升，获得的解的近似程度也会更加接近。

有限元法分析的过程包括以下几个步骤：

#### （1）待求解区域的离散化

将整体结构、连续求解域划分成网格单元表示的集合体，且单元之间通过结点相连。

#### （2）选择插值函数

选择合适的插值函数以表示网格单元内的函数的变化情况。一般情况下，插值函数可以是一阶（标量）、二阶（向量）或高阶多项式。多项式的结束由网格单元的结点和边界决定。

#### （3）构建矩阵方程

利用变分法、加权余量法等方法，求解表示单个单元性质的矩阵方程。然后结合求解域上的全部网格单元的矩阵方程，得出整个系统的矩阵方程。

### （4）引入边界条件，求解系统方程

基于系统矩阵方程建立求解方程组，结合边界条件，求解出结点上的未知量。然后根据需求计算参数，进行数据后处理。

利用有限元法分析计算微结构波导模场分布时，最外层为空气层，其场分布存在于无限大的空间。基于有限元法只能够计算有限的范围，因此需要使用适当的边界条件（Boundary Condition，BC）来截断无限大的空间，从而能够提高数值仿真速度。边界条件的选择会对波导结构内部计算的结果产生影响，因此选择合适的边界条件有利于使用有限元法分析微结构波导的传输性能。目前，常用的边界条件包括以下几类：

① 自然边界条件。当微结构波导的限制模式是无损耗传输模式时，只需要将足够大的有限区域作为计算空间即可，将空间边界上的场量当作零，从而可以计算出波导限制模式的传输常数。这部分限制模式的能量被限制在纤芯区域中传输，此时的传输常数为实数，不存在虚部，既没有损耗也没有增益。但在实际情况中，波导的模式都伴随着损耗，因此这类边界条件仅适合研究波导支持的模式，而无法进一步计算波导的损耗。

② 吸收边界条件（Absorbing Boundary Condition，ABC）。吸收边界条件是一种能够将入射到边界场的能量进行吸收的边界条件。吸收边界条件的物理意义在于，在虚拟边界上设置吸收边界条件时，只有很少部分的入射能量能够被反射回来，可以求解出模式的有效折射率或者传输常数，进一步计算得到模式的泄漏损耗特性。

吸收边界条件的缺点是在求解电场和磁场的偏导时采用了未知的特征参数，从而需要使用复杂的数值迭代对大型非线性方程组进行求解，使得折射率虚部计算精确度不够。

③ 完美匹配层（Perfectly Matched Layer，PML）。1994 年，法国的 J. P. Berenger 提出了完美匹配层概念[4]，其主要思想是在边界处设置和边界介质相同的、波阻抗完全匹配的吸收层，使完美匹配层和相邻介质的折射率相匹配，从而能够使得入射波无反射地进入到完美匹配层中，并在该匹配层中得到迅速的衰减被吸收，相当于将波导周围的边界扩展到无穷大，从而可以进一步求解波导的泄漏损耗。使用完美匹配层边界条件获得的有效折射率的虚部比使用吸收边界条件获得的数值精度更高且更接近于真实值。

完美匹配层是一个非物理层，不属于波导的一部分，属于吸收介质层。使用完美匹配层作为边界条件可以获得高精度模式折射率虚部，进一步能够计算出模式的限制损耗。另外，因为完美匹配层具有一定的厚度，设置完美匹配层会增加计算量，并且当完美匹配层的厚度增大到特定值时，计算的精度将不会进一步提

高，因此在实际设计仿真中，需要平衡完美匹配层厚度与网格划分精度，在获得较高计算精度的同时使用较小的计算资源。一般情况下，完美匹配层的厚度可以设置成工作波长的3～5倍。

吸收边界条件和完美匹配层都能够对入射的能量进行吸收，但吸收边界条件无法完全吸收入射能量，使得计算得到的折射率虚部的精度不是很高，甚至会出现没有折射率虚部的情形。而吸收边界条件的建模比完美匹配层简单，无需设置专门的边界计算区域，因此在不需要高精度损耗时，可以使用吸收边界条件。

## 2.1.5 光束传输法

光束传输法主要用来模拟电磁波（光波）在波导中传播的情况，该方法由M. D. Feit和J. A. Fleck在1978年提出，刚开始是用于模拟大气中的激光传输，之后使用该方法研究波导中的光传输情况[5]。绝大多数波导都是由一个折射率相对较高的区域和周围折射率相对较低的区域组成，可以将电磁波限制在其中传输[6]。

介质平板波导模型如图2-2所示，包括三层结构，中间一层为折射率$n_2$的波导层，下层是折射率为$n_3$的衬底层，上层是折射率为$n_1$的包层结构。中间波导的厚度一般与工作电磁波的波长相当，且其具有较高的折射率，即$n_2$要大于$n_1$和$n_3$。此外，由于光波之间可能产生相消干涉，导致在波导轴向分布不均匀，因此还需要满足横向相位匹配条件。

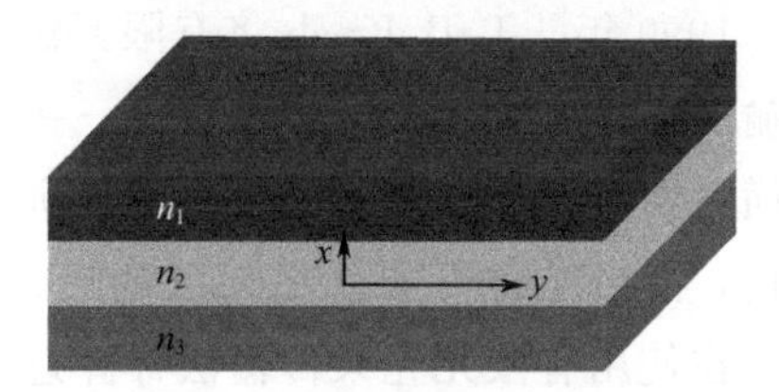

图2-2　介质平板波导结构

对于平板波导来说，电磁波能够沿着垂直于$xoy$平面（$z$轴方向）传播。如果电磁波只受到一个方向的约束，即其折射率只在$x$方向发生改变，波导的几何结构在$y$方向上不发生改变，这类波导属于平板波导；如果波导在$x$和$y$方向上的折射率均发生改变，此类波导即为三维波导。常见的光纤也属于三维波导。

光束传播法的基本思想是在入射电磁波传播方向上，将传播的距离划分为若干个步长$h$，电磁波在每个步长$h$中的传播都能够看作是在均匀介质中传输，基于第$l$步的电磁场分布，就可以求解得到$l+1$步的电磁场分布，如图2-3所示。

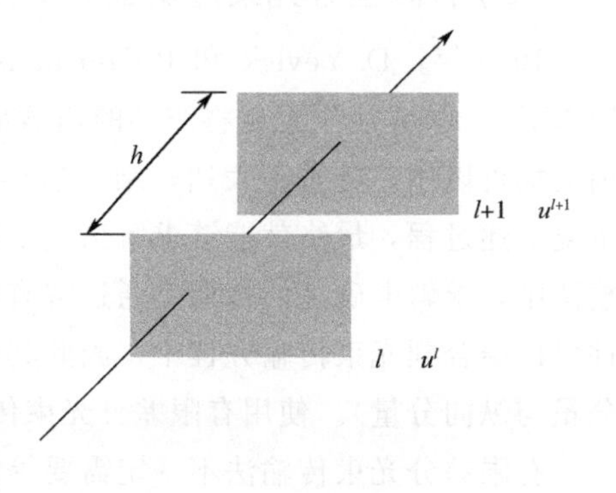

图2-3　光束传输法基本原理

光束传输法基于标量或者矢量波动方程，通过包括傅里叶变换、有限元、有限差分法等多种方法给出数值计算模型。与其他电磁仿真方法不同，该方法能够同时求解波导模式和辐射模式，处理的是整个介质上（包括波导区域和非波导区域）的电磁场分布。

### (1) 快速傅里叶变换光束传输法 (FFT-BPM)

基于快速傅里叶变换的光束传输法是较早出现的一种光束传输法。快速傅里叶变换光束传输法是基于标量波动方程求解的，因此只能够获得标量场（只求解一个极化分量），无法区别电磁场的不同偏振模式（TE 模式或者 TM 模式）以及电磁场之间的耦合。另外，快速傅里叶变换光束传输法计算中所使用的网格是等间隔的，若要求解计算异形波导或者弯曲波导时，需要划分大量的网格数量从而使计算精度达到一定程度之后才可以进行计算。快速傅里叶变换光束传输法在计算求解平板波导时具有优势，其精度足够，计算速度较快。

### (2) 有限元光束传输法 (FE-BPM)

1990 年，T. B. Koch 将有限元法应用到横向场中，从而提出了一种新的光束传输法——有限元光束传输法[7]。在使用有限元光束传输法计算求解过程中，波导横截面可以划分为若干三角形（元），在每个三角形元内的场可以用多项式来表达，然后结合不同元之间场的连续条件，就能够获得整个横截面的场分布情况。在使用有限元光束传输法计算过程中，使用的节点元是不规则的，因此能够有效地计算求解异形波导或者弯曲波导。有限元光束传输法使用内在加权函数，可以使得在各自元内的各个元素的介质性质不一样，从而能够更加准确地建模波导结构。由于有限元光束传输法可以方便地设置分析元的大小和几何结构，因此其需要的矩阵维度小，占用的计算资源少。由于获得该方法矢量公式较为困难，因此较少使用该方法分析计算三维波导。

### (3) 有限差分光束传输法 (FD-BPM)

1989 年，D. Yevick 和 B. Hermansson 提出了有限差分光束传输法（FD-BPM）[8]。该方法主要是将波导的横截面划分为若干小方格单元，每个方格单元内的场可以用差分方程表达，结合边界条件，就能够获得整个横截面的场分布。重复上述过程，最终就能够求解出整个波导中的电磁场分布。在有限差分光束传输法中，求解电磁波的传播是通过解有限差分方程实现的，$x$ 和 $y$ 极化的边界条件可以结合到光束传输方程中，因此其可以是半矢量的（能够求解计算一个极化分量与纵向分量）。使用有限差分光束传输法可以区分 TE 和 TM 模式。

有限差分光束传输法不一定需要等间距地划分网格，因此在计算求解劈形波导（Taper）时的效果要比快速傅里叶变换光束传输法好。其可以在沿着电磁波传输方向的不同距离处划分不同大小的网络单元，然后使用正投影映射法（Conformal Mapping Method，又称为等效波导法）[9]，就能够将不等距网络 $\chi$ 空间映射为等距规则网格 $\Psi$ 空间，也就可以将弯曲波导等效为平板波导之后再利用有限差分光束传输法进行计算。

有限差分光束传输法将隐式差分格式应用在基于缓变包络近似的亥姆霍兹方程，得到的方程是无条件稳定的。该算法在计算过程中的矩阵是三对角矩阵，使用优化算法能够大大降低算法所要求的计算资源（内存和时间）。此外，该算法是在 Crank-Nicholson 条件下离散化的，不需要考虑稳定条件，因此能够选择较大的纵向步长。

在此以波导为例使用光束传输法进行求解。图 2-4 是波导结构示意图。$n_1$表示覆盖层材料折射率，$n_2$表示波导芯层材料折射率，$n_3$表示衬底材料折射率。$w$ 表示波导芯层宽度。

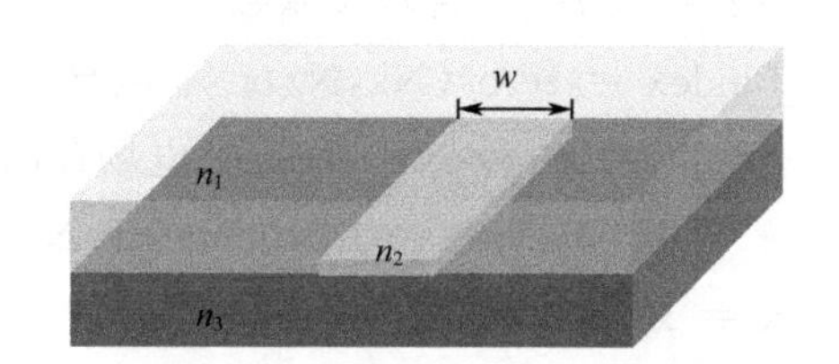


图 2-4　带状线波导结构示意图

图 2-5 给出的是在上述波导结构中高斯脉冲的传输以及折射率分布图。

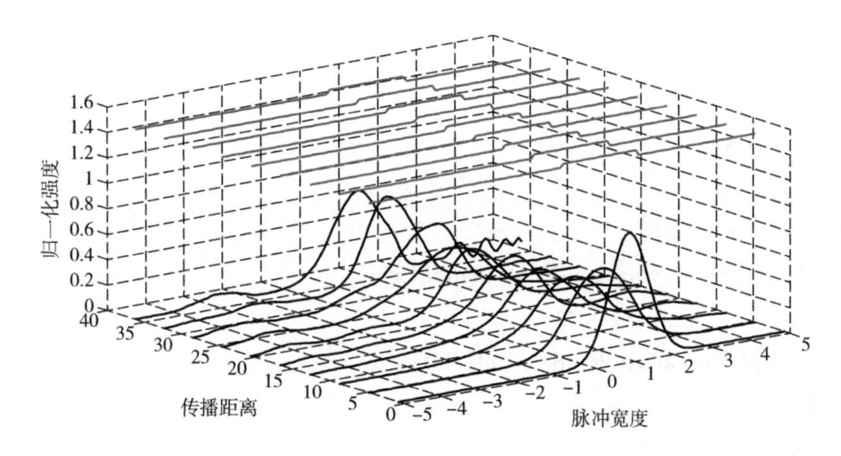


图 2-5　基于光束传输法求解高斯光束在波导中的传输情况（蓝色曲线）及波导折射率分布（红色曲线）

**相关 Matlab 程序：**

程序 1：

```
%使用光束传输法分析波导中高斯光束的传输情况
clear
clc
```

```
close all
x0 = 1; %高斯脉冲中心
Lx = 10.0; %横截面尺寸(沿着 x 轴)
w0 = 1.0; %输入高斯脉冲的宽度
lambda = 1.55; %工作波长
k0 = 2 * pi/lambda; %波矢
Nx = 128;
Dx = Lx/(Nx-1); %轴间距
h = 5 * Dx; %传输过程
Nz = 100; % 传输步骤数
Pindex = zeros(Nx,Nz); % 波导折射率矩阵
Pfield = zeros(Nx,Nz); %电场存储矩阵
x =linspace(-0.5 * Lx,0.5 * Lx,Nx);
x = x';
E =exp(-((x-x0)/w0).^2); %初始高斯电场分布
Rindex = waveguide_strucutre(x); %定义波导结构折射率
neff = 1.40; %折射率
z = 0;
Zp = zeros(Nz);
for r=1:Nz
z = z + h;
Zp(r) = z + h;
Pindex(:,r) = waveguide_strucutre(x);
Pfield(:,r) = abs(E).^2;
E =BPM(Dx,k0,h,Rindex,neff,E);
end;
figure
for k = 1:Nz/10:Nz %选择 3D 图形
y =Zp(k) * ones(size(x)); % spread out along y-axis
plot3(x,y,Pindex(:,k),'r ','LineWidth ',4)
plot3(x,y,Pfield(:,k),'LineWidth ',4)
hold on
end
grid on
```

```
xlabel( '脉冲宽度', 'FontSize ',25)
ylabel('传播距离','FontSize ',25) %沿着传输方向距离
zlabel('归一化强度','FontSize ',25)
```

程序 2:波导结构定义

```
functionRindex = waveguide_strucutre(x)
%波导结构定义
w = 2.0; %波导宽度
n1 = 1.48; %覆盖层折射率
n3 = 1.49; %衬底折射率
n2 = 1.52; %波导折射率
Rindex = ns * (x<0)+nf * ((x>=0)&(x<=width))+nc * (x>width);
```

程序 3:光束传输法的解

```
function Enew = BPM(Dx,k0,h,Rindex,neff,Eold)
%光束传输方法的解
Nx = size(Eold,1); %矩阵大小
Lterm = k0^2 * Dx^2 * (Rindex.^2-neff^2);
PF = 1/(2 * k0 * neff * Dx^2);
M =ones(Nx,1)-0.5 * Lterm;
A =ones(Nx-1,1);
B = A;
P = PF * (diag(A,-1)-2 * diag(M,0)+diag(B,1)); %矩阵 P
Lplus = eye(Nx) + 0.5i * h * P; %前向
Lminus = eye(Nx)-0.5i * h * P; %后向
%%边界条件
pref = 0.5i * h/(2 * k0 * Dx^2);
k = 1i/Dx * log(Eold(2)/Eold(1));
if real(k)<0
    k=1i * imag(k);
end;
left =pref * exp(1i * k * Dx);
Lplus(1) = Lplus(1)+left;
Lminus(1) = Lminus(1)-left;
```

```
k =-1i/Dx * log(Eold(Nx)/Eold(Nx-1));
if real(k)<0
    k=1i * imag(k);
end;
right =pref * exp(1i * k * Dx);
Lplus(Nx) = Lplus(Nx)+right;
Lminus(Nx) = Lminus(Nx)-right;
Enew = Lminus\Lplus * Eold;
```

### 2.1.6 其他分析方法

除了上述几种常见的分析方法，还有正交函数法、转移矩阵法、KKR法、超格子法以及多极法等[10]，在这里进行简要介绍。

正交函数法是将光子晶体光纤波导的横向折射率和横向电场按照正交函数展开，通过直接计算麦克斯韦方程获得模式场的传输特性和场分布情况。当波导的空气孔很小时，此方法能够以较高精度对微结构波导的横向折射率进行表示，但空气孔较大时，将会引入较大的误差。

转移矩阵法（Transfer Matrix Method，TMM）把电磁场在空间格点处展开，把麦克斯韦方程组变换成矩阵的形式，转换成本征值计算问题。转移矩阵法能够有效处理介电常数随频率变化的金属系统，并且转移矩阵小、矩阵元少，计算量比平面波展开法小很多，只和实空间格点数的平方成正比，精确度较高，能够求解反射和透射系数。

KKR方法（Korringa-Kohn-Rostoker Method）一度是求解电子能带结构的常用的方法。KKR法基于转移矩阵，将三维光子晶体当作连续的多层平面介质，嵌入具有相同平面周期的小球。KKR方法在沿 $z$ 方向分布的各个平面不需要完全相同（可以嵌入不同大小、不同介电常数的小球），只要有相同的二维周期特性，能够在相对较为复杂的结构中使用。此外，这种方法在非吸收系统或者吸收系统（介电常数为复数）都可以使用。

超格子法（Supercell Lattice Method，SLM）[11]是将光子晶体光纤波导的横向介电常数用两种周期性结构的叠加来描述，然后分别把这两种结构按照余弦函数或者正弦函数展开，同时将横向电场按照厄米-高斯（Hermit-Gauss）函数分解展开。基于正交函数可以把全矢量波动方程转换为矩阵本征值求解，就能够求解得到光子晶体光纤波导的模式、色散及偏振特性等。超格子法计算过程繁杂。

多极法（Multipole Method，MPM）最初是悉尼大学的T. P. White和B. T. Kuhlmey等人提出来的[12,13]。多极法是把电场或者磁场的纵向分量进行展开，转换为多极坐标下的傅里叶-贝塞尔（Fourier-Bessel）函数，结合贝塞尔函数的加法定理、电磁场横纵分量之间的关系以及边界条件，就能够求解获得对应的本征值方程，从而能够计算得到光子晶体光纤波导的模场分布和色散等参数。多极法计算简单方便、精度高，其局限性是只能够求解空气孔为圆形孔的结构。

# 2.2 微结构波导传输特性分析

微结构波导灵活多变的结构设计使得其能够展现出传统波导所不具有的优异的传输特性，包括可选择的有效模场面积、高双折射特性、色散可选择性等，在航空航天、国防科技、通信、集成系统、生物医学等领域具有较强的应用潜力，推动了激光器、传感器、通信以及新型器件等技术的发展。本节基于微结构波导，尤其是微结构光纤波导，对表征这些波导常见的特性参数进行归纳介绍，这些参数包括折射率、双折射特性、有效模场面积、损耗、功率比、色散以及弯曲特性等。

## 2.2.1 折射率

折射率可以定量评估光速或者微结构波导中相对于自由空间或真空中的相位延迟。基模穿过直波导纵轴的速率称为其相位传播常数 $\beta$，有效折射率（$n_{\mathrm{eff}}$）是基模传播常数 $\beta$ 和自由空间或真空传播常数 $k$ 的比值。微结构波导的其他特性参数是基于有效折射率来计算得到的。微结构波导的有效折射率通常可以表征电磁波在波导中传输情况，其计算公式为[14]：

$$n_{\mathrm{eff}}=\frac{\beta}{k} \tag{2-1}$$

模式的有效折射率是由波导的芯层和包层的材料折射率、结构参数等决定的。通常情况下，波导内模式的约束能力越强则有效折射率越高。

## 2.2.2 双折射特性

虽然单模波导只允许基模传输，但波导仍然可以引导基模分裂成两个正交模式，其中任何一个都有可能由于轻微的失真或者缺陷而产生延迟，这种现象称为双折射。波导基模一般会存在两种正交的偏振状态。其横向电场分别沿着 $x$ 轴和 $y$ 轴，表示 $x$ 偏振和 $y$ 偏振。如果光纤波导为理想结构，其纤芯和包层的横截面折射率分布为标准的同心圆，折射率圆对称分布，两个偏振模式的传输常数相等，没有产生双折射。如今，由于电信行业不断增长的复杂性以及更高的数据传输速率的需求，对保偏波导的需求量很大[15]。由于较高的衰减和成本，保偏波导通常应用于短距离情况，包括连接激光器和调制器、量子密钥分配[16]、光学传感[17]和干涉测量[18]等领域。可用于产生双折射的方法主要是在光纤波导设计和制造过程中引入机械和几何应力，包括椭圆包层、领结光纤波导、D形光纤波导以及熊猫型光纤波导。当电磁波在波导内部传输时，由于垂直方向和水平方向之间的不对称性，导致 $x$ 与 $y$ 偏振的相位常数 $\beta_x$ 和 $\beta_y$ 不相同，从而使波导形成双折射。为了定量地表征波导的双折射现象，引进归一化的双折射参数 $B$[19]，定义为[20]：

$$B=\left|\frac{\beta_x-\beta_y}{k_0}\right|=\left|\frac{\Delta\beta}{k_0}\right|=\left|\frac{c}{v_x}-\frac{c}{v_y}\right|=|n_x-n_y| \tag{2-2}$$

其中，$\Delta\beta$ 表示两个正交偏振模式的相位常数差；$k_0$ 表示自由空间波数；$c$ 为真空中的光速；$v_x$，$v_y$ 分别表示 $x$ 和 $y$ 偏振模式的相速度；$n_x$、$n_y$ 分别表示 $x$ 和 $y$ 偏振模式的等效折射率实部。

表征双折射的另一个参数是拍长 $L_B$，定义为[21]：

$$L_B=\frac{2\pi}{\Delta\beta}=\frac{\lambda}{\beta} \tag{2-3}$$

从上式可以看出，拍长 $L_B$ 表示两个正交模在波导中传播时会导致 $2\pi$ 的相位差的长度。拍长 $L_B$ 越长，波导的双折射越弱；拍长越短，双折射越高。

### 2.2.3 有效模场面积

有效模场面积是波导的一个重要指标，表征波导中电磁波能量集中程度的参数。有效模场面积与通过波导的能量密度有关。模场直径越小，通过波导横截面的能量密度会越大。有效模场面积定义为[22]：

$$A_{\mathrm{eff}}=\frac{\left(\iint_S |E(x,y)|^2 \mathrm{d}x\mathrm{d}y\right)^2}{\iint_S |E(x,y)|^4 \mathrm{d}x\mathrm{d}y} \tag{2-4}$$

其中，$E(x,y)$ 表示模式电场分布（特别的，在 Comsol 中，$|E(x,y)|^2\rightarrow$ emw. normE^2）。

定义非线性参量 $\gamma$ 为[23]：

$$\gamma=2\pi n_2/(\lambda A_{\mathrm{eff}}) \tag{2-5}$$

其中，$n_2$ 表示材料的非线性折射率系数；$\lambda$ 表示波长；$A_{\mathrm{eff}}$ 是由公式（2-4）定义的有效模场面积，取决于波导的设计。通过恰当的结构设计，可以降低 $A_{\mathrm{eff}}$ 的值，增加 $\gamma$ 值。此外，非线性折射率系数 $n_2$ 与材料的三阶极化率有关。对固定的材料来说，这一参数是固定的。因此，增大波导非线性参数的实际方法之一是减小有效模场面积 $A_{\mathrm{eff}}$。

数值孔径包含很高的分辨能力，因此具有较高数值孔径的波导在实际应用中有很大的潜力。小的模场面积会产生较高的数值孔径值，任意波导的数值孔径 $NA$ 可以被近似表达为[24]：

$$NA=\left(1+\frac{\pi A_{\text{eff}}}{\lambda^2}\right)^{-1/2} \tag{2-6}$$

有效模场体积可以用来描述由波导构成的谐振器件中的模场约束能力大小，同样是由波导的结构尺寸和材料的折射率等参数决定。有效模场体积的表达式为[25, 26]：

$$V_{\text{eff}}=\frac{\iiint_V \varepsilon(\boldsymbol{r})\,|\,E(\boldsymbol{r})\,|^2\mathrm{d}^3\boldsymbol{r}}{\max[\varepsilon(\boldsymbol{r})\,|\,E(\boldsymbol{r})\,|^2]} \tag{2-7}$$

其中，$V$ 是包括谐振腔及其周围介质的两个介质镜之间的体积界限；$E(\boldsymbol{r})$ 定义谐振器件内模式电场的分布；$\varepsilon(\boldsymbol{r})$ 是相对介电常数。在某些需要电磁波与物质具有较强相互作用的场合，包括传感器、电光开关等，需要降低有效模场面积和有效模场体积，从而增加相互作用的强度。需要注意的是，对于谐振器件，还需要结合品质因数对相互作用强度进一步描述。

### 2.2.4 损耗

电磁波信号的衰减是设计波导系统中需要考虑的重要因素之一。损耗可以发生在输入耦合器、接头和连接器等，同时也会存在于波导中。损耗通常以每单位距离的分贝数来表示：

$$\alpha_{\text{loss}}=10\,\frac{1}{L}\,\lg\frac{P_{\text{out}}}{P_{\text{in}}} \tag{2-8}$$

其中，$P_{\text{in}}$和 $P_{\text{out}}$表示长度为 $L$ 的波导中的输入和输出功率。

当用作基本波导衬底或者主体材料时，每种材料都会产生某些类型的损耗。这种材料损耗称为材料吸收损耗或者固体材料吸收损耗，是源于材料的固有分子结构。吸收损耗又叫做有效材料损耗（Effective Material Loss，EML）[27]，是设计光纤波导的一个重要参数。有效材料损耗的值是波导的最小损耗，可以使用具有较低材料损耗的另一种材料代替。通常认为空气区域的有效材料损耗是可以忽略不计的。在微结构光子晶体光纤波导中，有效材料损耗可以定义为具有特定模场分布的传导模式在沿传播方向穿过纤芯区域时产生的损耗。有效材料损耗可以表示为[28]：

$$\alpha_{\text{EML}}=\sqrt{\frac{\varepsilon_0}{\mu_0}}\left(\frac{\int_{A_{\text{mat}}} n_{\text{mat}}\,|\,E\,|^2\alpha_{\text{mat}}\mathrm{d}A}{\left|\int_{\text{all}} S_z\mathrm{d}A\right|}\right),\ (\text{cm}^{-1}) \tag{2-9}$$

其中，$\alpha_{EML}$表示有效材料损耗；$\alpha_{mat}$和$n_{mat}$表示固体材料损耗和材料折射率；$E$表示电场强度；$S_z$表示$z$方向的坡印廷矢量大小。

由于微结构光纤波导结构的特殊性，限制损耗（Confinement Loss，CL）是微结构光纤特有的一种损耗，其产生原因是微结构光纤包层的空气孔对光的限制，使光波在传输过程中会有部分能量泄漏到包层中，从而产生损耗，因此限制损耗也叫做泄漏损耗。微结构光纤波导中的强模场限制对于有效传导光波或者太赫兹波是至关重要的。限制损耗源于纤芯和包层之间的折射率对比，通常，微结构光子晶体光纤波导可以通过增加纤芯-包层折射率对比来实现强的模场限制。其表达式为[27,29]：

$$CL=\frac{20}{\ln 10}\times\frac{2\pi}{\lambda}\times \mathrm{Im}n_{\mathrm{eff}}=8.686\times\frac{2\pi f}{c}\times \mathrm{Im}n_{\mathrm{eff}}(\mathrm{dB/m}) \tag{2-10}$$

$$CL=\frac{4\pi f}{c}\times \mathrm{Im}n_{\mathrm{eff}}(\mathrm{m}^{-1}) \tag{2-11}$$

其中，$\mathrm{Im}n_{\mathrm{eff}}$表示传输模式有效折射率的虚部。

可以证明衰减系数$\alpha$（$\mathrm{cm}^{-1}$）和损耗$L$（dB/cm）之间存在的关系是：$L$（dB/cm）$=4.3\alpha$（$\mathrm{cm}^{-1}$）[30]或者$L$（dB/cm）$=4.343\alpha$（$\mathrm{cm}^{-1}$）[31]。

波导中材料密度的微观改变、成分的改变、结构上的缺陷或者制备过程中形成的缺陷等都能够引入散射损耗。以典型的石英材料为例，其是由无序连接的分子网络组成。由于结构特性，会形成分子密度相较于石英平均密度或高或低的区域。此外，石英是一种混合物，其成分包括二氧化硅（主要的）、二氧化锗以及五氧化二磷等，这样就会引入成分的影响。上述两种原因会使得石英材料制备的光纤波导内部的折射率在比波长小的尺度上产生改变，从而导致光波的瑞利散射。在这种情况下，要描述散射损耗是比较复杂的。

表面散射损耗（SSL）是由光纤波导中的表面毛细波（SCWs）引起的，可以根据修正后的公式计算[32]：

$$SSL=\eta F\left(\frac{\lambda}{\lambda_0}\right)^{-3} \tag{2-12}$$

其中，$F$表示纤芯模式和包层边界的光功率重叠程度；$\eta$表示当工作波长为$\lambda_0$时的修正因子。

### 2.2.5 功率比

功率比是用于表征特定波导区域和频率下流经波导的功率量的参数，定义为流过特定区域的功率与流过整个横截面的总功率之比。功率比表征了有关微结构波导特定区域径向功率分布的附加信息。目标区域可以是纤芯和包层空气孔区域，或者纤芯和包层的材料区域。功率比 $\eta$ 可以表示为[28]：

$$\eta=\frac{\int_{X}S_{z}\,\mathrm{d}A}{\int_{\mathrm{All}}S_{z}\,\mathrm{d}A}=\frac{\iint_{X}(E_{x}H_{y}-E_{y}H_{x})\,\mathrm{d}x\,\mathrm{d}y}{\iint_{\mathrm{All}}(E_{x}H_{y}-E_{y}H_{x})\,\mathrm{d}x\,\mathrm{d}y} \tag{2-13}$$

其中，分子积分符号的 $X$ 表示所需要研究的目标区域面积，分母表示总的横截面面积（特别的，在 COMSOL 中，$S_{z}=E_{x}H_{y}-E_{y}H_{x}$→emw. Ex * emw. Hy-emw. Ey * emw. Hx）。

## 2.2.6 色散

当电磁波与材料的束缚电子相互作用时，介质的响应通常与电磁波频率 $\omega$ 相关，这种特性称为色散，也叫做色度色散，其表示折射率 $n(\omega)$ 对频率的依赖关系。通常情况下，色散的起源和介质通过束缚电子的振荡吸收电磁波的特征谐振频率相关，在远离材料谐振频率的情况下，折射率 $n(\omega)$ 可以使用 Sellmeier 公式近似[33]：

$$n^{2}(\omega)=1+\sum_{j=1}^{m}\frac{B_{j}\omega_{j}^{2}}{\omega_{j}^{2}-\omega^{2}} \tag{2-14}$$

其中，$\omega_{j}$ 表示谐振频率；$B_{j}$ 表示第 $j$ 个谐振的强度。

沿着波导传输的电磁波信号会由于波导的损耗而变弱，由于波导的色散效应在其中传输的脉冲信号展宽，损耗和色散联合作用会引起相邻脉冲的重叠，从而使得信号变形。信号变形主要是由模间时延（模间色散）、模内色散、偏振模色散以及高阶色散等多重效应联合作用的结果。这类变形可以使用传导模的群速度进行分析。

模间时延（模式时延）是由每个模式在每个单一频率会提供不同的群速度而引起的。常见于多模光纤波导中。模内色散是描述在一个单独的模式内产生的脉冲展宽。由于常见的信号波具有一定的谱宽，且群速度是波长的函数，因此此类色散也是群速度色散。因此，信号波的频谱越宽，对信号变形的影响也就越大。模内色散主要有两种起因：材料色散和波导色散。材料色散是由纤芯材料的折射率随工作波长的变化引起的。材料色散又被叫做色度色散，其与三棱镜分光原理类似。折射率随波长变化会导致模式的群速度会随波长产生改变，从而会导致脉冲的展宽。第二类是波导色散。由于只有部分信号波功率在纤芯中传输，从而能够引起脉冲展宽。在传输模式中，波导中信号波的分布会受到波长的影响。较短波长的信号波能够在纤芯中传播，而较长波长的信号波会在包层中传播。通常情况下，由于包层折射率低于纤芯的折射率（当然，在空芯微结构波导中情况正好相反），则在包层中传播的信号比在纤芯中传播的信号要快。此外，由于折射率与波长相关，因此模式中不同频谱成分的传输速度不一样。基于以上两个原因，就产生了波导色散，其大小与波导的结构相关。

对于电磁波不同的频谱分量按照不同的速度 $c/n(\omega)$ 进行传输，则波导色散在超短光脉冲的传输中有重要影响，色散导致的脉冲展宽会对光通信系统产生不利影响。同时，在非线性区域，色散和非线性的共同作用将产生不同的效应。在数学方法上，波导的色散效应可以通过在脉冲频谱中心频率 $\omega_0$ 附近将模式传输常数 $\beta$ 展开为泰勒级数：

$$\beta(\omega)=n(\omega)\frac{\omega}{c}=\beta_0+\beta_1(\omega-\omega_0)+\frac{1}{2}\beta_2(\omega-\omega_0)^2+\cdots \tag{2-15}$$

其中，

$$\beta_m=\left(\frac{\mathrm{d}^m\beta}{\mathrm{d}\omega^m}\right)_{\omega=\omega_0},\ m=0,\ 1,\ 2,\ \cdots \tag{2-16}$$

参数 $\beta_1$ 和 $\beta_2$ 与折射率 $n(\omega)$ 相关，则[29]：

$$\beta_1=\frac{1}{v_g}=\frac{n_g}{c}=\frac{1}{c}\left(n_{\mathrm{eff}}+\omega\frac{\mathrm{d}n_{\mathrm{eff}}}{\mathrm{d}\omega}\right) \tag{2-17}$$

$$\beta_2=\frac{1}{c}\left(2\frac{\mathrm{d}n_{\mathrm{eff}}}{\mathrm{d}\omega}+\omega\frac{\mathrm{d}^2n_{\mathrm{eff}}}{\mathrm{d}\omega^2}\right) \tag{2-18}$$

其中，$n_g$ 表示群折射率；$v_g$ 表示群速度；参数 $\beta_2$ 表示群速度的色散，能够导致脉冲展宽，称为群速度色散（Group-Velocity Dispersion，GVD）；$\beta_2$ 为群速度色散参量，也叫做波导色散（Waveguide Dispersion）[34]；$n_{\mathrm{eff}}$ 表示模式的有效折射率，注意在这里使用的是复数形式，包含了实部和虚部；$\omega=2\pi f$ 表示工作波长的角频率。在实际情况还会使用色散参量 $D$：

$$D=\frac{\mathrm{d}\beta_1}{\mathrm{d}\lambda}=-\frac{2\pi c}{\lambda^2}\beta_2=-\frac{\lambda}{c}\times\frac{\mathrm{d}^2n_{\mathrm{eff}}}{\mathrm{d}\lambda^2} \tag{2-19}$$

波导的材料色散是由材料折射率决定的，其表达式为：

$$D_{\mathrm{mat}}=-\frac{\lambda}{c}\times\frac{\mathrm{d}^2n_{\mathrm{mat}}}{\mathrm{d}\lambda^2} \tag{2-20}$$

其中，$n_{\mathrm{mat}}$ 表示材料的折射率。

由于电磁波（尤其是光波）在介质中的传播特性会随着频率变化而改变，色散现象广泛存在于自然界中。棱镜色散实验是观察光波色散现象的经典实验。1666 年，英国物理学家牛顿做了一次非常著名的实验，他用三棱镜将太阳白光分解为红、橙、黄、绿、蓝、靛、紫的七色色带，如图 2-6 所示。这就表明不同频率的光波在介质中的传播特性会有所不同。

色散将使得电磁波在空间中产生走离，一方面，在通信系统中色散会导致码间串扰和增大误码率，从而引起信号失真；在成像系统中，色散将导致色差，从而降低成像质量。另一方面，某些应用也能够基于色散特性来实现，比如能够基于器件的色散特性对携带复杂信号的复色光进行分离，某些非线性过程也需要在特定的色散器件中发生，结合不同的色散和非线性性质，能够应用于相关的场合，如图 2-7 所示[35]。通常情况下，非线性的强弱主要取决于材料特性（当然，目前流行的超材料的结构会影响其非线性大小），而色散能够使用不同的方式进行调控。

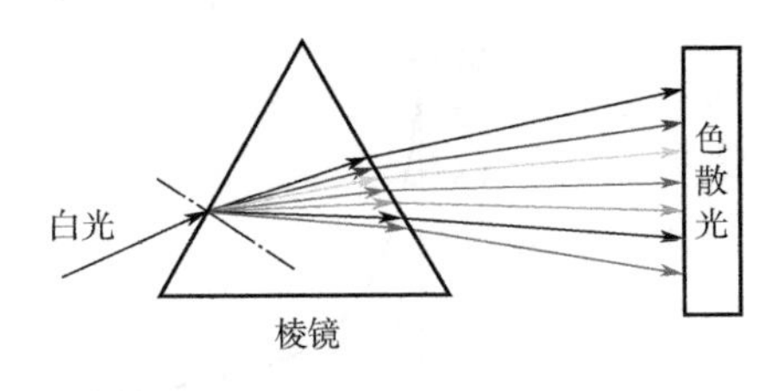


图 2-6　棱镜色散实验示意图

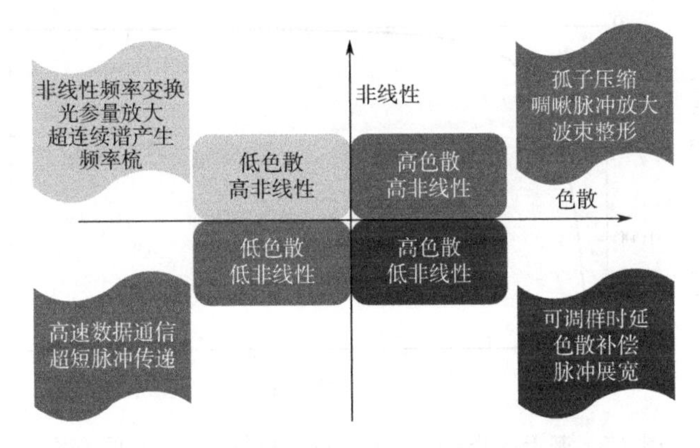


图 2-7　不同色散和非线性组合的相关应用[35]

在这里，我们以典型的材料二氧化硅和硅，基于它们的 Sellmeier 方程，对其折射率以及材料色散特性进行计算研究。使用上述 Sellmeier 方程的变形形式表示二氧化硅[36]和硅[33]的色散关系为（以μm 为单位）：

$$n_{SiO_2}=1+0.6961663\frac{\lambda^2}{\lambda^2-0.0684043^2}+0.4079426\frac{\lambda^2}{\lambda^2-0.1162414^2}+0.8974794\frac{\lambda^2}{\lambda^2-9.896161^2} \tag{2-21}$$

$$n_{Si}=1+10.6684293\frac{\lambda^2}{\lambda^2-0.301516485^2}+0.00304347484\frac{\lambda^2}{\lambda^2-1.13475115^2}+1.54133408\frac{\lambda^2}{\lambda^2-1104^2} \tag{2-22}$$

使用上述两个公式，分别计算了二氧化硅和硅材料的折射率与波长的变化关系，如图 2-8 和图 2-9 所示。

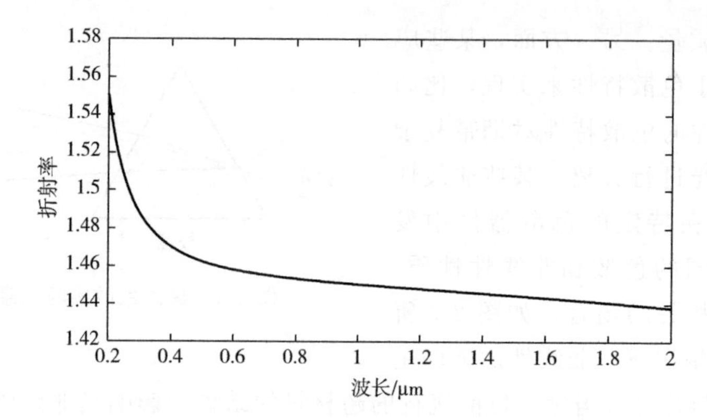

图 2-8　基于 Sellmeier 方程的二氧化硅的折射率与波长的关系

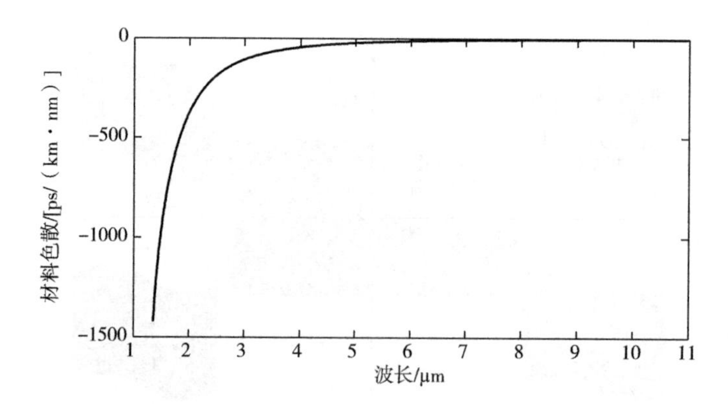

图 2-9　基于 Sellmeier 方程的硅的折射率与波长的关系

利用材料色散公式（2-20），分别计算了二氧化硅和硅材料的材料色散随波长的变化关系，分别如图 2-10 和图 2-11 所示。

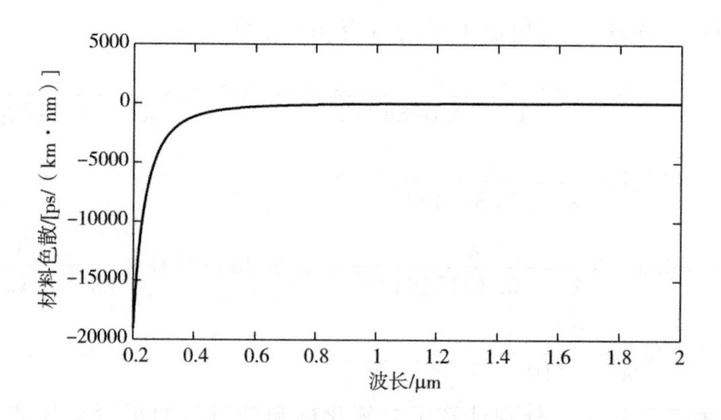

图 2-10　二氧化硅材料色散与波长的关系

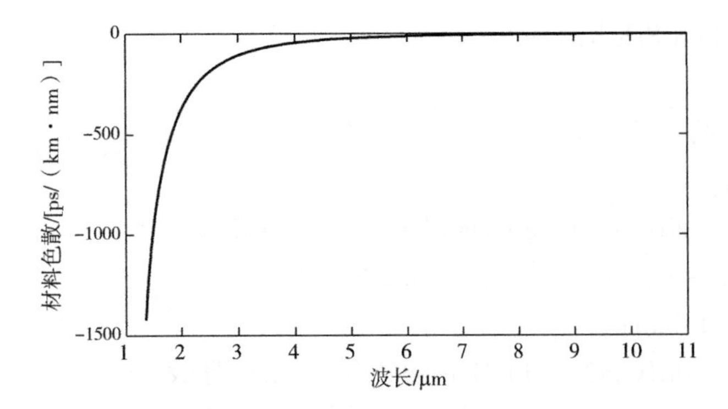


图 2-11　硅材料色散与波长的关系

利用 Sellmeier 方程计算二氧化硅材料折射率和材料色散的 Matlab 程序：

```
%Sellmeier 方程
%材料：二氧化硅
clc
clear
close all
c_wave = 3e5；%光速,km/s
%波长范围:0.2～2μm
Nmax = 1001；
lambda = linspace(0.2,2,Nmax)；
%Sellmeier 系数
A = 0.6961663；
B = 0.4079426；
C = 0.8974794；
lambda1 = 0.0684043；%单位：μm
lambda2 = 0.1162414；
lambda3 = 9.896161；
%折射率
n = sqrt(1+(A * lambda.^2)./(lambda.^2-lambda1^2)+(B * lambda.^2)./
    (lambda.^2-lambda2^2)... +(C * lambda.^2)./(lambda.^2-lambda3^
    2))；
plot(lambda,n,'LineWidth',3)；
xlabel('波长(\mum)','FontSize',20)；
ylabel('折射率','FontSize',20)；
```

```
set(gca,'FontSize',20);

%材料色散
nn1 = n;
dy1_lam =diff(nn1)./diff(lambda); %一阶导数
lambda_1 =lambda(1:length(lambda)-1);
nn2 = dy1_lam;
dy2_lam =diff(nn2)./diff(lambda_1); %二阶导数
lambda_2 = lambda_1(1:length(lambda_1)-1);
D_mat = (-lambda_2. * dy2_lam/c_wave) * 1e9;%材料色散
figure
plot(lambda_2,D_mat,'LineWidth',3);
xlabel('波长(\mum)','FontSize',20);
ylabel('材料色散(ps/km * nm)','FontSize',20);
set(gca,'FontSize',20);
```

### 2.2.7 弯曲特性

当微结构波导发生弯曲时，波导内侧产生压应变，而波导外侧产生张应变。通过弹光效应使波导外侧折射率增大，而相对应的内侧的折射率减小，这也就意味着波导的折射率剖面发生由内向外的倾斜变化。波导传输的模式也会随着波导外侧折射率的增大而产生泄漏，由此将会产生弯曲损耗。

在分析弯曲应力对波导折射率的影响时，通常使用折射率等效变换方法，将弯曲的波导等效为折射率分布随着弯曲半径变化的平直波导。弯曲波导的等效折射率分布公式为[37]：

$$n_{eq}=n(x,\ y)\exp\frac{p}{R_b} \tag{2-23}$$

其中，$n(x, y)$ 和 $n_{eq}$ 分别表示波导在平直和弯曲时，横截面上任意一点的折射率；$(x, y)$ 是以波导中心为原点的位置坐标；$p$ 取 $x$ 或者 $y$，表示弯曲的方向；$R_b$ 表示弯曲半径。

此外，等效直波导为弯曲波导的公式另一种表达方式为[38]：

$$n_{eq}=n\left(1+\frac{p}{R_{eff}}\right) \tag{2-24}$$

$$R_{eff}=\frac{R_b}{1-\frac{n^2}{2}[P_{12}-\nu(P_{11}+P_{12})]} \tag{2-25}$$

其中，$R_{eff}$表示等效弯曲半径，由于材料本身特性，与实际弯曲半径 $R_b$不同；$\nu$表示泊松比；$P_{11}$和 $P_{12}$表示光弹性张量的分量。

基于等效的直波导，不难计算波导模式的传播常数或者有效折射率。有效折射率的虚部与弯曲损耗的关系为：

$$\alpha_{bend} = -\frac{0.4\pi \mathrm{Im}(n_{eff})}{\lambda \ln 10} \tag{2-26}$$

直接计算弯曲损耗不是简单的工作，因此可以使用容易计算的近似解析方法。计算光子晶体光纤波导弯曲损耗的近似公式为[39]：

$$\alpha_{BL} = \frac{1}{8}\sqrt{\frac{2\pi}{3}} \times \frac{1}{A_{eff}} \times \frac{1}{\beta} F\left[\frac{2}{3}R\ \frac{(\beta^2-\beta_{cl}^2)^{3/2}}{\beta^2}\right] \tag{2-27}$$

其中，$A_{eff}$表示有效模场面积；$R$ 表示弯曲半径；$F(x)=x^{-1/2}e^{-x}$。$\beta$ 和 $\beta_{cl}$的表达式分别为 $\beta=2\pi n_{co}/\lambda$ 和 $\beta_{cl}=2\pi n_{co}/\lambda$，$n_{co}$和 $n_{cl}$分别是纤芯和包层的折射率。

波导弯曲虽然会造成弯曲损耗，使模式传输特性发生改变，但在实际应用中，弯曲损耗也有许多潜在的应用价值。举例说明，弯曲损耗可以减少波导中的模式数量，抑制波导中不稳定的模式。弯曲的波导还能够用来制作简单、有效的衰减器，通过多纤芯结构，还可以通过弯曲应力传感器。

## 2.3 常见的波导耦合方式

在微结构波导的应用过程中，经常会通过一定的方式，将信号源产生的信号波耦合进入到波导中，或者将一个波导中的信号波传输到另一个波导中。这种将信号波从一个器件传导到另一个器件的过程叫做耦合。在实际应用中，当两个介质波导相距很近时，由于存在倏逝波，两个波导间的能量会进行交换；同时，在同一个波导中的两个模式也可以实现有效的耦合，将其中一个模式的功率转移到另一个模式，这种现象就叫做波导耦合。把光波能量变换成由介质波导传导的一个模式（或者多个模式）的器件通常被称为耦合器。本节主要介绍棱镜耦合器、光栅耦合器以及楔形波导耦合器等的结构和工作原理。

波导中的传导波模式表示可以被激发的一种电磁波的形式，如果波导不存在缺陷，且结构是均匀和规则的，波导中传输的电磁波能够沿着传播方向保持波场结构无改变地向前传播。如果波导材料有损耗，则光波沿着传播方向的振幅就会呈现指数式衰减（$e^{-\alpha z}$，$\alpha$ 为衰减常数）。由于在实际应用中，波导的材料或者结构不可能完全理想，会存在一定的缺陷，即微小的不均匀或者不规则。此时，导波模式的条件受到扰动，将会产生和局部缺陷相关的局部场。局部场中包括多种模式的谐波分量，因此，导波模式的一部分能量在传输中将转化到辐射模式或者其他的导波模式中去，这就是模式耦合，从而产生导波的衰减；此外，不同导波模式的相速度不同会导致波传输特性改变以及脉冲包络的变形。通过分析耦合系统，能够确定波导允许存在的缺陷或者偏差。同时，能够利用模式耦合实现不同导波模式之间的相互转换，从而形成多种多样的器件。目前为止，有太多的研究报告，包括论文和书籍，对相关的模式耦合方程及波导理论进行了详细的研究，这里不再赘述。

### 2.3.1 棱镜耦合器

耦合棱镜是由高折射率材料制备的棱镜，可以实现入射光波和波导的导波模式之间的耦合，进一步能够激发波导中的导波模式。棱镜耦合法在集成光学中是较为常见的激发导模的方式。

使用棱镜除了能够将空间光束从波导表面耦合到波导中，还能够将波导中的传导光波耦合到自由空间中，典型的棱镜-波导耦合的结构如图 2-12 所示。

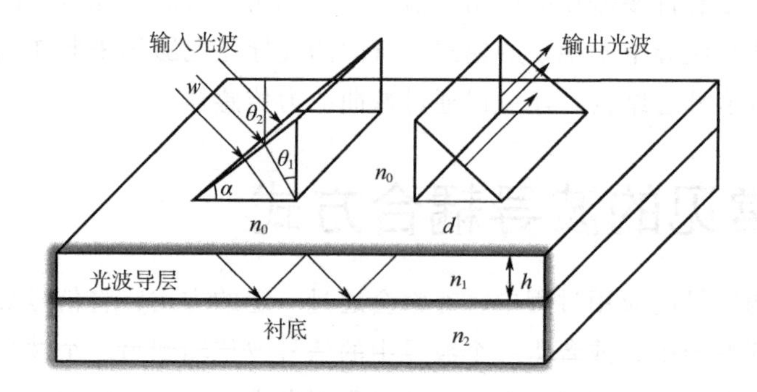


图 2-12　棱镜-波导耦合的结构示意图

棱镜底部和波导表面之间存在一个很窄的间隙（里面填充空气或者折射率匹配液等），其中 $n_3$、$n_0$、$n_1$ 和 $n_2$ 分别是棱镜、间隙、波导以及衬底材料的折射率，满足 $n_3>n_1>n_2>n_0$。如果棱镜和波导间隙较大，则在棱镜中传输的信号波作为辐射模不能够和波导的导波模式产生相互耦合。当间隙足够小时，两种模式能够发生耦合。当入射到棱镜底的光束的入射角大于全反射临界角［$\theta>\theta_c=\arcsin(n_0/n_3)$］时，在间隙中能够形成消逝场，可以进入到波导层中从而激发平面波导的导模，将棱镜中的光波能量通过辐射模和导模之间的耦合转移到波导的导模中，此过程是输入耦合；相反，波导层中的导模也可以在间隙中形成消逝场，渗透到棱镜中，通过波导中的导模与棱镜之间的耦合将能量输出波导，此过程是输出耦合。在这两个过程中，输入与输出都是基于光学隧道效应实现的。

为了实现有效的耦合，需要满足两个条件。首先，在光波沿着波导传输的方向上（通常选择 $z$ 轴方向），棱镜中光波波矢的 $z$ 分量需要等于波导中光波波矢的 $z$ 分量（即波导导模传播常数 $k_z$），即需要满足相位匹配条件：$k_z = k_0 n_3 \sin\theta$。对于具有特定波长的入射光束，通过改变入射角度 $\theta$，使得波导中的某个导模模式的传播常数等于 $k_z = k_0 n_3 \sin\theta$ 中给出的结果时，到达波导层的消逝波和导模之间的耦合会实现相位匹配，增强耦合强度，能够在波导中激发该模式的传导光波。此时入射光波的功率转移到传导光波，棱镜底面不再形成全反射。其次，为了实现高效耦合、提升能量转换效率，需要根据耦合强度对耦合边界相互作用长度进行调节。当相位匹配时，沿 $z$ 方向的相互作用长度（即耦合长度）可以表示为[40]：

$$l = \frac{\pi}{2k} \tag{2-28}$$

此时能量能够实现全部交换，$k$ 表示辐射模和导模之间的耦合系数。从图 2-12 中可以看出，耦合长度 $l$ 和入射光束的宽度 $w$ 相关，即：$l = w/\cos\theta$。因此，如果要实现辐射模-导模之间理想的能量交换，耦合系数 $k$ 需要满足 $k = \pi\cos\theta/(2w)$。如果入射光束全部局限在 $w$ 的有效宽度内，并且不存在散射等损耗，选择恰当的耦合系数，理论上能够实现 100％耦合。但在实际应用中，入射光束无法完全局限在 $w$ 宽度内，通常情况下，棱镜耦合器的效率会在 80％以上。

为了实现耦合操作，可以使用精密的多维精密调整架固定棱镜和波导，通过微调来确定二者之间的间隙。同时还能够在棱镜和波导表面之间的间隙中添加折射率匹配液，包括水、甘油、二碘甲烷等，可以提高耦合效率。

如果波导中传输多个模式，使用棱镜耦合器耦合输出的每一个模式的出射角将会不一样。因此可以利用棱镜耦合器对多模式波导中每个模式对应的能量进行研究。

使用棱镜作为波导耦合器件，在最佳工作条件下能够提供很高的耦合效率（输入耦合效率在 80％左右，输出耦合效率近 100％），可以对任意导波模式耦合，可以灵活地控制棱镜与波导之间的间隙大小，在平板波导以及通道波导中都能够使用。但该方法也存在一些不足。棱镜与波导之间的间隙以及入射光波的位置需要精密调节，增加使用难度以及稳定性不足。对棱镜材料需要特别地选择，要对工作波段尽可能地提供较高的透过率。对入射光波的光束质量有一定要求，需要高度对准。

### 2.3.2 光栅耦合器

光栅耦合器的功能类似于棱镜耦合器，可以实现自由空间和平面介质波导之间的相互耦合，使用光栅结构代替了棱镜和间隙，其结构如图 2-13 所示。图中

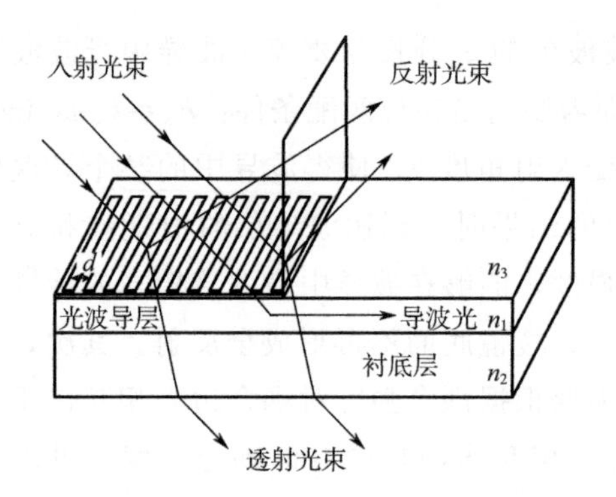

图 2-13 光栅耦合器的结构示意图

波导层和覆盖层的交界面上存在周期性的光栅结构，光栅周期为 $d$。

当波导中的传导模式经过光栅区域时，可以激发辐射模式（衍射场），形成输出耦合。导模通过衍射波将能量传输到衬底层或者覆盖层。相反，当入射光束照射在光栅结构上时，也能够将能量有效地耦合进入波导，在波导中激发导模。因此，光栅耦合器能够用作输出和输入耦合器。

电磁波在光栅波导中传输时，根据 Floquet 定理可以表示成：

$$E(x, y, z)=A(x, y, z)\exp(ik_z z) \tag{2-29}$$

其中，$A(x, y, z)$ 是 $z$ 的周期函数，其周期和光栅结构的周期一样，都为 $d$。周期函数 $A(x, y, z)$ 按照傅里叶展开为：

$$A(x, y, z)=\sum_{m=-\infty}^{+\infty} E_m(x, y)\exp\left(im\frac{2\pi}{d}z\right) \tag{2-30}$$

将公式（2-30）代入公式（2-29），可得：

$$E(x, y, z)=\sum_{m=-\infty}^{+\infty} E_m(x, y)\exp\left[i\left(k_z+m\frac{2\pi}{d}\right)z\right] \tag{2-31}$$

从公式可以看出，由于光栅具有周期性，该波导导波模式沿 $z$ 方向传输的每个基本传输模式的波场都被周期性地调制，获得一系列空间谐波，各次谐波的传播常数为：

$$k_m=k_z+m\frac{2\pi}{d}(m=0, \pm 1, \pm 2, \cdots) \tag{2-32}$$

这部分空间谐波分别以传输角 $\theta_i$ 和 $\theta_t$ 向空气或者衬底辐射，则上式可以重新改写为：

$$n_3 k_0 \sin\theta_i=n_2 k_0 \sin\theta_t=k_z+m\frac{2\pi}{d} \tag{2-33}$$

由于光栅在 $z$ 方向上的尺寸比 $x$ 方向上的尺寸大很多，需要在 $z$ 方向上满足相互耦合波之间的相位匹配。

由于带有光栅的波导的导波模式的传输常数 $k_z>k_0=2\pi/\lambda_0$（$\lambda_0$ 表示光波在光栅上方区域的波长）；当入射光波沿 $z$ 方向的传播常数 $k_0\sin\theta_i<k_0$，因此入射光波和 $k_z$ 之间无法构成相位匹配。由于公式（2-32）中的 $m$ 可以是负数，这样就可以使得 $|k_m|$ 会比 $k$ 小，通过合理选择 $m$、$d$、$\lambda_0$ 以及入射角 $\theta_i$ 的值，就可以满足相位匹配条件：$k_m=k_0\sin\theta_i$。

综上所述，从自由空间入射的光波可以和光栅区导波的空间谐波之一达到相位匹配条件。导波模式的谐波之间是相互关联的，共同构成了波导的表面波场，因此，当光波耦合进波导模式的任意空间谐波的能量，终将被耦合进谐波基波（$m=0$）的导波模式，并从左至右在光栅区传输。该基波就是常见的光栅结构表面波，并进一步耦合进入不存在光栅结构的波导区产生导波模式。

使用光栅作为耦合器件，可以选择全部导模中的任意一种模式进行激发，并且能够集成到波导中，外部环境不会影响耦合效率，调整光波的入射位置也不需要严格的限制。但使用光栅进行耦合所能提供的耦合效率低于棱镜耦合的效率。

光栅结构不但能够用于波导的输入和输出耦合器件，在半导体激光器中还可以作为内部分布反馈及分布布拉格反射器。常见的平面光栅的制备一般使用干涉法和相位掩模法。

## 2.3.3 楔形波导耦合器

楔形波导耦合器是在波导的一端形成尖劈形波导区域，通常用在输出耦合中。图 2-14 是典型的楔形波导的输出耦合结构示意图。

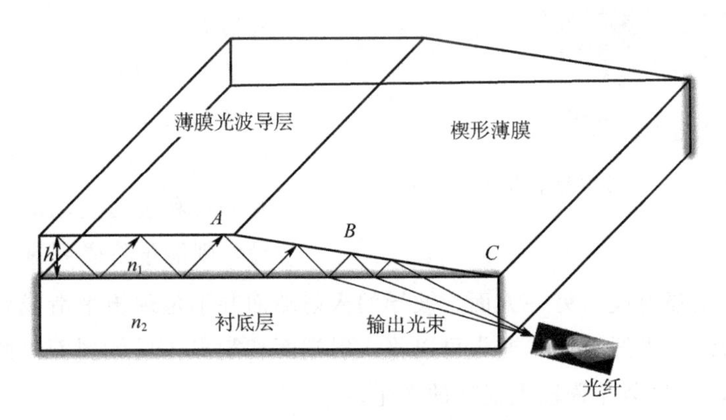


图 2-14　楔形波导输出耦合示意图

平面波导的波导层厚度 $h$ 从 $A$ 点开始逐渐减小，在 $C$ 点处减小为 0。导模从 $A$ 点进入尖劈形波导区域传输，当它传输到波导层厚度等于该导模的截止厚度 $B$ 点时，将会开始转换为衬底模式并从衬底输出。进入尖劈形波导区域的光波在上下界面之间每往返一次，其在下界面的入射角将减小 $2\alpha$（$\alpha$ 为尖劈波导的顶角）。经过多次反射到达 $B$ 点的光波在下表面的入射角将等于全反射临界角 $\theta_c=\arcsin(n_2/n_1)$，光波将折射进入衬底。如果波导与衬底材料的折射率差 $n_1-n_2$ 远小于波导与覆盖层的折射率差 $n_1-n_3$，则导模还没有来得及折射进入覆盖层（空气）之前，其全部能量已在若干次反射后折射进入衬底，所以当尖劈形波导区域的顶

角 $\alpha$ 很小时，理论上能够实现 100%的输出耦合效率。另外，到达截止厚度后，折射进入衬底的光波折射角是从 90°开始逐渐减小，因此输出的光波存在发散角，顶角 $\alpha$ 越小，发散角越小；输出光波的强度呈现角度分布特性，先增后减，尖劈结构的倾斜程度越小，角度特性越尖锐。

楔形耦合器可以把导波光波引入衬底一侧，实现高效的输出耦合，可以用在集成系统中。但其输出光波的发散角较大，一般在 1°～20°之间。且不容易获得有效的输入耦合。

### 2.3.4 其他耦合方法及器件

#### （1）直接聚焦耦合

利用透镜或者透镜组将光波直接聚焦在波导层的端面上，在波导数值孔径以内的光波就可以在波导层内传输，从而产生导模。图 2-15 表示高斯光束的耦合进入波导，光束通过透镜聚焦之后从波导的端面入射进入波导。当透镜的数值孔径和波导的数值孔径相同时，光波会耦合进入波导中。

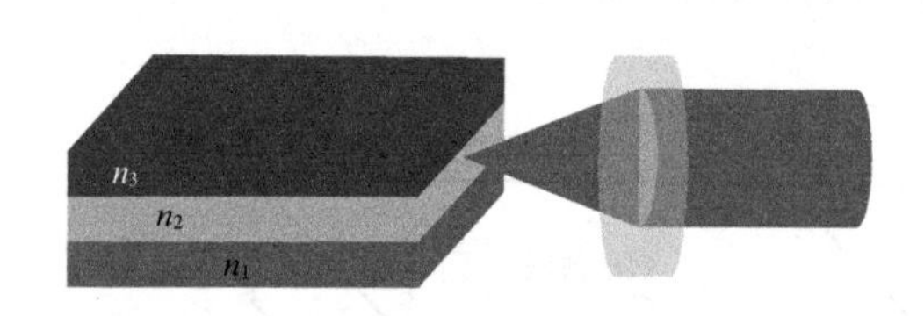


图 2-15 直接聚焦耦合方式示意图

理论上，如果入射光波分布和被激发的模式分布相匹配，耦合效率可以接近 100%。但在实际情况中，耦合效率很难达到 100%。一方面，入射光波的振幅分布和表面波场的形状存在差异，则能量将受到衰减激发出高阶表面模以及辐射模。另一方面，波导的入射端面并不是理想平滑或者洁净（对于常见的微结构光纤波导，通常可以将入射端面切割出 4°的倾斜面以此来降低菲涅尔反射），因此会导致较大损耗的产生。

直接耦合可以应用在平面波导以及通道波导中，在微结构光纤波导，尤其是尺寸较大的多纤芯光子晶体光纤波导、空芯带隙光子晶体光纤波导以及负曲率微结构光纤波导等，这些波导由于其尺寸量级、结构特性等因素，无法使用熔接的方式将泵浦激光器尾纤和光纤波导进行连接，因此需要使用透镜聚焦系统将光波耦合进入此类波导。相关的工作在本书后面章节中有详细介绍。

#### （2）直接对接耦合

对接耦合的方式结构简单，但其需要较高的对准精度，至少要达到亚微米量级。通常对相关结构和对接位置进行优化之后，能够实现高效的耦合。图 2-16 是典型的半导体激光器和平面介质波导的对接耦合示意图。由于波导层的厚度和激光器有源区的厚度之间的差异较小，激光器激发的基模模场分布能够和 $TE_0$ 导波模式进行良好的匹配。因此，使用对接耦合，能够很好地利用半导体激光器对平面介质波导进行泵浦。由于常见的激光二极管的输出激光具有发散的半角分布范围，不利于使用棱镜耦合、光栅耦合以及楔形耦合等方式将光波耦合进波导结构。基于对接耦合，可以实现二者之间的高效耦合。

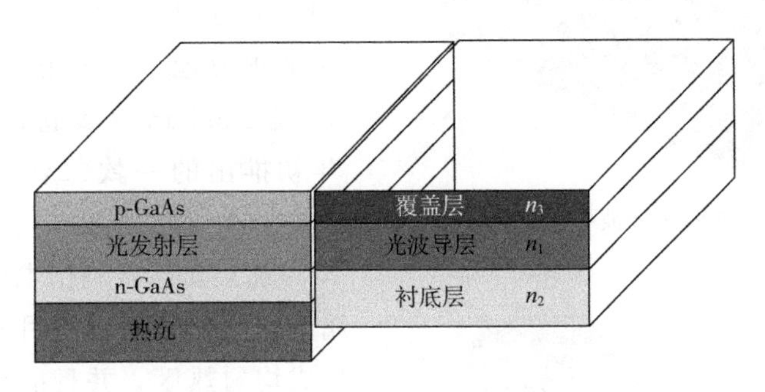


图 2-16　对接耦合方式示意图

### （3）直接熔接耦合

此类方法主要用在光纤波导的耦合中，基于光纤熔接技术，是光通信网络中常用的光纤耦合方式之一。光纤熔接是在两根相同或者不同的光纤波导之间形成永久性、低损耗、高强度焊接的过程。和直接聚焦耦合及使用连接器耦合相比较，熔接设备相对价格高，但这种方法具有许多优点。结构紧凑，没有使用到除光纤波导以外的其他元器件，并且相邻耦合位置的间距可以很小（小至微米量级）；熔接设备的参数可调节性较强，可以应用在不同光纤波导之间的低损耗耦合；熔接点位的机械强度、工作稳定性以及耐高温和高功率密度激光传输的能力较强。对于微结构光子晶体光纤波导来说，常用的熔接方法主要包括以下几种[41]。

电弧熔接是较为常见的光纤熔接方法，大多数商用的光纤熔接机都是基于电弧熔接的，这类设备内部有标准程序，能够便捷、高效、低损耗地熔接常规单模光纤波导。常规的电弧熔接机具有一对电极探针，熔接过程中两个探针间的气体中持续通过高强度电流从而产生高温并电弧放电。图 2-17 是一款专为熔接大芯径八角光纤、特殊种类保偏光纤、光子晶体光纤等特种光纤的光纤熔接机 FSM-100M+/P+[42]。

激光熔接主要使用二氧化碳激光实现光纤波导熔接，常见的光纤波导材料二氧化硅对波长为 10.6μm 的二氧化碳激光具有较高的吸收系数。此类方法能够对激光的功率和光斑参数进行精确控制和连续调节，从而有效地控制光子晶

图 2-17　特种光纤波导熔接机[42]

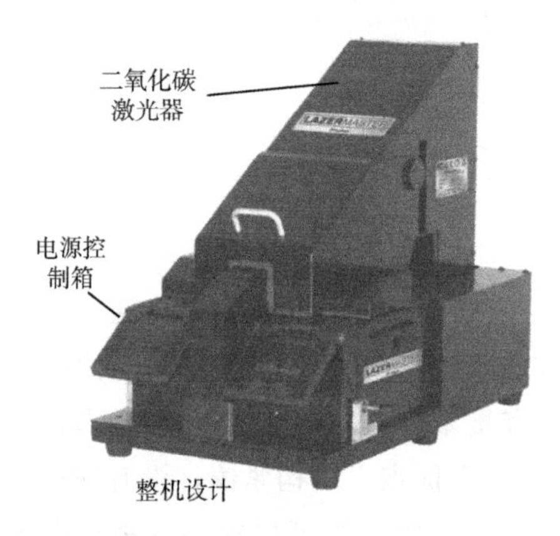


图 2-18　二氧化碳激光熔接系统[42]

体光纤波导空气孔的塌陷程度，减小熔接损耗。同时，由于激光作用在光纤波导上能够产生等离子体，从而能够有效地除去酒精等液体残留物，提高熔接成功率。此方法使用的系统比较复杂，体积较大，无法大规模地商业化推广应用。图 2-18 是 Fujikura（藤仓）公司于 2012 年初推出的一款二氧化碳激光器光纤熔接处理工作站[42]。

加热丝熔接利用电阻加热的钨金属丝作为加热源。使用倒 Ω 状的结构形成均匀热区，并且能够方便地对光纤波导实现移动操作。由于钨金属丝会氧化，需要通入惰性气体（较常使用的是高纯度氩气），从而避免钨金属丝在高温环境中与空气中的氧发生化学反应。和电弧放电相比较，加热丝对光纤波导的加热比较慢，能够实现均匀加热，在对类似于光子晶体光纤波导等对加热条件敏感的波导比较适用。

### （4）侧面耦合

在光纤激光器中，还可以使用侧面耦合的方式，将泵浦激光从双包层光纤波导的侧面耦合进光纤的包层中[43]。常见的侧面耦合的方法主要有以下几类。如图 2-19 所示，光纤波导侧面直接耦合法[44-46]，除去部分双包层光纤的保护层和外包层，把波导内包层沿着波导方向打磨抛光形成一平面，然后把泵浦光尾纤端面以特定角度磨抛好之后熔接在双包层光纤抛光的内包层上，并且将低折射率聚合材料涂敷在熔接处。泵浦光就能够沿着尾纤直接耦合到光纤波导中。此方法能够实现多点泵浦，且能够高效耦合，但加工难度较高。

光栅侧面耦合法[47]是在除去保护层和外包层后，把一个反射光栅紧贴在内包层一侧，在中间填充折射率匹配材料，在另一侧将激光聚焦到反射光栅，通过反射光栅反射进光纤的包层，如图 2-20 所示。这类方式也能够获得多点耦合。

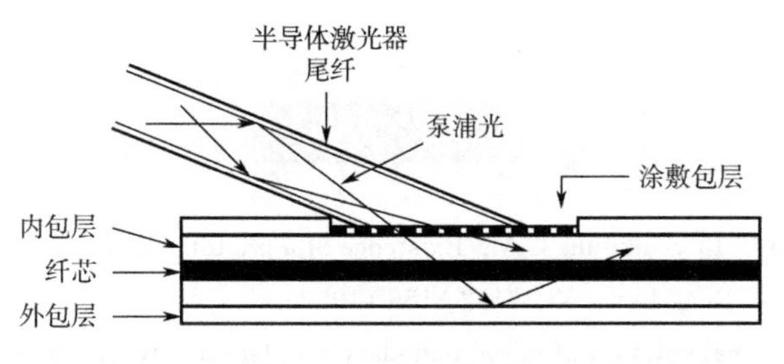


图 2-19　光纤激光系统侧面直接耦合方式示意图

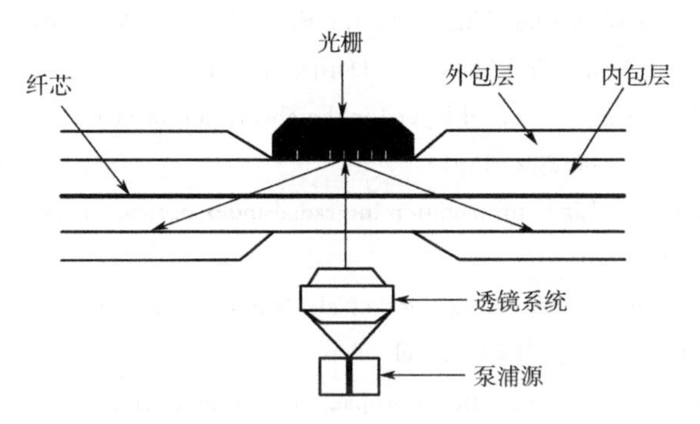


图 2-20　光纤激光系统的光栅侧面耦合方式示意图

V 形槽侧面耦合[48-50]是在除去保护层和外包层后，在内包层的一侧制备一个特定形状的 V 形沟槽，将其中一个或者两个斜面作为反射镜；激光聚焦到斜面上经过全反射进入内包层中，如图 2-21 所示。此时，需要槽的斜面满足激光全反射的条件，而且需要在激光输入的一侧的内包层上设置与内包层折射率相匹配的衬底，这样可以提高耦合效率。此方式易于实现双向耦合。但对微加工工艺要求较高，需要考虑激光输入的位置；不利于多点阵列式耦合。

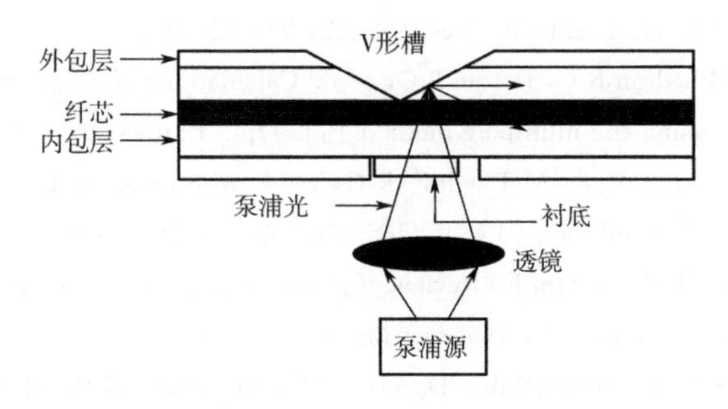


图 2-21　光纤激光系统 V 形槽侧面耦合方式示意图

嵌入透镜式侧面耦合[46, 51]与 V 形槽侧面耦合方式类似，需要在内包层上放置微透镜。

## 参考文献


[1] Ho K M, Chan C T, Soukoulis C M. Existence of a photonic gap in periodic dielectric structures [J]. Phys. Rev. Lett. 65, 3152-3155 (1990).

[2] Yee K S. Numerical solution of initial boundary problem involving Maxwell's equations in isotropic media [J]. IEEE Trans. Antennas Propagat. 14, 302-307 (1966).

[3] Koshiba M. Optical Waveguide Theory by the Finite Element Method, KTK Scientific Publishers and Kluwer Academic Publishers, Dordrecht, Holland, 1992.

[4] Berenger J P. A perfectly matched layer for the absorption of electromagnetic waves [J]. J. Comput. Phys. 114, 185-200 (1994).

[5] Feit M D, Fleck J A. Light propagation in graded-index optical fibers [J]. Appl. Opt. 17, 3990-3998 (1978).

[6] Scarmozzino R, Gopinath A, Pregla R, et al. Numerical techniques for modeling guided-wave photonic devices [J]. IEEE J. Sel. Top. Quantum Electronics 6, 150-161 (2000).

[7] Koch T B, Marz R, Davies J B. Beam propagation method using z-transient variational principle [C]. in Proc 16th European Conf. Opt. Commun. (ECOC), 1 Amsteram, The Netherlands, 1990: 163-166.

[8] Yevick D, Hermansson B. Split-step finite difference analysis of rib waveguides [J]. Electron Lett. 25, 151-171 (1989).

[9] Lee C T, Wu M L, Hsu J M. Beam propagation analysis for tapered waveguides: taking account of the curved phase-front effect in paraxial approximation [J]. J. Lightwave Technol. 15, 2183-2189 (1997).

[10] 张晓娟. 光子晶体光纤的结构设计及其传输特性研究 [M]. 北京：科学出版社，2016.

[11] Wang Z, Ren G B, Lou S Q. A Novel Supercell Overlapping Method for Different Photonic Crystal Fibers [J]. J. Lightwave Technol. 22, 903 (2004).

[12] White T P, McPhedran R C, Botten L C, et al. Calculations of air-guided modes in photonic crystal fibers using the multipole method [J]. Opt. Express 9, 721-732 (2001).

[13] White T P, Kuhlmey B T, McPhedran R C, et al. Multipole method for microstructured optical fibers. I. Formulation [J]. J. Opt. Soc. Am. B 19, 2322-2330 (2002).

[14] Yakasai K, Abas P E, Begum F. Review of porous core photonic crystal fibers for terahertz waveguiding [J]. Optik, 229, 166284 (2021).

[15] Goure J P, Verrier I. Optical Fibre Devices [M]. (Institute of Physics, 2016).

[16] Lu C H, Lan C C, Lai Y L, et al. Enhancement of green emission from InGaN/GaN multiple quantum wells via coupling to surface plasmons in a two-dimensional silver array [J]. Adv. Funct. Mater. 21, 4719-4723 (2011).

[17] Chan W L, Deibel J, Mittleman D M. Imaging with terahertz radiation [J]. Rep. Prog. Phys. 70, 1325-1379 (2007).

[18] De M, Gangopadhyay T K, Singh V K. Prospects of photonic crystal fiber as physical sensor: an overview [J]. Sensors (Switzerland) 19, 464 (2019).

[19] 张伟刚. 光纤光学原理及应用 [M]. 天津：南开大学出版社，2008.

[20] Mousavi S A, Sandoghchi S R, Richardson D J, et al. Broadband high birefringence and polarizing hollow core antiresonant fibers [J]. Opt. Express 24, 22943-22958 (2016).

[21] 刘毅，郭荣荣，易小刚，等. 掺铒光纤 Sagnac 环掺铒光纤放大器增益平坦特性 [J]. 中国光学 13 (5), 988-994 (2020).

[22] Raja G T, Varshney S K. Extremely large mode-area bent hybrid leakage channel fibers for lasing applications [J]. IEEE J. Sel. Topics Quantum Electron. 20 (5), 251-259 (2014).

[23] Ebendorff-Heidepriem H, Petropoulos P, Asimakis S, et al. Bismuth glass holey fibers with high nonlinearity [J]. Opt. Express 12, 5082-5087 (2004).

[24] Paul B K, Khalek M A, Chakma S, et al. Chalcogenide embedded quasi photonic crystal fiber for nonlinear optical applications [J]. Ceram. Int. 44, 18955-18959 (2018).

[25] Robinson J T, Manolatou C, Chen L, et al. Ultrasmall mode volumes in dielectric optical microcavities [J]. Phys. Rev. Lett. 95 (14), 143901 (2005).

[26] Wu X Q, Wang Y P, Chen Q S, et al. High-Q, low-mode-volume microsphere-integrated Fabry-Perot cavity for optofluidic lasing applications [J]. Photon. Res. 7, 50-60 (2019).

[27] Hasan M I, Razzak S A, Hasanuzzaman G, et al. Ultra-low material loss and dispersion flattened fiber for THz transmission [J]. IEEE Photon. Technol. Lett. 26, 2372-2375 (2014).

[28] Islam M S, Sultana J, Dinovitser A, et al. Zeonex-based asymmetrical terahertz photonic crystal fiber for multichannel communication and polarization maintaining applications [J]. Appl. Opt. 57 (4), 666-672 (2018).

[29] Wu Z Q, Zhou X Y, Xia H D, et al. Low-loss polarization-maintaining THz photonic crystal fiber with a triple-hole core [J]. Appl. Opt. 56, 2288-2293 (2017).

[30] Chin M K, Lee C W, Lee S Y, et al. High-index-contrast waveguides and devices [J]. Appl. Opt. 44, 3077-3086 (2005).

[31] Keiser G. Optical Fiber Communications, fifth ed., McGraw-Hill, 2015.

[32] Chen X, Hu X W, Yang L Y, et al. Double negative curvature anti-resonance hollow core fiber [J]. Opt. Express 27, 19548-19554 (2019).

[33] Berge Tatian. Fitting refractive-index data with the Sellmeier dispersion formula [J]. Appl. Opt. 23, 4477-4485 (1984).

[34] Yang T Y, Ding C, Ziolkowski R W, et al. Circular hole ENZ photonic crystal fibers exhibit high birefringence [J]. Opt. Express 26, 17264-17278 (2018).

[35] 郭宇昊. 微纳光学器件的色散控制 [D]. 天津：天津大学，2020.

[36] Fleming J W. Dispersion in $GeO_2$-$SiO_2$ glasses [J]. Appl. Opt. 23, 4486-4493 (1984).
[37] Wei C L, Menyuk C R, Hu J. Bending-induced mode non-degeneracy and coupling in chalcogenide negative curvature fibers [J]. Opt. Express 24, 12228-12239 (2016).
[38] Liu Y P, Yang Z Q, Zhao J, et al. Intrinsic loss of few-mode fibers [J]. Opt. Express 26, 2107-2116 (2018).
[39] Hasan Md R, Islam Md A, Anower M S, et al. Low-loss and bend-insensitive terahertz fiber using a rhombic-shaped core [J]. Appl. Opt. 55, 8441-8447 (2016).
[40] 宋贵才，全薇. 光波导原理与器件 [M]. 北京：清华大学出版社，2016.
[41] 况心怡. 空芯光子带隙光纤的传输仿真及其与单模光纤的电弧熔接 [D]. 华东理工大学，2020.
[42] https://www.lusterinc.com/Fujikura_lazermaster_workstation/lzm110.html.
[43] 刘宗华. 掺镱双包层光子晶体光纤激光器的理论及实验研究 [D]. 北京：北京交通大学，2014.
[44] Xu J Q, Lu J H, Kumar G, et al. A non-fused fiber coupler for side-pumping of double-clad fiber lasers [J]. Opt. Commun. 220 (4-6), 389-395 (2003).
[45] 吴中林，楼祺洪，周军，等. 光纤激光器的抽运方法研究进展 [J]. 激光与光电子学进展 41 (4), 30-33 (2004).
[46] Huang H S, Chang H C. Analysis of optical fiber directional coupling based on the $HE_{11}$ modes-Part I: The nonidentical-core case [J]. J. Lightwave Technol. 8 (6), 832-837 (1990).
[47] Herda R, Liem A, Schnabel B, et al. Efficient side-pumping of fiber lasers using binary gold diffraction gratings [J]. Electron. Lett. 39, 276-277 (2003).
[48] Hideur A, Chartier T, Özkul C, et al. All-fiber tunable ytterbium-doped double-clad fiber ring laser [J]. Opt. Lett. 26 (14), 1054-1056 (2001).
[49] Goldberg L, Cole B, Snitzer E. V-groove side-pumped 1.5μm fibre amplifier [J]. Electron. Lett. 33 (25), 2127-2129 (1997).
[50] Ripin D J, Goldberg L. High efficiency side-coupling of light into optical fibres using imbedded v-grooves [J]. Electron. Lett. 31 (25), 2204-2205 (1995).
[51] Koplow J P, Moore S W, Kliner A V. A new method for side pumping of double-clad fiber sources [J]. IEEE J. Quantum Electron. 39, 529-540 (2003).

# 第3章

# 多纤芯微结构光子晶体光纤波导及传感应用

多纤芯微结构光子晶体光纤波导具有优异的结构特性，能够解决在传统单纤芯微结构光纤波导中普遍存在的问题：在光通信系统中，多纤芯光纤波导可以实现信号传输的模分复用，在提高光传输的信道通信容量的同时实现复杂网络通信；在光纤激光器领域，多纤芯微结构光纤波导可以用于进一步增加有效模场面积、降低光纤热效应，获得高功率、高性能激光输出；在传感系统中，多纤芯微结构光纤波导可以作为传感器，实现矢量弯曲、应力方向传感。传统的光纤波导工艺由于其加工工艺的限制，拉制出双纤芯或者多纤芯的微结构光纤比较困难。由于微结构光子晶体光纤波导可以使用管束堆积法拉制而成，多纤芯微结构光子晶体光纤波导的制作方法与普通光纤波导基本一致。因此，通过调整预制棒的结构参数就能够比较容易获得多纤芯微结构光子晶体光纤波导，而且可以根据需要调整纤芯之间的位置及距离，具有较大的设计自由度[1]。

## 3.1 多纤芯微结构光子晶体光纤波导研究进展

20 世纪初，英国巴斯大学的 B. J. Mangan 等人[2]通过实验成功地拉制出第一根折射率引导型的双纤芯微结构光子晶体光纤波导，并且对双纤芯的耦合效应展开研究，由此得到的双纤芯模场耦合理论，使之成为多纤芯微结构光子晶体光纤理论研究的基础。自此开始，世界各国的研究人员从理论设计和实际应用等方面对多纤芯微结构光纤波导展开了大量的研究。

在激光器应用方面，早在 2005 年，南开大学、河北大学和燕山大学等高校的课题组[3]联合报道了利用钛蓝宝石激光器泵浦不规则多纤芯微结构光子晶体光纤波导，如图 3-1（a）和（b）所示。在不同的纤芯中激发出了不同的可见光超连续谱，覆盖了 350～1500nm 的光谱范围，功率达到 90mW。2011 年，意大利布雷西亚大学的 G. Manili 等人[4]使用中心波长为 1.064μm 的亚纳秒量级 Nd：YAG 调 $Q$ 微芯片激光器作为泵浦源，将泵浦激光选择性地耦合进双折射多纤芯微结构光子晶体光纤波导的某一个纤芯中，如图 3-1（c）所示，通过模间四波混频效应，在 400～1600nm 的光谱范围内产生毫瓦量级的可见光超连续谱。

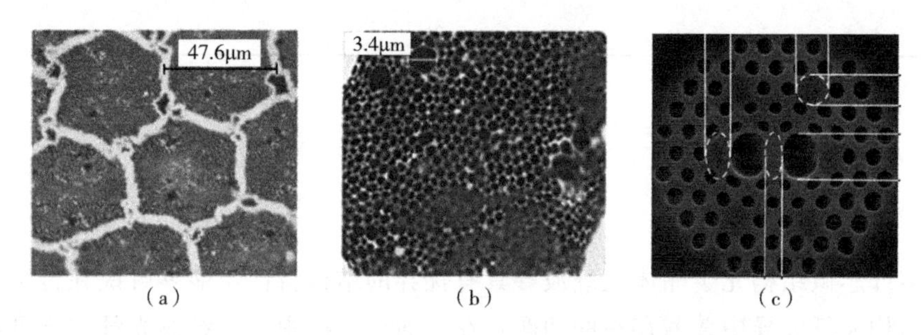


图 3-1 多纤芯微结构光纤波导中心区域显微图[3]（a）、多纤芯微结构光纤波导中一个单元的显微照片[3]（b）及双折射多纤芯微结构光子晶体光纤波导（c）[4]

2012 年，天津大学王清月课题组联合俄罗斯和美国的研究人员[5]，将输出功率为 11W、中心波长为 1038nm 的飞秒激光通过透镜耦合到七纤芯微结构光子晶体光纤波导中（其零色散点 1025nm），产生了 5.4W 的稳定的同相位超模连续谱，光谱范围在 500～1700nm 之间，波导结构如图 3-2（a）所示。2013 年，国防科技大学谌鸿伟等人使用波长为 1.064μm 的皮秒激光泵浦两种结构的七纤芯微结构光子晶体光纤波导，实现了全光纤高功率超连续谱输出[6]，两种微结构光纤波导的横截面如图 3-2（b）和（c）所示。课题组利用七纤芯微结构光子晶体光纤波导（零色散波长 1117nm）产生了功率 74W、光谱范围为 700～1700nm 的超连续谱[7]。通过提高泵浦激光功率，将超连续谱的输出功率提升至 116W，此时的光谱范围为 800～1650nm。第二种七纤芯微结构光纤波导具有双层空气孔包层结构，具有内外两层折射率不同的包层，内包层可以设计成为大数值孔径结构，有利于使用高功率的多模泵浦光源，纤芯为掺杂稀土元素的增益介质，与内包层之间可以被设计成为单模传输结构，有利于在光纤波导纤芯中产生的激光在直径很小的圆形纤芯中传输。由于纤芯与内包层之间的单模传输条件的限制，可以产生高质量的激光以及较小的模场面积，能够比较容易地耦合进后续应用设备。利用该双包层结构光纤，产生了功率为 64.2W、光谱范围为 500～1700nm

的超连续谱。2021 年，日本电气通信大学的 T. Kawamura 等人[8]通过将半导体可饱和吸收器放置在谐振腔内，从而基于掺镱七纤芯微结构光子晶体光纤波导同时实现锁相和锁模激光器。从锁模激光器中产生了 333nJ 的高能量脉冲，其重复频率为 42.4MHz，平均功率为 14.1W，光纤结构如图 3-2（d）所示。

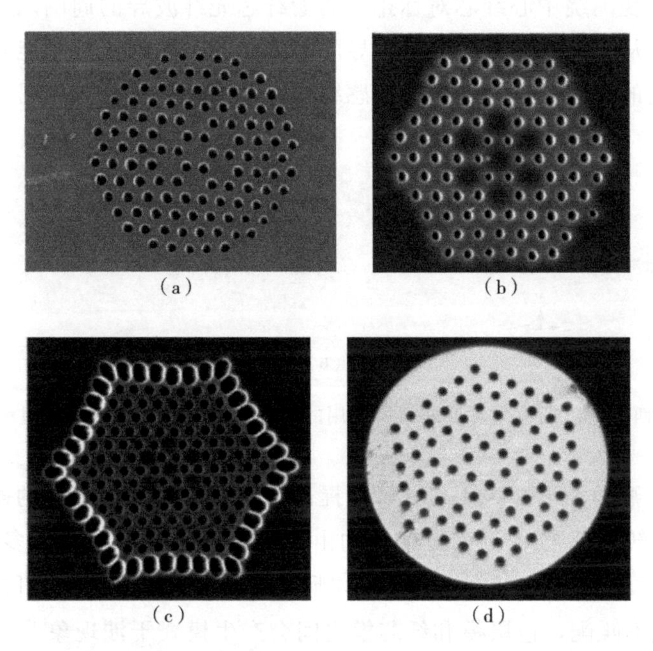

图 3-2　不同课题组报道的七纤芯微结构光子晶体光纤波导：天津大学课题组（a）[5]；国防科技大学课题组（b）和（c）[6,7]；日本电气通信大学课题组（d）[8]

在传感器应用领域，多纤芯微结构光纤波导由于多个纤芯共同使用同一包层的独特结构而广泛应用于传感器领域。由于强耦合多纤芯光纤波导纤芯与纤芯之间的距离较小，导模以超模的形式叠加和传输[9,10]。作为强耦合的结果，纤芯之间的模式耦合周期性地发生，有利于用于应变传感中。2016 年，哈尔滨工程大学的 T. Geng 等人基于锥形三纤芯光纤和长周期光纤光栅组成的结构，设计了能够同时进行应变和温度测量的传感器[11]。通过测量波长和幅度差变化下的两个峰值的灵敏度，实验结果表明所提出的结构能够有效地同时测量温度和应变的有效性。2017 年，西班牙的 J. Villatoro 等人基于七纤芯光纤的两个超模干涉设计了应变传感器，将具有强耦合的多纤芯作为传感单元[12]。2020 年，加拿大渥太华大学的 H. B. Fan 等人实现了基于非均匀多纤芯偏置光纤波导组合压-拉应变传感器[13]，其能够测量的应变范围为 1με～20mε。由于非均匀光纤的纤芯偏置拼接，独特的非对称光纤结构降低了各个部分的简并性，获得了大范围和不规则形状的反射光谱。此外，由二氧化硅包层和空气中的高阶模引起的增强多模干涉导致在压缩和拉伸区域具有高分辨率的大应变范围。

2020 年，西班牙巴斯克大学的 O. Arrizabalaga 等人提出了一种基于非对称耦合多纤芯光纤波导的矢量弯曲和方向区分曲率传感器[14]。他们通过使用飞秒激光写入来改变围绕中心纤芯对称排列的七纤芯光纤波导的周围六个纤芯其中之一的折射率，从而破坏多纤芯光纤波导的对称性。对称性的缺失能够实现一种具有较高灵敏度的弯曲方向和大小的传感结构。传感结构示意图如图 3-3 所示。

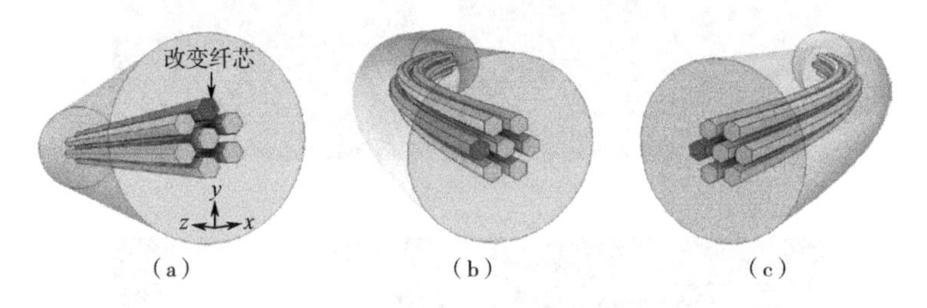


图 3-3　西班牙巴斯克大学课题组所使用的七纤芯光纤波导及工作原理示意图[14]

2021 年，燕山大学的 X. H. Fu 等人提出了一种基于强度测量的微腔结构七纤芯光纤波导扭转传感器[15]。该传感结构由一根七纤芯光纤和两个多模光纤组成，七纤芯的一段设计有微腔结构，如图 3-4 所示。由于多模光纤和多纤芯光纤之间的模场在熔接点不匹配，包层模和纤芯模之间会产生模式干涉现象[15]。浙江师范大学的 Y. Zhou 等人提出了一种基于自制七纤芯光纤波导的新型弯曲传感器[16]。其传感头是通过在两段单模光纤之间拼接一段七纤芯光纤构成的。由于七纤芯光纤波导的两个超模的模式干涉，加工制作了一个纤芯之间距离较小（约为 11μm）的七纤芯光纤波导，并且用作高灵敏度的弯曲传感器。在光纤波导中，存在两种模式，中心纤芯中具有大部分模式能量的基模和六个外部纤芯中具有大部分模式能量的第一高阶模式，利用这两个模式可以构造 Mach-Zehnder 干涉结构的弯曲传感器。

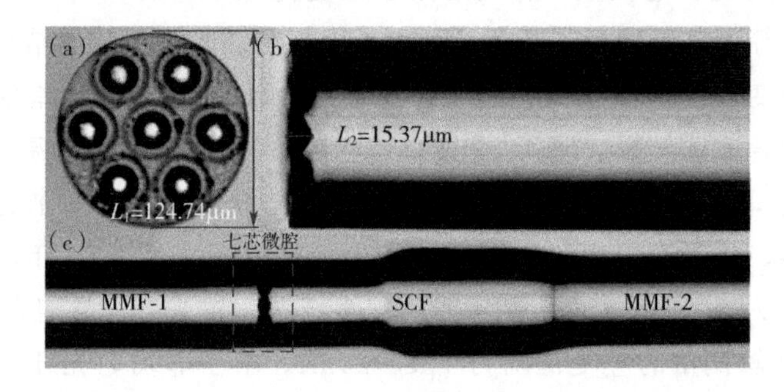


图 3-4　燕山大学课题组所使用的七纤芯微结构波导[15]

多纤芯微结构光子晶体光纤波导也被广泛用于表面等离子体共振传感器中。2019年，P. B. Bing等人提出了一种基于具有三个D形孔的新型光子晶体光纤波导的表面等离子体共振传感器[17]。如图3-5（a）所示，三个D形孔填充满分析物，金膜沉积在三个平面的侧面。外扩的D形孔设计可以有效解决金属化纳米涂覆层的均匀性问题，有利于分析物的填充，便于分析物的实时测量。2020年，英国阿伯丁大学的S. Osifeso等人报道了一种基于多纤芯光子晶体光纤波导的表面等离子体共振温度传感器，该传感器使用乙醇和苯作为温度敏感材料，并对外表面进行分段金属涂敷[18]，结构如图3-5（b）所示。中国矿业大学的H. Liu等人提出了一种基于双纤芯光子晶体光纤波导中表面等离子体共振的磁场和温度双参数测量方法[19]。如图3-5（c）所示，在中心孔镀有银-石墨烯层，将磁流体渗透到孔中从而改变双纤芯结构。将等离子体共振效应和双纤芯光子晶体光纤波导结合，通过测量输出光谱中出现的损耗峰偏移实现磁场和温度的同时测量。此外，通过将氯仿和甲苯的混合物填充到右侧纤芯周围的包层空气孔中，不仅可以提高温度灵敏度，而且可以同时形成两种不同的传感机制，使两个纤芯中传输的光波不会相互作用。2021年，S. X. Jiao等人设计了双通道双纤芯光子晶体光纤波导表面等离子体共振传感器[20]。如图3-5（d）所示，他们采用银膜和金膜的传感层分别沉积在两个大的环形检测通道中。双纤芯光子晶体光纤波导结构有利于提高检测灵敏度，利用银和金材料的不同共振特性可以实现双通道传感，其采用单极化模式同时表征两个通道的共振信号峰值。

在通信领域，弱耦合多纤芯光纤波导可用于解决通信系统中日益紧张的信道容量问题。这需要多纤芯光纤波导同时满足纤芯与纤芯之间较大的距离和足够数量的纤芯，从而满足通信需求[21,22]。2016年，日本的研究人员使用9.8km六模十九纤芯光纤波导用于实现16通道空间、波长和相位复用双极化正交相移键控信号的超密集空分复用传输，并在全C波段实现了2.05Pbit/s超密集空分复用超奈奎斯特波分复用传输，频谱效率达到456bit/s/Hz[23]。来自哥伦比亚的E. R. Vera等人提出并分析了一种基于具有不同纤芯的双纤芯光子晶体光纤的模式选择耦合器[24]，可以获得$LP_{01}$和$LP_{11}$模式之间的模式转换。同时，通过改变空气孔中液体的折射率，可以调整相位匹配条件，进而改变模式转换器的工作波长。2017年，南开大学的H. W. Zhang等人提出了一种基于五纤芯微结构光纤波导的全光纤模分复用耦合器，用于同时复用或者解复用$LP_{11}$、$LP_{21}$、$LP_{02}$和$LP_{01}$模式[25]。该波导耦合器由支持四种传输LP模式（波长为1550nm）的少模纤芯和围绕少模纤芯的四个单模纤芯组成。通过选择少模纤芯耦合模和周围单模纤芯的$LP_{01}$模式的相位匹配条件，以及优化单模纤芯和少模纤芯之间的间隔，可以实现具有相同耦合长度的模分复用耦合器。2018年，墨西哥的研究人员

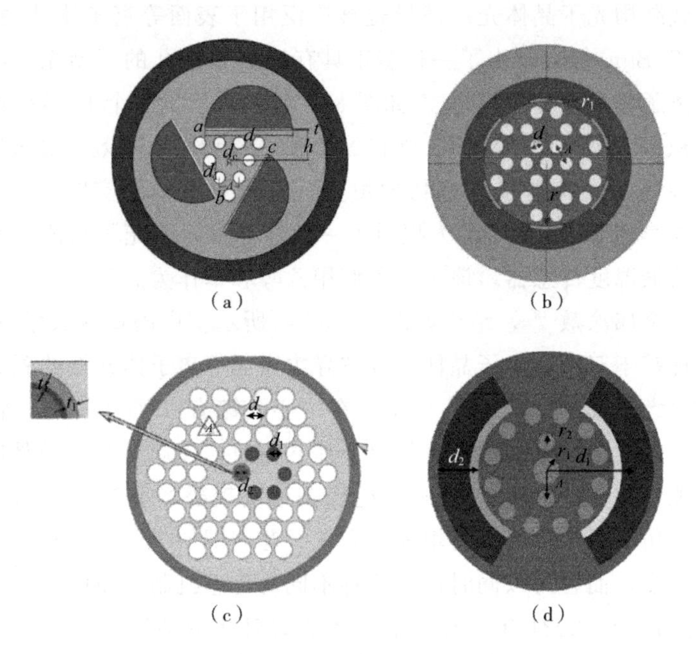


图 3-5 基于 D 形孔的新型光子晶体光纤波导传感器 (a)[17]、多纤芯光子晶体光纤波导温度传感器 (b)[18]、双纤芯光子晶体光纤波导磁场和温度双参数传感结构 (c)[19] 及双通道双芯光子晶体光纤波导表面等离子体共振传感器 (d)[20]

M. López-Coyote 等人研究了群速度色散对双纤芯光纤波导传输系统中波分复用通道之间相对芯间串扰的影响[26]。以色列霍隆理工学院的 D. Malka 和 G. Katz 展示了一种基于多纤芯光子晶体光纤波导结构的八通道多路复用设备，该结构工作波段为 C 波段（1530～1565nm）[27]。光子晶体光纤多路分配器设计是通过在光子晶体光纤轴上用铌酸锂和氮化硅材料替换一些空气孔区域，以及对波导结构进行适当优化实现的。数值仿真结果表明，该八通道解复用器在光波传播 5cm 后可以实现解复用，具有较大的带宽（4.03～4.69nm）和串扰（－16.88～－15.93dB）。所提出的结构可以集成到密集波分复用技术中，从而提高网络系统的性能。2021 年，D. Malka 课题组提出一种基于多纤芯聚合物光纤波导设计 RGB 多路复用器的新方法[28]。所提出的新结构使用了聚碳酸酯层在沿着光纤长度方向替换了七个空气孔区域。聚碳酸酯层的长度大小适合工作波长的耦合，能够控制更接近聚碳酸酯层之间的光转换，在不增加其他设备的情况下实现 RGB 多路复用结构。同年，来自马来西亚、美国和中国的联合课题组通过使用新型三纤芯光子晶体光纤波导实现空分复用，以提高信号质量并增加农村环境中可实现的链路范围，系统示意图如图 3-6 所示[29]。在发射端，三纤芯光子晶体光纤波导模式解复用器将基模转换为三个不同的模式组，可以用作三个射频信号独立传输的载波。在接收端，使用三个光子晶体光纤波导均衡地接收信号功率，信道脉冲响应表明信号质量得到改善[29]。

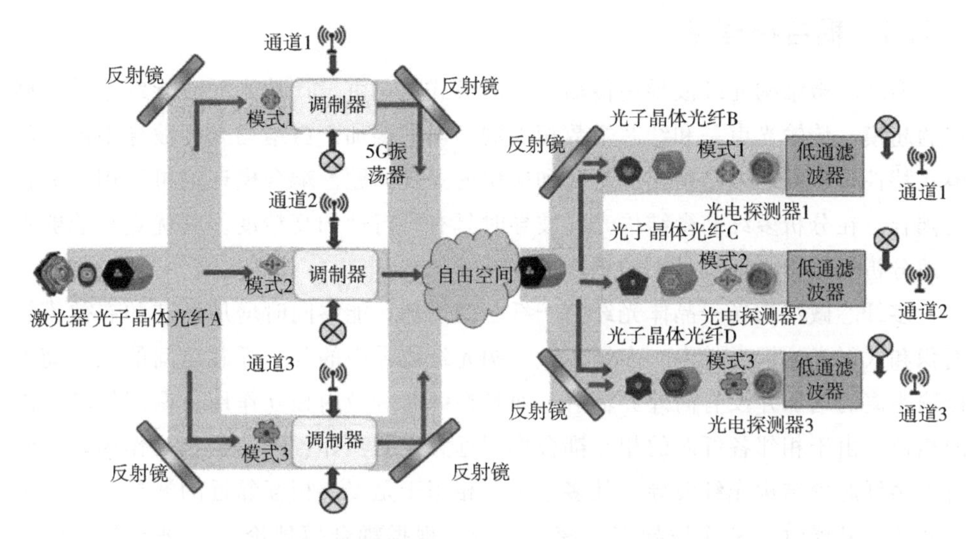


图 3-6 基于三纤芯光子晶体光纤波导的空分复用系统示意图[29]

## 3.2 七纤芯微结构光子晶体光纤波导模式分析

在多纤芯微结构光子晶体光纤波导中，七纤芯结构是比较具有代表性的一种结构，图 3-7 为典型的七纤芯微结构光纤波导端面示意图。其与单纤芯微结构光子晶体光纤波导一样，由熔融石英衬底上周期排布空气孔构成包层，缺失一个或多个空气孔构成纤芯，在多个位置缺失空气孔时，就构成了多纤芯微结构波导。其包层的有效折射率低于纤芯折射率，只有满足折射率引导的光才能够在纤芯中传输。多个纤芯周期排布，纤芯之间的空气孔使得各个纤芯分散排布，有效地降低了热应力影响。

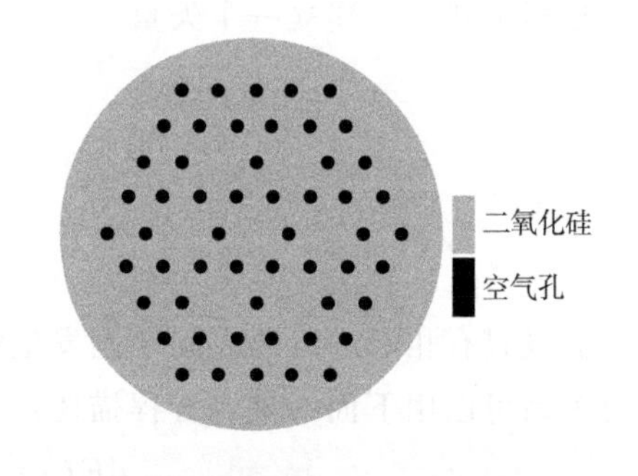


图 3-7 折射率引导七纤芯光子晶体光纤波导端面示意图

对于折射率引导型多纤芯微结构光

纤波导，纤芯之间的耦合作用主要是渐消场耦合，在每个纤芯里传播的光场相互耦合形成超模。从结构设计方面考虑来降低模式数量，将多纤芯微结构光纤波导的每个纤芯都按照单模传输的要求设计。超模数量一般与纤芯数量相同。

### 3.2.1 耦合模理论

多纤芯微结构光纤波导中传输光波的模式就是由设计的光纤波导纤芯结构确定的超模，传输光束是和纤芯个数相同的超模的叠加。微结构光纤波导中超模的模式特性是多纤芯微结构光纤研究和应用的关键问题。耦合模理论可以用来分析弱耦合，在分析多纤芯微结构光纤波导时具有可行性和高精度。其优点是能够直观地分析微结构光纤波导中的耦合过程。

多纤芯微结构光子晶体光纤由于纤芯的增加，能够同时增加纤芯的有效模场面积和入射光的耦合效率。多纤芯微结构光纤波导中的各个纤芯之间的光波随着传输距离的增加并没有向外界辐射，而是在纤芯区域内相互作用，调制传输光波的相位。由于相邻各纤芯的相互耦合作用远大于非相邻各纤芯的相互作用，因此对于多纤芯微结构光纤波导，其多个纤芯相当于是多个相互邻近的波导。当每个纤芯传输基模时，$N$ 个波导产生模式耦合，根据耦合模理论[30]，波导的总电场分布 $E$ 表示为：

$$E(x,\ y,\ z)=\sum_{i}A_i(z)E_i(x,\ y)\mathrm{e}^{\mathrm{j}\beta_i z},\ i=1,\ 2,\ \cdots,\ N \tag{3-1}$$

式中，$\beta_i$表示第 $i$ 个纤芯的传输常量；$E_i$（$x$，$y$）$\mathrm{e}^{\mathrm{j}\beta_i z}$表示第 $i$ 个纤芯的导模，第 $i$ 个纤芯中总的光功率为 $|A_i(z)|^2$。在多纤芯波导中，由于纤芯之间会发生模式耦合，各个纤芯中传播光场的复振幅会发生改变。但是，纤芯所能传输的模式由材料性质和几何结构决定，因此，单个纤芯不会因为模式耦合的存在而产生高阶模。

根据上式可以建立一个矢量：

$$E_{\mathrm{c}}(x,\ y,\ z)=\begin{bmatrix}A_1(z)\mathrm{e}^{\mathrm{j}\beta_1 z}\\A_2(z)\mathrm{e}^{\mathrm{j}\beta_2 z}\\\cdots\\A_N(z)\mathrm{e}^{\mathrm{j}\beta_N z}\end{bmatrix} \tag{3-2}$$

假设只有相邻的纤芯之间才能发生耦合，根据耦合模理论，不同纤芯之间的耦合关系可以用下面的耦合方程描述：

$$\frac{\mathrm{d}E(z)}{\mathrm{d}z}=CE(z) \tag{3-3}$$

其中

$$
C=\begin{bmatrix}
js_1 & jk_{12} & \cdots & \cdots & \cdots & jk_{1N} \\
jk_{21} & js_2 & jk_{23} & & & \\
\vdots & jk_{32} & js_3 & jk_{34} & & \\
\vdots & \vdots & & & & \\
\vdots & \vdots & & & & \\
jk_{N1} & jk_{N2} & \cdots & \cdots & jk_{N,\ N-1} & js_N
\end{bmatrix} \tag{3-4}
$$

$k_{mn}$表示纤芯$m$和$n$之间的互耦合系数；$s_N$表示第$N$个纤芯的自耦合系数。

根据定义，每一个传输的超模就是场分量的解，除了相位因子待确定外，超模的场分布与坐标$z$无关，$E(z)$可以表达为：

$$
E(z)=E(0)e^{j\beta z} \tag{3-5}
$$

式中，$\beta$表示该超模对应的传播常量。联立求解可以得到：

$$
(\boldsymbol{C}-j\beta\boldsymbol{I})E(z)=0 \tag{3-6}
$$

式中，$\boldsymbol{I}$为$N\times N$单位矩阵。当$(\boldsymbol{C}-j\beta\boldsymbol{I})=0$时，公式(3-6)有$N$个本征解，因此可以求解$N$个超模：

$$
E_s(x,\ y,\ z)=\left[\sum_{i=1}^{N}E_i^{\beta}E_i(x,\ y)\right]e^{j\beta z} \tag{3-7}
$$

式中，$E_i^{\beta}$表示第$i$个特征向量的值。

六角形排布的七纤芯微结构光子晶体波导光纤是一个典型的多纤芯波导结构，在不改变光纤波导结构的前提下，七个纤芯周围的空气孔的直径和分布是完全相同的，则自耦合系数和互耦合系数之间满足如下的关系：

$$
\begin{cases}
s_1=s_2=\cdots=s_7=s \\
k_{mn}=-k_{mn}^{*}=k
\end{cases} \tag{3-8}
$$

七纤芯微结构光纤波导中$N\times N$的矩阵$\boldsymbol{C}$的形式变为：

$$
\boldsymbol{C}=\begin{bmatrix}
js_1 & jk_{12} & jk_{13} & jk_{14} & jk_{15} & jk_{16} & jk_{17} \\
jk_{21} & js_2 & jk_{23} & & & & \\
jk_{31} & jk_{32} & js_3 & jk_{34} & & & \\
jk_{41} & & jk_{43} & js_4 & jk_{45} & & \\
jk_{51} & & & jk_{54} & js_5 & jk_{56} & \\
jk_{61} & & & & jk_{65} & js_6 & jk_{67} \\
jk_{71} & jk_{72} & & & & jk_{76} & js_7
\end{bmatrix} \tag{3-9}
$$

根据求解各个纤芯的耦合方程就可以得到相对应的七个本征值为：

$$
s+k+\sqrt{7}k,\ s+k,\ s+k,\ s-k,\ s-k,\ s-2k,\ s+k-\sqrt{7}k \tag{3-10}
$$

以及对应的七个本征矢量为：

$$
\begin{aligned}
&[\sqrt{7}-1,\ 1,\ 1,\ 1,\ 1,\ 1,\ 1]\\
&[0,\ -1,\ -1,\ 0,\ 1,\ 1,\ 0]\\
&[0,\ 1,\ 0,\ -1,\ -1,\ 0,\ 1]\\
&[0,\ -1,\ 1,\ 0,\ -1,\ 1,\ 0]\\
&[0,\ -1,\ 0,\ 1,\ -1,\ 0,\ 1]\\
&[0,\ -1,\ 1,\ -1,\ 1,\ -1,\ 1]\\
&[-\sqrt{7}-1,\ 1,\ 1,\ 1,\ 1,\ 1,\ 1]
\end{aligned}
\tag{3-11}
$$

只有与本征矢量 $[\sqrt{7}-1,\ 1,\ 1,\ 1,\ 1,\ 1,\ 1]$ 相对应的超模呈现同相位分布，并且各个纤芯之间的相对强度固定，中心纤芯和周围其他纤芯的光场强度比为 $\sqrt{7}-1$，是一个定值，不随自耦合强度 $s$ 和互耦合强度 $k$ 变化。

### 3.2.2 双纤芯定向耦合波导

为了说明不同纤芯之间的耦合情况，此处以双纤芯光纤波导为例简单介绍定向耦合器的实现。定向耦合器可以将光波从一个波导（纤芯）耦合到另一个波导（纤芯）中。通过控制两个纤芯的折射率，能够控制纤芯之间的耦合情况。使用的双纤芯波导结构如图 3-8 所示，该结构由两个纤芯和周围的包层构成。包层材料是砷化镓，纤芯是由离子注入的砷化镓构成。纤芯是半径为 1.5μm 的圆柱体，两个纤芯之间的距离为 3μm。整个波导的长度为 2.1mm。

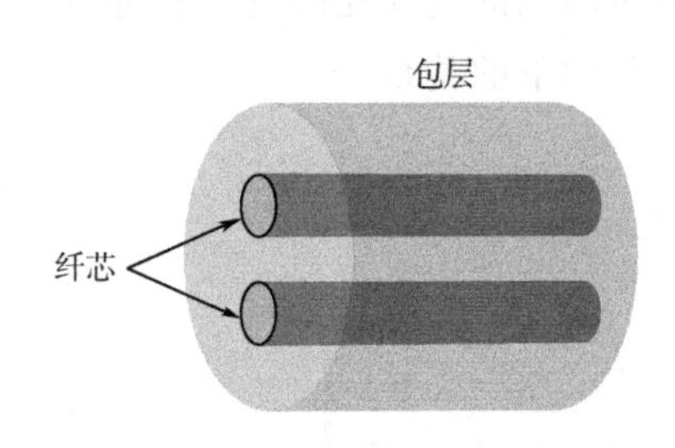

图 3-8　双纤芯波导结构示意图

使用介质波导传输光波，其大部分的能量都集中在纤芯中传输。在纤芯外的包层中，电场随着远离芯层的距离呈现指数衰减。当第一个纤芯附近存在另一个纤芯时，则第二个纤芯会干扰第一个纤芯中的模式，同时第一个纤芯也会干扰第二纤芯的模式。因此，两个纤芯中的模式的有效折射率并不一致，而是把这两个模式以及它们各自的有效折射率分离开，得到一个对称的超模（如图 3-9 和图 3-11 所示），其有效折射率略大于无干扰纤芯模式的有效折射率；同时还会得到一个反对称超模（如图 3-10 和图 3-12 所示），其有效折射率会略小于无干扰纤芯模式的有效折射率。

超模是通过对波导方程进行求解得到，如果激励其中一个模式，将能够无干扰地通过纤芯传输。如果同时激励具有不同传播常数的对称和反对称模式，则这两个光波之间将会形成拍频。当光波通过波导传输时，能量在两个纤芯之间来回

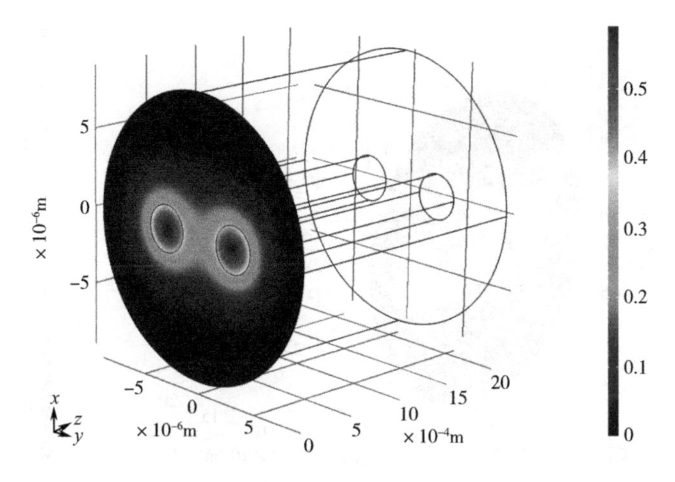


图 3-9　$x$ 偏振的对称模式，表面边界模式电场，$x$ 分量

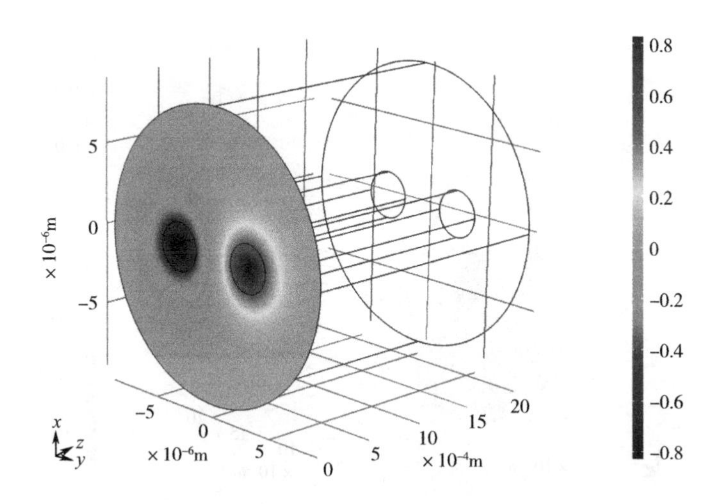


图 3-10　$x$ 偏振的反对称模式，表面边界模式电场，$x$ 分量

波动。通过改变波导的长度，两个纤芯间能够实现耦合。通过改变两个超模场之间的相位差，可以确定首先被激励的纤芯。

通过建立模型，解析两个波之间的拍频，分析在和第一个模式同步时产生的快速相位变化。总的电场可以表示为两个模式的电场之和：

$$\boldsymbol{E}(\boldsymbol{r})=\boldsymbol{E}_1\exp(-\mathrm{j}\beta_1 z)+\boldsymbol{E}_2\exp(-\mathrm{j}\beta_2 z)=[\boldsymbol{E}_1+\boldsymbol{E}_2\exp(-\mathrm{j}(\beta_2-\beta_1)z)]\exp(-\mathrm{j}\beta_1 z) \tag{3-12}$$

可以对方括号中的表达式进行求解。拍长 $L$ 可以表示为（$\beta_2-\beta_1$）$L=2\pi$ 或者 $L=2\pi/$（$\beta_2-\beta_1$）。由于波导长度为拍长的二分之一，且在数值仿真中波导长度可以离散成 20 个子部分，因此拍长在数值仿真中能够实现解析。

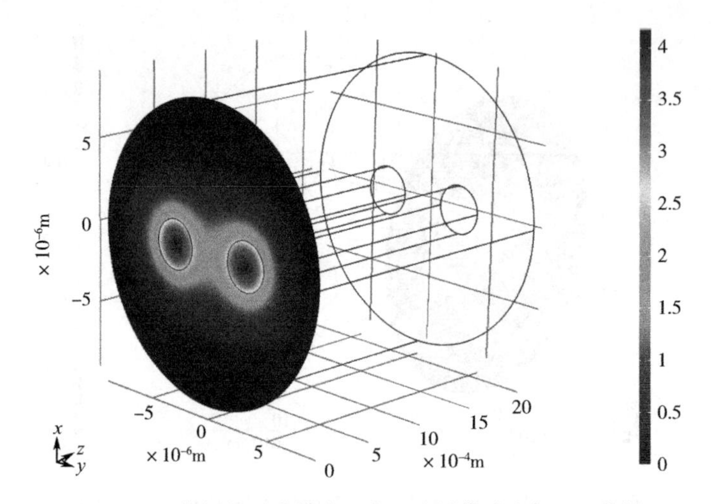


图 3-11 $y$ 偏振的对称模式，表面边界模式电场，$y$ 分量

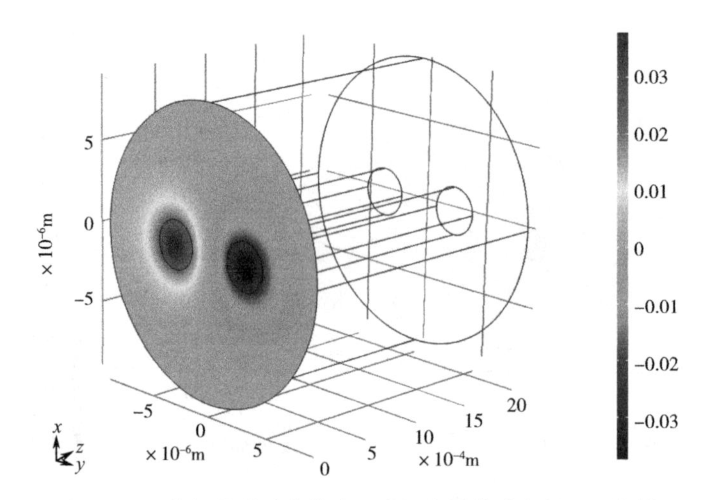


图 3-12 $y$ 偏振的反对称模式，表面边界模式电场，$y$ 分量

该模型在输入边界和出口边界分别设置两个端口，用来定义波导结构的最低阶对称和反对称模式。在建模过程的第二部分，使用双向公式，两个波矢是同向的。但波矢的大小是根据两种拍频模式的传播常数得到。

图 3-9～图 3-12 给出了初始边界模式分析的结果。前两个模式（具有最大有效模式折射率）都是对称的。图 3-9 给出了第一个模式，该模式沿着 $x$ 方向具有横向偏振分量。第二个模式（如图 3-11）所示，在沿 $y$ 方向具有横向偏振分量。在对称模式下，两个波导纤芯的场值相近，在反对称模式下，两个波导纤芯的场值则相反。

图 3-10 和图 3-12 所示的为反对称模式，它们的有效折射率略小于对称模式的有效折射率。

图 3-13 给出了两个纤芯的耦合过程，在接收纤芯中电场强度逐渐增加，而在入射（激励）纤芯中电场强度逐渐减小。在较长的光纤波导中，电磁波会在波导之间来回振荡。

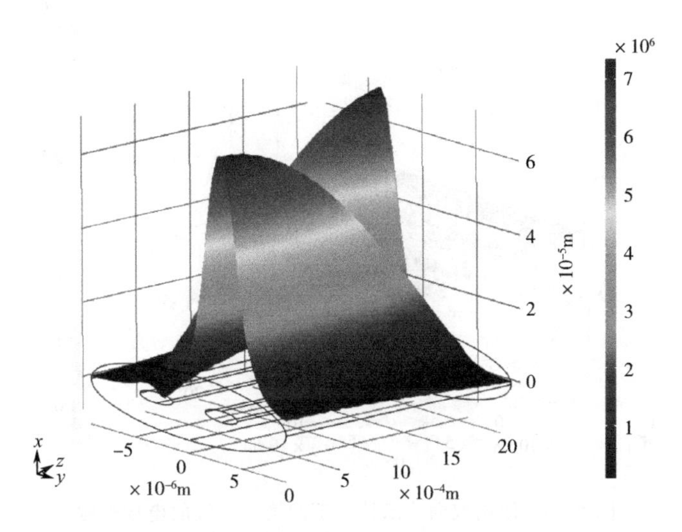


图 3-13 对称和反对称模式的激励，电磁波从输入纤芯耦合到输出纤芯，此时工作频率为 260.69THz

图 3-14 给出了激励端口的电场之间存在 $\pi$ 相位差时的结果。此时，两个模式的叠加将在另一个纤芯中产生激励。此时，另一个纤芯将会被激励，产生反向耦合。

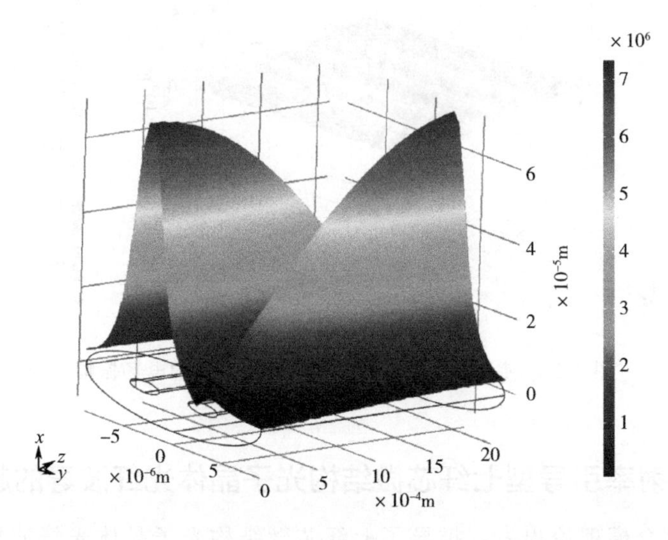


图 3-14 在两个端口之间引入 $\pi$ 的相位差时的对称和反对称模式的激励，电磁波从输入纤芯耦合到输出纤芯，此时工作频率为 260.69THz

图 3-15 和图 3-16 分别给出了双向泵浦情况时的第一个波和第二个波的振幅。从图中可以看出，此时的振幅是恒定的。

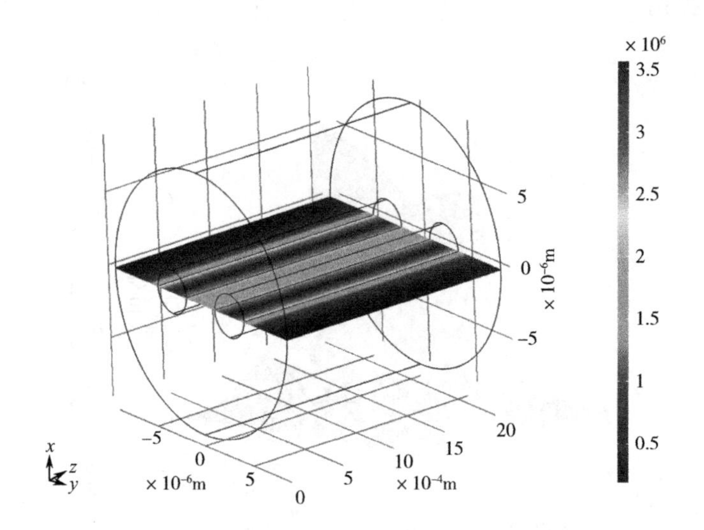


图 3-15　使用双向公示情况下的第一个波的电场振幅

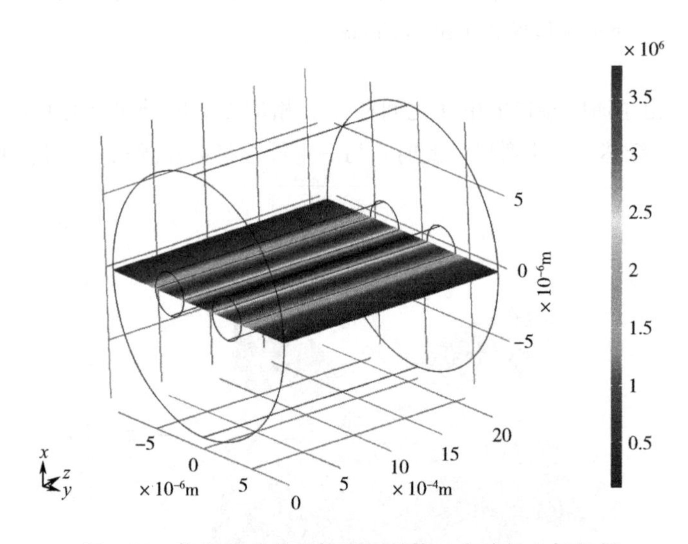


图 3-16　使用双向公示情况下的第二个波的电场振幅

### 3.2.3　折射率引导型七纤芯微结构光子晶体光纤波导的超模分布

上面从耦合模理论出发，推导了七纤芯微结构光子晶体光纤波导的模场分布。本节利用有限元法对七纤芯微结构光子晶体光纤波导的模场分布进行研究分析。使用的光纤波导是由武汉烽火锐光科技有限公司提供的双包层掺镱七纤芯微结构光子晶体光纤波导，如图 3-17 所示。光纤波导的具体参数如表 3-1 所示，工作波长设为 $\lambda=1.55\mu m$。

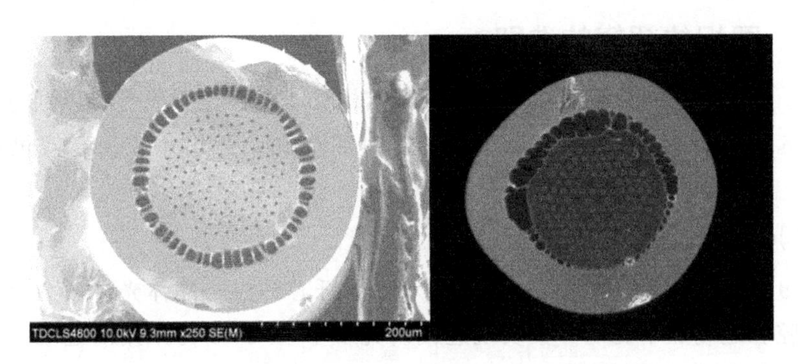


图 3-17　七纤芯微结构光子晶体光纤波导显微照片

**表 3-1　七纤芯微结构光子晶体光纤波导参数**

| 指标 | 参数 | 指标 | 参数 |
| --- | --- | --- | --- |
| 涂层直径 | 345μm | 空气孔层数 | 5 |
| 石英包层直径 | 235μm | 内孔空气孔直径 | 5μm |
| 掺锗纤芯直径（7 芯） | 8μm | 内孔空气孔间隙 | 10μm |

注：外孔有些不均匀，但整体良好，占空比超过 95%。

模拟得到的七纤芯微结构光子晶体光纤波导的本征超模分布如图 3-18 所示。颜色深度代表电场强度的大小，箭头方向表示纤芯模式的磁场方向。通过模拟计算得到的超模分布数量，跟上述基于耦合模理论求解得到的本征值个数相同。第

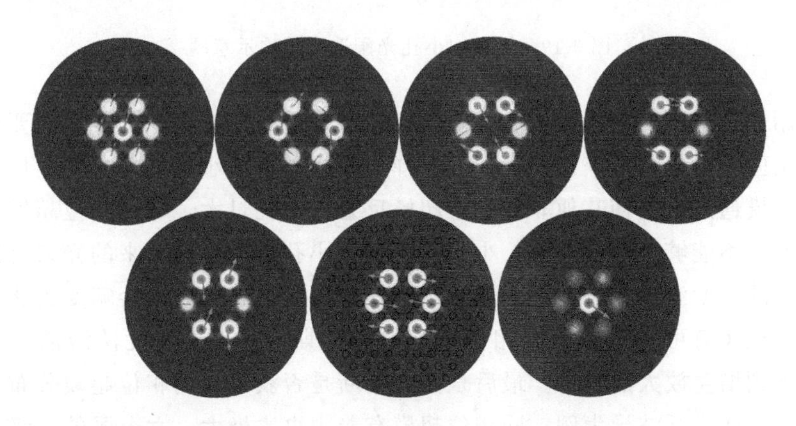

图 3-18　七纤芯光子晶体光纤波导的七个本征超模的电场分布

一个超模分布图表示每个纤芯的模式之间的相位相等，具有最大的传播常数，称为同相位超模。需要注意的是，同相位超模的纤芯之间的电场强度并不相等，中间纤芯的强度要大于周围六个纤芯。

### 3.2.4 同相位超模的选取

为了获得较好的光束质量，多纤芯微结构光子晶体光纤波导可以通过分立元件实现选模。目前主要的选模方式有腔内加小孔、Talbot 腔、自傅里叶腔等方法。

#### (1) 远场加小孔及其分析

2009 年，英国的 L. Michaille 等人对不同纤芯的光子晶体光纤波导分别采用 Talbot 腔和远场加小孔的方案实现选模研究[31]。图 3-19 为采用的远场加小孔光阑实现选模的方案。利用多纤芯波导产生的多个超模反向输出到入射透镜处，通过斜插入的双色镜 $M_1$ 将混合模式斜向输出。被反射的混合模将通过特定距离处的小孔光阑，使得同相位超模能够以较大比例甚至全部通过小孔，阻挡非同相位模通过。被选择的混合模通过小孔会被另一块反射镜 $M_3$ 反射，依次经过小孔、双色镜 $M_1$ 以及透镜 $M_2$ 回到多纤芯波导中。通过这样的选模过程，将在多纤芯光纤波导输出端输出同相位超模。

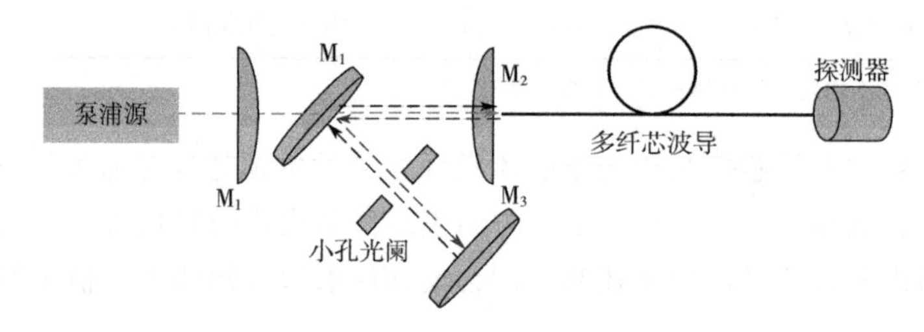


图 3-19 远场加小孔光阑选模结构示意图

使用远场加小孔光阑的方法需要注意几点。首先，折叠腔的设计需要较高的水平，实验难度较大；其次，小孔的选择也较为重要。小孔的尺寸要尽可能地使同相位超模通过，而使其他非同相位超模反射。小孔过大，非同相位超模也能够通过小孔，不能够有效地选模；小孔过小，从小孔后面反射回来的光束可以看成面积极小的平面波，经过反射到达波导输入端面后的光场分布会畸变为艾里光斑分布，此光斑有可能无法跟同相位超模的类高斯分布匹配，无法激活同相位超模，起不到增益放大的效果。最后是如何判断是否获得了同相位超模分布。以七纤芯光子晶体光纤波导为例，同相位超模有着中央主极大、六个弱的一级大旁瓣这样的类高斯分布特征。当激光器没有达到起振的阈值时，出射的光场分布也是一个圆斑。因此当观察到一个圆斑时，是无法确定是因为没有起振还是输出同相位超模。上述三点导致使用远场加小孔光阑选择同相位超模较为困难。

（2）Talbot 自成像选模

Talbot 效应是一种特殊的菲涅尔衍射现象，是由 H. F. Talbot 在 1836 年提出的，当光场传播一定距离（$z=z_t=2d^2/\lambda$）时，光的强度分布和阵列上的光强度分布相同，相差一个相位常数，即强度分布具有一定周期性的相干光在传输一定距离后会出现自身的像，这个距离 $z_t$ 叫做 Talbot 距离。形成的光场复现了原本的光场分布，后来人们把这种具有横向周期性结构物体的衍射场在纵向上具有周期性的现象叫做 Talbot 效应。

1881 年，R. J. Ragleigh 研究了 Talbot 自成像效应[32]，认为 Talbot 平面上所发生的现象是一种无透镜成像现象，相关的 Talbot 距离可以表示为：

$$z_t = n\frac{a^2}{\lambda} \tag{3-13}$$

其中，$a=d$ 表示相邻纤芯之间的距离，也是光场分布的周期；$n$ 表示偶数。平面和光纤端面的距离表示一个 Talbot 距离时，在该平面上的光场分布与光纤波导端面的光场分布相同，产生自成像。因此在距离光纤端面 $z_t/2$ 的距离处设置一个反射镜，则反射回光纤波导端面的光场与光纤端面的光场进行叠加。不同超模的 Talbot 距离不相同，因此，通过调节反射镜和光纤端面之间的距离可以使得同相位超模得到最大的增益。

（3）自傅里叶腔选模

高斯函数与梳齿函数具有和其本身相同的傅里叶变化形式。基于这两个函数构建一个新的函数 $F(x)$[33]：

$$F(x) = A \otimes (B \cdot C) \tag{3-14}$$

其中，$A(x)$ 和 $C(x)$ 是高斯函数，宽度分别是 $a$ 和 $c$；$B(x)$ 是梳齿函数，周期为 $b$。上式可以改写为：

$$F(x) = \sum_{n=-\infty}^{\infty} \exp\left(-\frac{(x-nb)^2}{a^2} - \frac{(nb)^2}{c^2}\right) \tag{3-15}$$

$F(x)$ 可以当作一系列脉宽为 $a$ 的高斯脉冲 $A(x)$，按照间距 $b$ 等距离分布，这些脉冲强度包络满足高斯函数 $C(x)$。

此函数经过傅里叶变换后，若 $b^2=F\lambda$ 可以被满足，则傅里叶变换后依旧是在空间上等间隔分布、高斯宽度相等的一系列高斯函数，其振幅包络也是高斯函数。将高斯强度分布的光纤激光器按照间隔距离 $b$ 排布在入射平面上，经过傅里叶透镜反射后，在入射面上产生反射干涉图样，耦合进入光纤波导中。因此，通过优化选择 $a$、$b$、$c$，使得特定的模式产生相干反馈，实现选模。

自傅里叶腔需要每个激光单元输出的强度分布符合高斯分布，其强度包络也要求是高斯分布的。在多纤芯微结构光子晶体光纤波导中，为了实现自傅里叶腔选模，各个纤芯的光强度的分布包络需要满足高斯函数，需要对多纤芯光纤波导输出激光模式进行调制。

## 3.3 18纤芯微结构光子晶体波导光纤模式分析

使用的是由丹麦的 NKT Photonics 公司提供的掺镱 18 纤芯微结构光子晶体光纤波导（同时掺杂有一定的氟和铝）。该光子晶体光纤的主要参数如下：纤芯 $D=16\mu m$，空气孔直径 $d=4.1\mu m$，空气孔间距 $\Lambda=10.1\mu m$，内包层直径为 $253\mu m$，纤芯在 $1.06\mu m$ 波长下的数值孔径约为 $0.04\mu m$，内包层在 $0.95\mu m$ 波长下的数值孔径 $>0.6\mu m$。根据这些参数，建立仿真模型，如图 3-20 所示。

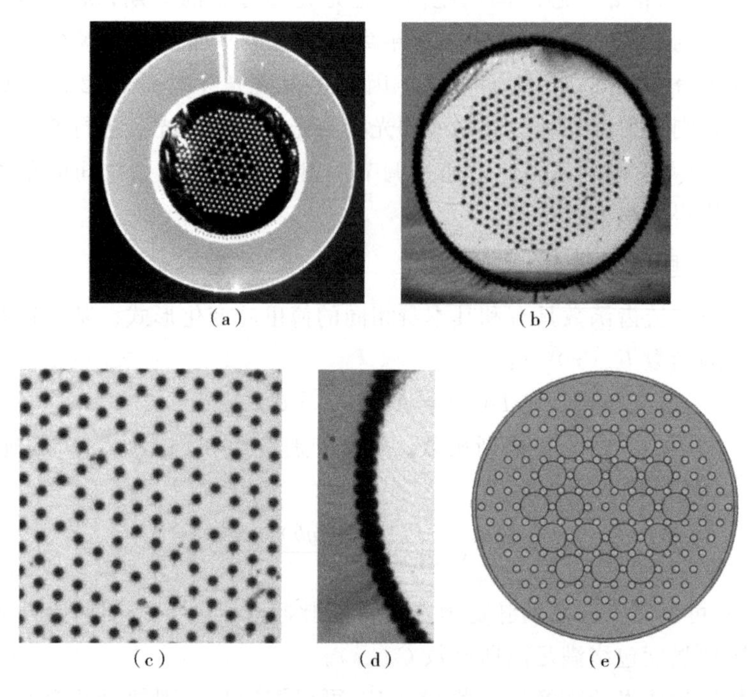


图 3-20　18 纤芯微结构波导结构示意图

基于有限元方法，使用有限元仿真软件对上述结构进行模式分析，假定仿真的工作波长为 $1.06\mu m$。多纤芯微结构光子晶体波导光纤中超模个数与纤芯的个数相同，不同超模的电场强度分布也不相同，而且不同超模分布的电场方向也是不一样的，这样会导致不同的超模能够提供不同的衍射角，所形成的衍射分布也不相同。计算获得 18 种超模分布，由于电场能量都被限制在 18 个纤芯内部，在这里只截取了电场强度在纤芯附近的分布，如图 3-21 所示，其中第 1 个超模为反相位超模，第 18 个超模为同相位超模。

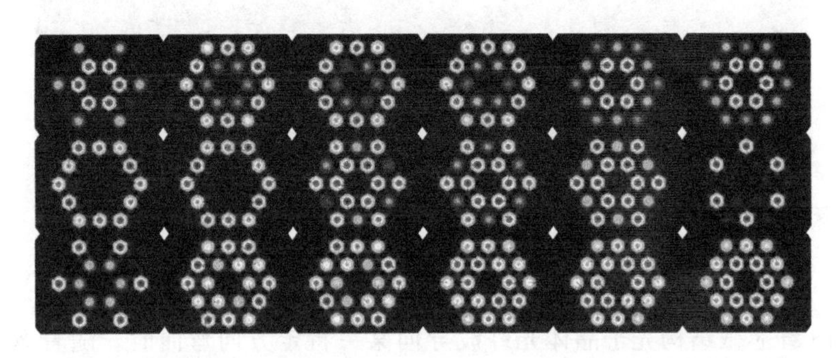

图 3-21　18 纤芯微结构光子晶体光纤波导模场分布

从图 3-21 所示的计算结果可以看出，同相位超模（第 18 张图）电场强度的分布更加均匀：内圈 6 个纤芯和外圈 12 个纤芯的电场强度分布各自基本相等，外圈的电场强度较内圈的电场强度弱。同相位超模分布将电场能量较为均匀地分布在各个纤芯上，可以有效地缓解局部产生的高热效应。同时，同相位超模分布具有最小的衍射角，衍射光强分布接近高斯光束，所提供的光束质量也是最优的。相反，其他超模分布的衍射角较大，其中反相位超模（第 1 张图）的衍射角最大，所提供的光束质量也最差。

将仿真得到的上述 18 个超模的近场分布代入菲涅尔积分公式[34]：

$$E(x_2,\ y_2)=\frac{\mathrm{e}^{ikz}}{i\lambda z}\iint E(x_1,\ y_1)\mathrm{e}^{\frac{ik}{2z}[(x_2-x_1)^2+(y_2-y_1)^2]}\mathrm{d}x_1\mathrm{d}y_1 \tag{3-16}$$

其中，$E$（$x_1$，$y_1$）表示光纤端面处的各个超模的近场分布；$\lambda$ 表示作用波长，在此处设为 1.064μm；$k=2\pi/\lambda$ 表示波数；$E$（$x_2$，$y_2$）表示较远距离处的各超模的远场分布，是由自由空间干涉衍射后的结果；$z$ 为光纤端面到远场处的距离。当距离 $z=8$mm 时，获得的各个超模的远场分布如图 3-22 所示。从计算得到的衍射分布数据可以看出，同相位超模的衍射光束接近高斯分布，光束质量较好，且衍射角较小；相对的，反相位超模衍射角较大，光束比较容易发散。

当 18 纤芯微结构光子晶体光纤发生弯曲时，光纤内侧产生压应变，而光纤外侧产生张应变。通过弹光效应使光纤外侧折射率增大，而相对应的内侧的折射率减小，这也就意味着波导的折射率剖面发生由内向外的倾斜变化。光纤传输的模式也会随着波导外侧折射率的增大而产生泄漏，由此将会产生弯曲损耗。

图 3-22　18 纤芯微结构波导各个超模的远场分布，第 1 张表示反相位超模，第 18 张表示同相位超模

将 18 纤芯微结构光子晶体光纤波导向某一特定方向弯曲时，随着弯曲半径的减小，压缩后的波导的有效折射率降低，弯曲损耗增加[35]，从而将会进一步改变波导超模的电场分布。在弯曲的 18 纤芯微结构光子晶体光纤中，由于沿着弯曲方向上的内外层纤芯具有不同的弯曲半径，所以在这些纤芯里超模的强度不一样。因此，通过测量超模的光强度分布就能够实现对弯曲方向的测量。在有限元仿真软件中建立了单纤芯微结构光子晶体光纤波导，分析了当有效折射率改变时的电场的归一化强度分布。如图 3-23 所描述，结果表明当波导的有效折射率从 1.415 增加到 1.465 时，电场的归一化强度也在增长。该效应可以被用来进行弯曲测量。

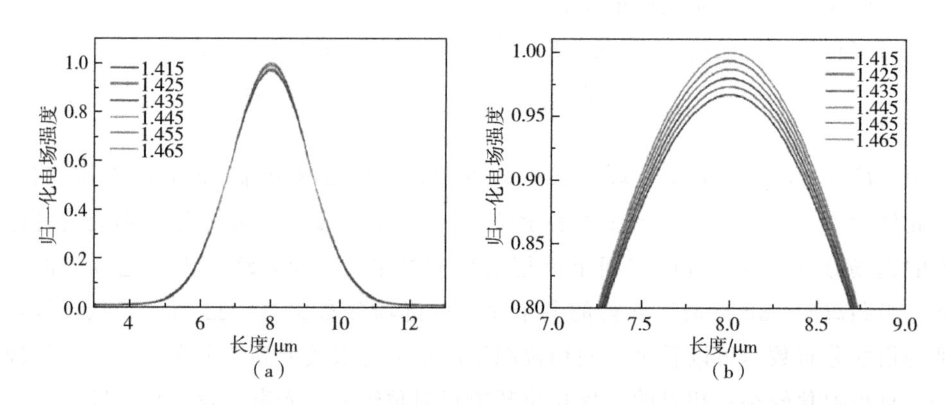


图 3-23　当波导的有效折射率变化时电场的归一化强度变化（a）及纤芯位置 7.0～9.0μm 电场的归一化强度的详细信息（b）

波导的一个重要指标——有效模场面积，是表征波导中光能集中程度的一个参数。有效模场面积主要与通过波导的能量密度相关。模场直径越小，通过波导

横截面的能量密度就越大。当通过波导的能量密度过大时，会导致波导的非线性效应，以及局部的高热效应等不良影响。

如图 3-24 所示，分别计算了不同弯曲半径时的 18 纤芯微结构光子晶体光纤波导和标准单模光纤波导的有效模场面积进行对比研究。结果表明弯曲状态时的微结构光纤波导的光场能量将会从纤芯区域泄漏到包层区域，从而导致超模的归一化场强度的降低。另外，18 纤芯微结构光子晶体光纤波导有效模场面积对弯曲半径的敏感度要高于单模光纤波导，尤其是当弯曲半径小于 0.2m 时。基于此，微结构波导可以被用来实现高灵敏度弯曲传感。弯曲的多纤芯微结构波导可以看作是由一些弯曲的单纤芯微结构波导的组合，这些波导具有不同的弯曲半径。此外，稀土掺杂的多纤芯微结构波导可以作为激光谐振腔内的增益介质，实现腔内多方向弯曲传感。当作为传感器的微结构光纤波导部分平直状态时，可以观测到光纤激光器的同相位超模。当传感部分的波导处于弯曲状态时，同相位超模将被打破，并且超模的强度分布将发生改变。

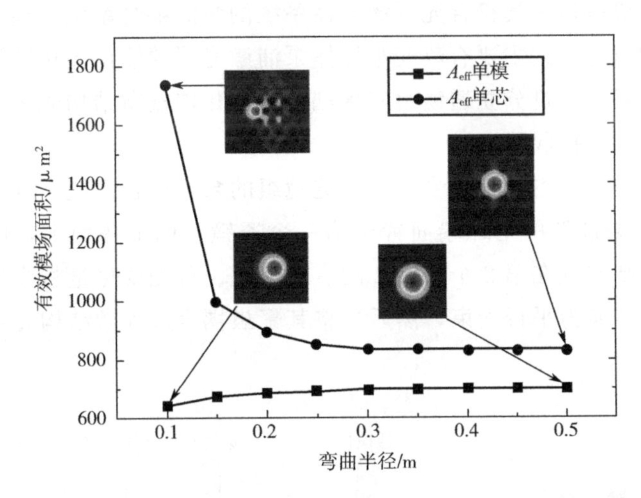


图 3-24 单纤芯微结构光子晶体光纤波导与单模光纤波导在不同弯曲半径下的有效模场面积，插图是弯曲半径为 0.1m 和 0.5m 时的电场强度分布

# 3.4 基于多纤芯微结构光子晶体光纤激光器的内腔传感研究

多纤芯微结构光子晶体光纤具有离散分布的纤芯结构，相较于普通单纤芯微结构光子晶体光纤，能够在增大有效模场面积的同时有效缓解高功率运转下的热效应问题，从而可以进一步提高激光器的运转功率和增益饱和阈值，并可以有效

降低非线性效应的影响，是实现高质量高功率激光输出的一种有效途径。

上一节对 18 纤芯微结构光子晶体光纤激光器各个超模的分布以及超模的衍射分布进行了数值仿真。本节采用丹麦 NKT Photonics 公司提供的 18 纤芯微结构光子晶体光纤波导搭建激光器，利用腔内的波导增益介质作为传感器，实现腔内多方向弯曲传感。首先分别对实验所采用的耦合系统进行了介绍，然后采用两种谐振腔来进行实验，并且对本章做出的实验结果与上一章得出的仿真结果进行对比，最后搭建腔内弯曲传感实验平台。

## 3.4.1 实验平台的搭建

泵浦耦合系统是光纤激光器系统中的重要的组成部分，它能够保证泵浦激光高效率地输入增益光纤，泵浦耦合系统设计会影响光纤激光器的输出功率以及输出光束的光束质量。常用的泵浦源是半导体激光器，其衍射角是不对称的（通常光斑具有椭圆形状），如果直接使用此激光作为泵浦光注入光纤，会产生较大的损耗，因此需要搭建一套符合光纤激光器系统的泵浦耦合系统。通常情况下，泵浦耦合系统的搭建方式主要有改变半导体泵浦激光器的输出光场特性，使其符合增益光纤的模场；通过分立透镜组实现耦合；优化增益微结构光子晶体光纤，获得较大的泵浦激光接收能力。

为简便起见，在本实验中采用分立透镜组的泵浦耦合系统，其结构示意图如图 3-25 所示，泵浦源的尾纤端面置于第一个透镜 1 的前焦面上，而增益微结构光子晶体光纤则放置在第 2 个透镜 2 的后焦面上。首先要尽量将半导体激光器输出的泵浦激光转换为平行光束，然后再将其聚焦耦合进入微结构光纤波导的内包层区域。

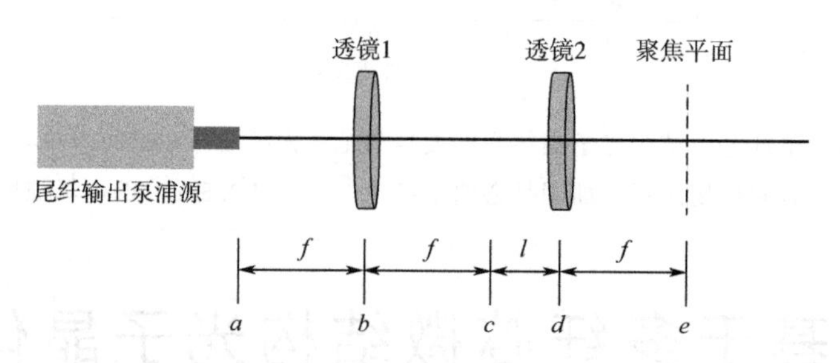


图 3-25　光纤波导激光泵浦耦合系统结构示意图

在本实验所搭建的 18 纤芯微结构光子晶体光纤激光器系统中所使用光纤输出半导体激光器作为泵浦源（nLight Corporation），输出尾纤直径为 200μm，数值孔径约为 $NA=0.2$，激光器的最大输出功率可达 100W，工作波长范围 971～

976nm，波长随着泵浦电流和温度增加而增加；而增益波导使用的则是丹麦NKT Photonics公司所提供的18纤芯掺镱微结构光子晶体光纤，结构如图3-20所示，其内包层直径约为253μm，数值孔径约为0.6。因此，实验中所需的泵浦耦合系统输入部分的数值孔径需要大于0.2，而输出部分的数值孔径应该小于0.6。除此之外，还需要考虑透镜的像差，尤其是球差对耦合效率的影响，而一般的球面透镜像差的影响很难避免，这在离轴光线系统中更加明显。因此为了消除球差，使聚焦水平和准直效果达到最优，还需要使用非球面透镜组。

根据图3-26所示的耦合测量系统搭建光纤耦合系统并对其耦合效率进行测量。因为18纤芯微结构光子晶体光纤纤芯中存在的增益掺杂物质对于泵浦激光存在吸收影响，所以为了准确地测量所搭建的光纤耦合系统的耦合效率，采用了一段烽火公司提供的七纤芯微结构光子晶体光纤作为测试光纤波导。本实验所采用的泵浦耦合透镜组是由大恒新纪元科技股份有限公司提供的光纤输出聚焦镜(GCO-2912-SMA)，如图3-27所示。入射光源为光纤输出的半导体激光器。

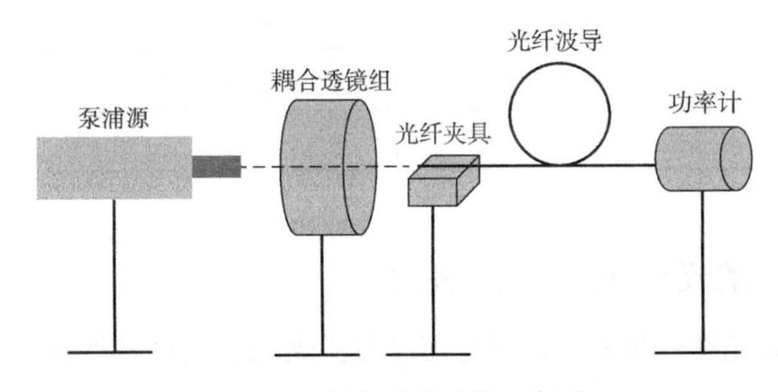


图3-26　耦合测量系统示意图

图3-27　实验中用到的耦合透镜组

接下来，对整个耦合系统在不同的激光输入功率的耦合输出功率进行了测量，测量结果如表3-2所示，其中耦合效率是由七纤芯微结构光纤输出功率与泵浦源输出功率的比值来计算得到的。实验结果表明，系统耦合效率总体达到了86%以上，最高可以实现91%的耦合效率。考虑到透镜表面和波导的两个端面对耦合输出存在一定的反射损耗，进而影响输出功率的大小，因此，86%以上的耦合效率已经表明，泵浦光可以高效耦合进入18纤芯微结构光子晶体光纤的纤芯，满足实验要求。

**表 3-2 耦合效率计算数据**

| 泵源电流/A | 泵源输出功率/W | 光纤输出功率/W | 耦合效率 |
|---|---|---|---|
| 0.5 | 2.90 | 2.64 | 91.03% |
| 1.0 | 8.78 | 7.80 | 88.84% |
| 1.5 | 14.5 | 12.6 | 86.90% |
| 2.0 | 20.8 | 18.1 | 87.02% |
| 2.5 | 27.0 | 23.4 | 86.67% |
| 3.0 | 33.0 | 28.4 | 86.06% |

## 3.4.2 光纤激光器近场观察装置

通过光纤激光器近场光斑的测量可以对激光光束质量特性进行研究，具有广泛的应用潜力[36]。目前有关光纤激光器的近场光斑（及模式）的观察设备比较少，而且研究多纤芯微结构光纤激光器近场模式特性需要性能更优的设备仪器。基于实际情况，自主设计了光纤激光器近场观测装置，实现了对18纤芯微结构光子晶体光纤激光器近场模式的实时检测。另外，还可以使用该设备观测波导端面的平整度和整洁度。所设计的近场观测装置主要是由显微成像平台、光学镜头、光衰减片和图像传感器（CMOS）四部分构成，结构如图3-28所示。

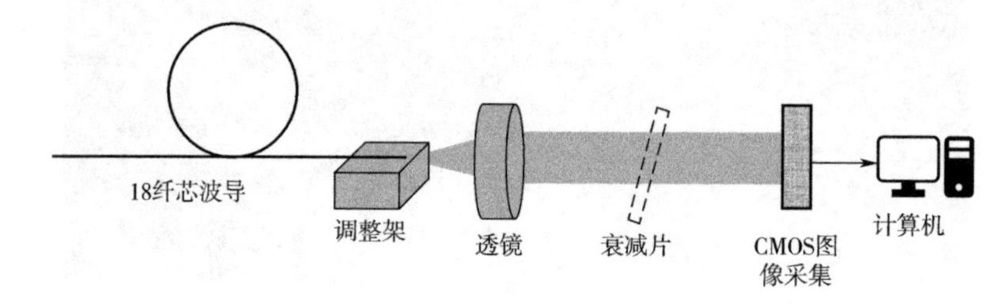


图 3-28 超模近场观察设备结构示意图

装置采用刻有凹槽的载物平台固定18纤芯微结构光子晶体光纤，平台可以进行五维调节，从而可以校准观测位置及角度；由于被测18纤芯微结构光子晶体光纤最小的空气孔直径为4.1μm，因此使用分辨能力为1μm的16倍显微物镜，并且使用三维调整架固定，便于进行测量位置的调整；使用双色镜作为光衰减片，在实验中将双色镜倾斜放置在显微物镜和图像传感器之间，可以衰减输出激光光强，从而避免输出的高功率激光对CMOS传感器造成损坏；图像传感器使用动态像素为640×480的CMOS图像传感器，其频谱响应范围可以满足本实验激光器波长范围，根据显微物镜和CMOS芯片的参数可以确定波导端面和CMOS芯片间的物像距离；在观测模式时，可以使用18纤芯微结构光纤内的透射光作为辅助照明光源，提高光源稳定性和图像对比度。

近场观测装置采用计算机软件程序对CMOS图像传感器所采集输出的图像和视频进行显示和后处理。

## 3.4.3 基于18纤芯光子晶体光纤激光器的多方向弯曲传感研究

有源内腔传感系统的实验装置图如图3-29所示。

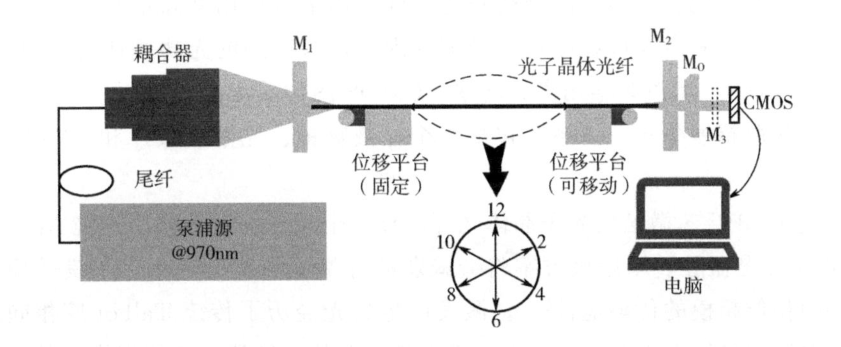


图3-29　基于多纤芯微结构光子晶体光纤激光器的弯曲传感。用数字标注的圆圈表示六个弯曲方向；光纤波导的长度为1.2m；两个位移平台（TS）之间的波导的长度为12cm；$M_1$是双色镜，970nm处高透，1030nm处高反；$M_2$是输出镜，970nm处高反；$M_O$表示显微物镜；$M_3$表示衰减片；CMOS表示图像传感器[37]

实验采用丹麦NKT Photonics公司生产的掺镱的18纤芯微结构光子晶体光纤搭建了光纤激光器，利用自行设计的近场观测装置对传感过程中的18纤芯输出近场光斑进行了实时观测。实验中所使用的微结构光子晶体光纤的空气孔按照三角形周期性排列，空气孔直径为4.1μm，孔间距为10.1μm；纤芯是通过去除一个空气孔形成的圆形模场结构，直径为16μm，纤芯对975nm泵浦激光的吸收约为 7dB/m，在 1030nm 处的数值孔径约为 0.04；内包层直径为 253μm，其在 950nm 处的数值孔径 $NA>0.6$；外包层直径为 445μm，涂覆层使用的是 Acrylate 材料，直径为 600μm，对光纤的长度进行了优化，从而获得最大的激光输出，最佳的长度为 1.2m，光纤的两个端面均按照垂直于波导轴向进行切割。光子晶体光纤内包层基底使用的是无掺杂的石英材料，对泵浦激光的损耗吸收较小。光纤泵浦端使用铝块包裹波导，对其输入端部分进行水冷散热。

泵浦源采用的是 nLight 公司提供的尾纤输出高功率半导体激光器，输出尾纤直径 200μm，数值孔径 $NA=0.2$，激光输出最大功率可以达到 100W，工作波长范围 971～976nm，波长随泵浦电流和温度的增加而增加；在传感测量过程中，半导体激光的驱动电流固定在 1.7A，对应的输出泵浦激光功率为 15.11W。使用大恒新纪元科技股份有限公司提供的光纤输出聚焦镜（GCO-2912-SMA）与泵浦源的尾纤相连接，对泵浦激光进行准直聚焦。经过准直聚焦后的泵浦激光光斑大小大概为 100μm，几乎可以全部耦合进入光子晶体光纤。实验中使用一片对于 970nm 波长激光高透、对于 1030nm 波长激光高反的双色镜紧贴光纤波导入射端面为谐振腔提供高反馈。在输出端利用光子晶体光纤自身的 4%的菲涅尔反射实现激光的振荡耦合输出。两个精密的五维位移平台被用来固定光子晶体光纤，传感区域的两端固定在位移平台上的铜管内。实验采用的光功率计为 Molectron 公司的 EPM1000 型测量输出激光功率。CMOS 图像采集系统被用来在光纤激光器输出端获取超模分布，该系统包括一个显微物镜、光学衰减片和 CMOS 图像传感器。

通过在 18 纤芯微结构光子晶体光纤波导两个端面前放置两个透镜 $M_1$ 和 $M_2$ 构成 Talbot 谐振腔。采用该方案将会减弱波导端面可能会带来的不良效应，尽量保持同相位超模的优势地位[34]。激发产生的光经历了传统 Talbot 腔相同的流程后，右侧的光纤端面会由于轻微的不理想情况从而导致同相位超模向其他非同相位超模的能量转换，这部分光场仅仅是由于 4%的菲涅尔反射引起的，而输出的其余 96%的能量将由反射镜 $M_2$ 反射重新反射到波导端面，虽然由于发散角的存在以及部分反射的原因，会丢失一部分的同相位超模，但反射镜 $M_2$ 同样起到了 Talbot 腔镜的作用，将会提升这部分光场中同相位超模的比例。反射到波导端面的部分远高于端面所提供的 4%菲涅尔反射的部分，以同相位超模为主的返回模式将会覆盖端面反射的混合模，同相位超模的主导地位不会动摇。这样，当最终达到激光起振条件而输出的激光模式中，可以获得同相位超模占主导地位的远场模式。在实验中，固定透镜 $M_1$ 和波导之间的距离，调整透镜 $M_2$ 和波导之间的距离，使 $M_1$ 与波导以及 $M_2$ 与波导之间的距离和满足二分之一 Talbot 距离。波导的两端部分各自固定在五维位移平台，当反射光进入波导并传输 Talbot

距离之后，可以获得同相位超模。18 纤芯微结构光子晶体波导光纤激光器的输出特性如图 3-30 所示。位于 1032.32nm 处的峰值波长是由光纤激光器产生的，而位于 973.52nm 波长处的峰值波长则是剩余的泵浦激光。图 3-30 中的插图给出了实验测量的同相位超模的分布。

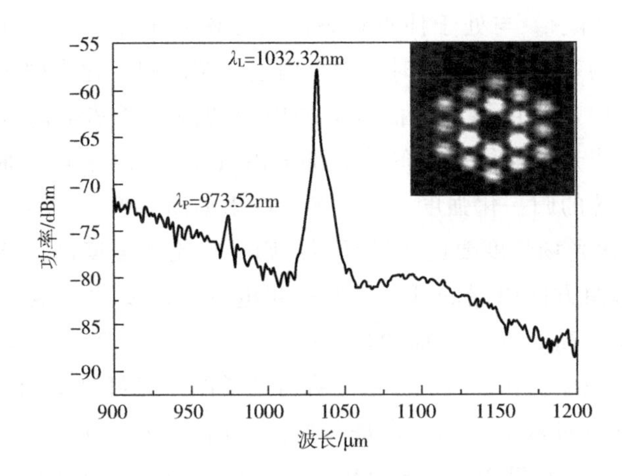


图 3-30　双包层掺镱 18 纤芯微结构光子晶体光纤激光器的光谱图。$\lambda_p$ 和 $\lambda_L$ 分别表示泵浦激光波长和输出激光波长；插图给出了实验测量的同相位超模的图片

在实验中，超模的归一化分布可以经过以下三个步骤获得：首先，获得 18 纤芯的最大光强分布；其次，计算每个纤芯的相对于最大光强的归一化强度因子；最后，使用归一化强度按照高斯光束形式画出内圈六个纤芯的超模。如图 3-31 所示，当光子晶体光纤处于伸直状态时的同相位超模的归一化分布的仿真和实验结果符合较好。

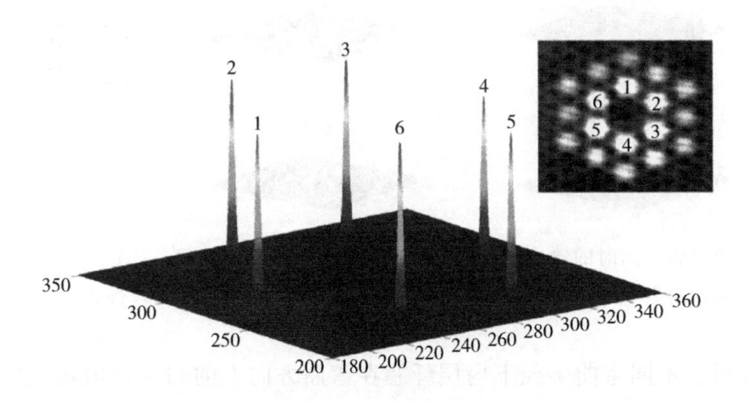


图 3-31　18 纤芯光子晶体光纤激光器同相位超模的仿真和实验结果，此时光子晶体光纤处于伸直状态，数字 1～6 表示 18 纤芯微结构光子晶体光纤波导的六个内层圆形纤芯

在实验过程中，将波导沿着某一特定的弯曲方向固定，然后调节可移动的位移平台向另一个固定的位移平台靠近。当微结构光子晶体光纤的传感部分向特定的方向弯曲时，超模的归一化电场分布将发生变化。当波导的弯曲方向沿着 12 点钟、2 点钟、4 点钟、6 点钟、8 点钟和 10 点钟时，输出超模的电场分布的实验图片如图 3-32 所示。与处于伸直状态的微结构光子晶体光纤相比，当光子晶体光纤传感部分的弯曲方向不同时，六个内层纤芯的归一化光强分布将会发生改变。在实验测量中，使用沿着弯曲方向的内层的两个纤芯来进行弯曲方向的传感。举例说明，当光子晶体光纤的传感部分沿着 12 点钟方向弯曲时，测量了标号为 1 和 4 的纤芯的归一化强度分布，测量结果如图 3-32（a）所示。结果表明，1 号纤芯的归一化光场强度要比 4 号纤芯的归一化光场强度高。这也就是说，在光子晶体光纤弯曲方向内层的纤芯的归一化电场强度要比与他相反方向的纤芯的归一化电场强度高，这与之前的理论分析相一致。在其他的弯曲方向上，同样可以观察到该现象。由于 18 纤芯微结构光子晶体光纤波导有六个内层纤芯，因此在实验中可以对六个弯曲方向进行检测。图 3-32（b）～（f）是当弯曲方向为 2 点钟方向、4 点钟方向、6 点钟方向、8 点钟方向和 10 点钟方向的实验结果图。

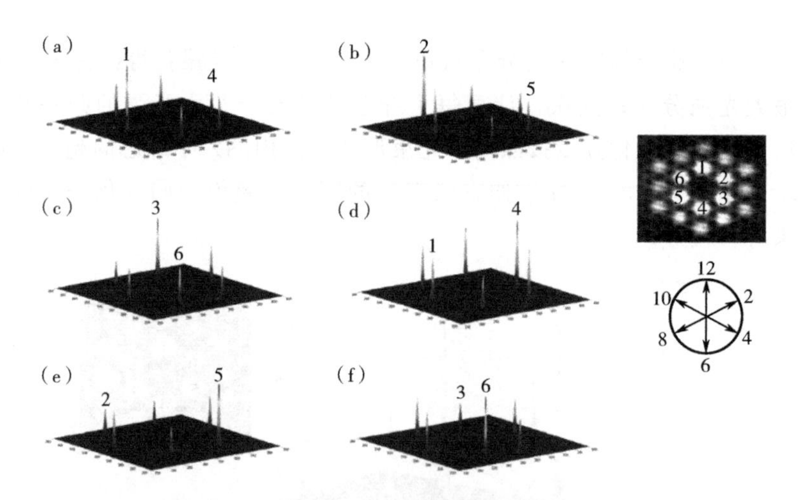


图 3-32　不同弯曲方向时的输出超模的归一化光强分布的实验结果。(a)～(f) 分别表示弯曲方向为 12 点钟、2 点钟、4 点钟、6 点钟、8 点钟和 10 点钟方向

接着分析了不同弯曲半径下内层纤芯在弯曲方向上的归一化电场强度，结果如图 3-33 所示。当弯曲半径从 0.007m 增加到 0.11m，内层纤芯的归一化电场强度从 0.956 衰减到 0.389。因此，通过测量超模的归一化分布，该传感器同样可以被用来测量弯曲半径。

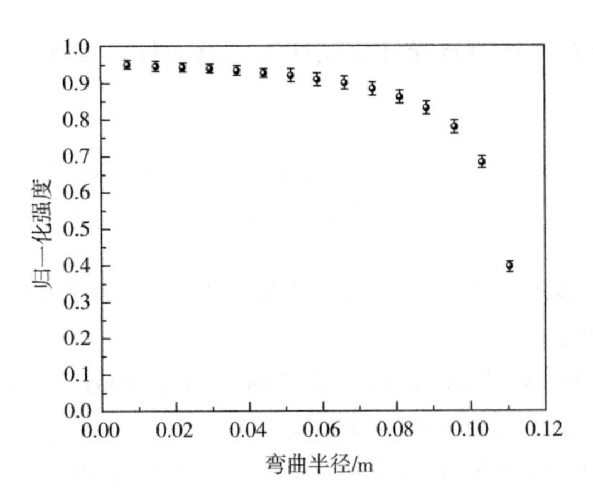


图 3-33　不同弯曲半径下内层纤芯在弯曲方向上的归一化电场强度

在实验中，讨论了温度对弯曲传感的影响。将微结构光纤波导放置在温度控制器中，在不同温度下测量了归一化强度的浮动变化。如图 3-34 所示，当温度从 25℃变为 45℃，分别测量了当弯曲半径为 0.04m 和 0.08m 时内层纤芯在不同弯曲方向上的归一化电场强度。从结果可以看出，不同温度时的归一化电场强度的浮动变化小于 0.03。这可能是由于不同纤芯具有类似的热效应，则归一化操作减少了温度对归一化强度分布的影响。因此，该传感器具有较低的温度串扰影响。

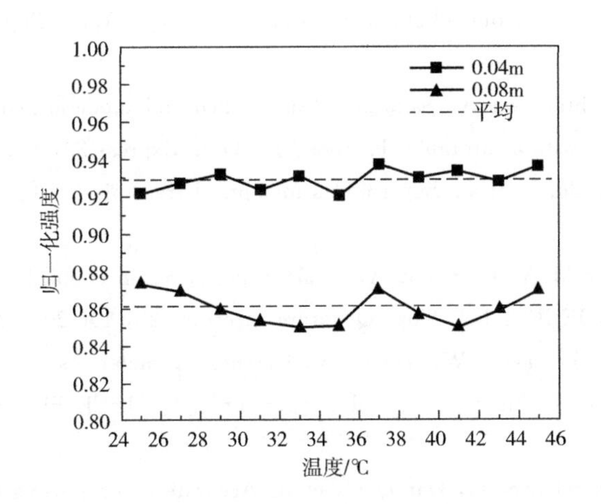


图 3-34　当温度从 25℃变为 45℃，分别测量得到的当弯曲半径为 0.04m 和 0.08m 时内层纤芯在不同弯曲方向上的归一化电场强度

本章从常见的 7 纤芯和 18 纤芯微结构光子晶体光纤出发，基于耦合模理论，分析了它们的超模分布以及远场衍射分布情况。利用 18 纤芯微结构光子晶体光

纤搭建了光纤激光器，将增益光纤介质作为传感元件，实现了多个弯曲方向和大小的传感。

## 参考文献

[1] 郑一博. 多芯光子晶体光纤激光器及光子晶体光纤表面等离子体共振传感研究 [D]. 天津：天津大学，2012.

[2] Mangan B J，Knight J C，Birks T A，et al. Experimental study of dual-core photonic crystal fibre [J]. Electron. Lett. 36，1358-1359 (2000).

[3] Yan P G，Jia Y Q，Su H X，et al. Broadband continuum generation in an irregularly multicore microstructured optical fiber [J]. Chin. Opt. Lett. 3，355-357 (2005).

[4] Manili G，Modotto D，Minoni U，et al. Modal four-wave mixing supported generation of supercontinuum light from the infrared to the visible region in a birefringent multi-core microstructured optical fiber [J]. Opt. Fiber Technol. 17 (3)，160-167 (2011).

[5] Fang X H，Hu M L，Huang L L，et al. Multiwatt octave-spanning supercontinuum generation in multicore photonic-crystal fiber [J]. Opt. Lett. 37，2292-2294 (2012).

[6] Chen H W，Wei H F，Liu T，et al. All-fiber-integrated high-power supercontinuum sources based on multi-core photonic crystal fibers [J]. IEEE J. Sel. Top. Quantum Electron. 20 (5)，0902008 (2014).

[7] Chen H W，Chen Z L，Chen S P，et al. Hundred-Watt-Level，All-Fiber-Integrated Supercontinuum Generation from Photonic Crystal Fiber [J]. Appl. Phys. Express 6 (3)，032702 (2013).

[8] Kawamura T，Shirakawa A，Saito K. Phase-locked and mode-locked multicore photonic crystal fiber laser with a saturable absorber [J]. Opt. Express 29，17023-17028 (2021).

[9] Xia C，Bai N，Ozdur I，et al. Supermodes for optical transmission [J]. Opt. Express 19，16653-16664 (2011).

[10] Xia C，Eftekhar M A，Correa R A，et al. Supermodes in coupled multi-core waveguide structures [J]，IEEE J. Sel. Top. Quantum Electron. 22，196-207 (2016).

[11] Geng T，He J，Yang W，et al. Modal interferometer using three-core fiber for simultaneous measurement strain and temperature [J]. IEEE Photonics J. 8 (4)，1-8 (2016).

[12] Villatoro J，Arrizabalaga O，Durana G，et al. Accurate strain sensing based on supermode interference in strongly coupled multi-core optical fibres [J]. Sci. Rep. 7，4451 (2017).

[13] Fan H B，Chen L，Bao X. Combined compression-tension strain sensor over 1 με-20 mε by using non-uniform multiple-core-offset fiber [J]. Opt. Lett. 45，3143-3146 (2020).

[14] Arrizabalaga O，Sun Q，Beresna M，et al. High-performance vector bending and orientation distinguishing curvature sensor based on asymmetric coupled multi-core fibre [J]. Sci.

Rep. 10 (1), 14058 (2020).

[15] Fu X H, Ma S Y, Zhang Y X, et al. Seven-core fiber torsion sensor with microcavity structure based on intensity measurement [J]. Opt. Commun. 502, 127412 (2022).

[16] Zhou Y, Yu W, Liu H, et al. High-sensitive bending sensor based on a seven-core fiber [J]. Opt. Commun. 483, 126617 (2021).

[17] Bing P B, Sui J L, Huang S C, et al. A Novel Photonic Crystal Fiber Sensor with Three D-shaped Holes Based on Surface Plasmon Resonance [J]. Curr. Opt. Photon. 3, 541-547 (2019).

[18] Osifeso S, Chu S, Prasad A, et al. Surface Plasmon Resonance-Based Temperature Sensor with Outer Surface Metal Coating on Multi-Core Photonic Crystal Fibre [J]. Surfaces 3 (3), 337-351 (2020).

[19] Liu H, Chen C C, Wang H R, et al. Simultaneous measurement of magnetic field and temperature based on surface plasmon resonance in twin-core photonic crystal fiber [J]. Optik 203, 164007 (2020).

[20] Jiao S X, Ren X L, Yang H R, et al. Dual-Channel and Dual-Core Plasmonic Sensor-Based Photonic Crystal Fiber for Refractive Index Sensing [J]. Plasmonics (2021). https://doi.org/10.1007/s11468-021-01518-2.

[21] Saitoh K, Matsuo S. Multicore fiber technology [J], J. Lightwave Technol. 34, 55-66 (2016).

[22] Yuan L, Liu Z, Yang J. Coupling characteristics between single-core fiber and multicore fiber [J], Opt. Lett. 31, 3237-3239 (2006).

[23] Igarashi K, Soma D, Wakayama Y, et al. Ultra-dense spatial-division-multiplexed optical fiber transmission over 6-mode 19-core fibers [J]. Opt. Express 24, 10213-10231 (2016).

[24] Vera E R, Usuga J, Cardona N G, et al. Mode selective coupler based in a dual-core photonic crystal fiber with non-identical cores for spatial mode conversion [C]. In Latin America optics and photonics conference, 2016 (p. LTu3C. 1). Optical Society of America.

[25] Zhang H W, Liu Y G, Wang Z, et al. Mode division multiplexing coupler of four LP modes based on a five-core microstructured optical fiber [J]. Opt. Commun. 410, 496-503 (2018).

[26] López-Coyote M, Gutiérrez-Castrejón R, Ceballos-Herrera D E. Impact of Dispersion on the Relative Cross-Talk of WDM Channels in Multicore Fiber Systems [C], in Frontiers in Optics / Laser Science, OSA Technical Digest (Optical Society of America, 2018), paper JW4A. 82.

[27] Malka D, Katz G. An Eight-Channel C-Band Demux Based on Multicore Photonic Crystal Fiber [J], Nanomaterials 8, 845 (2018).

[28] Gelkop B, Aichnboim L, Malka D. RGB wavelength multiplexer based on polycarbonate multicore polymer optical fiber [J]. Opt. Fiber Technol. 61, 102441 (2021).

[29] Amphawan A, Chaudhary S, Neo T-K, et al. Radio-over-free space optical space division multiplexing system using 3-core photonic crystal fiber mode group multiplexers [J]. Wireless Netw. 27, 211-225 (2021).

[30] Snyder A W. Coupled-mode theory for optical fibers [J], J. Opt. Soc. Am. 62 (11), 1267-1277 (1972).

[31] Michaille L, Bennett C R, Taylor D M, et al. Multicore Photonic Crystal Fiber Lasers for High Power/Energy Applications [J], IEEE J. Sel. Top. Quant. 15 (2), 328-336 (2009).

[32] Clark K L, Robertson R J. Cowbird parastitism and evolution of anti-parasite strategies in the yellow warbler [J]. The Wilson Bulletin. 93 (2), 249-258 (1981).

[33] 方晓惠. 多芯光子晶体光纤飞秒激光系统及其在频率变换中的应用 [D]. 天津：天津大学，2010.

[34] 庾韬颖. 基于双 Talbot 腔的 18 芯光子晶体光纤相干组束选模研究 [D]. 天津：天津大学，2013.

[35] Vu N H, Hwang I K, Lee Y H. Bending loss analyses of photonic crystal fibers based on the finite-difference time-domain method [J], Opt. Lett. 33 (2), 119-121 (2008).

[36] 温午麒，姚建铨，丁欣，等. 8.1W 全固态准连续红光 Nd：YAG 激光器 [J]. 中国激光，31 (11)，1271-1284 (2004).

[37] Shi J, Yang F, Yan D X, et al. Multi-direction bending sensor based on supermodes of multicore PCF laser [J]. Opt. Express 27, 23585-23592 (2019).

# 第4章

# 太赫兹波导材料介绍及研究

## 4.1 引言

对于微结构波导器件来说，无论是工作在中红外波段还是工作在太赫兹波段，研究人员主要从材料和结构两个方面进行研究和发展。“一代材料，一代器件。”这也充分说明材料对整个波导发展的重要性。从电磁波（尤其是光波）的崇拜到对电磁波的操控，人类对电磁波的认识和利用贯穿整个人类发展的历程。新时代提出的操控电磁波的愿景是在已有电磁波与物质的相互作用知识的基础上提出来的。用于操控电磁波的新材料包括非线性频率变换材料、半导体量子阱材料、带隙材料、使电磁波辐射整形与聚焦的材料等。这里所说的新材料，除了大自然提供的原材料以外，人造材料（人工生长制备）主要有金属材料、无机非金属材料和有机聚合物材料等。

太赫兹微结构波导器件离不开制备此类器件的材料的支撑，这些材料作为波导器件的基底和波导材料，如电介质、聚合物、金属等；或者可以作为对器件进行调控的功能材料，如半导体、磁光材料、相变材料和双折射材料等。研究材料在太赫兹波段的特性是设计、构建太赫兹微结构波导的前序基础，波导结构的设计需要根据材料所表现的特性来实际讨论。

材料的电磁特性主要由介电常数 $\varepsilon(\omega)=\varepsilon_1(\omega)+i\varepsilon_2(\omega)$ 和磁导率 $\mu(\omega)=\mu_1(\omega)+i\mu_2(\omega)$ 进行描述，其中 $\omega$ 为工作电磁波的角频率。在实验中，通过测量能够得到材料的复折射率 $\tilde{n}(\omega)=\sqrt{\varepsilon\mu}=n(\omega)+i\kappa(\omega)$，其中，$n$ 表示折射率，解释了电磁波在材料中传输时的相位变化；$\kappa$ 表示消光系数，可以用来解释电磁波在材料中传输时吸收衰减的程度。在非磁性材料中，普遍认为$\mu=1$[1]，此时 $\tilde{n}$ 与 $\varepsilon$ 的关系为：

$$\varepsilon_1 = n^2 - \kappa^2, \ \varepsilon_2 = 2n\kappa \tag{4-1}$$

电磁波在材料中的吸收损耗是由公式 $I(x) = I_0 e^{-\alpha x}$ 进行计算，其中的吸收系数 $\alpha$ 表示为

$$\alpha(\omega) = 2\kappa(\omega)\omega / c \tag{4-2}$$

式中，$c$ 表示真空中的光速。

目前可以使用不同的物理模型对材料的色散特性进行求解，在这之中，Drude 模型把材料中的自由载流子当作等离子体，仅考虑自由载流子的输运特性，而不关注晶格势、电子之间互作用以及电子与晶格间的碰撞。大多数非谐振材料在太赫兹波段的介电特性都能够使用该模型进行计算：

$$\varepsilon(\omega) = \varepsilon_b - \varepsilon_p^2 / (\omega^2 + i\gamma\omega) \tag{4-3}$$

其中，$\varepsilon_b$表示在较高的频率下内带束缚电子的介电常数；$\gamma = 1/\tau$ 表示自由电子的碰撞频率，$\tau$ 表示碰撞弛豫时间，典型数值可以是 $10^{-14}$ s；$\omega_p$表示等离子体频率，其表达式为：

$$\omega_p^2 = \frac{ne^2}{\varepsilon_0 m^*} \tag{4-4}$$

其中，$n$ 表示载流子浓度；$\varepsilon_0$表示真空中的介电常数；$e$ 表示电子电荷量；$m^*$ 表示载流子有效质量。当 $\omega > \omega_p$时，材料具有介质特性，电磁波能够以较低的衰减透过该材料；当 $\omega < \omega_p$时，材料具有金属特性，可以吸收或者反射电磁波。

此时的电导率的表达式是：

$$\sigma(\omega) = \sigma_0 / (1 - i\omega\tau) \tag{4-5}$$

其中，$\sigma_0 = ne^2\tau / m^* = \omega_p^2 \tau \varepsilon_0$表示直流电导率。则公式（4-3）也可以表示为：

$$\varepsilon(\omega) = \varepsilon_b + i\sigma_0 / [\omega(1 - i\omega\tau)\varepsilon_0] \tag{4-6}$$

本书所使用到的大多数天然材料在太赫兹波段的特性都可以用 Drude 模型来计算，也就是说这类材料在太赫兹波段不存在明显的共振吸收峰。而具有显著的共振或者强介电弛豫的材料（常见的气体材料）需要根据 Lorenz 模型和 Debye 模型来进行计算。人工超材料在太赫兹波段的谐振特性通常可以使用 Lorenz 模型或者 Fano 模型计算。

金属在太赫兹波段的电磁特性可以根据 Drude 模型来计算。常见的金属材料的电导率一般在 $10^7$ S/m 量级，由公式 $\sigma_0 = ne^2\tau / m^* = \omega_p^2 \tau \varepsilon_0$可知其满足 $\omega_p \gg \omega$，位于远大于太赫兹频率的可见光和紫外光频率范围，且 $\omega \ll 1/\tau$，则公式（4-5）和公式（4-6）可以近似表达为：

$$\sigma(\omega) \approx \sigma_0 \tag{4-7}$$

$$\varepsilon(\omega) \approx -\frac{\sigma_0 \tau}{\varepsilon_0} + i\frac{\sigma_0}{\varepsilon_0 \omega} \tag{4-8}$$

以铜为例，其 $\sigma_0=6.7\times10^7$ S/m，$\tau=25f_s$，则铜在太赫兹波段的介电函数的表达式是 $\varepsilon(f)=-1.7\times10^5+i1.1\times10^6f^{-1}$，其中频率 $f=\omega/2\pi$。由此可得，金属在太赫兹波段有 $\varepsilon_1\ll\varepsilon_2$，且 $\varepsilon_1$ 是不受频率影响的负常数，因此公式（4-6）可以简化为 $\varepsilon(\omega)\approx i\sigma_0/(\varepsilon_0\omega)$，而 $n\approx\kappa=\sqrt{\varepsilon_2/2}$。太赫兹波在材料表面的趋肤深度 $\delta$ 的表达式是：

$$\delta=c/\kappa\omega=\sqrt{2/\omega\mu_0\sigma_0} \tag{4-9}$$

其中，$\mu_0$ 表示真空中的磁导率。

太赫兹波在金属表面的反射率的表达式是：

$$R(\omega)=\left|\frac{\sqrt{\varepsilon(\omega)}-1}{\sqrt{\varepsilon(\omega)}+1}\right|^2\approx1-\sqrt{\frac{8\varepsilon_0\omega}{\sigma_0}} \tag{4-10}$$

由上式可以看出，金属在太赫兹波段的特性只和材料的真空电导率 $\sigma_0$ 相关。常见金属在 1THz 频率处的趋肤深度小于 100nm，反射率超过 99%，这使得由金属构成的反射和波导器件能够提供很低的损耗。

太赫兹微结构波导还可以由介质材料构成，这类材料主要包括有机聚合物、电介质和半导体等。其具体材料的特性如下章节介绍。

# 4.2 常见太赫兹波导材料

## 4.2.1 高阻抗浮区本征硅材料（High Resistivity Float Zone Silicon，HRFZ-Si）

太赫兹波导中较常用的材料是通过浮区技术生长的高阻抗硅，可以很好地对太赫兹波进行传输。研究人员以硅为基础材料，设计了大量的太赫兹电子产品的各种光学组件。与其他光学材料相比，硅的晶体生长和加工成本更低，尺寸可以更大，能够使制备的光学元件种类多样化。

除了合成金刚石，高电阻硅是唯一适用于从近红外（1.2μm）到毫米波（1mm）或者长波长范围等极宽频率范围的各向同性晶体材料。与金刚石相比较，高阻硅的生长和加工成本更低。可在高达 1mm 的波长范围保持 50%～54% 的透过率，还可以应用在高达 3mm 甚至 8mm 的更长的波长范围[2]。

在太赫兹应用中，高阻抗浮区本征硅具有相对较低的损耗。从太赫兹时域光谱系统测量的结果可以看出，通过高阻硅样品的太赫兹时域信号与参考信号（通过空气）的波形一致[2]。上述结果表明在高阻硅中不存在较为明显的吸收。大的传输损耗有可能是由于菲涅尔反射引起的。高阻硅在 0.25～2THz 频率范围内的吸收系数低于 0.5cm$^{-1}$。

高阻硅在太赫兹波段具有较低损耗，其复介电常数取决于电导率（即自由载流子浓度）。对于低杂质浓度，硅的介电常数几乎是一个实数，大于等于高频介电常数。随着掺杂浓度的升高，介电常数的实部变为负值，其虚部不再能够被忽略。此时硅的介电常数表现为复数，并且对太赫兹波有损耗。损耗因子（即损耗角正切）可以由以下公式计算：$\tan\delta=1/(\omega\varepsilon_v\varepsilon_0 R)$，$\omega$ 表示角频率；$\varepsilon_v=8.85\times10^{-12}$F/m 表示真空的介电常数；$\varepsilon_0$表示硅的相对介电常数；$R$ 表示特征电阻[3]。高阻硅在 1THz 处的电阻率为 10kΩ · cm，则其损耗因子为 $1.54\times10^{-5}$。J. M. Dai 等人的研究指出，高阻硅在 0.1～1.5THz 频率范围内体材料吸收损耗小于 0.015cm$^{-1}$，在 0.5～4THz 频率范围内具有稳定的折射率，为 3.417[4]。

### 4.2.2 石英晶体（Crystal Quartz）

结晶石英晶体在可见光和近红外（波长为 0.15～4μm）区域内是光学透明的。该材料从 100μm 开始具有良好的透过率，可以使其应用于太赫兹波段。

合成结晶石英是在高压釜中通过水热合成法在预先制备的和特殊取向的“种子”（籽晶）上生长的。结晶石英晶体的生长大约需要一年的时间，并且需要将温度和大气压分别控制在 340℃和 1000bar。籽晶的取向决定了生长晶体晶轴的位置。根据对材料质量和应用的要求，晶体可以在籽晶的一侧生长，也可以同时在两侧生长。

结晶石英晶体是具有三角结构的各向异性单轴晶体。晶体结构为骨架类型，由相对于晶体主轴呈螺旋状排列（具有右手或左手螺旋）的硅-氧四面体构成。根据这一点，石英晶体的左、右结构形态形式是不同的。平面和对称中心的缺失决定了石英晶体的压电和热电特性。结晶石英晶体具有较低的应力双折射和较高的折射率的整体均匀性。

到目前为止，石英晶体广泛用于无线电工程、电子信息、光电子和仪器科学领域，制备用于激光偏振、聚焦、反射等高精度光学元件，其具有以下优点：

① 光学均匀性高，晶体内部结晶度高；

② 晶体硬度相对较高，易于加工，且表面不易损伤；

③ 高稳定性，不易受外部环境化学变化的影响；

④ 不溶于水和其他溶剂；

⑤ 热膨胀系数较低；

⑥ 介电特性不易受温度和电磁场影响；

⑦ 较宽的光学透明范围；

⑧ 激光损伤阈值较高。

由于具有较大的色散（如表 4-1 所示），由石英晶体制成的透镜会在空间光和远红外波长具有不同的焦距。在将这些透镜使用于光学系统的准直时，这些属性需要考虑到。

**表 4-1　石英晶体双折射特性与波长的关系**[2]

| 波长/μm | 寻常光折射率（$n_o$） | 非寻常光折射率（$n_e$） |
| --- | --- | --- |
| 0.589 | 1.544 | 1.553 |
| 6.0 | 1.32 | 1.33 |
| 10.0 | 2.663 | 2.571 |
| 30.0 | 2.5 | 2.959 |
| 100.0 | 2.132 | 2.176 |
| 200.0 | 2.117 | 2.159 |
| 333.0 | 2.113 | 2.156 |

由于石英晶体是一种双折射材料，当太赫兹波的偏振特性对实际应用产生较大影响时，需要考虑这一特点。目前，X-切的石英可以用来设计太赫兹波段的二分之一波片和四分之一波片。

此外，薄的熔融石英元件也可以用来传输长波长电磁波。在 500～700μm 以上，透过率和晶体材料的透过率相同。在毫米波段应用中，可以使用薄的熔融石英元件来节省成本。

### 4.2.3　蓝宝石（Sapphire）

长期以来，蓝宝石被认为是一种具有独特物理特性的材料，例如高折射率、跨越紫外、可见光、红外（部分）以及太赫兹波段的宽光谱范围内的光学透明性、较强的力学性能、化学惰性和生物相容性[5]。与其他晶体材料相比较，蓝宝石在技术上可以采用多种现有的晶体成型方法，从氧化铝（$Al_2O_3$）熔体生长单晶光纤，包括激光加热基座法[6,7]、微下拉法（μ-PD）[8,9]、内部结晶法(ICM)[10-12]、导模法（EFG）[13]等。除了蓝宝石光纤，导模法技术及其改进技术可以实现具有复杂横截面几何形状的蓝宝石晶体，而且不需要使用精密的机械加工方法，如钻孔、切割、研磨以及抛光等。

现阶段，不同横截面的蓝宝石晶体被广泛应用于各种场合，作为组织诊断、治疗和手术的医疗设备的基本元件[14-16]，作为体元件甚至波导光学元件用于宽光谱范围或者不同能量中子的电磁辐射[17-21]。在过去的几年间，蓝宝石晶体被用来传导太赫兹波[22, 23]。研究表明，导模法生长的蓝宝石晶体适合用来传导太赫兹波，这是由于它们较高的表面和体积质量，以及具有典型亚毫米尺寸的可设计的横截面几何形状（例如空芯微通道或者蓝宝石薄膜）。这为研究太赫兹光纤波导开辟了新的机会[24, 25]。

蓝宝石也可以应用在光电导天线上，因为它们对于太赫兹波段的折射率几乎一样。蓝宝石晶体是一种典型的双折射晶体，入射光经过各向异性的晶体时，会被分成振动方向相互垂直的两束光，即双折射晶体的折射率会随着入射光振动方向的变化而变化。该特性对于以蓝宝石为基底的太赫兹双折射的研究很重要，许多基于蓝宝石基底的太赫兹器件会极大地受双折射特性的影响，比如太赫兹光开关、偏振滤波器和空间光调制器等。蓝宝石根据切割方向的不同一般可以分为 $C$ 面、$R$ 面、$A$ 面和 $M$ 面，具体对应关系如图 4-1 所示。$C$ 面蓝宝石的切面垂直于光轴，所以不存在双折射现象，而其他切面的蓝宝石晶体存在双折射现象。

由于异性晶体生长技术的优势和蓝宝石独特物理特性的组合，蓝宝石波导和光纤引起了研究人员的关注。蓝宝石在电磁波较宽的光谱范围内（包括太赫兹波段）是透明的（或半透明的）[2]。它具有高导热性和化学惰性，较高的硬度和力学性能、高熔点、耐热冲击和抗辐射，在太赫兹波段范围内具有高折射率，以及光学各向异性[23]。

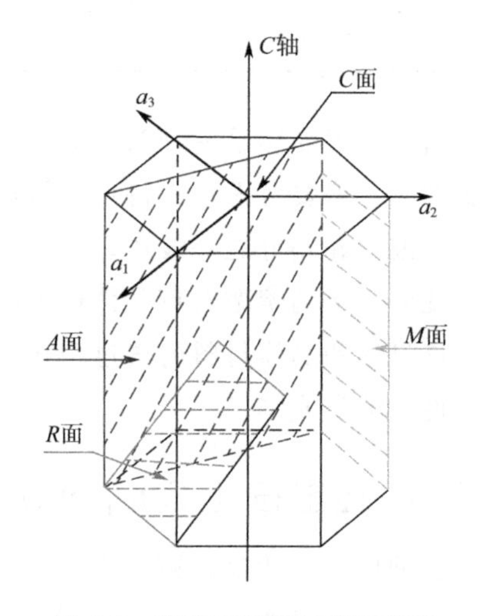

图 4-1 蓝宝石不同切面示意图

当频率为 0.5THz 时，蓝宝石正常光折射为 $n_o=3.07$，异常光和正常光的折射率差为 $n_e-n_o=0.37$[26, 27]。两个课题组对蓝宝石窗口片进行了测量，二者的结果在 0.45～1.3THz 频率范围内符合得较好。由于蓝宝石是 $Al_2O_3$ 的单晶相（也即 $\alpha$-$Al_2O_3$），因此，相对于太赫兹光学的替代材料，比如高阻硅或者结晶石英晶体，使用各种技术生长高纯度高质量的蓝宝石晶体相对简单。

### 4.2.4 硫系玻璃（Chalcogenide Glasses）

硫系玻璃是一种可以使远红外光波透过的玻璃材料，由元素周期表第ⅥA 主族中的硫（S）、硒（Se）和碲（Te）三种元素与其他电负性较弱的元素（包括 Ge、Ga、As 等）组合构成的非氧化物玻璃态块体材料[28]。硫系玻璃的热学、光学和电学性能优异，稳定性较好，其透过范围依据组成不同而稍有变化，大概位于 0.5～1μm 到 8～25μm。其折射率较高，在 2.0～3.5 范围之间，声子能量较低（<350cm$^{-1}$）、组成成分灵活可调。

硫系玻璃结构与其他玻璃不同，其键合较弱。在频率 0.3～1.5THz 范围内，$Ge_{30}As_8Ga_2Se_{60}$、$Ge_{35}Ga_5Se_{60}$ 和 $Ge_{10}As_{20}S_{70}$ 这三种材料具有不同的吸收特性，但吸收系数随着频率的增加而升高[29]。上述三种材料在太赫兹波段的吸收系数比二氧化碳的吸收系数大得多[30,31]，这是因为它们的键合较弱以及结构更无序[32]。上述三种硫系玻璃样品折射率随着频率的升高而升高，且具有较弱的色散，是因为太赫兹频率与硫系玻璃的带隙或者谐振相差较大。可以用 Sellmeier 经验方程表示实际折射率 $n$ 与波长的关系，可以表示为 $n^2=1+\Sigma_i A_i\lambda^2/(\lambda^2-\lambda_i^2)$，$\lambda_i$ 定义了吸收波长；$A_i$ 表示与吸收波长强度相关的常数。根据关系式 $\lambda=c/v$，则 Sellmeier 方程可以改写为 $n^2=1+\Sigma_i A_i c^2/(c^2-\lambda_i^2 v^2)$。拟合参数如表 4-2 所示[29]。

**表 4-2 硫系玻璃的 Sellmeier 系数 A 和 $\lambda_1$[29]**

| 材料 | $A$（无单位） | $\lambda_1$/μm |
| --- | --- | --- |
| $Ge_{30}As_8Ga_2Se_{60}$ | 5.60 | 73 |
| $Ge_{35}Ga_5Se_{60}$ | 6.65 | 66 |
| $Ge_{10}As_{20}S_{70}$ | 4.35 | 54 |

对于 $As_2S_3$ 材料，在 0.2～4THz 频率范围内，其折射率从 2.74～2.67 单调递减，吸收系数从 1.2cm$^{-1}$ 增加到 200cm$^{-1}$[33]。对于 GaLaS（$70Ga_2S_3$ : $30La_2S_3$）材料，在频率范围 0.2～5THz 之间，其测量得到的折射率约为 3.5～3.6。

对于几类硫系玻璃材料样品在频率为 0.8THz 处的折射率如表 4-3 所示。并且在 0.1～1THz 频率范围内，它们的折射率变化不明显，但吸收系数随着频率的增加而增加。

**表 4-3 几种硫系玻璃材料在 0.8THz 处的折射率和吸收系数[29,34]**

| 材料 | 折射率（0.8THz） | 吸收系数（0.8THz）/cm$^{-1}$ |
| --- | --- | --- |
| $La_{20}Ga_{20}S_{60}$ | 3.93±0.01 | 52±2 |
| $La_{16}Ga_{24}S_{60}$ | 3.80±0.01 | 46±2 |
| $La_{12}Ga_{28}S_{60}$ | 3.63±0.01 | 40±2 |
| $La_{12}Ga_{28}S_{48}Se_{12}$ | 3.54±0.01 | 51±2 |

续表

| 材料 | 折射率（0.8THz） | 吸收系数（0.8THz）/cm$^{-1}$ |
|---|---|---|
| $La_{12}Ga_{28}S_{39}Se_{21}$ | 3.66±0.01 | 60±3 |
| $Ge_{28}Sb_{12}Se_{60}$（IG5） | 3.17±0.01 | 31±10 |
| $Ge_{33}As_{12}Se_{55}$（IG2） | 2.85±0.01 | 9±0.5 |
| $Ge_{30}As_8Ga_2Se_{60}$ | 2.62 | |
| $Ge_{35}Ga_5Se_{60}$ | 2.81 | |
| $Ge_{10}As_{20}S_{70}$ | 2.31 | |

## 4.2.5 聚合物材料

在太赫兹波导领域，介质波导是一类比较重要的波导结构。波导传输性能主要取决于波导材料选择和结构设计。较高的传输损耗以及色散会使得太赫兹波在波导内传输时会有严重的衰减和脉冲展宽的现象。因此，需要选择低吸收、低色散的介质材料来实现太赫兹波的高效传输[35]。传统的红外波段及可见光波段的波导主要使用的是熔融石英，其主要成分是二氧化硅，在该波段具有高透过率。为了降低材料对太赫兹波的吸收和色散效应，需要选择合适的材料。大量的研究表明，聚合物介质材料在太赫兹波段具有相对较低的吸收系数和色散系数。在19世纪后半期出现的聚合物材料是由有机小分子单体通过聚合反应获得的[36]。聚合反应是有机小分子单体经过连续、重复的化学反应而获得高分子量化合物的化学反应。相关研究结果表明，聚合物材料的结构和性质受有机小分子单体的结构和性质的影响。此外，由于聚合物的分子量较大，所产生的凝聚态具有独特的性质，会极大地影响聚合物的特性。常见的聚合物材料主要有：低密度聚乙烯（Low-density Polyethylene，LDPE）、高密度聚乙烯（High-density Polyethylene，HDPE）、环烯烃共聚物（Cyclic Olefin Copolymer，COC）、聚甲基戊烯（Polymethylpentene，TPX）、聚碳酸酯（Polycarbonate，PC）、聚甲基丙烯酸甲酯（Polymethyl Methacrylate，PMMA）以及聚四氟乙烯（Polytetrafluoroethylene，PTFE/Teflon，特氟龙）等。

表4-4给出了几种聚合物材料在1THz频率处的折射率和吸收损耗系数[37-39]，在测量过程中使用的材料及测试流程存在差异，所以测量的结果具有一定的差异。从表中可以看出，聚甲基丙烯酸甲酯、聚碳酸酯、PS材料的吸收损耗系数相对较高。环烯烃共聚物材料与其他种类的聚合物材料相比，吸收损耗系数最低。另外，这些材料的折射率数值比较集中，大多在1.4～1.7之间。与其

他介质材料相比，聚合物材料的吸收系数及色散较小，这些特性使其广泛用于太赫兹波导或太赫兹器件的制备与设计。

**表 4-4　常见聚合物材料在 1THz 频率处的折射率和吸收损耗系数[35]**

| 聚合物材料 | 折射率 | 吸收损耗系数/$cm^{-1}$ |
| --- | --- | --- |
| PMMA | 1.59～1.61 | 11～21 |
| PC | 1.65～1.67 | 9～11 |
| PS | 1.59～1.64 | 2.0～2.4 |
| HDPE | 1.53～1.54 | 0.5 |
| PP | 1.50～1.51 | 0.6 |
| Teflon | 1.42～1.45 | 0.6 |
| COC | 1.52～1.53 | 0.15 |

### （1）聚甲基戊烯（Polymethylpentene，TPX）

聚甲基戊烯是一种半结晶聚合物，具有优异的电绝缘特性和较高的透明度，其透过率可达到 94%，并且聚甲基戊烯即使是具有较大尺寸的微晶也会保持较高的透明度，这是由于其非晶相和结晶相的密度和折射率非常接近。聚甲基戊烯是一种非常轻的材料，在所有塑料材料中具有最低的密度，具有较低的吸水性。同时，聚甲基戊烯结构稳定，具有良好的韧性、硬度和冲击强度，不易断裂，易于力学加工和抛光，常用于要求高透明度和良好力学性能的场合。聚甲基戊烯具有良好的热稳定性、抗蠕变性以及良好的抗伽马辐射和 X 射线性能，具有优异的耐热性。

聚甲基戊烯在紫外光、可见光和红外光范围内是透明的，在毫米波范围内的光损耗也较低，如图 4-2 所示。且该聚合物的折射率实际上和波长无关[3]。如表 4-5 所示，对于聚甲基戊烯材料，其折射率约为 1.46[2]。

**表 4-5　聚甲基戊烯材料折射率与波长的关系[2]**

| 波长/μm | 折射率（$n$） | 波长/μm | 折射率（$n$） |
| --- | --- | --- | --- |
| 0.633 | 1.463 | 667 | 1.46 |
| 24 | 1.4568 | 1000 | 1.4650 |
| 60 | 1.4559 | 3191 | 1.466 |
| 300 | 1.46 | | |

聚甲基戊烯是一种硬度较高的固体材料，可以通过机械加工成各类光学元件，常见的有透镜和窗口片。由于聚甲基戊烯在整个太赫兹范围内具有较高的透过率，并且能够完全反射 10μm 波段激光，因此聚甲基戊烯能够用于二氧化碳激光器泵浦气体分子太赫兹激光器的输出窗口。此外，聚甲基戊烯也可以用作低温恒温器中的“冷”窗。聚甲基戊烯在太赫兹波段的透过率不随温度变化，其折射率温度系数为 $3.0\times10^{-4}K^{-1}$（温度范围为 8～120K）。

与其他可以用在太赫兹波段的材料相比，聚甲基戊烯具有优异的光学性能，可以用来替代 Pccarin（Tsurupica）透镜，且价格便宜。常见的几种有机物在太赫兹波段的透过率如图 4-2 所示[2]。

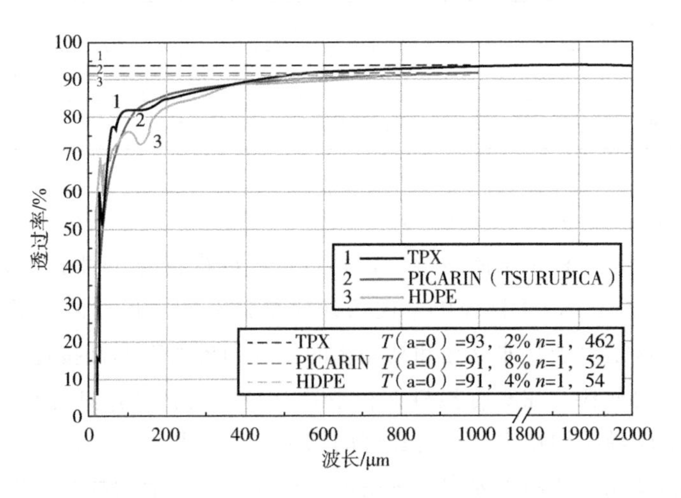


图 4-2　2mm 厚的聚甲基戊烯、Tsurupica 以及高密度聚乙烯样品在太赫兹波段透过率[2]

## （2）聚乙烯（Polyethylene，PE）

聚乙烯（PE）是轻弹性结晶材料，常用于生产薄膜和各种薄膜产品，比如热塑性薄膜和包装袋等。聚乙烯是一种几乎完全透明的弱塑性材料，是一种优良的电绝缘材料，具有抗冻、耐化学性、不易受辐射、防潮、气密等特点，但其对紫外线辐射、油脂和油不稳定。由聚乙烯制备的元件多用于电气工程、化学和食品工业、汽车工业、建筑等。

聚乙烯的折射率约为 1.54，并且在宽波长范围内变化很小[2]。通常情况下，高密度聚乙烯用来设计加工太赫兹元器件，比如太赫兹偏振器中使用高密度聚乙烯薄膜，高莱（Golay）探测器的窗口也可以使用高密度聚乙烯薄片。高密度聚乙烯在太赫兹波段的特性如图 4-3 所示[2]。高密度聚乙烯折射率温度系数约为 $6.2\times10^{-4}K^{-1}$（温度范围为 8～120K）。

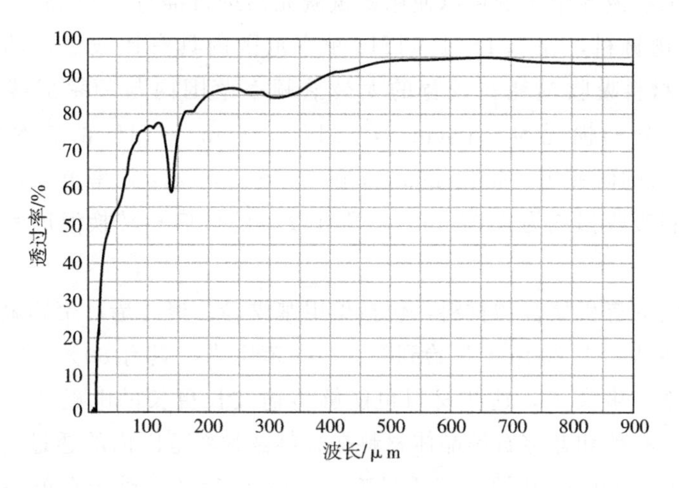


图 4-3　2mm 厚的高密度聚乙烯样品在太赫兹波段透过率[2]

### (3)聚四氟乙烯(Polytetrafluoroethylene，PTFE/Teflon，特氟龙)

聚四氟乙烯(PTFE)在常温下是一种白色、坚硬的有机塑料，其密度约为 2.2g/cm$^3$，熔点为 327℃，其折射率在宽波长范围内约为 1.43。聚四氟乙烯在太赫兹波段的透过率如图 4-4 所示[2]。

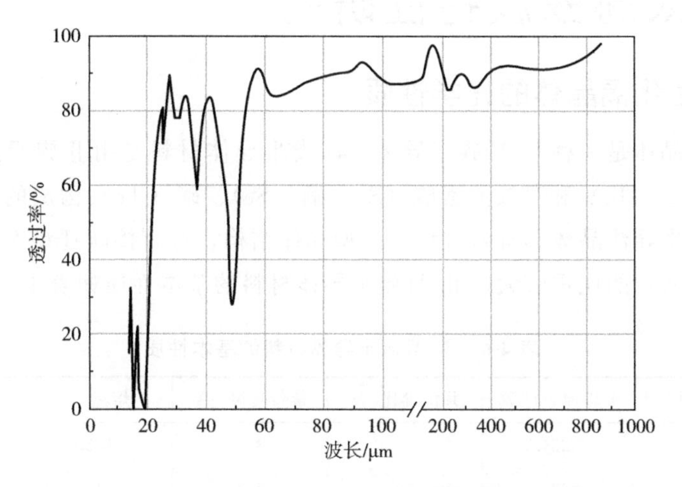


图 4-4　0.1mm 厚的聚四氟乙烯样品在太赫兹波段的透过率[2]

### (4)环烯烃共聚物(Cyclic Olefin Copolymer，COC，Zeonex)

环烯烃聚合物(Zeonex)可以应用在超高真空环境，具有优异的力学性能、良好的化学稳定性。与聚甲基戊烯类似，由于不存在折射率色散，基于环烯烃聚合物材料的太赫兹光学系统可以使用氦氖激光器进行准直。Topas 是一种非极性环烯烃聚合物材料，在 0.1～1.5THz 频率范围内具有比较稳定的折射率 $n=1.5258$[40]。材料吸收损耗在较宽的太赫兹频率范围内与频率成线性比例，在 0.4THz 频率处的损耗为 $0.06cm^{-1}$，并以 $0.36cm^{-1}/THz$ 的速率增加[41]。在 J. Sultana 等人的研究中，指出 Zeonex 在 0.1～4.5THz 频率范围内，折射率为 1.5352，材料吸收损耗为 $0.02cm^{-1}$，具有较高的玻璃相转换温度和对湿度不敏感特性[42]。

上述介绍的有机聚合物材料，包括聚甲基戊烯、聚乙烯、聚四氟乙烯和环烯烃共聚物，在从大于 200μm 开始到 1000μm 范围内，具有 80%～90%的均匀且稳定的透过率。事实上，这些材料也能够传输波长更长的电磁波。由于反射损耗，高阻硅、石英和蓝宝石等晶体材料在太赫兹频率范围内的透过率较低。对于高阻硅，从波长 50μm 开始，其透过率为 50%～54%；对于石英晶体，从波长 120μm 开始，其透过率大于 70%；对于蓝宝石晶体，从波长 350μm 开始，其透过率大于 50%。样品厚度为 1～2mm。此外，这些晶体材料的吸收系数大概在 $0.5cm^{-1}$ 量级[3]。

# 4.3 硒化镉（CdSe）晶体中红外及太赫兹波特性研究

## 4.3.1 硒化镉晶体的光学性质

硒化镉晶体是一种Ⅱ-Ⅵ族半导体，该类半导体材料是由Ⅱ族元素锌（Zn）、镉（Cd）、汞（Hg）和Ⅵ族元素硫（S）、硒（Se）、碲（Te）构成的二元半导体材料。这类半导体晶体具有六方纤锌矿型晶体结构，有直接跃迁型宽带隙能带结构，离子键所占的比重较大。Ⅱ-Ⅵ族半导体材料的基本性质如表 4-6 所示。

**表 4-6　Ⅱ-Ⅵ族半导体材料的基本性质**

| Ⅱ-Ⅵ族半导体 | 平均原子序数 | 共价键比/% | 禁带宽度/eV | 熔点/℃ | 跃迁类型 |
|---|---|---|---|---|---|
| ZnS | 23 | 22 | 3.6 | 1830 | 直接 |
| CdS | 32 | 22 | 2.4 | 1475 | 直接 |
| HgS | 48 | 12 | 2.0 | 1450 | 直接 |
| ZnSe | 32 | 19 | 2.7 | 1515 | 直接 |
| CdSe | 41 | 19 | 1.74 | 1264 | 直接 |
| HgSe | 57 | 8 | 0.6 | 800 | 直接 |

续表

| Ⅱ-Ⅵ族半导体 | 平均原子序数 | 共价键比/% | 禁带宽度/eV | 熔点/℃ | 跃迁类型 |
|---|---|---|---|---|---|
| ZeTe | 41 | 8 | 2.2 | 1290 | 直接 |
| CdTe | 50 | 8 | 1.5 | 1090 | 直接 |
| HgTe | 66 | 3 | 0.3 | 670 | 直接 |

硒化镉晶体作为一种重要的直接带隙Ⅱ-Ⅵ族半导体材料，其光学性能优异。有效非线性系数为：$d_{31}$（10.6μm）＝－18pm/V，$d_{33}$（10.6μm）＝36pm/V，$d_{33}$（2.12μm）＝40pm/V，透光波长的范围较宽（0.75～25μm），光学吸收系数较低（1～10μm：$\alpha$＜$0.01\mathrm{cm}^{-1}$），激光损伤阈值高（1.06μm：$0.04\mathrm{GW/cm^2}$，17ns；2.797μm：＞$4\mathrm{GW/cm^2}$，0.1ns），双折射特性适宜，离散角较小，可以在很宽的波长范围实现相位匹配。同时，硒化镉晶体的物理化学性质较稳定、不易潮解，力学性能较好，能够根据所需要的相位匹配参数进行切割，可以使用2.09μm（Ho：YAG）、2.797μm（Er，Cr：YSGG）等激光器作为泵浦源，通过参量振荡产生8～15μm中红外激光，通过非线性光学差频获得更宽的调谐范围，具有较高的应用潜力。

在0.75～25μm透明的波段内，硒化镉晶体最佳色散关系方程（$\lambda$的单位为μm，$T$＝20℃）：

$$\begin{cases} n_o^2 = 4.2243 + \dfrac{1.7680\lambda^2}{\lambda^2 - 0.2270} + \dfrac{3.1200\lambda^2}{\lambda^2 - 3380} \\ n_e^2 = 4.2009 + \dfrac{1.8875\lambda^2}{\lambda^2 - 0.2171} + \dfrac{3.6461\lambda^2}{\lambda^2 - 3629} \end{cases} \tag{4-11}$$

它们在中远红外（0.75～25μm）的分布如图4-5所示。

将硒化镉晶体应用在太赫兹波段，需要研究该晶体在太赫兹波段的性质，目前除了少量对其拉曼特性和红外光谱的研究报道之外，对硒化镉晶体在太赫兹波段声子特性的相关研究未曾见诸报道。

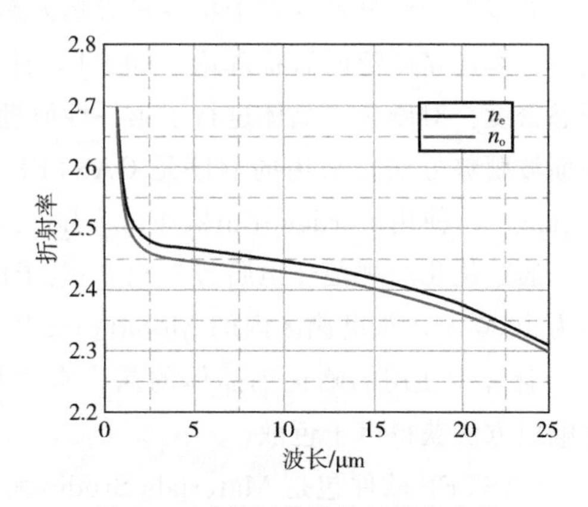

图4-5　硒化镉晶体的折射率曲线

在本章节中所使用的硒化镉晶体是通过使用高压垂直梯度冷却（HPVGF）的方法生长的。将高质量的圆柱形［001］方向的硒化镉单晶放置在PBN坩埚中作为种子，用高纯度的硒化镉作为原材料，放置在位于垂直感应炉中的 PBN 坩埚中。在加热过程中，容器中充满高纯度（99.999%）的氩气。晶体生长的表面被控制在稳定的温度梯度状态。经过 7～10 天之后，将 PBN 坩埚逐渐冷却到室温状态，这样就能够获得无裂纹的硒化镉单晶。

使用 X-光衍射计来确定硒化镉单晶的［110］切向，使用的晶体薄片的厚度分别是 0.65mm、1.0mm 和 1.36mm，在两个面上都进行了抛光，如图 4-6（a）所示。使用太赫兹成像系统对硒化镉晶体的均匀性进行了验证。当太赫兹波的频率为 2.52THz 时，厚度为 0.65mm 的硒化镉晶体的透过率大概为 15%，如图 4-6（b）所示。从图中可以看出，实验中使用的硒化镉晶体样品的均匀性比较好。

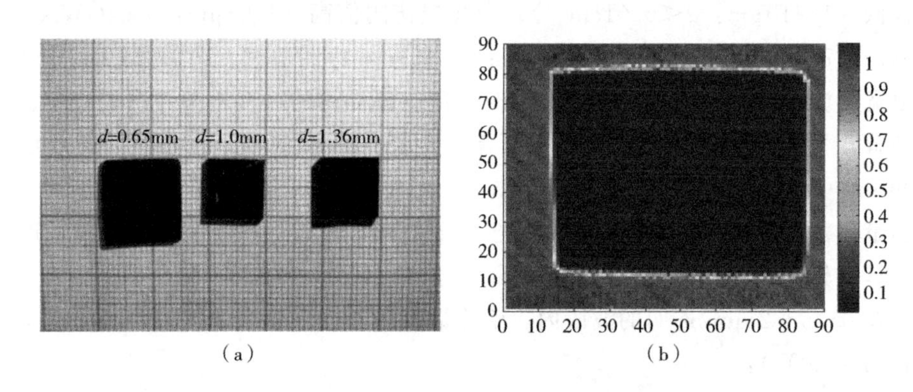

(a) (b)

图 4-6　实验中使用的不同厚度的［110］硒化镉晶体（a）及厚度为 0.65mm 的硒化镉晶体样品的太赫兹波成像结果（b）

## 4.3.2　硒化镉晶体的声子谱计算

非线性晶体材料的声子特性是影响太赫兹波与晶体晶格相互作用的主要因素之一。利用密度泛函微扰理论（DFPT）计算了硒化镉晶体的声子色散谱以及声子态密度。对硒化镉晶体进行了第一性原理计算。使用基于密度泛函微扰理论的平面波赝势方法，采用的程序是 CASTEP（Cambridge Sequential Total Energy Package）。使用 Perdew-Burke-Emzerhof 函数的广义梯度近似来描述交换相关能，通过优化的规范守恒赝势对离子-电子的相互作用过程建模。平面波截止动能为 1000eV，布里渊区内的 Monkhorst-Pack 的 $k$ 点的间隔设定为不高于 0.07/Å$^3$。计算中使用的硒化镉晶体的晶格常数和原子占位与实验结果一致。使用线性响应方法获得声子色散。

CASTEP 软件包是 Materials Studio 大型材料计算软件的子模块之一，它是基于密度泛函理论来数值计算大部分材料的固态特性、界面及表面特性。

CASTEP 软件使用总能量平面波赝势的方法，可以对原子的种类和数量进行设置，能够对晶格常数、分子几何、能带结构、态密度、电荷密度、光学及波函数等参数进行理论计算，可以将材料的晶格振动特性进行可视化的展示。

CASTEP 计算晶体结构参数的主要步骤有：

① 确定晶体的结构：在计算前必须创建所需晶体材料的结构三维模型，利用“Build Crystal”工具构建；

② 选定计算参数：当晶体材料的三维模型确定后，要确定计算类型以及选定计算的参数，然后开始运算；

③ 分析结果：运算完成后，相关的数据文件会返回到“Project Expores”中，通过处理这些文件就能够获得目标结果。

理论计算得到的硒化镉晶体声子色散谱和投影的声子态密度如图 4-7 所示。纤锌矿类的硒化镉晶体的空间群是 $P6_3mc$，点群是 $C_{6v}^4$，因此硒化镉晶体布里渊区中心 $\Gamma$ 点的 8 个振动模式可以分解为：$\Gamma=2E_1+2E_2+2A_1+2B_2$，其中，$A_1$ 和 $E_1$ 是具有拉曼活性的极性模，具有横光学（TO）和纵光学（LO）模，$E_2$ 是非极性的拉曼活性模，$B_2$ 是不具有光学活性的模式。从图中可以看出，存在四个主要的声子态：30cm$^{-1}$、120cm$^{-1}$、180cm$^{-1}$ 和 210cm$^{-1}$，这四个模式分别可以被归纳为 $E_2$、$B_2$、$E_2$ 和 $B_2$ 振动模式。图 4-8 表示振动模式为 30cm$^{-1}$（0.9THz）、120cm$^{-1}$（3.7THz）和 182cm$^{-1}$（5.8THz）的原子示意图。模式 30cm$^{-1}$和 182cm$^{-1}$都属于具有拉曼活性的 $E_2$ 模式，可以和外部的电磁场相互作用。0.8THz 和 1.45THz 处的吸收峰分别是由振动模式 30cm$^{-1}$的单光子吸收和双光子吸收造成的。5.0THz 处的吸收峰可以归因于双声子 30cm$^{-1}$和 120cm$^{-1}$模

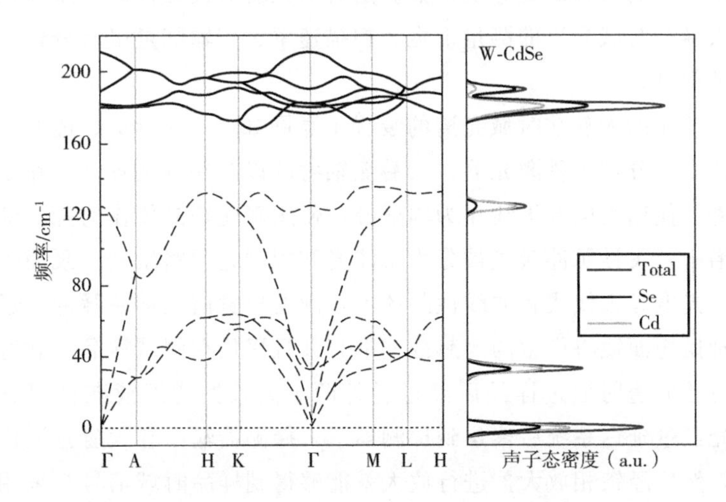


图 4-7 理论计算的硒化镉晶体的声子色散谱（左）和声子态密度（右）

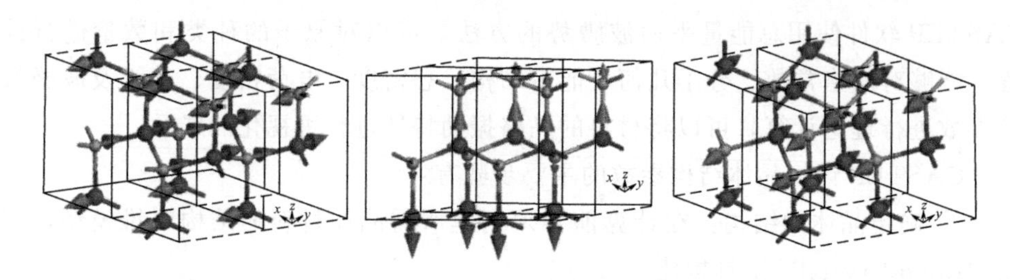

图 4-8 振动模式 30cm$^{-1}$（左）、120cm$^{-1}$（中）和 182cm$^{-1}$（右）的原子位移方向；粉色和黄色的小球分别表示 Cd 原子和 Se 原子；绿色的箭头表示原子振动的方向

式的耦合作用。在 130～160cm$^{-1}$之间存在光学禁带，导致了 4.0～4.75THz 范围的较高透过率。

### 4.3.3 硒化镉晶体太赫兹时域光谱的测量与结果讨论

太赫兹时域光谱（THz-TDS）技术是一种新型的且有效的相干探测方法，自 1989 年由 IBM 研究中心的 M. Exter 等人[43]搭建了第一套太赫兹时域光谱系统开始，经过近三十年的快速发展，太赫兹时域光谱已经成为在太赫兹光谱探测领域的一种主要的方法。太赫兹时域光谱可以用来测量材料动态过程的参数，以飞秒激光脉冲作为时间间隔，可以快速得到材料的各种特性，因此能够用来测量材料在太赫兹波段的复折射率、介电常数、双折射特性以及电磁响应。在太赫兹时域光谱中，由飞秒激光脉冲在光电导中激发产生宽带的太赫兹脉冲，太赫兹脉冲经过材料后，使用一个延迟的飞秒脉冲对太赫兹脉冲的幅值和相位进行探测，从而可以得到被测材料的复介电常数。随着对太赫兹波器件研究工作的逐步发展和完善，太赫兹时域光谱的测量带宽、扫描速率、传输能量以及分辨率等性能也在进一步地提升。

实验中使用的太赫兹时域光谱的装置示意图如图 4-9 所示。透射模式的系统主要包括四个部分：飞秒激光器、太赫兹辐射源以及探测装置、光路延迟线和光路控制器件。使用光电导天线作为辐射源，使用碲化锌晶体作为探测器。在太赫兹时域光谱中，飞秒脉冲激光被分为泵浦光和探测光两路激光，泵浦光经过聚焦透镜会聚在光电导天线或者非线性晶体上，激发出宽谱太赫兹脉冲。通过两个表面镀金离轴抛物面镜将产生的太赫兹波准直并且聚焦在测试样品。载有样品特性信息的太赫兹波透射通过样品后经过另外两个离轴抛物面镜准直聚焦到探测器上。探测光经过延迟系统后聚焦到探测器上，探测器输出和太赫兹波信号相关的电流信号，然后经锁相放大器进行放大就能够得到样品时域信号，采用傅里叶变换就可以获得相对应的频域信号。

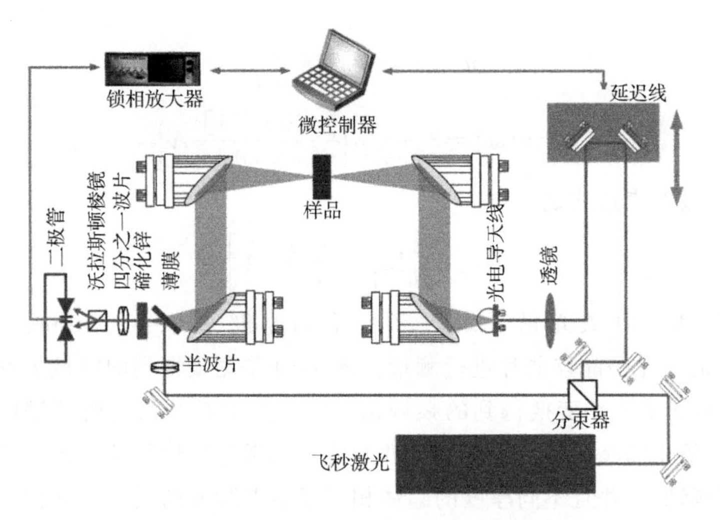


图 4-9　太赫兹时域光谱的实验装置图

假设一束频率为 $\omega$ 的太赫兹波沿着 $z$ 轴方向注入到复折射率 $\boldsymbol{n}=n+\mathrm{i}k$ 的材料上，则太赫兹波的表达式是：

$$E(z,\ t)=E_0\exp\left[\mathrm{i}\left(\omega t+\frac{n\omega}{c}z\right)\right]=E_0(t)\exp\left(\mathrm{i}\frac{n\omega}{c}z\right)\cdot\exp\left(-\frac{\kappa\omega}{c}z\right) \tag{4-12}$$

其中，$E_0(t)=E_0\mathrm{e}^{\mathrm{j}\omega t}$ 是未入射到材料的太赫兹波的表达式。假设待测材料样品的厚度是 $d$，则在频域内透射的太赫兹波的表达式是：

$$E(\omega)=E_0\exp\left[\mathrm{i}\frac{n(\omega)\omega}{c}d\right] \tag{4-13}$$

包含有材料样品信息的太赫兹波的表达式是：

$$E_{\mathrm{sam}}(\omega)=E_0\exp\left[\mathrm{i}n(\omega)\omega\frac{d}{c}\right]\cdot\exp\left[-\kappa(\omega)\omega\frac{d}{c}\right] \tag{4-14}$$

参考太赫兹波可以看作是太赫兹波通过尺寸和样品厚度相等的真空区域（$n=1$，$\kappa=0$），其表达式是：

$$E_{\mathrm{ref}}(\omega)=E_0(\omega)\exp\left(\mathrm{i}\omega\frac{d}{c}\right) \tag{4-15}$$

将公式（4-14）和公式（4-15）作比值：

$$\frac{E_{\mathrm{sam}}(\omega)}{E_{\mathrm{ref}}(\omega)}=A\mathrm{e}^{\mathrm{i}\phi}=\frac{4n(\omega)}{[n(\omega)+1]^2}\exp\left\{-\kappa(\omega)\frac{d}{c}\right\}\cdot\exp\left\{\mathrm{i}[n(\omega)-1]\omega\frac{d}{c}\right\} \tag{4-16}$$

从上式可以得到材料样品的复折射率的实部折射率 $n$ 和虚部消光系数 $\kappa$ 的表达式：

$$n = n(\omega) = 1 + \frac{\phi c}{\omega d} \tag{4-17}$$

$$\kappa = \kappa(\omega) = -\frac{c}{\omega d}\ln\left\{\frac{[n(\omega)+1]^2}{4n(\omega)}A\right\} \tag{4-18}$$

吸收系数的表达式是：

$$\alpha = -\frac{2}{d}\ln\left[\frac{(n+1)^2}{4n}A\right] \tag{4-19}$$

使用太赫兹时域光谱系统对三种不同厚度（$d=0.65\text{mm}$、$1.0\text{mm}$ 和 $1.36\text{mm}$）的硒化镉晶体薄片进行测量。图 4-10 是测量得到的时域太赫兹脉冲波形（a）和采取傅里叶变换得到的频域谱（b）。从太赫兹波的时域谱图 4-10（a）可以看出，硒化镉晶体薄片的传输脉冲和背景参考脉冲信号的波形一致，只是在强度上有所降低，并且不同厚度的晶体相对于参考脉冲的延迟不相同，因此，基于该延迟分离能够对晶体的光学特性进行分析。同时，对于太赫兹波不同的偏振方向，时域信号的延迟时间也是不一样的，e-光比 o-光的延迟时间更长，在测量的频率范围内，e-偏振光的折射率要比 o-偏振光的折射率高，这和正单轴晶体的特性符合（$n_e>n_o$）。从图 4-10（a）中可以计算得到由晶体折射率和厚度引起的时间延迟分别是 $\Delta t_1=0.24\text{ps}$（0.65mm），$\Delta t_2=0.36\text{ps}$（1.0mm）和 $\Delta t_3=0.48\text{ps}$（1.36mm），对应的群双折射分别是 0.1107、0.108 和 0.1058。从图 4-10（b）的频域谱可以看出，不同的样品与背景参考的频域谱存在着一定的差异，基于这些差异，结合上文的参数提取方法，就能够获得所需要的光学常数。

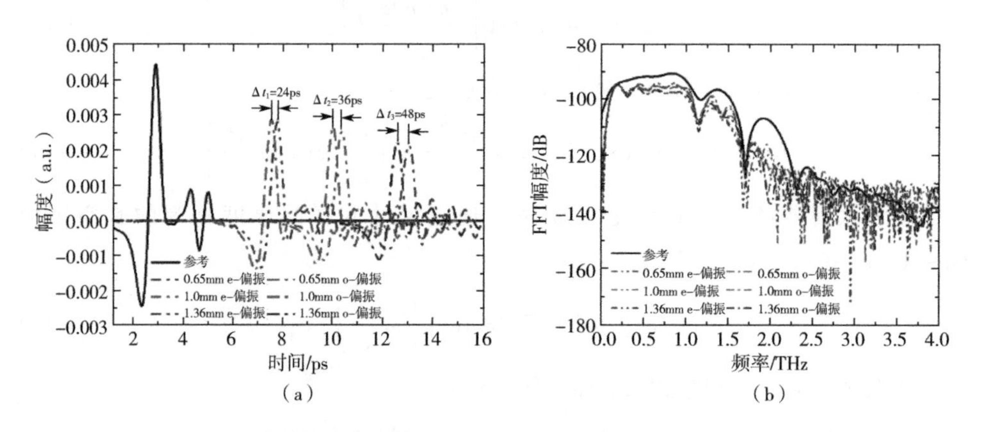


图 4-10 时域太赫兹脉冲波形（a）和经过傅里叶变换的频域光谱（b）

基于太赫兹时域光谱的参数提取的方法，分析计算了太赫兹时域光谱采集的数据，从而能够获得在 o-偏振光和 e-偏振光的折射率、透过率和吸收系数。三块不同厚度的晶体的折射率的值是一致的，因此在这里仅分析计算了厚度为

0.65mm的硒化镉晶体薄片的参数。图4-11是实验测得的硒化镉晶体折射率和根据硒化镉晶体的红外色散方程[44]计算的理论色散曲线。在太赫兹波频率范围0.2～1.7THz，测量得到的$n_e$的值的变化范围是3.1975～3.2821，对应的$n_o$的值的变化范围是3.1037～3.1669。硒化镉晶体在该太赫兹波范围内的双折射大约在0.1，与从时域脉冲波形分析得到的0.1107符合较好。为了验证已经报道的经验性质的硒化镉晶体的红外波段的色散方程在太赫兹波段的适用性，对Sellmeier方程计算得到的理论值与实验值进行了对比。理论值与实验测量的结果存在差异，该差异是由于Sellmeier的适用波长的局限性导致的，因此，利用红外波段的Sellmeier方程计算在太赫兹波段的相位匹配条件仅仅是一个参考值，无法精确地计算实际的相位匹配。

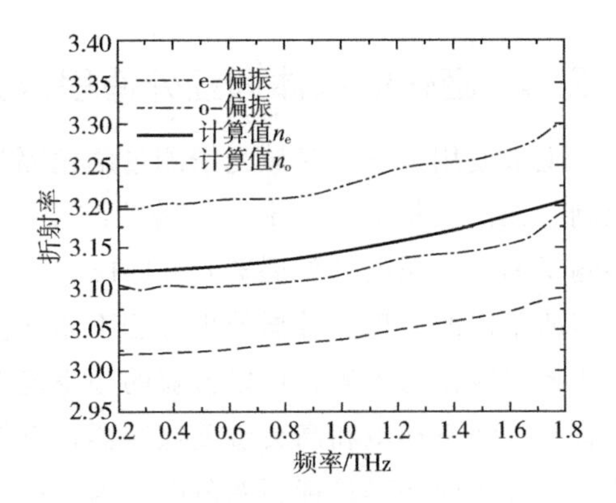


图4-11　实验测量的折射率与理论计算的折射率

采用太赫兹时域光谱系统测量了厚度为0.65mm的硒化镉晶体薄片的透过率和吸收系数。图4-12是硒化镉晶体样品的透过率（a）和吸收系数（b）。硒化镉样品最大的透过率在60%以上，且e-偏振光的透过率稍低于o-偏振光的透过率。从图4-12（b）可以看出，在0.2～1.4THz频率范围内，硒化镉的吸收系数小于$10cm^{-1}$，并且e-偏振光的吸收系数稍高于o-偏振光的吸收系数。在1.45THz处存在明显的吸收带，可以归因于振动模式$30cm^{-1}$的双声子吸收。在0.8THz处存在一个小的吸收带，是由于振动模$30cm^{-1}$的单声子吸收所导致的。

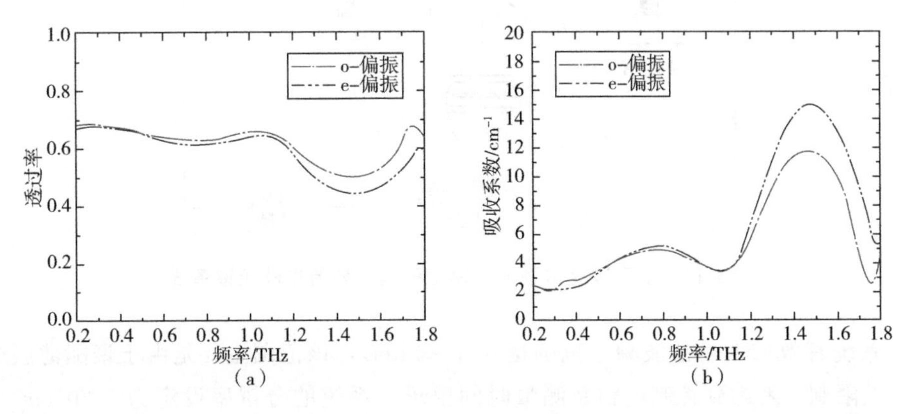


图4-12　太赫兹时域光谱系统测量得到的硒化镉晶体样品的透过率（a）和吸收系数（b）

## 4.3.4 硒化镉晶体远红外傅里叶光谱的测量与结果讨论

上节使用太赫兹时域光谱测量硒化镉晶体光学常数的结果，由于系统本身的限制，无法测量更高频率的太赫兹波段特性。远红外傅里叶光谱（FTIR）可以将测量的太赫兹波频率展宽到 6THz。与太赫兹时域光谱相比较，远红外傅里叶光谱所采用的原理和数据处理方法不相同。一般而言，远红外傅里叶光谱使用汞灯或者炭棒作为光源，可以覆盖的频率范围更宽。商业应用的远红外傅里叶光谱具有真空测量环境和高灵敏度探测器，有效地提高测量的信噪比，并且能够通过转换光源从而获得目标频率范围，因此在研究材料太赫兹波段特性的领域具有较高的应用价值。本书中所使用的远红外傅里叶光谱是基于迈克尔逊干涉模型构建的，实验装置示意图如图 4-13 所示。探测光源是由高压汞灯产生的，可以产生宽频无闪烁的太赫兹波。使用聚酯薄膜对产生的太赫兹波进行分光，一束由固定的反射镜反射，另一束由扫描反射镜反射，再次经过偏振薄膜后合束干涉，形成干涉信号。所有的反射镜表面都镀有抗氧化的金膜，能够实现太赫兹波的较高反射。使用液氦（4.2K）冷却的 Si-Bolometer 辐射热探测器对太赫兹波的干涉信号进行测量。在进行测量时，将整套实验装置整体密封，并进行抽真空处理，从而能够排除空气对测量结果的干扰。

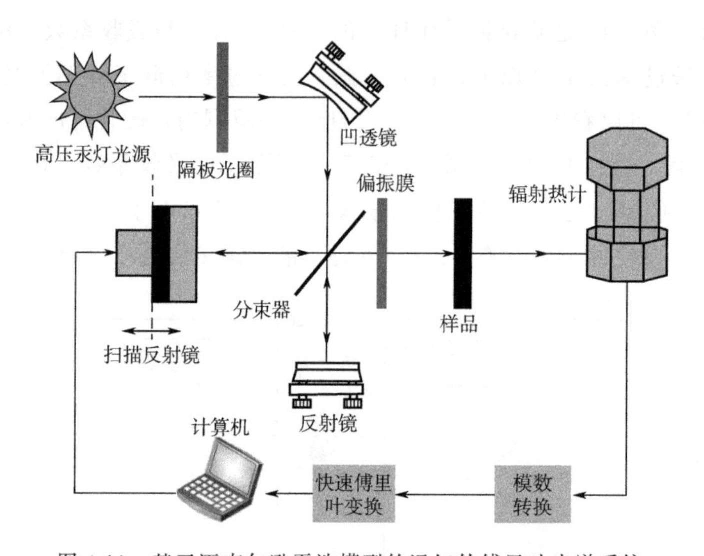


图 4-13　基于迈克尔逊干涉模型的远红外傅里叶光谱系统

系统有效的太赫兹波频率范围是 0.5～6THz，该范围主要是由于聚酯薄膜分束器的限制。考虑到控制电脑及测量时间要求，系统的分辨率设定为 $0.601\text{cm}^{-1}$。将一个金属线栅起偏器（Microtech Instruments）安放在材料样品之前，从而可以实现样品的偏振测量。在真空条件下，连续测量8次然后取平均值，使得干涉信号的信噪比达到30dB，经傅里叶变换后就能够得到最初的光谱。图4-14表示的是远红外傅里叶光谱获取材料样品光谱图的主要流程。

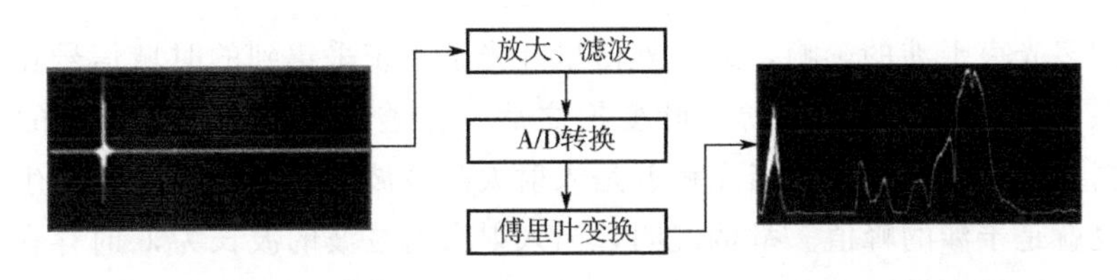

图4-14　远红外傅里叶光谱系统获得样品光谱的流程示意图

在使用远红外傅里叶光谱测量材料样品时，当被测材料的前后表面近似平行时，入射光可能在材料样品内产生多次反射和透射，从而形成类似于法布里珀罗(F-P)干涉的多光束干涉条纹。基于多光束干涉现象，构建干涉模型，计算材料样品的光学特性，比如折射率和吸收系数等。

当太赫兹波垂直于材料样品表面入射时，相关参数可以表示为：

$$\tilde{t}=\frac{2\sqrt{\tilde{n}}}{\tilde{n}+1}\quad \tilde{r}=\frac{\tilde{n}-1}{\tilde{n}+1}\quad \tilde{n}(\omega)=n(\omega)+\mathrm{i}\kappa(\omega) \tag{4-20}$$

其中，$\tilde{t}$是菲涅尔透射系数；$\tilde{r}$是菲涅尔反射系数；$\tilde{n}$是复折射率。利用公式(4-20)，透过率$T(\omega)$和反射率$R(\omega)$的表达式是：

$$T(\omega)=|\tilde{t}|^2=\frac{I_T}{I}\quad R(\omega)=|\tilde{r}|^2=\frac{I_R}{I} \tag{4-21}$$

其中，$I_T$和$I_R$分别表示材料的透射光与反射光的振幅强度；$I$是总的入射太赫兹波的强度。由公式(4-21)可知，$T(\omega)$和$R(\omega)$都只与太赫兹波的振幅强度有关，在实验测量中，比较容易获得振幅的大小。如图4-15所示，由于待测材料的两个平面近似平行，因此透射光和反射光的光程差是固定不变的，透过材料的太赫兹波会出现多光束干涉现象。

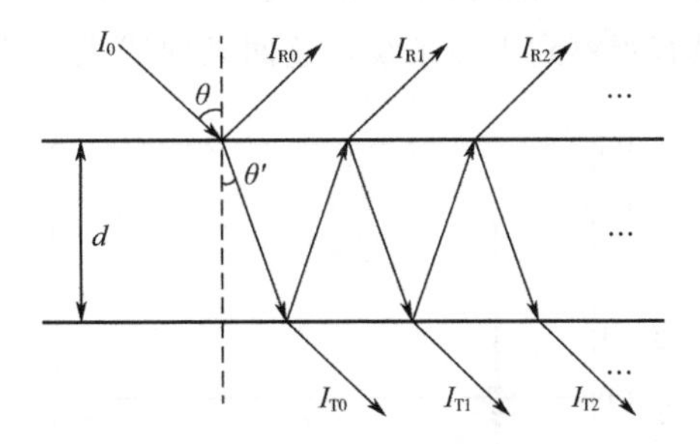

图4-15　晶体样品两平行面的干涉模型

对于采集到的干涉信号，其强度是由连续透射的光波的光程差所决定的，假设光程差用$OPD$表示，则$OPD$能够表示为：

$$OPD=2nd\cos\theta' \tag{4-22}$$

其中，$n$ 是材料的折射率，与入射波长 $\lambda$ 相关；$d$ 是材料的厚度；$\theta'$是太赫兹波在材料内的折射角。在透射型远红外傅里叶光谱测量过程中，当太赫兹波近似垂直入射到材料表面，则 $\cos\theta'\approx1$，上述表达式能够简化为：

$$OPD=2nd \tag{4-23}$$

受到多光束干涉的影响，远红外傅里叶光谱系统采集到的时域信号在主峰之外还存在许多次级峰，经过傅里叶变换之后，在透射频谱中存在明显的干涉条纹。根据多光束干涉条件，当光程差是入射太赫兹波长的整数倍时，产生的是亮条纹，也就是干涉的峰值。举例说明，当入射太赫兹波的波长为 $\lambda_1$ 时存在干涉的峰值，且干涉级次是 $m$，则其相邻的 $m+1$ 级干涉峰值所对应的太赫兹波的波长为 $\lambda_2$，由于两个干涉峰值频率相差很小，则假设两处的折射率相等：

$$2nd=m\lambda_1=(m+1)\lambda_2 \tag{4-24}$$

根据公式（4-24），取相邻干涉峰的波长代入，即可求解出相应的干涉级次，进一步就可以求解对应波长的折射率。对整个测量频率范围的干涉峰进行计算就可以获得整个频率范围的折射率值。同时，能够利用公式（4-19）计算吸收系数，在这里 $A=\sqrt{T}$ ，$T$ 是透过率。使用这种方法计算材料的光学特性时，只能够在远离吸收峰的区域使用，因为在吸收峰处无法清晰地分辨出各个干涉条纹的波长。

测量得到的硒化镉晶体典型的干涉图和傅里叶变换谱如图 4-16（a）和（b）所示。从图 4-16（a）中可看出，测量得到的时域信号除了一个主脉冲外，还产生了一个小的脉冲，这个小的脉冲是由于太赫兹波在晶体薄片内的多次反射形成的。在图 4-16（b）中，使用黑色和红色的曲线表示干涉条纹，蓝色和粉色的曲线表示将时域信号中的小脉冲之后的信号删除后进行傅里叶变换所得到的曲线，没有观察到干涉条纹，这两条曲线表示的是硒化镉晶体的透过率。硒化镉晶体的

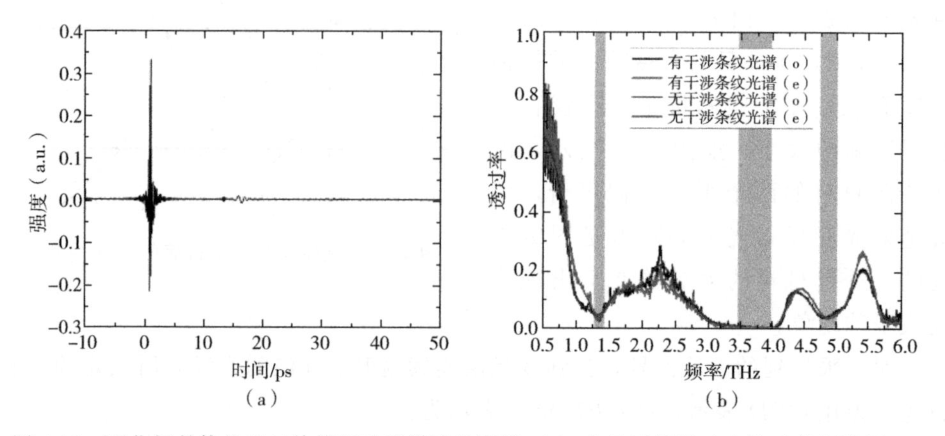


图 4-16　硒化镉晶体的远红外傅里叶光谱干涉图样（a）和经过傅里叶变换后的频谱图（b）

o-偏振光和 e-偏振光的透过率具有相同的趋势。在 1.45THz、3.7THz、5THz 和 5.8THz 处存在四个吸收带。在 3.7THz 处的吸收带是由在 $120cm^{-1}$ 处的非光学活性的振动模 $B_2$ 所引起的，其晶体振动示意图如图 4-8 所示。5.0THz 处的吸收带是由 $120cm^{-1}$ 和 $30cm^{-1}$ 处的双声子模式耦合导致的。5.8THz 处的吸收带则是由拉曼活性的 $E_2$ 模式引起的。

利用上文描述的数据处理的方法，通过分析计算能够得到对应频段的折射率和吸收系数，结果如图 4-17 所示。在吸收带范围无法获得折射率和吸收系数，这是使用多光束干涉法求解的不足之处。在 0.5～1.6THz 的范围内，由太赫兹时域光谱和远红外傅里叶光谱测量到的折射率的一致性较好，结果如表 4-7 所示。考虑到太赫兹时域光谱的信噪比和可重复性要明显优于远红外傅里叶光谱，因此使用太赫兹时域光谱测量得到的数值更接近于晶体的真实值。从图 4-17（b）可知，三个离散的吸收带位于 3.7THz、5THz 和 5.8THz 附近，这些吸收带的成因在前文中已有介绍，并与密度泛函微扰理论计算的结果能够较好地吻合。

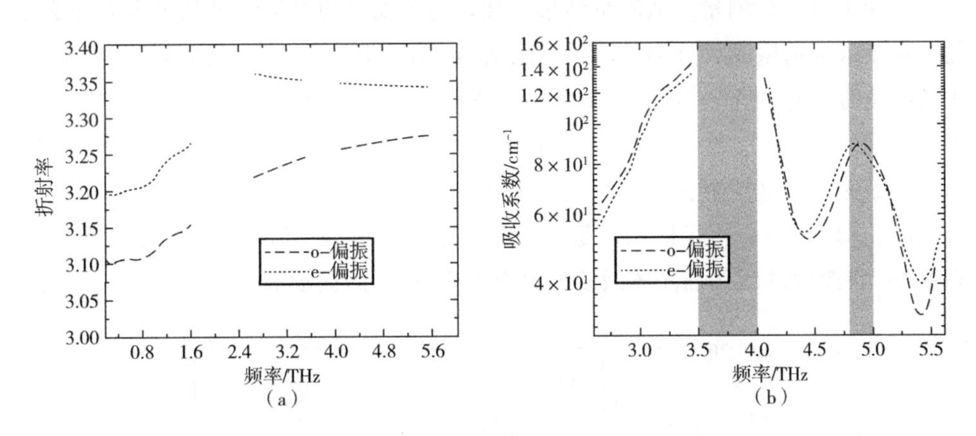


图 4-17 远红外傅里叶光谱测量得到的硒化镉晶体样品的折射率（a）和吸收系数（b）

**表 4-7 硒化镉晶体通过太赫兹时域光谱系统和远红外傅里叶光谱系统测量所得折射率的比较**

| 频率/THz | 太赫兹时域光谱/远红外傅里叶光谱 | | |
|---|---|---|---|
| | $n_o$ | $n_e$ | $n_e-n_o$ |
| 0.55 | 3.1059/3.1381 | 3.2014/3.2387 | 0.0955/0.1006 |
| 1 | 3.1163/3.1576 | 3.2168/3.2665 | 0.1005/0.1089 |
| 1.62 | 3.1553/3.1791 | 3.2734/3.2795 | 0.1181/0.1004 |

## 4.3.5 硒化镉晶体拉曼特性的研究

拉曼光谱和红外光谱都是分子光谱，是由分子的振转能级跃迁而产生的，但它们的物理原理不相同。分子的振动或转动会导致极化率的变化（也就是分子中电子云变化），从而能够产生拉曼光谱；而红外光谱属于吸收现象，是由分子振动或转动所产生的偶极矩变化导致的。可以使用拉曼位移来表征物质分子振动、转动能级的性质，这就是利用拉曼光谱进行晶体晶格振动研究的依据。

在研究硒化镉晶体的声子模式中，通过拉曼散射光谱分析了晶体的振动特性。拉曼实验是在非共振激发 514nm 和 532nm（≈2.41eV 和 2.33eV，在硒化镉晶体的带隙 1.74eV 之上）及近共振激发 785nm（≈1.58eV）的情况下进行的。

图 4-18 是使用 514nm 激光非共振激发的硒化镉晶体的拉曼光谱。使用的激光是线偏振光，激光功率 10mW，累加 10 次采集。分别使偏振方向与晶体 $c$ 轴平行或者垂直进行测量。从测量结果可知，两种偏振的测量结果几乎没有什么变化。由于仪器的限制，该测量范围只能从 $100cm^{-1}$ 开始。在测量到的拉曼光谱中，比较明显的峰有四个，分别对应的拉曼位移是 1，173.8 $cm^{-1}$；2，207.25$cm^{-1}$；3，257.99$cm^{-1}$；4，415.15$cm^{-1}$。拉曼位移 1、2 以及 4 分别是横光学（TO）模式、纵光学（LO）模式和双纵光学（2LO）模式。拉曼位移 4 模式定义为 $LO+\Gamma_6$（$\omega_{\Gamma 6}\sim 35cm^{-1}$）声子模式，是由于压电激子-声子相互作用的声频声子（TA 和 LA）将激发的硒化镉晶体激子 B 弛豫到激子 A 的振动引起的。

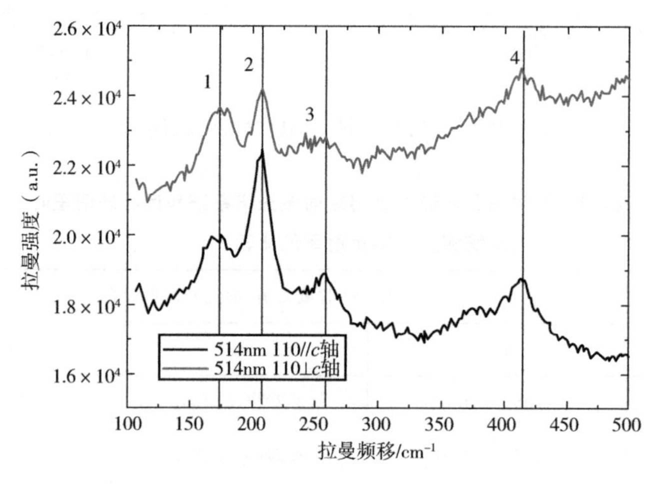


图 4-18 使用 514nm 激光激发的硒化镉晶体拉曼光谱；1，173.8$cm^{-1}$；2，207.25$cm^{-1}$；3，257.99$cm^{-1}$；4，415.15$cm^{-1}$

由于实验设备的限制，上述的 514nm 激光拉曼光谱仪无法测量小波数（太赫兹波频段）的拉曼光谱，因此使用 HORIBA T64000 三级拉曼光谱仪测量小波数，测量功率为 0.1mW，线偏振光，测量结果如图 4-19 所示。图 4-19 中，在 0 线（瑞利谱线）两侧分别存在两个拉曼峰 1，$-34.08cm^{-1}$和 2，$33.18cm^{-1}$，这两个拉曼位移分别是斯托克斯线和反斯托克斯线。在实验中，测量了拉曼峰 1 来验证该测量结果的有效性。从图中还可以看出，当测量到小波数时，无法探测到较高波数处的拉曼光谱，主要原因如下：在测量低波数一般会将斯托克斯也测量出来，激光线位置 0 会非常的高，就将所有的峰都压低。同时，使用 532nm 激光激发，在高波数区有很明显的荧光背景。

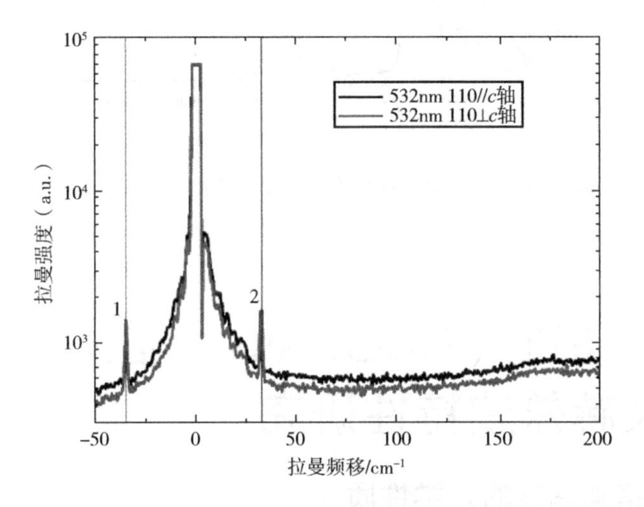


图 4-19　使用 532nm 激光激发的硒化镉晶体的拉曼光谱；1，$-34.08cm^{-1}$；2，$33.18cm^{-1}$

图 4-20 是使用 785nm 激光近共振激发的硒化镉晶体的拉曼光谱。该拉曼光谱是使用 inVia Raman Microscope（RENISHAW）显微拉曼光学系统测量得到的。由非偏振的 785nm 激光激发，工作温度是 300K，有效的频率范围为 85～$700cm^{-1}$。从图 4-20 中，硒化镉晶体的拉曼频移用数字 1～6 标识，其数值分别是：1，$112.8cm^{-1}$；2，$136.7cm^{-1}$；3，$174.8cm^{-1}$；4，$207.1cm^{-1}$；5，$228.4cm^{-1}$；6，$416cm^{-1}$。根据之前的研究[45]，比较明显的拉曼峰值有 3，$174.8cm^{-1}$，4，$207.1cm^{-1}$，6，$416cm^{-1}$，这三个拉曼峰值分别可以被辨别为 TO 模式、LO 模式和 2LO 模式。IBM 研究中心的 P. Y. Yu[46]将 $219cm^{-1}$模式定义为 LO＋TA（transverse acoustic）的声子模式，将 $229cm^{-1}$ 模式定义为 LO ＋ LA（longitudinal acoustic）声子模式。因此将 5，$228.4cm^{-1}$模式定义为声子模式 LO＋LA。$112.8cm^{-1}$模式可以被定义为与 $D_{1s}\rightarrow D_{2s}$转换相关的电子拉曼模式，

这一模式与束缚在中性施主的激子共振[47]。

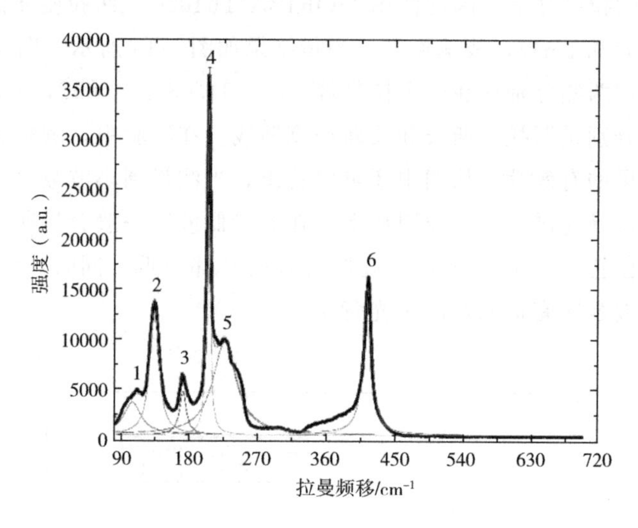


图 4-20　使用 785nm 激光激发的硒化镉晶体的拉曼光谱；1，112.8$cm^{-1}$；2，136.7$cm^{-1}$；3，174.8$cm^{-1}$，4，207.1$cm^{-1}$；5，228.4$cm^{-1}$；6，416$cm^{-1}$

# 4.4 镉锗砷（$CdGeAs_2$）晶体中红外及太赫兹波特性研究

## 4.4.1 镉锗砷晶体的光学性质

黄铜矿结构的半导体材料是在半导体材料领域研究的热点之一。该类半导体材料可以分为Ⅱ-Ⅳ-$V_2$（Ⅱ～Be、Mg、Zn、Cd；Ⅳ～Si、Ge、Sn；Ⅴ～P、As、Sb）和Ⅰ-Ⅲ-$Ⅵ_2$（Ⅰ～Li、Cu、Ag；Ⅲ～Al、Ga、In；Ⅵ～S、Se、Te）两种构成方式，包括：$MgSiP_2$、$CdSiP_2$、$ZnGeP_2$、$CuAlS_2$、$CuInSe_2$、$GeAsAs_2$等。另外，$BeCN_2$、$BeSiN_2$、$ZnGaN_2$、$HgSiP_2$等晶体也属于黄铜矿结构的半导体。在这 30 余种半导体晶体中，有一些尚未被报道合成，比如 $BeSiP_2$、$HgSiP_2$等。同时，有关Ⅱ-$SnSb_2$、Ⅱ-$GeSb_2$等黄铜矿半导体材料的文献报道较少。三元黄铜矿半导体材料在非线性光学、光发射器件、半导体激光器、光探测器件等光学领域具有较高的应用潜力。

镉锗砷晶体是正单轴晶体，属于三元Ⅱ-Ⅳ-$V_2$黄铜矿结构半导体，点群 $\bar{4}2m$。在其晶胞中，每个 Ge 或者 Cd 原子的周围存在四个 As 原子，而每个 As 原子的周围存在两个 Ge 和 Cd 原子。室温下带隙能量约为 0.57eV。相对于其他的无机半导体非线性材料来说，镉锗砷晶体具有最高的二阶非线性光学系数(282pm/V)，是KDP晶体的160倍，是磷锗锌晶体的3倍，其具有较小的光学参量振荡泵浦阈值（单谐振镉锗砷-光学参量振荡的脉冲阈值低至30μJ）以及较高的光光转换效率。具有大的双折射率（$\Delta n=0.1$），镉锗砷晶体的热导率为0.042W/(cm·K)，可以用来实现高功率输出。透光范围2.4～18μm。这些性质使得镉锗砷晶体成为一种优良的中红外频率变换应用晶体。另外，镉锗砷晶体的物理化学性质良好、不易潮解、能够按照要求进行加工，在中红外波段具有广泛的应用。目前报道的基于镉锗砷晶体的频率变换主要集中在倍频方面，通过倍频效应可以得到数瓦量级的激光输出功率，转换效率可以达到60%以上。而关于镉锗砷晶体的光学参量振荡和差频产生的报道比较少见。

镉锗砷晶体在2.4～18μm的Sellmeier色散方程（$\lambda$的单位为μm，$T=20℃$）：

$$n_o^2=10.1064+\frac{2.2998\lambda^2}{\lambda^2-1.0872}+\frac{1.6247\lambda^2}{\lambda^2-1370} \tag{4-25}$$

$$n_e^2=11.8018+\frac{1.2152\lambda^2}{\lambda^2-2.6971}+\frac{1.6922\lambda^2}{\lambda^2-1370} \tag{4-26}$$

在中远红外（2.4～18μm）波段的色散特性如图4-21所示。

由于镉锗砷晶体是性能最优的无机半导体晶体，其在中红外波段有广泛的应用（倍频、差频和光学参量振荡），可以考虑将该晶体应用在太赫兹领域。相较于镉锗砷晶体在中红外波段的研究及应用，除了少量的对其拉曼特性和红外光谱的研究报道之外，对镉锗砷晶体在太赫兹波段的特性和反应的相关研究未曾见诸报道。

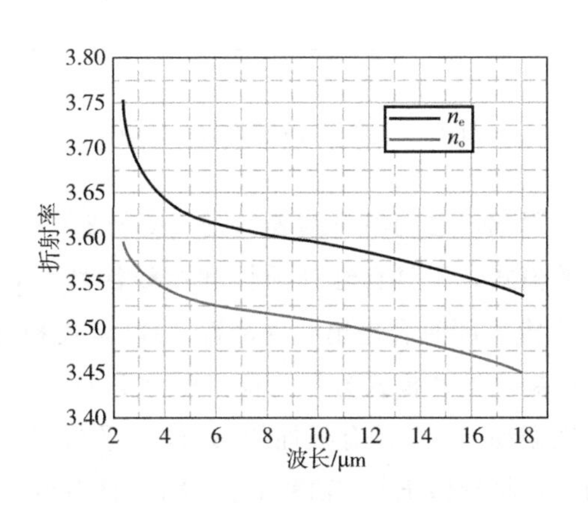


图4-21　镉锗砷晶体的色散曲线

## 4.4.2　镉锗砷晶体的声子谱计算

理论计算得到的镉锗砷晶体声子色散谱和投影的声子态密度如图4-22所示。声子色散谱描述了在Brillouin带沿着高对称方向根据$k$-vector获得的声子色散。在每个晶胞具有$n$个原子的晶体结构会有$3n$个分支，其中有3个是声学模式，其余的是光学模式。在镉锗砷晶体的原始晶胞具有8个原子，因此会存在有24

条色散曲线，也就是意味着在中心 $\Gamma$ 点处有 24 个正常的振动模式。基于因子群理论，在 $\Gamma$ 点处空间群 $D_{2d}^{12}$ 的可约表示如下[48]：

Wyckoff 位置 $4a$：$1B_1+1B_2+2E$；

Wyckoff 位置 $4b$：$1B_1+1B_2+2E$；

Wyckoff 位置 $8d$：$1A_1+2A_2+1B_1+2B_2+3E$。

通过群组理论分析，可以分别预测声学模式和光学模式的不可约表示：

$\Gamma_{aco}=1B_2+1E$；

$\Gamma_{opt}=1A_1+2A_2+3B_1+3B_2+6E$。

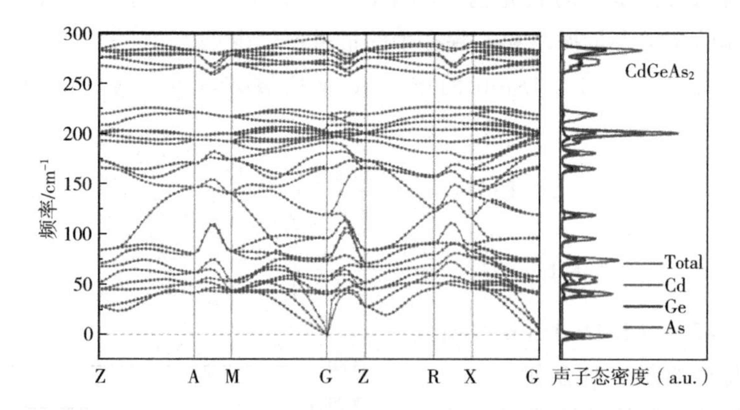


图 4-22　理论计算的镉锗砷晶体的声子色散谱（左）和声子态密度（右）

因此，总的不可约表示是 $1A_1+2A_2+3B_1+4B_2+7E$。$A_2$ 模式是非光学活性的模式，不具有红外活性和拉曼活性。其余所有模式表现出拉曼活性，且 $B_2$ 和 E 模式同时表现出红外活性。$B_2$ 模式和 E 模式都属于矢量化表示，极化相互作用导致这些模式分裂为横光学（TO）模式和纵光学（LO）模式，总共有 9 个极性振动。3 个具有极性的 $B_2$ 模式平行于 $c$ 轴（光学轴），6 个 E 模式垂直于 $c$ 轴，这将导致 $E/\!/c$ 轴和 $E\perp c$ 轴时具有红外活性的模式数目不同。图 4-23 分别给出了 E 模式（具有拉曼活性和红外活性）、$B_1$ 模式（具有拉曼活性）、$B_2$ 模式（具有拉曼活性和红外活性）和 $A_2$ 模式（不具有红外活性和拉曼活性）的晶格振动示意图。

图 4-22 右侧图表示是镉锗砷晶体声子态密度分布。从计算结果能够看出，镉锗砷的声子态密度谱包括三个带区，且极限在 $280cm^{-1}$附近。在 6 个上能级分支和剩余的 18 个色散分支之间存在明显的光学禁带。振动分支存在显著的色散，除了在 $270cm^{-1}$附近的 6 个几乎平坦的分支，这些分支构成一个单独的窄带区域，对应镉锗砷晶体 DOS 的较强峰值。镉锗砷晶体布里渊区中心的声子频率可

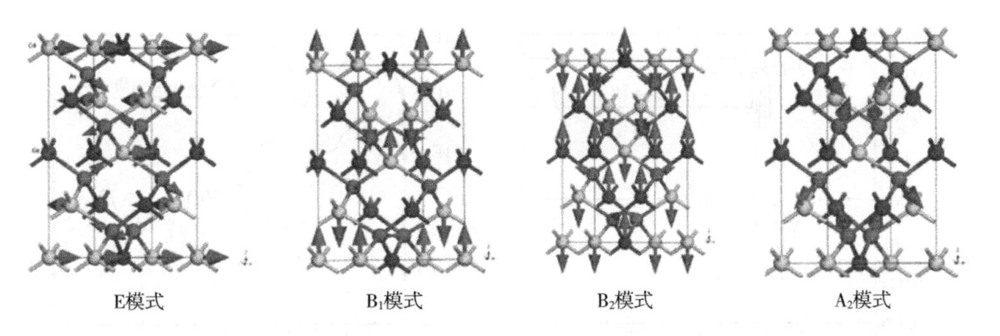


图 4-23　振动模式 E、$B_1$、$B_2$ 和 $A_2$ 的原子位移方向；赭色、紫色和蓝色的小球分别表示 Cd 原子、As 原子和 Ge 原子；绿色的箭头表示原子振动的方向

以划分为三组：低频区（40.53～119.30$cm^{-1}$），中频区（165.56～219.03$cm^{-1}$）和高频区（263.69～282.91$cm^{-1}$）。

### 4.4.3 镉锗砷晶体太赫兹时域光谱的测量与结果讨论

使用太赫兹时域光谱系统对镉锗砷晶体粉末和晶体薄片样品（112 切向）进行了测量。镉锗砷晶体粉末样品放置在聚乙烯材料制成的样品池内，然后固定在时域光谱光路中进行测量。图 4-24 和图 4-25 分别是测量得到的粉末和晶体薄片的时域太赫兹波形（a）和对应的频域谱（b）。

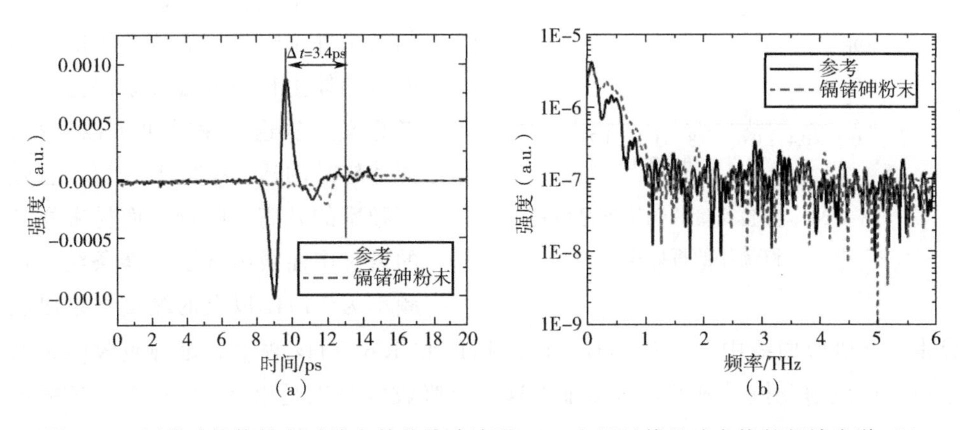


图 4-24　镉锗砷晶体粉末时域太赫兹脉冲波形（a）和经过傅里叶变换的频域光谱（b）

图 4-26 是测得的镉锗砷晶体粉末和薄片的折射率曲线。在 0.2～1.7THz 太赫兹频率范围内，对晶体薄片进行测量得到的折射率在 1.1 左右，而对晶体粉末进行测量得到的折射率在 1.8 左右，这是由于使用粉末测量时，无法对粉末样品定向测量，而在测量镉锗砷薄片样品时，太赫兹波的偏振方向是定向的，所以测

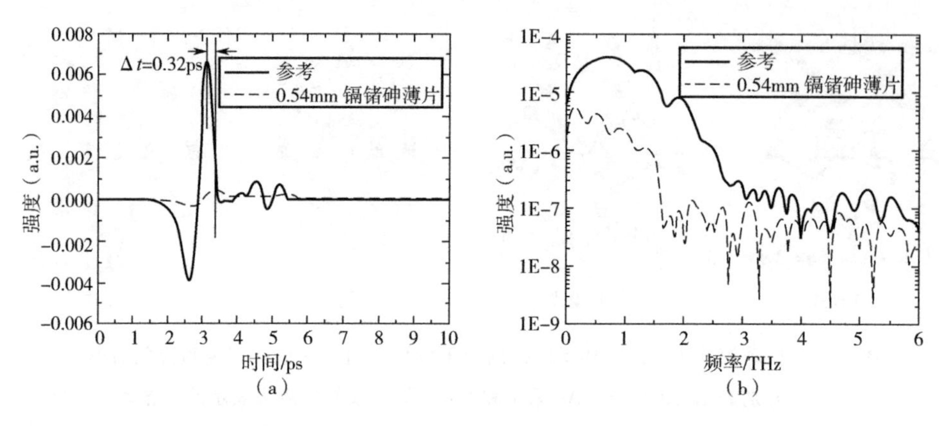


图 4-25　镉锗砷晶体薄片时域太赫兹脉冲波形（a）和经过傅里叶变换的频域光谱（b）

量结果有差异。从图中看出，使用粉末样品测量时，由于测量方法及粉末压片不足，在 1THz 以上的频率范围，测量结果出现异常。

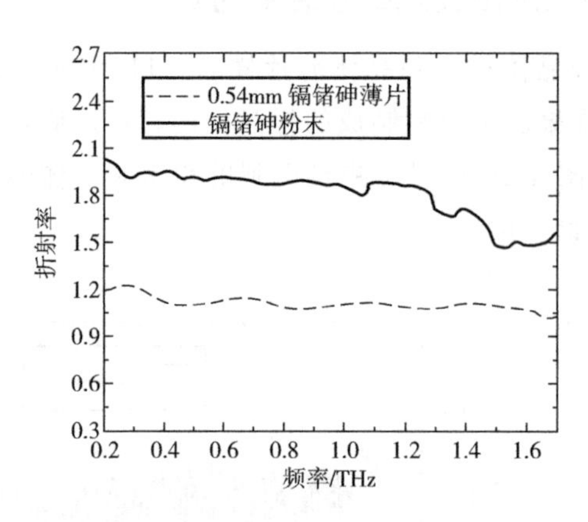


图 4-26　实验测量的镉锗砷晶体粉末和薄片的折射率

图 4-27 是测量得到的镉锗砷晶体粉末和薄片的透过率（a）和吸收系数（b）。目前镉锗砷晶体的制备工作刚刚开展，制备过程处于摸索阶段，生长的晶体样品各方面的特性并不完善，所以导致测量到的结果并不理想，而该结果能够为改善晶体生长的方法及条件提供参考意义。从透过率结果可以看出，薄片样品的透过率低于 20%，且随着频率的升高而降低。而粉末样品的透过率曲线出现了干涉条纹，在频率为 1THz 以上的测量结果出现异常。在吸收曲线中，0.75THz、1.20THz 和 1.64THz 频率处出现吸收峰，结合声子色散谱及拉曼光谱，可以推测这三个吸收峰分别是由 $24.15cm^{-1}$、E 振动模式 $40.53cm^{-1}$ 和 $A_2$ 模式 $53.64cm^{-1}$ 引起的。虽然吸收系数的测量结果并不能够定量地反映这类样品的吸收信息，但能够为生长晶体提供改进的途径。

## 4.4.4　镉锗砷晶体拉曼特性的测量

在研究镉锗砷晶体的声子模式中，通过拉曼光谱分析晶体的晶格振动特性。拉曼实验使用的激发波长是 532nm。在实验中，分别对镉锗砷晶体粉末以及[112]

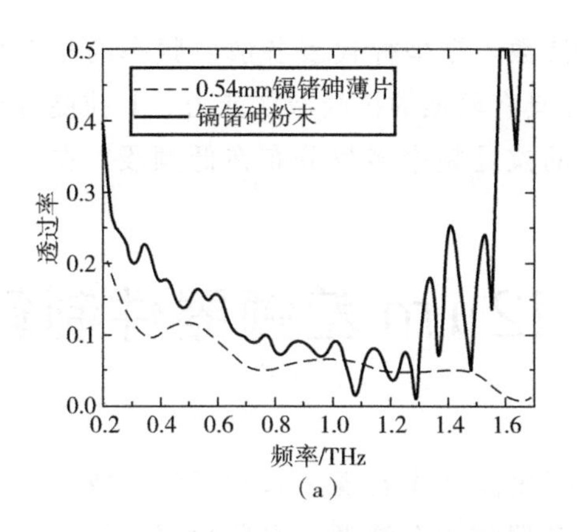


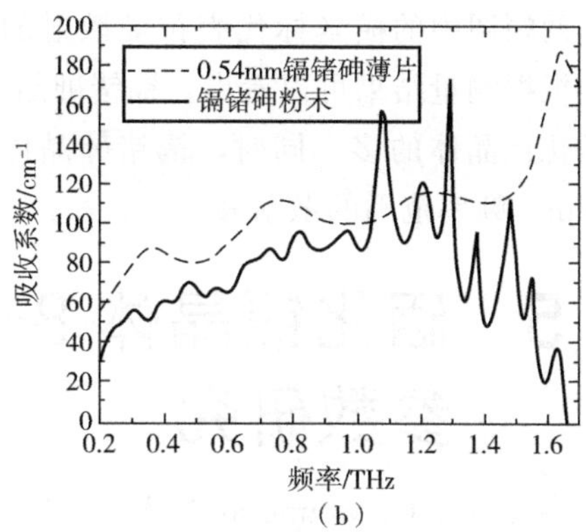


图 4-27　太赫兹时域光谱系统测量得到镉锗砷晶体样品的透过率（a）和吸收系数（b）

切向的晶体薄片进行测量。

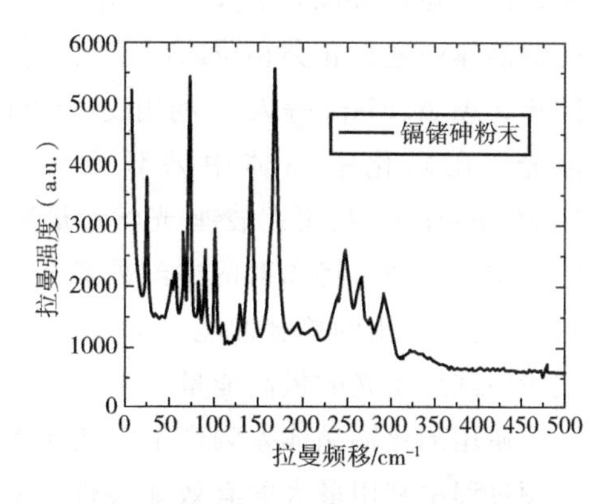


图 4-28　使用 532nm 激光激发镉锗砷晶体粉末产生的拉曼谱

图 4-28 是使用 532nm 激光激发镉锗砷晶体粉末所产生的拉曼谱，其测量范围为 10～500$cm^{-1}$。从图中可以看出，使用 532nm 激光激发镉锗砷晶体粉末，可以观测到的较为明显的拉曼峰有：24.15$cm^{-1}$，52.61$cm^{-1}$，56.30$cm^{-1}$，65.75$cm^{-1}$，72.58$cm^{-1}$，83.06$cm^{-1}$，89.87$cm^{-1}$，101.37$cm^{-1}$，109.73$cm^{-1}$，130.04$cm^{-1}$，141.47$cm^{-1}$，169.45$cm^{-1}$，193.71$cm^{-1}$，211.72$cm^{-1}$，239.40$cm^{-1}$，248.10$cm^{-1}$，263.41$cm^{-1}$，265.96$cm^{-1}$，275.12$cm^{-1}$和 291.39$cm^{-1}$。

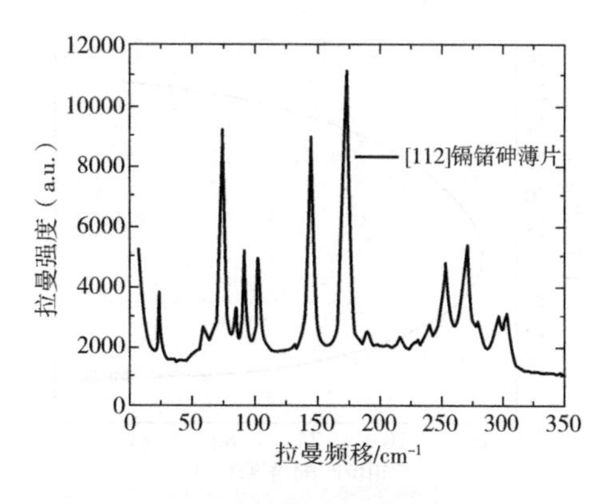


图 4-29　使用 532nm 激光激发镉锗砷晶体薄片产生的拉曼谱

图 4-29 是使用 532nm 激光激发镉锗砷晶体薄片所产生的拉曼谱。从图中可以看出，使用 532nm 激光激发镉锗砷晶体薄片，可以观测到的较为明显的拉曼峰有：24.14$cm^{-1}$，59.32$cm^{-1}$，74.54$cm^{-1}$，84.49$cm^{-1}$，91.81$cm^{-1}$，103.31$cm^{-1}$，144.42$cm^{-1}$，172.89$cm^{-1}$，189.92$cm^{-1}$，216.66$cm^{-1}$，228.96$cm^{-1}$，240.22$cm^{-1}$，253.51$cm^{-1}$，270.84$cm^{-1}$，278.98$cm^{-1}$，296.24$cm^{-1}$和 303.33$cm^{-1}$。

两幅图中的横坐标代表拉曼散射的波数，纵坐标代表各散射频率的相对强度。根据测量结果可以看出，镉锗砷晶体具有较强的拉曼散射能力，其拉曼峰要比硒化镉晶体的多。同时，镉锗砷晶体的拉曼频率多数分布在低频段，在大于 $300cm^{-1}$ 频率范围的散射峰较少。

## 4.5 硒化镉晶体 8~12μm 差频器件制备参数研究

1998 年，G. Mennerat 等人[49]利用硒化镉晶体实现了差频系统。使用高能量、窄线宽的可调谐铌酸锂-光学参量振荡器作为泵浦源，在硒化镉晶体中差频产生 1～17μm 的中红外激光，在波长为 10μm 处获得单脉冲能量为 10mJ。2004 年，K. Finsterbusch 等人[50]利用 KTP-光学参量放大产生的双波长皮秒激光在硒化镉晶体中进行Ⅱ类相位匹配差频，获得波长范围为 9～24.1μm 的中红外激光。同年，A. A. Mani 等人[51]利用皮秒激光器泵浦 KTP 晶体产生的参量光作为泵浦激光，在硒化镉晶体中差频产生 10～21μm 波长范围的激光。2013 年，G. Mennerat[52]利用铌酸锂-光学参量振荡器产生的窄线宽信号光和闲频光在硒化镉晶体中差频，将辐射的中红外激光的波长范围拓宽到 5.8～22μm，在重频为 10Hz 时，输出的单脉冲能量为 5～10mJ，这是到目前为止利用差频产生 10μm 波段中红外激光的最高能量。

使用硒化镉晶体差频产生中红外激光，需要确定通光面的切割角度，能够在差频过程中利用最大的有效非线性系数。纤锌矿硒化镉晶体的点群是 6mm，正单轴晶体。图 4-30 为 2.1μm 双波长（2.03－0.2 和 2.03＋0.2）激光在硒化镉晶体差频的相位匹配曲线。从图中可以看出，在硒化镉晶体差频产生中红外激光的波长范围为 9.4～25μm。

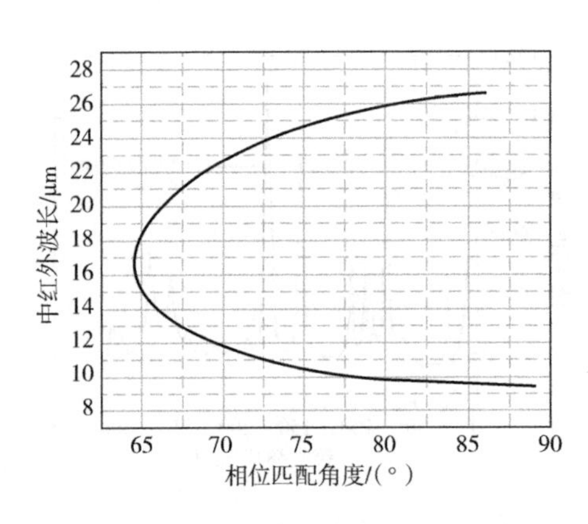


图 4-30 中红外输出波长随相位匹配角的变化

Ⅱ类 oeo 相位匹配的有效非线性系数的表达式为：

$$d_{eff}=d_{31}\sin\theta\sin(2\varphi) \qquad (4\text{-}27)$$

考虑到 $\varphi=45°$[53]，图 4-31（a）是满足相位匹配条件时有效非线性系数的变化曲线，由于相位匹配角 $\theta$ 改变不是很大，因此有效非线性系数在匹配范围内的变化都不是很大。硒化镉晶体的Ⅱ类 oeo 相位匹配允许角度的表达式是：

$$\Delta\theta=\left|\frac{0.886}{l}\left[\frac{1}{\lambda_2}\left(\frac{\sin^2\theta}{n_e^2(\lambda_2)}+\frac{\cos^2\theta}{n_o^2(\lambda_2)}\right)^{-3/2}\sin(2\theta)\left(\frac{1}{n_e^2(\lambda_2)}-\frac{1}{n_o^2(\lambda_2)}\right)\right]^{-1}\right| \tag{4-28}$$

其中，$l$ 表示晶体的长度。图 4-31（b）是 12mm 长的硒化镉晶体在Ⅱ类 oeo 相位匹配时的允许角度随中红外波长的变化。

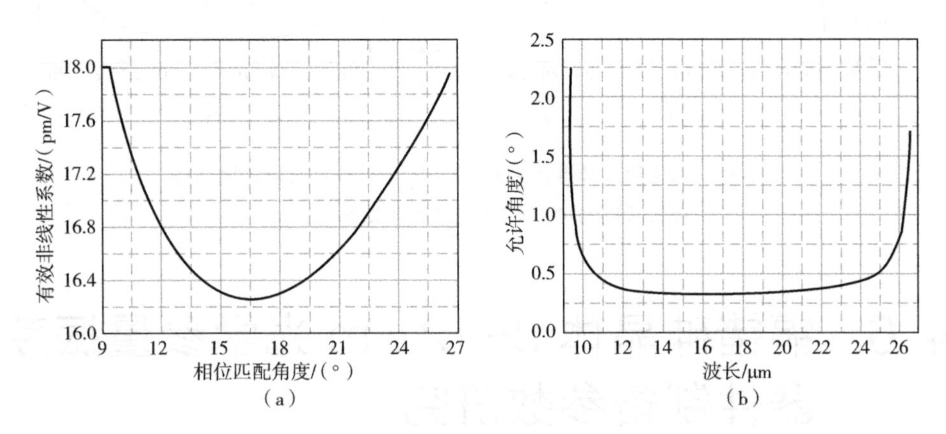


图 4-31　硒化镉晶体有效非线性系数随输出波长的变化情况（a）及硒化镉晶体Ⅱ类差频时的允许角（b）

在差频过程中，通常 e 光的 **E** 矢量和 **D** 矢量是不平行的，因此，e 光的能流方向 **S** 与波矢方向 **K** 存在夹角，这个角度是走离角。单轴晶体 e 光的走离角 $\alpha$ 的表达式是：

$$\tan\alpha=\frac{1}{2}\times\frac{n_e^2-n_o^2}{n_o^2\sin^2\theta+n_e^2\cos^2\theta}\sin2\theta \tag{4-29}$$

采用硒化镉晶体Ⅱ类 oeo 差频产生中红外激光时，双波长泵浦光中频率较低的一束是 e 光，在三波互作用过程中存在走离角，如图 4-32（a）所示。从图中可以看出，在硒化镉晶体中差频时 e 光的走离角较小。在差频过程中需要考虑走离角的影响，使得光波的互作用长度与晶体的长度相匹配。有效长度的表达式是：

$$L_a=\frac{\sqrt{\pi}W}{2\alpha} \tag{4-30}$$

$W$ 是泵浦光束的直径，取 $W=1850\mu m$，则有效长度的变化趋势如图 4-32（b）所示。

基于上述的分析，能够按照要求对硒化镉晶体的切割参数进行选择，从而利用 2.1μm 双波长激光器在硒化镉晶体中差频产生 8～12μm 中红外激光。

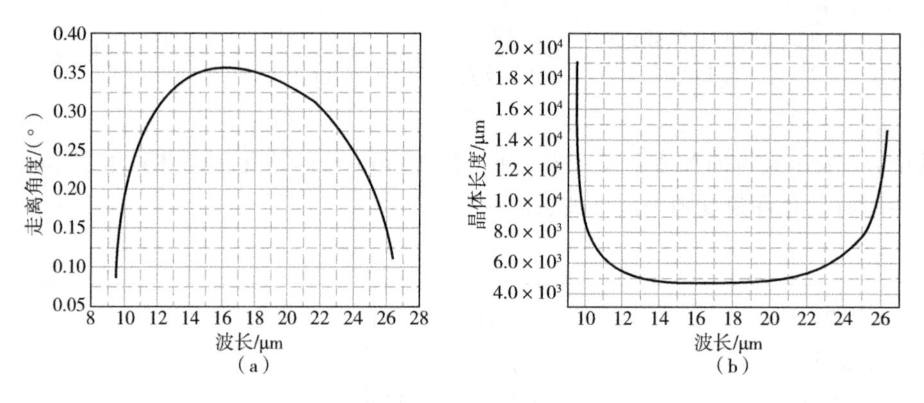


图 4-32 硒化镉晶体Ⅱ类差频时的走离角（a）及硒化镉晶体有效长度与中红外波长的变化关系（b）

# 4.6 镉锗砷晶体 8~12μm 光学参量振荡器件制备参数研究

对于波长范围在 8～12μm 的中红外激光应用来说，非线性材料最好的选择是镉锗砷晶体。相对于其他的半导体非线性晶体来说，镉锗砷晶体具有最高的二阶非线性光学系数（282pm/V），具有较小的光学参量振荡泵浦阈值（单谐振镉锗砷-光学参量振荡的脉冲阈值低至 30μJ）以及较高的光光转换效率。镉锗砷晶体的热导率为 0.042W/(cm·K)，可以产生高功率输出。同时，镉锗砷晶体的物理化学性质稳定、不易潮解、能够按照要求进行加工，可以用来制备光学参量振荡器件。2001 年，K. L. Vodopyanov 等人[54, 55]首次利用镉锗砷晶体实现光学参量产生，将波长为 5μm 的自由电子激光器作为泵浦源，单次通过一块 7mm 长的镉锗砷晶体，产生波长范围为 7～18μm 的中红外激光。2002 年，美国空军实验室和 BAE Systems 联合[56]首次报道了基于镉锗砷晶体的光学参量振荡器。使用的晶体是 13mm 长、Ⅰ类相位匹配，相位匹配角为 33°。泵浦光是二氧化碳激光器通过在 12mm 长的镉锗砷晶体中倍频产生，重频为 2Hz，波长为 4.775μm。当输入能量为 5.5mJ 时，总的转换效率为 3.5%，泵浦阈值为 0.95mJ（5MW/cm$^2$）。镉锗砷晶体的带隙较窄，带隙边缘在 2.3μm。杂质、位错等缺陷使镉锗砷晶体在 5.5μm 附近存在较强的吸收，限制了其在激光设备中的应用。

镉锗砷晶体在不同相位匹配方式的有效非线性系数表达式：

Ⅰ类相位匹配：

$$d_{\mathrm{eff}}=d_{\mathrm{eeo}}=d_{36}\sin(2\theta)\cos(2\varphi) \tag{4-31}$$

Ⅱ类相位匹配：

$$d_{eff}=d_{oeo}=d_{eoo}=d_{36}\sin\theta\sin(2\varphi) \tag{4-32}$$

Ⅰ类相位匹配时的泵浦光为 o 光（沿晶体 $y$ 轴），信号光和闲频光均为 e 光（在晶体 $x$-$z$ 平面），三个光波的折射率分别为：

$$\begin{cases} n_p^o=n_o(\lambda_p) \\ n_s^e=(n_o^{-2}(\lambda_s)\cos^2\theta+n_e^{-2}(\lambda_s)\ \sin^2\theta)^{-1/2} \\ n_i^e=(n_o^{-2}(\lambda_i)\cos^2\theta+n_e^{-2}(\lambda_i)\ \sin^2\theta)^{-1/2} \end{cases} \tag{4-33}$$

而Ⅱ类相位匹配时的泵浦光和信号光是 o 光（沿 $y$ 轴），闲频光是 e 光（在 $x$-$z$ 平面），三个光波的折射率分别是：

$$\begin{cases} n_p^o=n_o(\lambda_p) \\ n_s^o=n_o(\lambda_s) \\ n_i^e=(n_o^{-2}(\lambda_i)\cos^2\theta+n_e^{-2}(\lambda_i)\ \sin^2\theta)^{-1/2} \end{cases} \tag{4-34}$$

当使用波长为 3.5μm 的激光作为泵浦光时，计算的镉锗砷-光学参量振荡器角度调谐曲线如图 4-33（a）所示。在Ⅰ类相位匹配中，当输出的闲频光波长范围为 8～12μm 时，相位匹配调谐角度为 36.53°～35.10°，此时对应信号光的波长调谐范围是 6.22～4.94μm。在Ⅱ类相位匹配中，当输出的闲频光波长范围为 8～12μm 时，相位匹配调谐角度为 51.98°～42.58°，此时的信号光的波长范围是 6.22～4.94μm。图 4-33（b）是当泵浦光为 3.5μm 时两种相位匹配方式对应的有效非线性系数。从图中可以看出，在输出波长为 8～12μm 时，Ⅰ类相位匹配件的有效非线性系数的变化范围是 269.77～265.33pm/V，变化率为 1.65%。Ⅱ类相位匹配的有效非线性系数变化范围是 222.22～190.88pm/V，变化率为 14.1%。Ⅰ类相位匹配有效非线性系数的浮动变化要比Ⅱ类相位匹配的小，有利

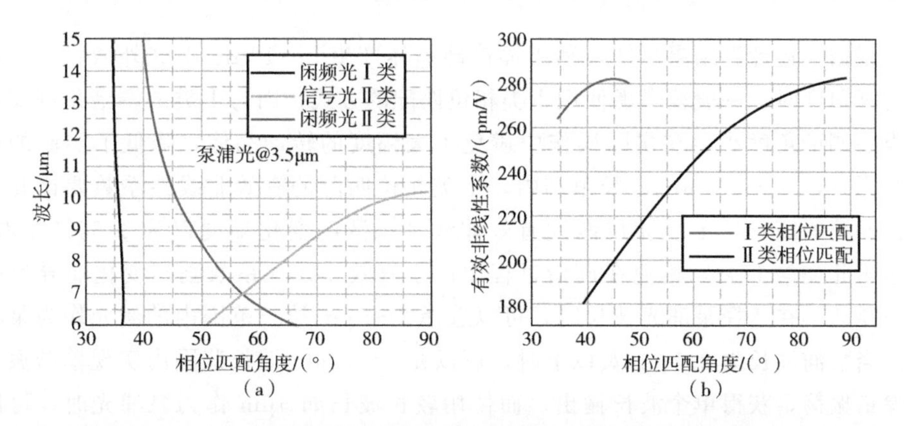


图 4-33　3.5μm 激光泵浦的镉锗砷-光学参量振荡器相位匹配曲线（a）及 3.5μm 激光泵浦的镉锗砷-光学参量振荡器的有效非线性系数（b）

于获得稳定的功率输出。

理论计算了当泵浦光波长为 5.0μm 时光学参量振荡角度调谐曲线，如图 4-34（a）所示。对于Ⅰ类相位匹配，当闲频光波长的范围是 8～12μm 时，相位匹配调谐角度在 32.82°～33.04°之间变化，对应的信号光波长为 13.33～8.57μm。对于Ⅱ类相位匹配，当闲频光波长范围为 8～12μm 时，相位匹配调谐角度范围为 44.48°～58.18°，信号光波长对应的调谐范围是 13.33～8.57μm。图 4-34（b）是当泵浦光为 5μm 时两种相位匹配的有效非线性系数。Ⅰ类相位匹配有效非线性系数的变化范围是 257.78～260.82pm/V，变化率为 1.17%。Ⅱ类相位匹配有效非线性系数变化范围是 197.58～239.61pm/V，变化率为 17.5%。Ⅰ类相位匹配有效非线性系数的浮动变化要比Ⅱ类相位匹配的小，有利于获得稳定的功率输出。

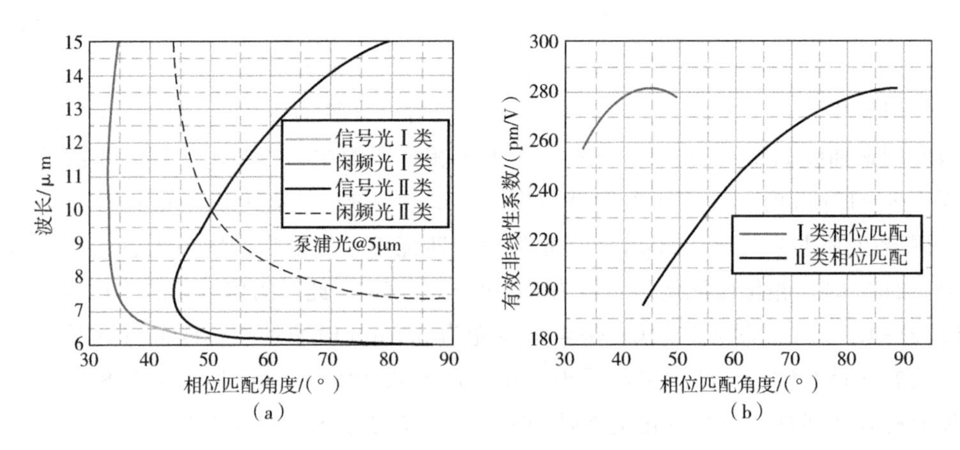


图 4-34　5μm 激光泵浦的镉锗砷-光学参量振荡器相位匹配曲线（a）及 5μm 激光泵浦的镉锗砷-光学参量振荡器有效非线性系数（b）

根据上述计算结果可知，利用镉锗砷晶体产生 8～12μm 中红外激光，在选择切割角度时，一般要考虑使用Ⅰ类相位匹配的方式，因为Ⅰ类的调谐角度要比Ⅱ类的调谐角度小，在实际操作中避免了大幅度的转动晶体，降低了实验的难度。同时，在 8～12μm 波长范围内，Ⅰ类相位匹配的有效非线性系数要比Ⅱ类相位匹配的高，且Ⅰ类相位匹配有效非线性系数的变化幅度仅为 1.65%左右，远小于Ⅱ类的 17%，避免在调谐过程中由于有效非线性系数剧烈变化而导致的功率浮动。在选择泵浦光波长时，可以选择 3～5μm 波长范围内的激光作为泵浦光。当泵浦波长为 3.5μm 及以下时，可以在 8～12μm 波长范围内实现单谐振光学参量振荡，获得单个波长输出。而使用较长波长如 5μm 作为泵浦光时，可以实现在 8～12μm 范围内的双波长输出，在 10μm 处发生简并。所以，要根据实际情况选择所需要的泵浦波长来获得满足要求的输出。

如果在光学参量振荡过程中的相位匹配角 $\theta$ 与晶体的光轴不成 90°，就会受到双折射效应的影响。因此，信号光和闲频光的功率流向（能量密度矢量）之间会存在一个小的夹角，也就是走离角。对于镉锗砷晶体的Ⅰ类相位匹配方式来说，走离角的表达式是：

$$\tan\alpha = \frac{(n_p^o)^2}{2}\left(\frac{1}{(n_s^e)^2} - \frac{1}{(n_i^e)^2}\right)\sin(2\theta) \tag{4-35}$$

走离角 $\alpha$ 限制了参量振荡晶体的有效长度，根据公式（4-30）能够求解晶体的有效长度。图 4-35 是镉锗砷晶体的走离角和有效长度随中红外光学参量振荡输出波长的变化关系。从图中可以看出，在波长范围 8～12μm 内，走离角的变化范围是 0.13°～0.57°，即随着波长的增加，走离角逐渐增加。在该波段内，镉锗砷晶体的有效长度的变化范围是 12～3mm，即随着波长的增加，有效长度逐渐减小。

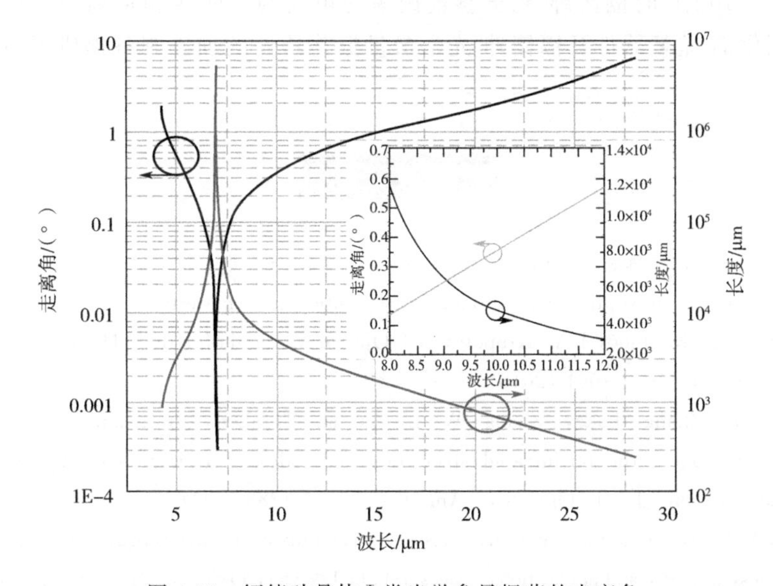


图 4-35　镉锗砷晶体Ⅰ类光学参量振荡的走离角

由上述分析可知，影响晶体有效长度的因素主要包括泵浦光、信号光、闲频光折射率、相位匹配角以及泵浦光束的尺寸。在实际的应用场合中，需要选择合适的有效长度，设计高效的镉锗砷-光学参量振荡器。

结合声子色散谱和太赫兹时域光谱、远红外傅里叶光谱以及拉曼光谱的测量结果，研究了以硒化镉晶体为代表的Ⅱ-Ⅵ族半导体、以镉锗砷晶体为代表的三元Ⅱ-Ⅳ-$V_2$族黄铜矿半导体太赫兹波段的光学特性。利用密度泛函微扰理论的赝势平面波方法计算了硒化镉晶体、镉锗砷晶体的声子色散谱；首次利用太赫兹时域光谱和远红外傅里叶光谱对硒化镉晶体和镉锗砷晶体的太赫兹波段光学性质进行了测量，分析了晶体在太赫兹波段的透过率、折射率、吸收系数等。对于硒化镉晶体[57]，其在 0.2～1.7THz 范围内 e-偏振太赫兹波的折射率为 3.1975～3.2821，对应的 o-偏振太赫兹波的折射率为 3.1037～3.1669，双折射约为 0.1。在该波段内，测量得到的太赫兹吸收系数小于 $10cm^{-1}$。在 0.2～6THz 的范围内，硒化镉晶体存在 5 个明显的吸收峰，分别在 0.8THz、1.45THz、3.7THz、5.0THz 以及 5.8THz。根据声子色散谱和小波数拉曼光谱对这些吸收峰的成因进行了解释，理论与实验符合得很好。通过对硒化镉晶体和镉锗砷晶体的太赫兹波段声子特性的研究，能够为改善晶体生长的方法及条件提供参考，为后续这些晶体的应用研究，包括辐射源以及调制器件，奠定了基础。

计算了 2.1μm 双波长激光在硒化镉晶体差频的相位匹配曲线、走离角以及允许角等参数。计算了镉锗砷-光学参量振荡器件的参数，分析了不同泵浦波长（3.5μm 和 5μm）时镉锗砷-光学参量振荡的角度调谐曲线和走离角。以上分析结果对硒化镉-差频器件及镉锗砷-光学参量振荡器件的加工制备提供了重要的技术参数。

## 参考文献


[1] 常胜江，范飞. 太赫兹微结构功能器件 [M]. 上海：华东理工大学出版社，2021.

[2] http://www.tydexoptics.com/products/thz_optics/thz_materials.

[3] Rogalin V E, Kaplunov I A, Kropotov G I. Optical Materials for the THz Range [J]. Opt. Spectrosc. 125, 1053-1064 (2018).

[4] Dai J M, Zhang J Q, Zhang W L, et al. Terahertz time-domain spectroscopy characterization of the far-infrared absorption and index of refraction of high-resistivity, float-zone silicon [J]. J. Opt. Soc. Am. B 21, 1379-1386 (2004).

[5] Kurlov V N. Reference module in materials science and materials engineering. Chapter. Sapphire: properties, growth, and applications (pages 1-11), Elsevier, Oxford, 2016, https://doi.org/10.1016/B978-0-12-803581-8.03681-X.

[6] Haggerty J, Menashi W. Final report contract, NASA No. NAS 3-13479 (1971).

[7] Feigelson R. Pulling optical fibers [J]. J. Cryst. Growth 79, 669-680 (1986).

[8] Fukuda T, Rudolph P, Uda S E. Fiber Crystal Growth from the Melt [M]. Springer-Verlag, 2004.

[9] Nehari A, Laidoune A, Khetib M, et al. Fibers and square sapphire shaped single crystals grown from the melt and optical characterization [J]. Opt. Mater. 34 (2), 365-367 (2011).

[10] Mileiko S T, Kazmin V I. Crystallization of fibres inside a matrix: a new way of fabrication of composites [J]. J. Mater. Sci. 27 (8), 2165-2172 (1992).

[11] Kurlov V N, Mileiko S T, Kolchin A A, et al. Growth of oxide fibers by the internal crys-

tallization method [J]. Crystallogr. Rep. 47 (S1), S53-S62 (2002).

[12] Kurlov V N, Kiiko V M, Kolchin A A, et al. Sapphire fibers grown by a modified internal crystallization method [J]. J. Cryst. Growth 204, 499-504 (1999).

[13] LaBelle Jr. H E, Mlavsky A I. Growth of controlled profile crystals from the melt: Part I-Sapphire filaments [J]. Mat. Res. Bull. 6 (7), 571-580 (1971).

[14] Shikunova I A, Dolganova I N, Katyba G M, et al. Sapphire crystal cryoapplicators enabling control of cryosurgery based on light-tissue interaction [J]. Cryobiology 92 (12), 278-279 (2020).

[15] Dolganova I N, Shikunova I A, Zotov A K, et al. Microfocusing sapphire capillary needle for laser surgery and therapy: Fabrication and characterization [J]. J. Biophotonics 13, e202000164 (2020).

[16] Zotov A K, Gavdush A A, Katyba G M, et al. In situ terahertz monitoring of an ice ball formation during tissue cryosurgery: a feasibility test [J]. J. Biomed. Opt. 26 (4), 043003 (2021).

[17] Chen H, Buric M, Ohodnicki P R, et al. Review and perspective: Sapphire optical fiber cladding development for harsh environment sensing [J]. Appl. Phys. Rev. 5 (1), 011102 (2018).

[18] Ghazanfari A, Li W, Leu M C, et al. Advanced ceramic components with embedded sapphire optical fiber sensors for high temperature applications [J]. Mater. Des. 112, 197-206 (2016).

[19] Petukhov A K, Nesvizhevsky V V, Bigault T, et al. A project of advanced solid-state neutron polarizer for PF1B instrument at Institut Laue-Langevin [J]. Rev. Sci. Instrum. 90 (8), 085112 (2019).

[20] Nesvizhevsky V V. Polished sapphire for ultracold-neutron guides [J]. Nucl. Instrum. Methods Phys. Res. A 557 (2), 576-579 (2006).

[21] Nesvizhevsky V V. Gravitational quantum states of neutrons and the newgranit spectrometer, Mod. Phys. Lett. A 27 (05) (2012) 1230006, https: //doi. org/ 10. 1142/S0217732312300066.

[22] Katyba G M, Zaytsev K I, Dolganova I N, et al. Sapphire shaped crystals for waveguiding, sensing, and exposure applications [J]. Prog. Cryst. Growth Charact. Mater. 64 (4), 131-151 (2018).

[23] Katyba G M, Dolganova I N, Zaytsev K I, et al. Sapphire single-crystal waveguides and fibers for THz frequency range [J] J. Surf. Investig. 14 (3), 437-439 (2020).

[24] Atakaramians S, Afshar S V, Monro T M, et al. Terahertz dielectric waveguides [J]. Adv. Opt. Photonics 5 (1), 169-215 (2013).

[25] Islam M, Cordeiro C, Franko M, et al. Terahertz optical fibers [J], Opt. Express 28 (11), 16089-16117 (2020).

[26] Zaytsev K, Katyba G, Chernomyrdin N, et al. Overcoming the abbe diffraction limit using

a bundle of metal-coated high-refractive-index sapphire optical fibers [J]. Adv. Opt. Mater. 8 (18), 2000307 (2020).

[27] Grischkowsky D, Keiding S, van Exter M, et al, Far-infrared time-domain spectroscopy with terahertz beams of dielectrics and semiconductors [J]. J. Opt. Soc. Am. B 7, 2006-2015 (1990).

[28] 潘章豪. 硫系玻璃空芯光子晶体光纤制备及性能研究 [D]. 宁波：宁波大学，2017.

[29] Kang S B, Kwak M H, Park B J, et al. Optical and dielectric properties of chalcogenide glasses at terahertz frequencies [J]. ETRI J. 31, 667-674 (2009).

[30] Naftaly M, Miles R E. Terahertz time-domain spectroscopy: a new tool for the study of glasses in the far infrared [J]. J. Non-Cryst. Solids 351, 3341-3346 (2005).

[31] Naftaly M, Miles R E. Terahertz Beam Interactions with Amorphous Materials [M]. R. E Naftaly et al. (eds), Terahertz Frequency Detection and Identification of Materials and Objects, Springer, 2007, pp. 107-122.

[32] Onari S, Matsuishi K, Arai T. Far-Infrared Absorption Spectra and the Spatial Fluctuation of Charges on Amorphous As-S and As-Se Systems [J]. J. Non-Crystal. Solids, 86, 22-32 (1986).

[33] D'Angelo F, Mics Z, Bonn M, et al. Ultra-broadband THz time-domain spectroscopy of common polymers using THz air photonics [J]. Opt. Express 22, 12475-12485 (2014).

[34] Ravagli A, Naftaly M, Craig C, et al. Dielectric and structural characterisation of chalcogenide glasses via terahertz time-domain spectroscopy [J]. Opt. Mater. 69, 339-343 (2017).

[35] 钟熠. 太赫兹空芯波导的研究 [D]. 上海：华东师范大学，2020.

[36] 张其锦. 光子学聚合物：聚合物波导结构及其对光的驾驭 [M]. 合肥：中国科学技术大学出版社，2020.

[37] Chang T, Zhang X, Yang C, et al. Measurement of complex terahertz dielectric properties of polymers using an improved free-space technique [J]. Meas. Sci. Technol. 28 (4), 045002 (2017).

[38] Fedulova E V, Nazarov M M, Angeluts A A, et al. Studying of dielectric properties of polymers in the terahertz frequency range [C]. Proc. SPIE 8337, 83370I (2012).

[39] Podzorov A, Gallot G. Low-loss polymers for terahertz applications [J]. Appl. Opt. 47, 3254-3257 (2008).

[40] Wang B K, Tian F J, Liu G Y, et al. A dual-core fiber for tunable polarization splitters in the terahertz regime [J]. Opt. Commun. 480, 126463 (2021).

[41] Islam R, Habib M S, Hasanuzzaman G K M, et al. Novel porous fiber based on dual-asymmetry for low-loss polarization maintaining THz wave guidance, Opt. Lett. 41 (3), 440-443 (2016).

[42] Sultana J, Islam M S, Cordeiro C M B, et al. Hollow core inhibited coupled antiresonant

terahertz fiber: A numerical and experimental study [J]. IEEE Trans. Terahertz Sci. Technol. 2021, 11, 245-260 (2021).

[43] Exter M, Fattinger C, Grischkowsky D. Terahertz time-domain spectroscopy of water vapor [J]. Opt. Lett. 14 (20), 1128-1130 (1989).

[44] Bhar G C. Refractive index interpolation in phase-matching [J]. Appl. Opt. 15 (2), 305-307 (1976).

[45] Arora A K, Ramdas A K. Resonance Raman scattering from defects in CdSe [J]. Phys. Rev. B 35 (9), 4345 (1987).

[46] Yu P Y. Resonant Raman study of LO + acoustic phonon modes in CdSe [J]. Solid State Commun. 19 (11), 1087-1090 (1976).

[47] Yu P Y, Hermann C. Excitation spectroscopies of impurities in CdSe [J]. Phys. Rev. B 23 (8), 4097-4106 (1981).

[48] Yu Y, Zhao B J, Zhu S F, et al. Ab initio vibrational and dielectric properties of chalcopyrite $CdGeAs_2$ [J]. Solid State Sci. 13 (2), 422-426 (2011).

[49] Mennerat G, Kupecek P. High-energy narrow-linewidth tunable source in the mid infrared [C]. in Advanced Solid State Lasers, W. Bosenberg and M. Fejer, eds., Vol. 19 of OSA Trends in Optics and Photonics Series (Optical Society of America, 1998), paper FC13.

[50] Finsterbusch K, Bayer A, Zacharias H. Tunable, narrow-band picosecond radiation in the mid-infrared by difference frequency mixing in GaSe and CdSe [J]. Appl. Phys. B-O. 79 (4), 457-462 (2004).

[51] Mani A A, Schultz Z D, Gewirth A A, et al. Picosecond laser for performance of efficient nonlinear spectroscopy from 10 to 21μm [J]. Opt. Lett. 29, 274-276 (2004).

[52] Mennerat G. High-energy difference-frequency generation in the 5. 8-22μm range [C]. in Advanced Solid-State Lasers Congress, M. Ebrahim-Zadeh and I. Sorokina, eds., OSA Technical Digest (online) (Optical Society of America, 2013), paper MW3B. 6.

[53] Yao B Q, Li G, Zhu G L, et al. Comparative investigation of long-wave infrared generation based on ZnGeP2 and CdSe optical parametric oscillators [J]. Chin. Phys. B 21 (3), 0342131-0342136 (2012).

[54] Vodopyanov K L, Knippels G M H, van der Meer A F G, et al. Optical parametric generation in CGA crystal [C]. Conference on Lasers and Electro-Optics, 2001, paper CThD3.

[55] Vodopyanov K L, Knippels G M H, van der Meer A F G, et al. Optical parametric generation in CGA crystal [J]. Opt. Commun. 202 (1-3), 205-208 (2022).

[56] Zakel A, Setzler S D, Schunemann P G, et al. Optical parametric oscillator based on cadmium germanium arsenide [C]. in Conference of Lasers and Electro-Optics (CLEO 2002), Tech. Digest (Opt. Soc. Am., Washington, DC 2002) p. 172.

[57] Yan D X, Xu D G, Li J N, et al. Terahertz optical properties of nonlinear optical CdSe crystals [J]. Optical Materials 78, 484-489 (2018).

# 第5章

# 空芯波导特性分析及其在激光器领域的应用

在过去的二十年间，空芯微结构光纤波导的出现使得在理解传导机制的基础物理学方面取得了巨大的进展。空芯微结构光纤波导具有光子带隙传导机制，可以使用“光子紧束缚”模型来解释此类光子带隙在微结构光纤波导中的形成机制[1]；或者基于“抑制耦合”机理传导电磁波，是连续介质中束缚态的光纤-光子模拟形式[2]。此外，通过精密控制其微纳结构来制备空芯光纤波导促进了新型加工制造技术的发展[3]。最后，通过在其空芯中引入不同介质形成光子微腔结构，使得此类空芯微结构波导功能化的能力在各种领域形成一种变革性和差异化力量[4]。

空芯微结构波导的应用跨越了光子学、非线性和超快光学、等离子体物理学、强光场物理学、原子和分子光学、冷原子、激光、通信、频率计量学到微加工和外科手术[5]等领域。尽管空芯微结构波导的应用存在多样性和复杂性，但上述主要的应用领域可以划分为两个大的方向。第一个方向是关于空芯微结构波导相关科学技术的研究活动。该方向包括空芯微结构波导及其衍生器件的设计和加工过程，不仅实现了光纤波导制造技术的巨大进步，而且促进了传导光学领域的传导机制中新概念的发展。第二个方向是关于空芯微结构波导的应用研究。已经报道的研究结果表明，空芯微结构光纤波导、填充气体介质和电磁场激励的结合足以提供一种多功能且有力的平台来制造各种光子器件。相关的应用领域包括频率变换[6-8]、超连续谱产生[9, 10]、频率标准单元[11]、脉冲压缩器[12]、高功率和高能量激光传输[13]、激光器[14, 15]以及传感器[16]和存储器[17]，甚至用于化学研究的拉曼气体光谱[18]等。

# 5.1 空芯微结构光纤波导研究简介

由于电磁波传导不依赖于传统的全内反射原理，空芯微结构光纤波导具有实芯光子晶体光纤波导所不具有的独特性质。因此，空芯微结构光纤波导是探索新型传导机制（包括光子带隙机制和抑制耦合机制）的首选波导设计结构，其主要原理不再源于传导光学，而是来自量子力学或者固态物理学[19]。

## 5.1.1 研究进展

空芯光纤波导于19世纪80年代初以空芯金属涂层光纤波导的形式出现，其设计用来传输二氧化碳（$CO_2$）激光器输出的波长为10.63μm（940cm$^{-1}$）的激光[20]。这类空芯光纤波导由氧化铅玻璃制成，其衰减为7.7dB/m。1991年，N. Nagano等人使用石英玻璃制成的空芯光纤波导传输二氧化碳激光[21]，其衰减可以低于1dB/m。此类空芯光纤波导的纤芯直径通常大于1mm[22]。随后，由于能够在相同波长下具有更低的衰减损耗，布拉格空芯光纤波导取代了金属涂敷毛细管波导。2002年，B. Temelkuran等人提出了首个布拉格空芯光纤波导[23]，具有高折射率玻璃和低折射率聚合物微结构。该波导在10.6μm波长处的衰减损耗低于1dB/cm，可以在单次拉制中实现数十米的长度。之后的研究重点是使用单一的二氧化硅（$SiO_2$）材料拉制光纤波导，其中圆环是由玻璃结构进行固定。

1999年，巴斯大学P. St. J. Russel团队的R. F. Cregan等人提出的首个光子晶体空芯微结构光纤波导[24]，拉制了具有蜂窝状微结构包层和纤芯直径为14.8μm的二氧化硅空芯光纤波导。该波导的传导机制是基于二维光子带隙效应。之后，空芯光纤波导应用在多个领域，包括气体传感[25]、气体填充激光器[26]、光纤陀螺仪[27]、高速数据传输[28]等。2002年，N. Venkataraman等人报道了7单元光子带隙空芯微结构光纤波导［图5-1（a)］，其衰减损耗为13dB/km[29]，然后到2004年，B. J. Mangan等人将该类型光纤波导衰减损耗降低到了1.7dB/km[30]，2005年，P. J. Roberts等人提出13单元结构光子带隙空芯光纤波导，进一步将损耗降低到1.2dB/km[31]，结构如图5-1（b）所示。光子带隙型空芯微结构光纤波导的设计始终限制着实现低衰减损耗和宽带宽性能的研究，并寻求可替代的空芯微结构光纤波导的设计方案。

2002年，F. Benabid等人提出了一种新型Kagome型空芯光纤波导[32]。该光纤波导具有精细的三角形晶格包层结构，不存在包层节点［图5-1（e)］。由于抑制耦合效应，该波导具有多波段传输和与包层材料结构较低的模场重叠。即便如此，由于高的限制损耗，Kagome空芯光纤波导的衰减比光子带隙空芯光纤波导高两个数量级以上[33]。空芯光纤波导发展的下一个里程碑是在2010年，Y. Y. Wang等人提出的负曲率Kagome空芯光纤波导，被称为内摆线光纤波导[34]。负曲率表示的是反谐振光纤波导纤芯周围第一层环的形状［图5-1（f）］，这种结构光纤波导的衰减损耗降低至数百dB/km，带宽为1μm。虽然此类负曲率Kagome空芯光纤波导的衰减损耗要高于光子带隙空芯光纤波导，但其能够提供更宽的带宽。近年来，N. V. Wheeler等人报道了Kagome空芯光纤波导，其衰减损耗达到12.3dB/km[35]。

对空芯光纤波导的研究集中在负曲率结构，同时降低微结构的复杂性。在2010年，最先出现了具有简单结构设计的空芯反谐振光纤波导，具有简化的光子带隙空芯光纤波导[36]、简化的内摆线Kagome晶格包层[37]和管状晶格包层[38]。这类反谐振光纤波导不需要周期包层结构，依靠反谐振原理进行光波传输。其中，管状包层反谐振光纤波导具有最简单的结构设计和最佳的工作性能，进行了大量的研究［图5-1（c）和（d)］。2013年，A. N. Kolyadin等人报道了无节点负曲率空芯微结构波导[39]，如图5-1（d）所示。该波导在3.39μm处测量得到的光学损耗为50dB/km。2014年，F. Poletti等人在现有的包层圆形管内增加额外的嵌套谐振结构，形成嵌套反谐振无节点光纤波导（NANF)[40]。通常情况下，反谐振光纤波导会有更高的限制损耗，但通过引入更过的反谐振结构，所设计的波导结构会降低限制损耗。2018年，S. F. Gao等人报道了一种共连管光纤波导［图5-1（g)］[41]，其在1.512μm处的最低损耗为2dB/km。与此同时，无节点反谐振光纤波导经历了快速发展。2020年，G. T. Jasion等人报道了衰减损耗仅为0.28dB/km的嵌套包层无节点负曲率微结构光纤波导［图5-1（h)］[42]。有关负曲率微结构波导在太赫兹波段的研究，在后续章节中有具体介绍。

### 5.1.2 空芯微结构光纤波导的应用

空芯微结构光纤波导可以将所传导光波的绝大多数能量限制在空气纤芯中进行传输（纤芯区域功率分数在99%以上），避免强激光束对波导材料的损伤。由于空气纤芯区域介质均匀、各向同性、色散平坦且具有较低的非线性系数，能够有效地减少传输损耗，避免材料色散及非线性效应的影响。另外，当空芯区域填充气体时能够提供显著的非线性效应；当空芯区域填充液体或者涂敷薄膜时能够构建高性能的功能器件[43]。基于此，空芯微结构光纤波导在高功率激光传输、气体传感、数据通信、非线性以及微波光子学等领域展现出广泛的研究前景和应用价值。

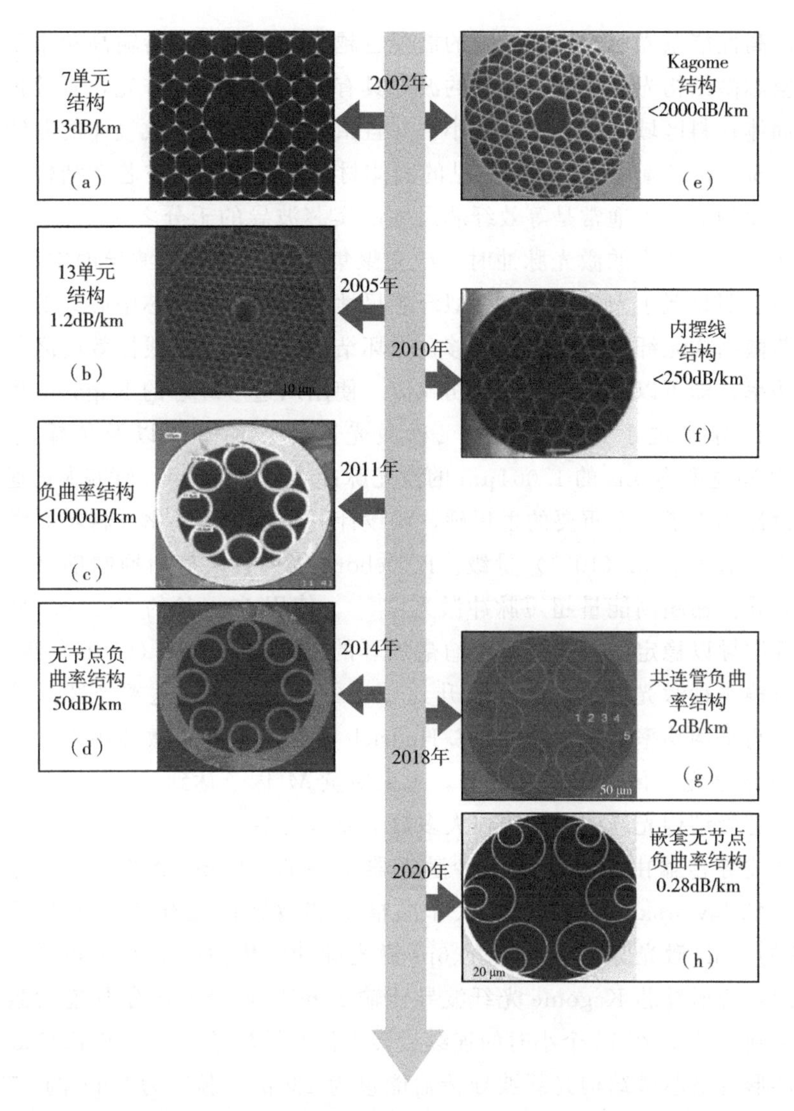


图 5-1　空芯微结构光纤波导研究时间轴：7 单元结构 (a)[29]；13 单元结构 (b)[31]；负曲率结构 (c)[38]；无节点负曲率结构 (d)[39]；Kagome 型结构 (e)[32]；内摆线结构 (f)[34]；共连管负曲率结构 (g)[41]；嵌套无节点负曲率结构 (h)[42]

### (1) 高功率激光传输

空芯微结构光纤波导可以有效地传输激光，特别是超短脉冲（USP）激光。通常情况下，超短激光具有高达 PW/cm$^2$ 的高峰值功率和低至飞秒（fs）量级的脉冲宽度，光纤波导在传输这类脉冲时能够保持脉冲不失真以及光谱和时间的完整性。随着超短脉冲激光越来越普遍地应用在激光手术、表面标记以及微加工等领域，对高性能激光脉冲传输波导的需要也越来越紧迫。在传输高功率激光脉冲方面，空芯微结构光纤波导比传统的波导具有显著的优势。首先，有效传输模式与波导固体材料区域的相对重叠较小，并且由于空气和大多数气体的非线性小于包括硅（Si）和二氧化硅在内的常见的固体材料的非线性，空芯微结构光纤波导每单位长度的非线性通常是等效纤芯尺寸的实芯波导的千分之一左右[44]。其次，在传输相同大小功率的激光脉冲时，激光聚集在空芯微结构波导的空气/材料界面处的强度明显低于聚集在具有相似纤芯尺寸的实芯波导纤芯中心处的强度。因此，空芯微结构光纤波导理论上能够在损坏结构或者产生非线性效应之前传输更高的光功率，即可以提供更高的损伤阈值。使用六边形纤芯的 Kagome 型空芯微结构光纤波导实现了几十微焦的飞秒激光脉冲传输[45]，以及传输能量高达 10mJ、脉冲宽度为 9ns 的 1.064μm 的激光脉冲[46]。2013 年，研究人员通过使用内摆线设计实现了一个重要的里程碑，该设计可以将与二氧化硅材料光学模式重叠进一步降低到 ppm（$10^{-6}$）量级。B. Debord 等人首次使用抑制耦合空芯微结构光纤波导传输超高能量超短脉冲激光束[47]。使用 10m 长的 Kagome 型空芯微结构光纤波导以稳定的单模模式传输毫焦耳的 1.03μm 飞秒（600fs）激光脉冲。之后将传输飞秒激光脉冲的能量提升到 2.6mJ[48]。同时，这类光纤波导还可以用来传输高平均功率的连续激光。S. Hädrich 等人使用空芯微结构光纤波导传输 1kW 的连续激光，传输系数为 90%，光束质量 $M^2$ 因子达到 1.1[49]。随后，研究人员将空芯微结构光纤波导应用在大多数工业激光器中。使用 Kagome 型空芯微结构光纤波导传输由掺镱光纤皮秒激光器倍频的 532nm 激光，平均功率达到 10W[50]。P. Jaworski 等人使用管状非晶格空芯微结构光纤波导实现了能量为 0.57mJ 的 55ns 激光脉冲和 30μJ 的 6ps 激光脉冲的传输[51]。在更短波长光谱范围，使用六边形纤芯 Kagome 光纤波导传输 15mW 的 280nm 紫外连续激光，传输系数达到 50%，在 14 个小时的连续运转下没有损坏波导[52]。S. F. Gao 等人使用单层环形管空芯微结构光纤波导传输能量为 160μJ、脉宽为 20ps 的 355nm 激光脉冲[53]。到目前为止，使用空芯微结构光纤波导传输微焦或者毫焦能量激光束已经用于玻璃微加工[47]、金属加工[51]、激光点火[54]或者组织消融[55]等应用场合。图 5-2 给出了相关的应用研究。

（2）气体传感应用

2004 年，T. Ritari 等人首次使用空芯光子带隙微结构光纤波导实现了乙炔气体强度光谱测量实验[56]。在过去的近二十年间，空芯光纤波导在高灵敏度气体传感应用领域取得了显著的发展。这是由于此类光纤波导与目标气体样品能够实现接近 100%的模场重叠，且空芯微结构光纤波导还能够用来构建长距离气室来替代传统的多路径自由空间气室[57]。常见的分析方法是使用红外光谱[58]进行

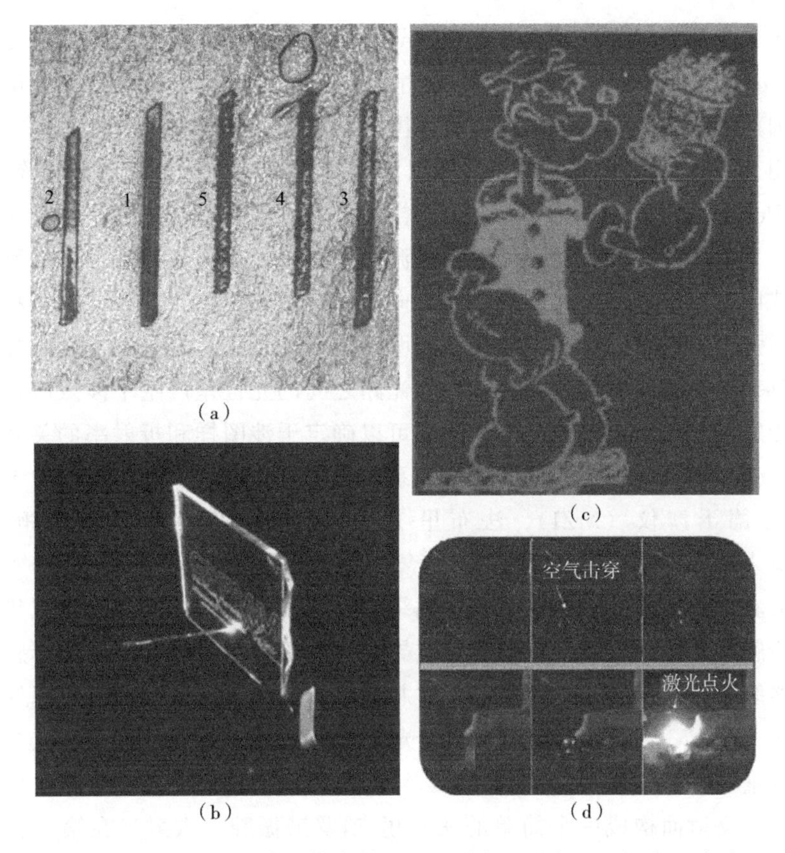


图 5-2　使用空芯微结构光纤波导传输激光的不同应用研究：组织表面消融 (a)[55]；玻璃微加工 (b)[47]；钛金属微加工 (c)[51]；激光点火 (d)[54]

测量。辅助检测技术是使用拉曼光谱，由于其不需要严格的波长来匹配响应的吸收带，因此在研究多组分气体分析物时具有优势[18]。到目前为止，多数的测量都是基于近红外光谱中的第一泛音吸收带实现的。随着基于二氧化硅的空芯光子带隙光纤波导的出现，由于其损耗远低于 1dB/m，且中红外传输带宽非常宽，可以将吸收带宽扩展到 3.8μm 甚至更长波长范围[59]。同时，使用基于二氧化硅的负曲率空芯光纤波导也可以实现在 3.6μm 附近的吸收光谱测量[60]。基于空芯微结构光纤波导的一个显著难题是气体扩散进出波导所需的时间较长，这有可能会限制测量速度。沿着光纤波导在侧边钻孔可以提高响应时间[61]，但这种操作会存在损坏波导光学特性和机械完整性的潜在风险。因此，在确保给定测量要求的合适的模态质量的同时最大化地设计空芯纤芯尺寸也较为重要。在空芯微结构光纤波导中，负曲率微结构光纤波导具有均匀和低缺陷的结构，能够大大减少高阶模式，在用作气体样品气室实现传感方面具有较大的潜力。另外，在气体传感中，基于二氧化硅的负曲率空芯光纤波导具有较高的中红外透过率，即使二氧化硅在 2.4μm 以上波段透过率很低，但由于纤芯模式与衬底材料的重叠可以忽略不计，因此可以在 4.0～4.5μm 波长范围内实现气体传感[62]。

使用光纤波导阵列互连技术，可以显著抑制背向反射，或者像法布里-珀罗（Fabry-Perot）干涉仪一样，可以通过增加反射并实现多路径传输将互作用长度增加 10～100 倍。此外，通过使用基模激励，可以显著降低传感系统的噪声。当多个光波以相同的频率、相同的传播方向和固定的相位差相遇时，由于相同相位的光强增强，所产生的干涉图样会呈现明暗变化的条纹。将一束光信号分成两束（或者多束），通过控制传感光路和参考光路之间的光程差产生干涉效应，从而实现干涉传感器。对于固定长度的介质，可以确定干涉图样和折射率的关系，通过标定被测变量和干涉图样变化的拟合关系，可以得到气体浓度。传统的干涉仪包括马赫-曾德干涉仪（MZI）、法布里-珀罗干涉仪（FPI）、迈克尔逊干涉仪（MI）、萨格纳克干涉仪（SI）等，已经广泛用于各类光学传感系统中[63]。作为近十年来新兴的光纤波导结构，空芯微结构光纤波导传感器一直是研究热点。在干涉型传感器方面，空芯微结构光纤波导主要用于温度传感器、湿度传感器和压力传感器等。近几年，逐渐利用基于空芯微结构光纤波导干涉仪来实现气体传感器。2016 年，F. Yang 等人提出了使用光子带隙光纤波导和单模光纤波导的融合结构来测量气体浓度（如图 5-3 所示）[64]。单模光纤和光子带隙光纤波导的熔接区域的两个反射面构成一个简单的法布里-珀罗谐振腔。入射光在第一反射面处分成反射光和透射光两部分。透射光在第二处反射面反射回第一反射面，与此处的反射面形成干涉。由于法布里-珀罗谐振腔长和腔内气体浓度的影响，干涉光谱的相位差发生变化，使得光谱发生位移，从而实现气体浓度传感测量。使用空芯微结构光纤波导作为传感器，其信噪比较低，同时，该结构采用飞秒激光加工，制造成本和技术难度较高。

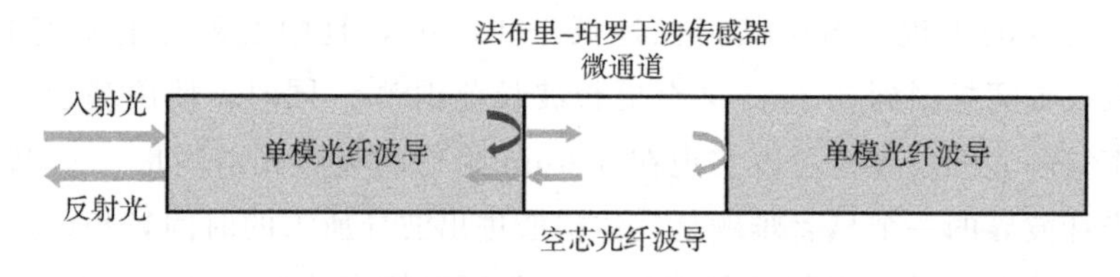


图 5-3　法布里-珀罗干涉仪谐振腔结构示意图[64]

为了提高信噪比，F. Couny 等人将单模光纤波导的尾部进行 8°角度斜切以减少菲涅尔反射，有效地消除了背向反射光带来的额外干涉的影响[65]。这种方法广泛用于空芯光纤波导与单模光纤波导组成的法布里-珀罗干涉仪中。

M. R. Quan 等人引入了游标效应来提高气体浓度检测的灵敏度[66]。腔长相差不大的气室（传感腔和辅助腔）采用级联拼接光纤波导结构。干涉光由上述两个腔共同调制，产生多个不同周期的干涉光谱包络，通过微分计算分析大大提高了传感器的灵敏度。在光纤波导上涂覆敏感材料可以提高传感器的灵敏度。Y. N. Li 等人[67]和 C. L. Zhao 等人[68]结合敏感材料和游标效应来检测气体浓度，结构图如图 5-4 所示。

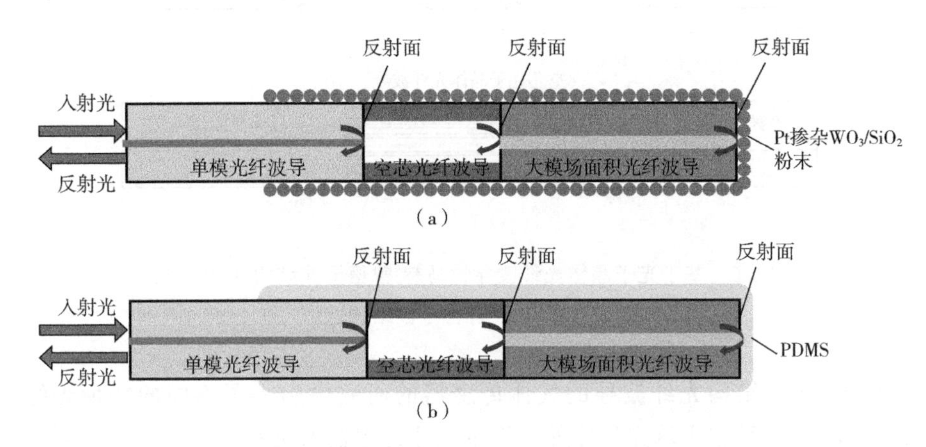


图 5-4　单模-空芯-大模场光纤波导级联法布里-珀罗干涉仪结构：Pt 掺杂三氧化钨（$WO_3$）/$SiO_2$粉末（a）[67]和 PDMS（b）[68]

除了上面提到的游标效应和敏感材料涂覆层，还有许多其他的优化方法。Z. Zhang 等人依次熔接单模光纤波导、空芯光子带隙光纤波导和光子晶体光纤波导，并对光子晶体光纤波导的自由端端面进行斜角切割处理以降低噪声[69]。该传感器灵敏度与腔长成正比例关系。气体通过光子晶体波导进入气室，而不需要提前在波导中加工微通道，从而降低了制备难度。J. Flannery 等人在光子晶体光纤波导端面上制备了介质亚表面结构[70]。除了增加反射率，还可以使得气体通过，并提高通过气室的光信号的质量因子。Y. N. Li 等人使用空芯微结构光纤波导、聚二甲基硅氧烷（PDMS）和 Pt-掺杂的 $WO_3$/$SiO_2$粉末设计了一种新型双 C 型法布里-珀罗干涉仪[71]。

由于具有紧凑的结构，法布里-珀罗干涉仪在干涉传感领域应用较多。此外，其他类型的干涉仪也有所研究。2017 年，X. Feng 等人将单模光纤波导熔接在空芯光子晶体光纤波导两端，其中高阶模式被融合点处的塌陷区激发以实现模式间干涉[72]，如图 5-5（a）所示。高阶模式和低阶模式在另一个熔接点干涉从而构成马赫-曾德干涉仪。通过在光子晶体光纤波导表面涂覆一层石墨烯以增强对硫化氢的敏感性。2019 年，F. Ahmed 等人将一段光子晶体光纤波导插入在单模光纤波导中间，然后封装在V形管中构成马赫-曾德干涉仪对环境中的二氧化碳进行检测[73]，如图5-5（b）所示。这种紧凑型探头在监测地下或者水环境中的二氧化碳浓度方面具有较大的潜力。

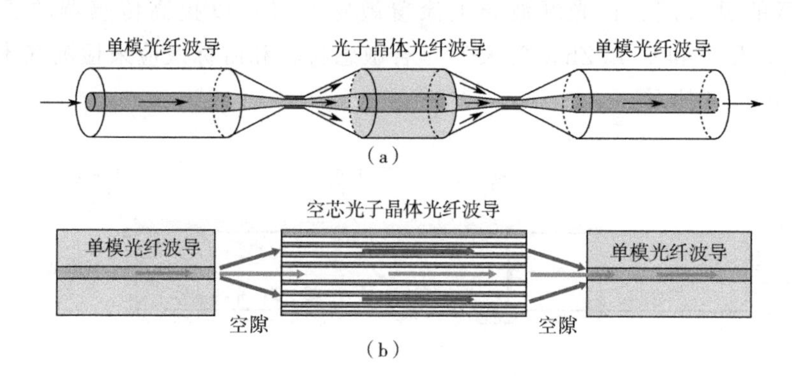


图5-5　基于光子晶体光纤波导的马赫-曾德干涉结构（a）[72]及基于空芯波导的马赫-曾德干涉结构（b）[73]

基于空芯微结构光纤波导的气体传感器的研究中引入了不同的特种光纤波导，除了在空气纤芯中填充气体外，许多气体传感器通过对空芯部分抛光或者开槽来设计。一般来说，基于空芯微结构光纤波导的干涉式气体传感系统在商业应用中具有巨大的潜力和可能性。

### （3）数据通信应用

空芯光子带隙光纤波导具有比实芯光纤波导更低损耗的巨大潜力。同时，降低非线性将有助于数据传输，并且降低群速度将允许低延迟传输。然而，使用空芯微结构光子带隙光纤波导获得低损耗较为困难，并且其他传输模式（纤芯高阶模式和表面模式）的存在会影响低损耗、高容量传输性能。由于空芯中空气均匀、各向同性、色散平坦且非线性系数低等优势，可以消除材料色散及非线性效应的不利影响，减小信道之间的串扰。因此，尽管有很多关于减少空芯光子带隙光纤波导损耗的研究，但有关数据传输的报道相对较少。

2005年，C. Peucheret等人使用空芯光子带隙光纤波导实现了输出传输的实验[74]。他们使用150m长度空芯光子带隙光纤波导传输了单个10Gbits/s的数据流。在实验中观察到了显著的传输损耗，这可能是由于工作波长附近存在表面模式。一个具有里程碑式的研究结果是实现了260m长的19单元的空芯微结构光子带隙光纤波导进行传输速率为1.48Tbit/s的数据传输，其带宽比当前的电信C+L频带（160nm）宽得多，损耗低至3.5dB/km[75]。通过激发和检测波导输入和输出位置处的基模，选择远离表面模式串扰的工作波长，在近1km长的光纤波导上实现了相对较低模式间分布式串扰的有效单模运转[76]。这允许在约 250m 长的 19 单元空芯光子带隙光纤波导上以 30Tbit/s 量级的聚集容量进行数据传输[77]。在 37 单元空芯光子带隙光纤波导中已经实现了超过 73Tbit/s 的数据传输[78]，在模式数量和传输距离方面存在着进一步发展的空间。2021 年，J. M. Castro 等人使用首条商业化的空芯光纤波导实现了 400m 长的 PAM-4 的每波长高达 112Gbit/s 的数据传输[79]。结果表明，该光纤波导可以实现高速数据传输速率，同时延迟降低 30%。空芯光纤波导较小的延迟可用于补偿当前在以太网和光纤高速通道中使用的数字信号处理和前向纠错。400m 的范围几乎涵盖了大型数据中心内使用的距离范围。该空芯光纤波导工作窗口约为 10nm，可以支持 30 多个 100Gbit/s 低延迟通道。

2017 年，Z. Liu 等人在负曲率空芯光纤波导中实现了 6.8Tbit/s 的大容量数据传输[80]。2019 年，H. Sakr 等人在 1km 长的负曲率空芯光纤波导中实现了数据传输，其传输带宽为 700nm，在 1.55μm 波长处的衰减为 6.6dB/km，可以实现 50Gbit/s 的开关键控和 100Gbit/s 的 4 级脉冲幅度调制信号[81]。同年，A. Nespola 等人使用 4.8km 长的负曲率光纤波导作为再循环回路，其在 1.55μm 处的衰减为 1.18dB/km[82]。这使得在超过 341km 长的负曲率光纤波导链路中数据传输的前向纠错误码率比 3E-2 更好。A. Saljoghei 等人使用先进的 5 管负曲率光纤波导用于 48x 密集波分复用系统，覆盖范围超过 1000km，C 波段总吞吐量为 38.4Tbit/s，在小于 200km 范围里内的速率为 800Gbit/s[83]。负曲率微结构光纤波导能够实现长/短距离、宽带、低延迟的数据通信，为解决超大规模计算集群、数据中心内部及数据中心之间的大量数据传输问题提供了一条具有潜力的应用方向。

#### （4）气体激光器、超连续谱产生和脉冲整形

用特定气体填充空芯光纤波导可以用在超连续谱产生、脉冲整形、深紫外和中红外激光以及拉曼激光的研究中。只需通过改变气体压力和气体成分，气体就可以在其线性（色散）和非线性特性方面实现巨大的可调谐特性。将气体充入空芯光纤波导的纤芯区域，就可以实现所传输的高强度激光与气体之间的最大限度的互作用能力。此外，负曲率光纤波导可以有效地应用在中红外区域，即使该波导是由二氧化硅材料拉制，纤芯模式与包层管壁的重叠也可以忽略不计。使用空芯光纤波导搭建气体激光器具有高损伤阈值、良好的热管理和较高的量子效应[84]。2012 年，A. V. V. Nampoothiri 等人对 2002～2012 年之间有关空芯光纤气体激光器的研究进行了总结论述[57]。

随着负曲率空芯光纤波导的深入应用研究，由 C 波段激光器泵浦实现了中红外气体激光器。2018 年，Z. Zhou 等人基于充有乙炔气体的 6 管负曲率光纤波导

在 3.09～3.2μm 波段范围内实现了连续功率为 0.77W 的步进可调的激光器[85]。该结果超过了 N. Dadashzadeh 等人使用填充乙炔气体的 Kagome 型空芯光纤波导在 3.1μm 处产生的激光[86]。2019 年，F. B. A. Aghbolagh 等人使用一氧化二氮（$N_2O$）气体填充的 Kagome 型空芯光纤波导输出了波长为 4.6μm 激光[87]。使用 8ns 脉冲激光器泵浦，当气压在 80Torr 时，光子转换效率和斜效率分别为 9%和 3%。2020 年，Y. Wang 等人使用 7 管负曲率光纤波导的拉曼激光器在～4.2μm 处输出能量为 17.6μJ 的脉冲激光[88]。使用脉宽 6.9ns、峰值功率 11.6kW 的 1532.8nm 掺铒激光器作为泵浦源，量子效率达到 74%。

2019 年，A. I. Adamu 等人在 30bar 气压下使用充满氩气的 7 管负曲率光纤波导中实现了深紫外（200nm）到中红外（4μm）多倍频程超连续谱[89]。泵浦激光是脉宽为 100fs、脉冲能量为 8μJ、波长为 2.46μm 的飞秒脉冲激光，输出超连续谱的能量为 5μJ。此后，M. S. Habib 等人在 7bar 气压下使用氙气填充的 25cm 长的嵌套空芯负曲率光纤波导实现了 400nm～5μm 波长范围的超连续谱产生[90]。使用脉宽为 100fs、脉冲能量为 15μJ、波长为 3μm 的飞秒激光作为泵浦源。超连续谱的产生与孤子动力学和脉冲压缩效应密切相关。例如，J. C. Travers 等人研究了大纤芯空芯毛细管波导中的光孤子动力学[91]。他们观察到亚周期脉冲的自压缩现象，并推断亚飞秒场波形的产生。同时，通过共振色散波辐射在深紫外（110～400nm）范围内有效地产生连续可调的高能（1～16μJ）脉冲。将使用光栅的传统脉冲压缩与空芯波导内部脉冲自压缩的能力进行了比较。

### （5）微波光子学

在微波光子学中，由于具有较低的衰减损耗（0.18dB/km，同轴电缆通常＞1dB/m），标准单模光纤波导可以替代 10GHz 以上频率的有损同轴电缆用于更远距离（数十米或者更长）的传输。但是，标准单模光纤波导的非线性效应（如受激布里渊散射、克尔非线性等）限制了它们在光纤无线电（RoF）系统中的应用，该系统需要在没有信号失真的情况下传输最大光功率。

空芯光纤波导具有较低的非线性效应，这对于微波光子学中的模拟信号传输至关重要，最终可以实现仅由一个光电二极管和天线组成的完全无源远程天线单元设计。空芯光纤波导的一个显著优势是它们对环境（包括热、电、磁等）不敏感，这有利于增强 RoF 链路的稳定性。温度变化主要会导致波导材料折射率变化以及波导长度微变形。在标准单模光纤波导中，折射率变化的幅度大概是波导长度变化的 20 倍，因此占波导总热敏感度的大约 95%。其热延迟系数约为 40ps/(km·K)[92]。由于空芯光子带隙光纤波导的热延迟系数约为 2ps/(km·K)，在空芯波导中传输光波可以消除大部分的热效应影响。这种对温度的低敏感性在时钟分配或者 5G 网络中使用的延迟线中特别有利。空芯光子带隙光纤波导的热延迟系数在波长 1.609μm 和 1.612μm 处分别为 0.37ps/(km·K) 和 −0.28ps/(km·K)[93]。基于空芯光纤波导的系统在微波光子学中的另一个应用在于射频信号的超窄带滤波。通过使用具有增强布里渊特性的气体填充空芯光纤波导，可用于滤波和信号处理[94]。

## 5.2 基于对称花瓣型的太赫兹微结构波导研究

与传统太赫兹波导相比较，空芯微结构太赫兹光纤波导在设计上具有较高的灵活性。通过研究包括空气孔半径、中心空芯区域形状和尺寸、包层空气孔的数量以及衬底材料等结构参数，太赫兹微结构光纤波导的传输性能可以被人为地操控。

不同的纤芯形状被用来设计太赫兹微结构光纤波导，从而可以有效地传输太赫兹波。中国工程物理研究院的 Z. Q. Wu 等人报道了一种三孔纤芯太赫兹微结构光子晶体光纤波导[95]，如图 5-6 所示。使用有限元方法详细研究了双折射、有效材料损耗、限制损耗、弯曲损耗、功率分数、色散以及单模条件等参数。仿真结果表明，通过降低三孔纤芯中的一个空气孔的直径就能够获得 $10^{-2}$ 量级的双折射。由于设计的三孔纤芯的高纤芯孔隙率，在研究频率 3THz 左右，有效材料损耗可降至其固体材料的 30%。该太赫兹波导的色散介于 0～1.5ps/(THz·cm) 之间。在频率为 3THz 左右，空气纤芯的能量分数可以达到 40%。

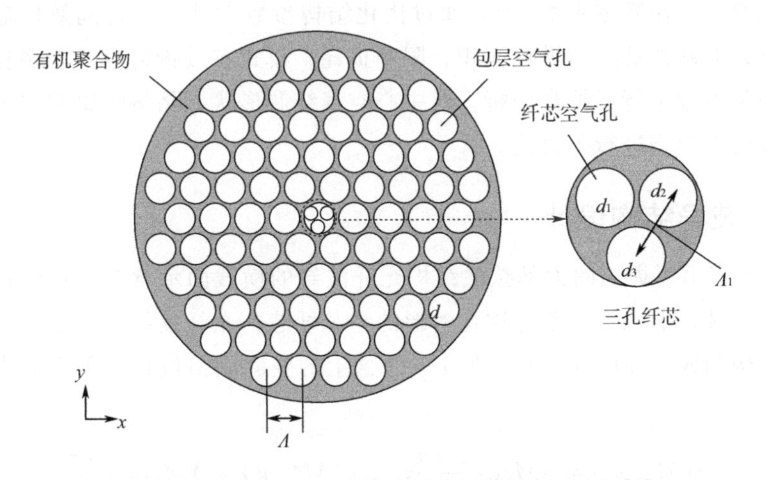


图 5-6　三孔纤芯光子晶体光纤波导横截面示意图[95]

2018 年，北京交通大学简水生院士课题组报道了用于太赫兹波段的准椭圆

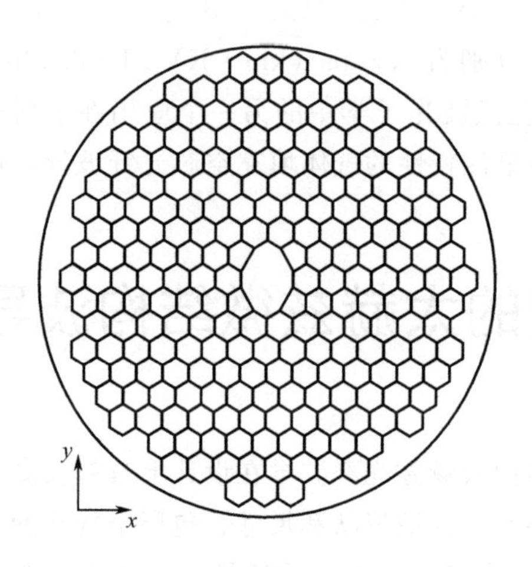


图 5-7　四单元准椭圆纤芯光子带隙光纤波导结构示意图[96]

空芯的微结构保偏光子带隙光纤波导[96]，如图 5-7 所示。其包层是由三角形排布的六边形空气孔构成。由于特殊的纤芯形状设计，该微结构光纤波导可以提供两个稳定的保偏基模。仿真结果表明，基模在 0.9THz 频率处的双折射、限制损耗以及群速度色散分别是 $9.4\times10^{-4}$、$3\times10^{-3}\mathrm{cm}^{-1}$ 和 0.39ps/(THz·cm)。该课题组还提出了具有矩形空芯纤芯和正方形包层结构的太赫兹空芯微结构带隙光纤波导[97]。该波导的群速度色散大约为 0.18～0.97ps/(THz·cm)。

M. A. Habib 等人设计了一种矩形空芯纤芯的微结构光子晶体光纤波导，并用其来进行化学分析物检测[98]。在频率为 1.7THz 处的限制损耗为 $1.15\times10^{-9}$ dB/cm，在 1.1～2.4THz 频率范围内的色散变化范围为（0.62±0.275）ps/(THz·cm)。H. Pakarzadeh 等人数值研究了圆形空芯微结构光子晶体光纤波导进行太赫兹波的传输[99]。

本节提出了一种具有对称花瓣形空芯纤芯和向日葵形晶格包层的太赫兹微结构光纤波导结构[100]。在前期的研究工作中，对称花瓣结构和向日葵形晶格包层结构可以增加工作频率带宽[101]。通过优化结构参数设计了适合高效传输太赫兹波的波导。对基模的有效模场面积、限制损耗、模式有效折射率、功率比以及群速度色散等参数进行了综合分析。对中心空气纤芯形状、晶格距离和空气孔层数对传输性能的影响进行了讨论。

## 5.2.1 波导结构设计

图 5-8 表示所提出的太赫兹微结构光纤波导的横截面示意图。在向日葵形晶格的中心区域，形成了一个对称花瓣形的空芯纤芯，光纤波导包层结构是由向日葵晶格结构构成。在图 5-8 中，在 $x$-$y$ 平面上的空间晶格位置由下面的表达式来确定[102]：

$$x(M,\ m)=\Lambda M\cos\frac{2m\pi}{6M},\qquad y(M,\ m)=\Lambda M\sin\frac{2m\pi}{6M}\tag{5-1}$$

其中，$\Lambda$ 表示两个相连空气孔的径向距离；$M$ 表示空气孔的层数；$m$（$1\leqslant m\leqslant 6M$）表示在第 $M$ 层的空气孔的数量。包层空气孔的半径为 $r$，其初始值 $r=$

0.422$\Lambda$。在对称花瓣形纤芯空气孔区域传导太赫兹波。对称花瓣纤芯的特殊结构参数在图 5-8 中进行了标注。纤芯的长半轴和短半轴分别定义为 $b$ 和 $a$，相对于长轴的弯曲角度为 $\alpha$。在这里，长半轴与短半轴的关系为 $a=0.5b$。太赫兹波导的传输特性同样受到衬底材料的影响。基于前期的工作，在太赫兹波导中广泛使用的材料包括聚四氟乙烯（特氟龙，Teflon）、聚甲基丙烯酸甲酯（有机玻璃，PMMA）、TOPAS、Zeonex、高密度聚乙烯（HDPE）等。与其他材料相比，Zeonex 被选择作为本光纤波导的衬底材料，其在 0.1～3THz 频率范围内的折射率为 1.53，具有较优的性能[98]。

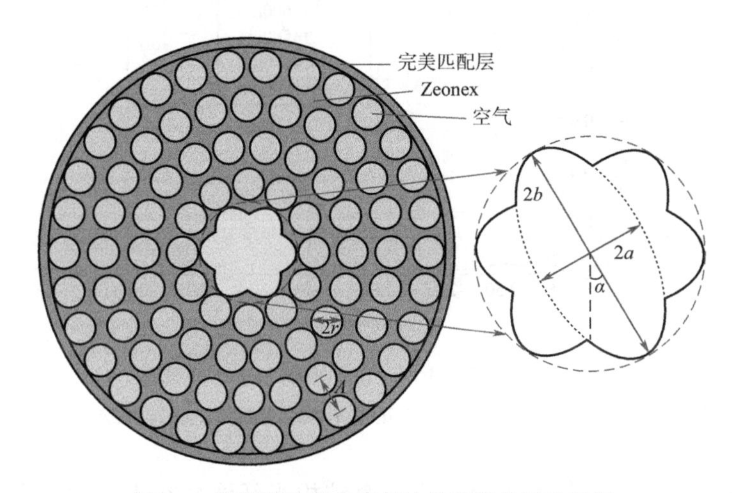


图 5-8 所设计太赫兹光纤波导的横截面示意图

使用有限元法对光纤波导的传输特性进行研究。为了吸收传输到表面的太赫兹波，在波导最外层设置了完美匹配层（PML）边界条件。完美匹配层的厚度为 100μm，该值在仿真过程中保持不变。模型使用了用户定义的网格（自由三角形），完整的网格包括 32184 区域元素和 3582 边界元。仿真使用的计算机配置为 Intel（R）Core（TM）i5-8400 CPU @ 2.80 GHz 和 RAM 8.00 GB。

## 5.2.2 仿真结果与讨论

在这一部分，讨论了限制损耗、模场功率分数、有效模场面积和群速度色散等参数，从而获得了在太赫兹波段具有优良传输性能的光纤波导参数。

由于在光纤波导包层使用了有限数量的空气孔，导致太赫兹波在光纤波导中传播时会有部分能量泄漏到包层中，从而导致损耗，也就是所谓的限制损耗(Confinement Loss，CL)，又称为泄漏损耗，相关的计算公式已在前面章节中给出。图 5-9 给出了所设计太赫兹光纤波导的限制损耗随着不同径向距离（$\Lambda$）的变化规律，此时其他的参数为：$b=1020\mu m$，$a=0.5b$ 以及 $r=0.422\Lambda$。如图 5-9 所示，限制损耗的整体趋势随着径向距离的增加而降低，当径向距离 $\Lambda=845\mu m$ 时，限制损耗可以获得最佳的结果，此时该空芯光纤波导可以提供较低的限制损耗。这是由于当径向距离增加时，纤芯区域和包层区域存在高折射率对比。当径向距离 $\Lambda$ 从 $845\mu m$ 继续增加时，包层中第一层的空气孔将会互相接触。

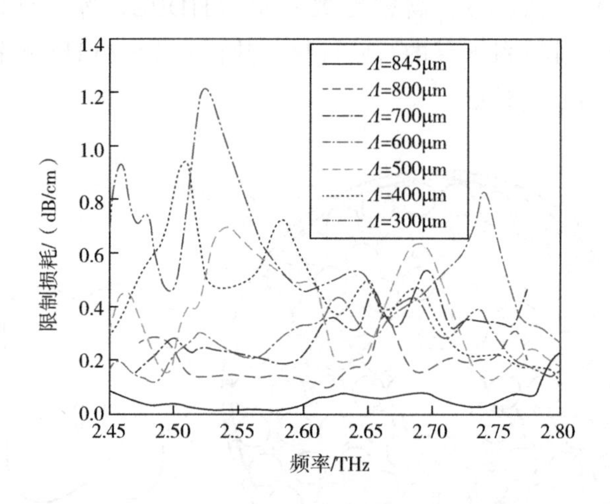


图 5-9　不同径向距离下限制损耗和频率的关系，此时 $b=1020\mu m$、$a=0.5b$ 以及 $r=0.422\Lambda$

接下来讨论了所设计的太赫兹空芯微结构光纤波导在不同的填充因子 $r/\Lambda$ 时限制损耗随频率的变化规律，结果如图 5-10 所示。此时其他的参数选择为 $b=1020\mu m$、$a=0.5b$ 以及 $\Lambda=845\mu m$。从图 5-10（a）中可以看出，当 $r/\Lambda<0.422$ 时，限制损耗整体趋势首先随着 $r/\Lambda$ 的增加而降低，然后呈现出增加趋势。当 $r/\Lambda=0.422$ 时，限制损耗表现出较好的分布曲线，此时光纤波导可以提供最低的限制损耗。这一结果是由纤芯区域和包层区域的高折射率对比引起的。另外，当 $\Lambda=845\mu m$ 以及 $r/\Lambda=0.423$ 时，光纤波导的结构几何关系将被打破，这也导致了限制损耗的增加。为了形象化地解释这一现象，图 5-10（b）～（f）给出了当 $r/\Lambda$ 的值为 0.423、0.422、0.421、0.420 以及 0.419 时光纤波导的基模模场分布。

接下来，讨论了空气孔层数对限制损耗的影响。从图 5-11 可以看出，当空气孔层数从 3 层增加到 5 层，限制损耗的整体分布曲线呈现先降低然后增加的趋势，此时其他参数为 $b=1020\mu m$、$a=0.5b$ 以及 $r=0.422\Lambda$。当空气孔层数为 4 层，在 2.58THz 频率处光纤波导的限制损耗可以低至 0.0089dB/cm。图 5-11 中的插图给出了包层空气孔层数分别为 3 层、4 层和 5 层的电场分布，从图中可以

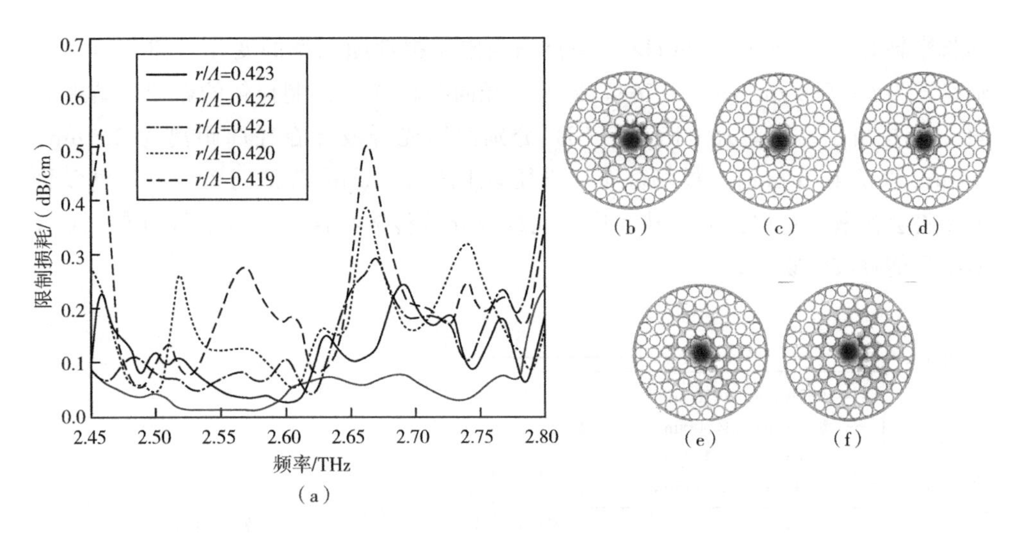


图 5-10 不同 $r/\Lambda$ 值时光纤波导限制损耗与频率的关系（a）；不同 $r/\Lambda$ 值时光纤波导的模场分布：0.423（b），0.422（c），0.421（d），0.420（e）和 0.419（f），此时其他的参数为 $b=1020\mu m$，$a=0.5b$ 以及 $\Lambda=845\mu m$

看出基模能够很好地被限制在空芯纤芯区域。

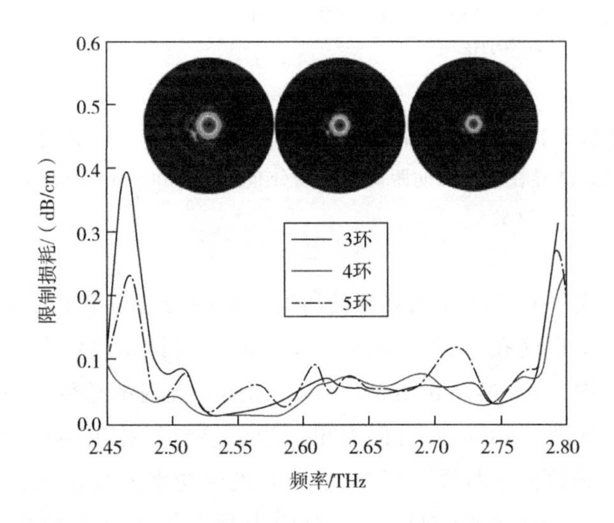


图 5-11 不同空气孔层数时的限制损耗和太赫兹工作频率的关系，此时 $b=1020\mu m$、$a=0.5b$ 以及 $r=0.422\Lambda$；插图给出了包层空气孔层数分别为 3 层、4 层和 5 层时的基模模场分布

当长半轴从 $510\mu m$ 增加到 $1020\mu m$，更多的模场能量将会被限制在空气纤芯区域，导致限制损耗的降低。为了更好地解释这一现象，图 5-12（a）给出了不

同长半轴时在 2.45～2.80THz 频率范围内限制损耗随频率的变化规律。当长半轴设置为 $b=510\mu m$（$a=0.5b$），研究了径向距离 $\Lambda$ 对限制损耗的影响，结果如图 5-12 中所示。图 5-12（b）～（d）分别给出光纤波导在径向距离为 $200\mu m$、$300\mu m$ 以及 $400\mu m$ 时的模场分布。当径向距离从 $400\mu m$ 降低到 $200\mu m$，更多的模场将会泄漏到包层区域，从而影响光纤波导的传输特性。该结果与图 5-9 所示的结果能够较好吻合。

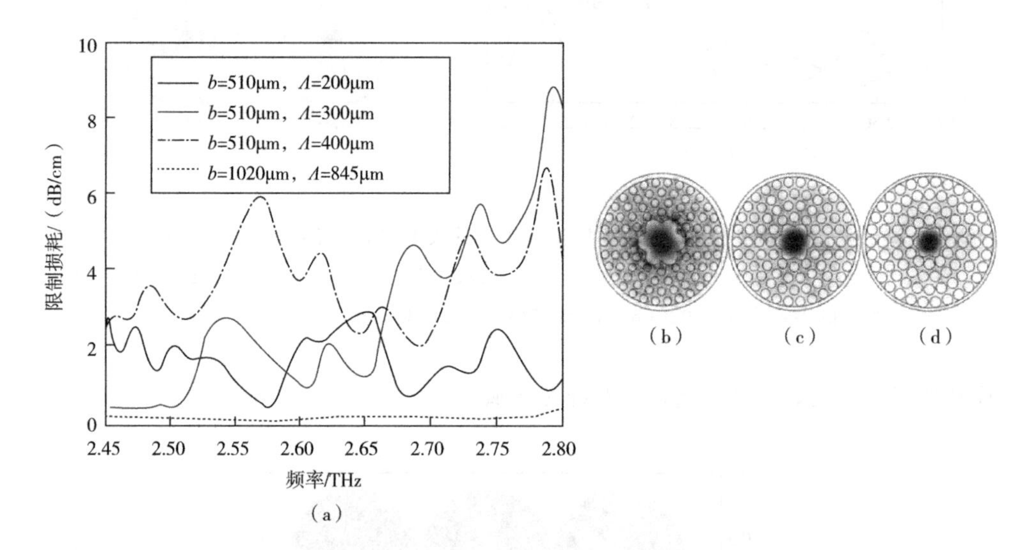


图 5-12　不同纤芯尺寸时纤芯基模的限制损耗和频率的关系（a），此时 $a=0.5b$ 以及 $r=0.422\Lambda$；波导在不同径向距离的模场分布：$\Lambda=200\mu m$（b）、$\Lambda=300\mu m$（c）以及 $\Lambda=400\mu m$（d）

功率分数定义了光纤波导感兴趣的研究区域的功率与整个横截面区域的功率的比值。不同包层空气孔层数和不同 $r/\Lambda$ 值时所设计空气纤芯区域的功率分数与频率的关系如图 5-13（a）和图 5-14（a）所示，此时的结构参数为 $b=1020\mu m$ 和 $\Lambda=845\mu m$。从图 5-13（a）可以看出，当包层空气孔包层数为 4 层时，可以获得较优的功率分数分布曲线。图 5-14（a）表明功率分数在 $r/\Lambda$ 取较大值会有所增加，并且在 2.51～2.71THz 频率范围内具有较为平坦的曲线分布。当 $r/\Lambda=0.422$ 时，能够获得较为平坦的功率分布曲线。当 $r/\Lambda$ 增大时，对应的空气孔的尺寸增加。当 $r/\Lambda=0.423$，第一层的空气孔相互接触，导致功率分数表现出较为明显的浮动变化。

所提出的光纤波导在不同空气孔层数和 $r/\Lambda$ 值时的有效折射率与频率的变化关系分别在图 5-13（b）和图 5-14（b）中给出。当 $r/\Lambda=0.422$ 以及空气孔层

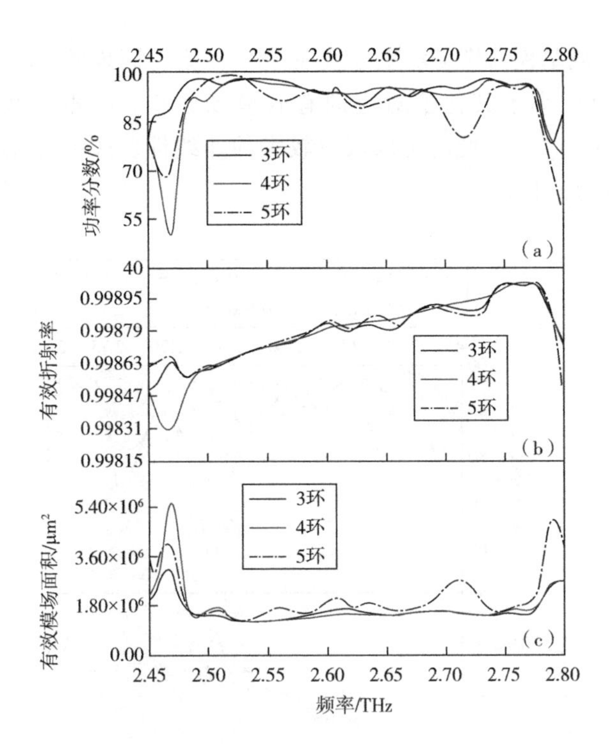


图 5-13 光纤波导在不同空气孔层数时的功率分数 (a)、有效折射率的实部 (b) 以及有效模场面积 (c) 随频率的变化趋势，此时其他参数为 $b=1020\mu m$、$a=0.5b$ 以及 $r=0.422\Lambda$

数为 4 层时，在 2.48～2.78THz 频率范围内，有效折射率随着工作频率的增加而单调增加。当模式有效折射率稍微低于纤芯的空气折射率时，太赫兹波和空气的重叠程度增加。另外，如图 5-13（b）所示，空气孔层数对折射率的影响较小。

在图 5-13（c）和图 5-14（c）中，分别给出了不同空气孔层数和 $r/\Lambda$ 值时有效模场面积 $A_{eff}$ 和频率的变化关系。从图中可以看出，有效模场面积的总体趋势首先随着 $r/\Lambda$ 从 0.419 增加到 0.422 而增加，然后表现出降低的趋势。当空气孔层数为 4 层以及 $r/\Lambda$ 的值为 0.422 时，在 2.58THz 处的有效模场面积为 $1.33\times10^6\mu m^2$。更多的太赫兹波将被限制在纤芯区域中。事实上，除了 $r/\Lambda$ 的值取最优数值外，其他值对应的模态场被强烈地泄漏到波导包层区域，最终导致在空气纤芯区域的较小的模态功率分数，如图 5-14 所示。另一方面，$r/\Lambda$ 低于最优值将会导致更高的模态场集中在包层衬底材料中，最终导致空气纤芯中的模场功率分数较小。

在图 5-14 中用灰色部分标记的区域中，$r/\Lambda=0.422$ 时基模的有效折射率表现出轻微的变化，而其他 $r/\Lambda$ 值的变化较为明显。因此，$r/\Lambda=0.422$ 时限制在中心空气纤芯区域基模的模场功率分数在93%以上。同样的，$r/\Lambda=0.422$时基模的有效模场面积小于其他值对应的有效模场面积。根据非线性的定义$\gamma=(2\pi/\lambda)\times(n_2/A_{\mathrm{eff}})$[103]，此时可以获得较大的非线性。式中的$n_2$表示非线性系数；$\lambda$表示给定的波长。

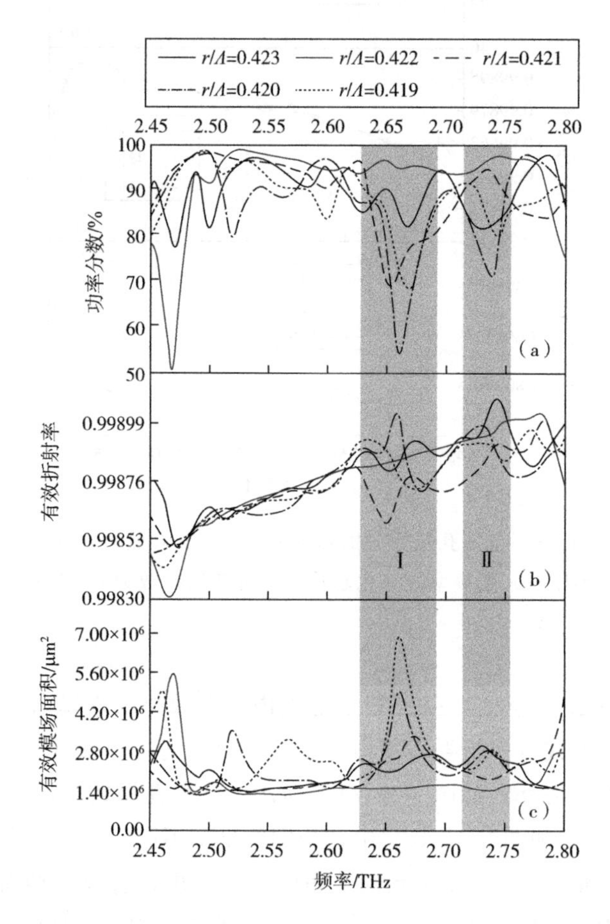


图5-14 光纤波导在不同填充因子（$r/\Lambda$）时的功率分数（a）、有效折射率的实部（b）以及有效模场面积（c）随频率的变化趋势，此时其他参数为$b=1020\mu\mathrm{m}$、$a=0.5b$以及$\Lambda=845\mu\mathrm{m}$

接下来研究了填充因子$r/\Lambda$对太赫兹光纤波导群速度色散的影响。考虑到基于Zeonex材料的光纤波导参数为$b=1020\mu\mathrm{m}$、$a=0.5b$以及$\Lambda=845\mu\mathrm{m}$，通过改变空气孔的尺寸来改变填充因子$r/\Lambda$。在研究过程中，由于Zeonex材料的折射率在0.1～3THz频率范围内保持不变，所以由材料引起的色散可以被忽略。因此，在这里仅考虑波导色散。从图5-15可以看出，所设计的光纤波导能够在

2.51～2.71THz 频率范围内提供近零平坦的色散，此时的 $\beta_2 < 0.6$ps/(THz·cm)。如图 5-15 (a) 所示，$\beta_2$ 随着 $r/\Lambda$ 值的增加将变得更加平坦，并在 $r/\Lambda = 0.422$ 时获得最优的平坦带。进一步研究了 $r/\Lambda = 0.422$ 时空气孔层数对群速度色散的影响，结果如图 5-15 (b) 所示。与三层和五层空气孔层数相比，包层具有四层空气孔层数的光纤波导具有较低和较为平坦的色散分布曲线。较低的平坦色散有益于高效传输宽带太赫兹脉冲。

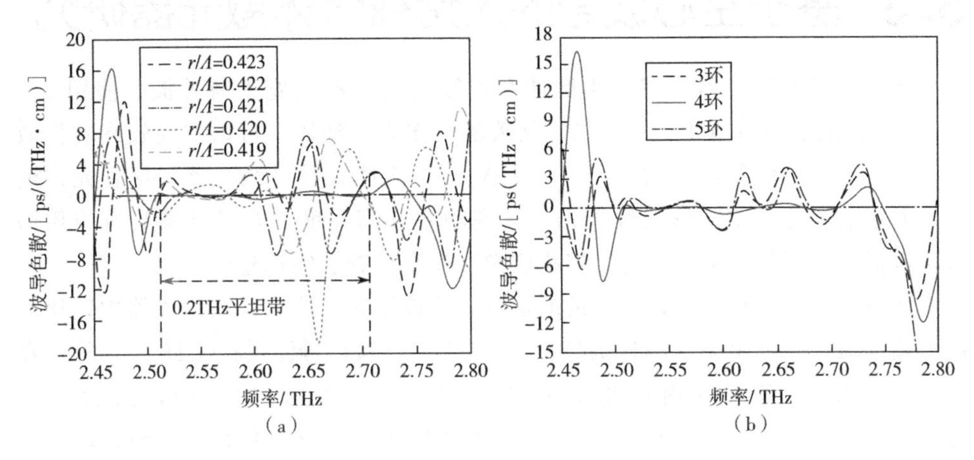


图 5-15 群速度色散和太赫兹频率与不同 $r/\Lambda$ (a) 和空气孔层数 (b) 的关系

基于以上分析和讨论，所提出的太赫兹光纤波导在 2.51～2.71THz 频率范围内能够同时提供较低限制损耗和平坦近零色散。通过适当的参数优化，基于 Zeonex 材料的太赫兹光纤波导可以被用来有效传输太赫兹波导。

在表 5-1 中，对本书提出的对称花瓣形空芯太赫兹光纤波导与其他已经报道的结果进行了比较。从结果可以看出，所设计的结构能够提供更好的性能。

**表 5-1 设计的结构与其他结构对比**

| 文献 | 纤芯结构 | $A_{\mathrm{eff}}/\mu m^2$ | 频率/THz | 功率分数/% | 传输损耗/(dB/cm) | 色散/[ps/(THz·cm)] |
|---|---|---|---|---|---|---|
| [104] | 空芯 | | 0.2～1.0 | | 0.087 | |
| [97] | 矩形纤芯 | | 0.92 | | $10^{-2}$ | 1 |
| [96] | 准椭圆纤芯 | | 0.82～1.05 | | 0.043 | 1.12 |
| [99] | 圆形纤芯 | $0.83\times10^6$ | 1.55～1.7 | | 0.107 | |
| [105] | 小圆 | | 3 | 75 | 0.0005 | 0.6 |
| 本书 | 对称花瓣形 | $133\times10^6$ | 2.51～2.71 | 93 | 0.0089 | <0.6 |

对所设计的光纤波导的制备方法进行了讨论。对于空芯光子带隙波导，制备方法包括堆积毛细管或者实心棒、在背景材料打孔、铸造成微结构模型以及挤压成型等。通过优化制造参数，可以实现设计结构的精确再现。另外，使用商业系统的3D打印技术，可以实现微米量级的分辨率，为快速成型提供了几乎无限的可能性。

## 5.3 基于空芯波导的太赫兹气体激光器研究

光泵浦气体激光器能够产生脉冲和连续模式的窄线宽太赫兹波。使用9～11μm波长范围的单谱线高功率二氧化碳激光作为泵浦源，可以实现较高转换效率（$10^{-2}$～$10^{-3}$）和较高功率（>100mW）的气体太赫兹激光器。尽管光泵浦气体太赫兹激光器不能够连续调谐，其高功率和高亮度在众多领域具有应用潜力，包括干涉测量、偏振测定、扫描成像、安全检查、雷达建模等。

从20世纪70年代开始，大量的增益介质被用在气体太赫兹激光器中，比如氟甲烷（$CH_3F$）、甲醇（$CH_3OH$）、氨气（$NH_3$）和二氟甲烷（$CH_2F_2$）等，在0.1～8THz频率范围内产生大量太赫兹谱线[106-110]。2004年，意大利的A. D. Michele等人[111]使用脉冲二氧化碳激光器泵浦$^{13}CH_3OH$增益介质，输出太赫兹波的最大峰值功率达到几千瓦，同时探测到17条新的太赫兹激光谱线。研究人员使用传统增益介质的同位素来获得新的太赫兹谱线[112]。2006年，天津大学何志红等人[113]利用横向二氧化碳激光器泵浦重水（$D_2O$）产生太赫兹激光，在实验和理论方面分析了泵浦能量和压强等对太赫兹波输出的影响。2008年，R. C. Viscovini等人[114]使用二氧化碳激光泵浦DCOOD产生新的太赫兹波长。同年，何志红等人[115,116]设计了一种紧凑型超辐射的光泵浦重水的太赫兹激光器，基于半经典理论，数值分析并研究了腔长与输出功率的关系。2009年，日本会津大学的A. A. Dubinov等人[117]在太赫兹激光器的基础上提出了光泵浦石墨烯层和法布里-佩罗特型的谐振腔来输出太赫兹波，通过改变反射镜之间的距离对产生太赫兹波的频率和输出功率进行调整。2009年前后，哈尔滨工业大学的耿利杰[118]进行了光泵浦重水的太赫兹激光器的实验研究。2011年，A. D. Michele等人[119]使用二氧化碳激光泵浦$^{13}CD_3I$获得新的太赫兹谱线。2012年，M. Jackson等人[120]首次将$^{17}CH_3OH$作为激光增益介质，采用二氧化碳激光泵浦产生太赫兹波，输出了12条新的激光谱线，进一步拓宽了太赫兹输出范围。2013年，耿利杰等人[121]采用改进的横向二氧化碳激光器泵浦重水，产生了更高的输出能量。当泵浦能量为1.41J时，在385μm波长处输出的单脉冲能量达到6.2mJ，光子转换效率为36.5%，实验装置图如图5-16所示。2014年，S. Ifland等人[122]使用横向二氧化碳激光器泵浦$^{13}CHD_2OH$气体，在106.4～700.3μm波长范围内产生43条新的太赫兹谱线。同年，M. Jackson等人[123]使用横向“Z”型谐振腔结构泵浦甲醇、$CH_2F_2$和$CD_3I$三种增益气体，在实验中观测到9条新的谱线。

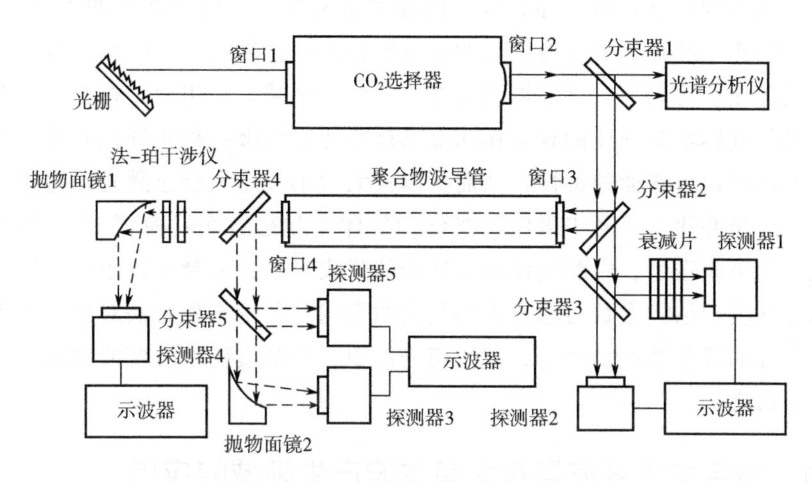


图5-16 光泵浦气体太赫兹激光器实验装置图[121]

目前，国内外已经有多种科研及商业应用的气体太赫兹激光器。美国加州理工大学喷气推进实验室使用二氧化碳激光泵浦增益气体，在2.52THz频率处输出的功率达到1.25W，该光源用于美国国家反场箍缩磁约束聚变实验装置(NSTX)。日本核融合科学研究所使用多图层硅耦合方式，在波长为57.2μm和47.6μm处分别获得1.6W和0.8W的功率输出。英国爱丁堡仪器公司研发了FIR系列的太赫兹激光器，在1～5THz频率范围内可调，在2.52THz频率处获得最大的输出功率500mW，已经实现商业化应用。美国相干公司研发的太赫兹激光器已经应用在美国国家航空航天局AURA卫星以及南极太赫兹天文台。国内的中科院合肥物质科学研究院、西南核物理研究院、华中科技大学等单位分别从美国相干公司定制了三台气体太赫兹源设备作为核物理实验的测量配套设备。中国工程物理研究院也在光泵浦气体太赫兹激光器的研究方面取得较大进展，可以实现150mW的太赫兹输出，生产的样机已经有多家单位在试用。

光泵浦气体太赫兹激光器最大的缺点是由二氧化碳激光器及反应管造成的大尺寸。为了克服这些问题，研究人员进行了许多的研究。2016年，A. Pagies等人[124]提出了一种低阈值，相对紧凑的氨气-气体激光器，由波长在10.3μm附近的量子级联激光器泵浦，在1.07THz频率附近获得几十毫瓦的输出。空芯光纤和光子晶体光纤具有轻便、灵活和低限制损耗，可以用作紧凑太赫兹气体激光器的反应管[57, 125, 126]。

目前，气体太赫兹激光器大多采用体积较大的石英管作为发生反应池，这样使得气体太赫兹激光器的体积过于庞大，且气体发生池不能够弯曲，不便于移动携带，制约着气体太赫兹激光器的应用及商业化的实现。研究人员从波导结构、材料等方面进行探索，将波导技术应用在太赫兹波段，构建高效的太赫兹系统。大芯径微结构光纤是一种具有潜力的反应池替代物，通过对微结构光纤内部结构的设计及优化，可以将太赫兹波限制在空气纤芯区域，利用微结构光纤纤芯区域为泵浦光与气体增益介质的相互作用提供反应池，且微结构光纤比石英管具有更好的柔韧性以及可弯曲的特性，从而可以大大减小气体太赫兹激光器的体积。

本章提出并建立了基于微结构光纤的气体太赫兹激光器模型[126]。分析了泵浦激光饱和吸收强度、甲醇气体对泵浦光的吸收系数、太赫兹波小信号增益以及微结构光纤波导结构参数对输出太赫兹波的影响。利用有限元法对设计的大芯径微结构光纤的纤芯基模功率比、有效模场面积、限制损耗以及弯曲损耗等指标进行了数值研究。

## 5.3.1 微结构光纤波导在太赫兹波产生领域的应用

由于光纤具有很多优越的特性，可以使用光纤产生太赫兹波。到目前为止，大多数的研究主要是利用传统的熔融石英光纤来产生太赫兹波[127-129]。近期，印度理工学院德里分校的 A. Barh 等人报道了在聚合物光纤中产生太赫兹波[130]。在两种光纤中，使用激光光源作为泵浦光，利用非线性效应产生太赫兹波。光纤中的非线性是由三阶磁化率［$\chi^{(3)}$］引起的，通常能够产生新的电磁波[131]。

传统的熔融石英光纤在 2μm 波段以下具有较低的损耗，而在太赫兹波段的损耗较高，因此石英光纤不适合用于传输太赫兹波。基于非共线相位匹配条件，可以从光纤纤芯辐射太赫兹波，从而提高光纤内产生太赫兹波的功率。2007 年，日本名古屋大学的 K. Suizu 等人[129]首次提出使用非共线相位匹配光纤产生太赫兹波。非共线相位匹配要求泵浦光和闲频光的传播方向相反。这种相位匹配是通过太赫兹波动量的不确定性实现的，而这种不确定性是由于光纤纤芯（半径为几微米）远远小于太赫兹波长（>100μm）导致的。使用波长为 0.8μm 和 1.55μm 的激光作为泵浦光，输出太赫兹波的频率为 2.6THz。当泵浦波长的调谐范围为 1.48～1.62μm，太赫兹波调谐范围是 2.52～2.64THz。2011 年，中国科学院上海光学精密机械研究所的周萍等人[128]使用相似的方法将产生的太赫兹波从表面辐射。通过使用较长的光纤能够提高总的太赫兹波输出功率，但这种设计的转换效率仅有 $10^{-6}$。

在石英光纤中使用共线相位匹配技术能够产生太赫兹波，但较高的材料损耗和小的纤芯尺寸（相对于太赫兹波波长）使得共线相位匹配较难实现。由于石英光纤的纤芯较小，增加了限制损耗，甚至可能无法实现太赫兹波的传输。但太赫兹波长与光纤的包层尺寸是在同一量级，因此可以使用光纤包层传导太赫兹波。K. Suizu 等人[129]报道了包层传导太赫兹波的理论研究结果。2012 年，阿布扎比大学的 M. Qasymeh[127]使用布拉格光栅来补偿电磁波相互作用的相位失配，从而实现共线相位匹配产生太赫兹波。在这种结构中，施加一个方向平行于入射光波偏振方向的外部静电场可以提高非线性过程的效率。使用波长分别为 1.555μm 和 1.588μm 的两束激光泵浦，通过差频能够产生 4THz 的辐射。使用这种结构产生太赫兹波的效率为 $10^{-4}$。

2015 年，加拿大和巴西的研究人员报道了使用全光纤的方法基于周期极化光纤波导实现了太赫兹波的产生[132]，如图 5-17 所示。通过对两个单频激光进行拍频，其波长间隔与太赫兹波的波长相对应，从而在周期极化光纤波导内产生太赫兹波。该系统的关键组成部分是周期极化光纤波导，其由双孔光纤制成，纤芯位于两孔之间。纤芯是由 $Na^+$ 掺杂的 $SiO_2$：Al 构成，包层材料由二氧化硅材料构成。通过用紫外激光周期性地消除热极化引起的二阶非线性来实现准相位匹配，从而提高能量转换效率。在实验中，产生频率为 3.8THz 的太赫兹波，功率为 0.5μW，在 2.2～3.8THz 频率范围内可以实现调谐输出。

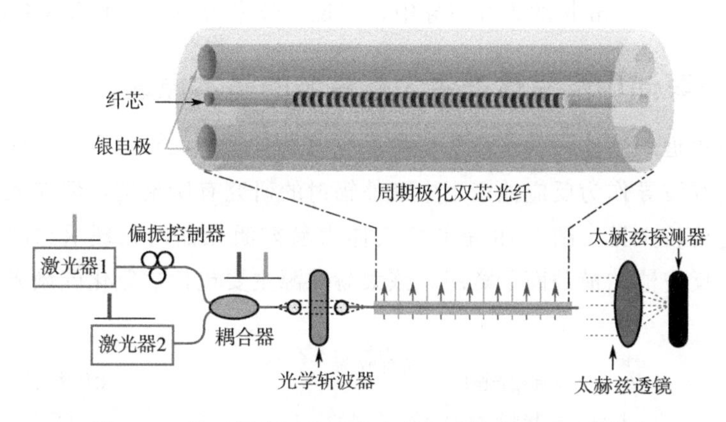


图 5-17 基于周期极化双芯光纤的太赫兹产生系统[132]

2015 年，印度理工学院德里分校的 A. Barh 等人[130]设计了基于特种聚合物光纤的高功率太赫兹源，理论分析了简并四波混频共线相位匹配产生太赫兹波。微结构光纤的横截面具有微米尺寸量级，可以使用该光纤来获得工程色散和非线性效应[133]。另一方面，聚四氟乙烯（Teflon）、高密度聚乙烯（HDPE）和环烯烃类共聚物（COC）等聚合物材料在太赫兹波段具有较高的透过率和平坦的材料色散[134]，并且能够按照光纤的形式拉制出来[135-137]。当经过适当的处理和掺杂

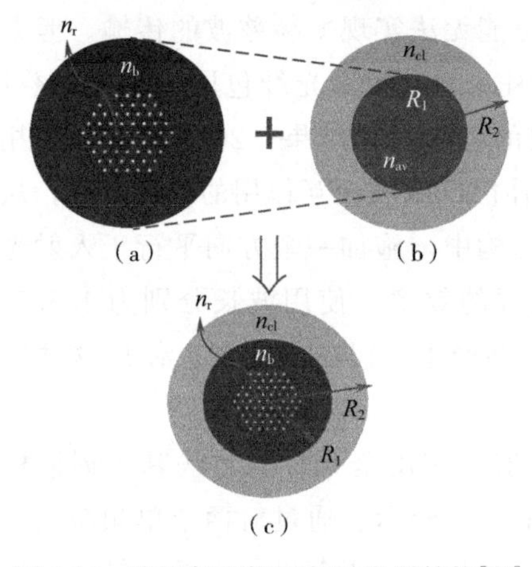


图 5-18 聚四氟乙烯双包层光纤结构[130]

[$n_2$～($10^{-18}$～$10^{-17}$)$m^2/W$]，聚合物材料能够具备较高的光学 Kerr 非线性[138, 139]。图 5-18 所示是利用聚四氟乙烯材料制备的双包层光纤结构。基于这种结构，使用高功率泵浦光（1kW @ 10.6μm）能够产生波长为100μm 的太赫兹波和 5.6μm 的闲频光波。通过严格的理论计算，使用 1kW 的泵浦功率以及 20W 的种子功率，在 65m 长的 MC-DCPF 光纤端面能够产生功率为 30W 的太赫兹波，功率转换效率为 3%。

2020 年，印度新德里理工大学的 V. Kumar 等人通过在聚四氟乙烯（特氟龙）光纤波导的纤芯中使用双原子光子晶格结构，基于相互作用场之间的高模态重叠，实现了高效太赫兹波的产生[140]。他们使用两个标准二氧化碳泵浦激光、一氧化碳（CO）激光器的闲频光以及生成的频率为 9.2THz 的太赫兹信号之间的四波混频，在 6.5m 长的光纤波导中，实现了效率为～15%的太赫兹波输出。

## 5.3.2 光泵浦甲醇气体产生太赫兹波的基本原理

目前所报道的气体太赫兹激光器的反应池是基于石英管材料的，而使用大芯径微结构光纤波导作为反应池产生中红外辐射的研究有所报道，但在太赫兹波段的应用还是比较少见。图 5-19 是紧凑气体太赫兹激光器的原理示意图以及微结构光纤波导反应池的横截面示意图。该太赫兹源主要包括二氧化碳激光器作为泵

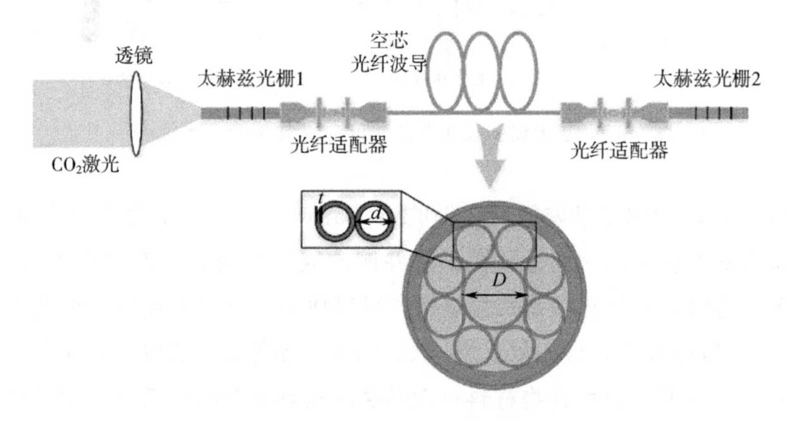


图 5-19 基于微结构光纤波导的气体太赫兹激光器的模型示意图

浦源，以及大芯径微结构光纤波导作为气体与光波相互作用的反应池。二氧化碳泵浦激光经过硒化锌（ZnSe）透镜聚焦到微结构光纤波导的大芯径纤芯中。插图是微结构光纤反应池的横截面示意图。

图 5-20 所示的三能级系统简单描述了气体太赫兹激光器的工作原理。

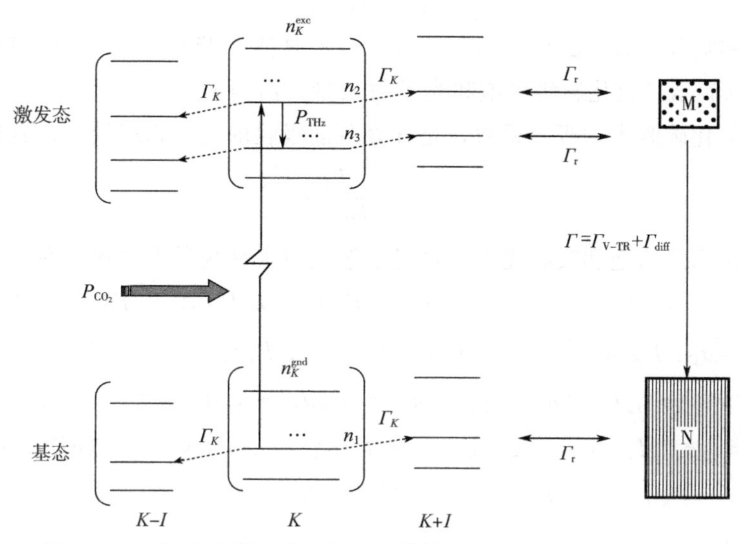


图 5-20　二氧化碳激光泵浦产生太赫兹激光能量转化模型示意图

图 5-20 中，$\Gamma_r$表示转动驰豫速率，值是 $10^8\mathrm{s}^{-1}\cdot\mathrm{torr}^{-1}$[141]，$n_1$、$n_2$、$n_3$是转动能级，$n_1$代表振动基态，$n_2$和$n_3$是振动激发态，$n_K^{gnd}$ 和$n_K^{exc}$ 是某一$K$ 值所对应的基态和激发态能级的工作分子数。$M$ 和 $N$ 表示激发态和基态剩余的工作分子数。$\Gamma_K$是由于碰撞弛豫到相邻$K$ 值能级的速率，值为 $1.2\times107\mathrm{s}^{-1}\cdot\mathrm{torr}^{-1}$。$\Gamma$ 是分子振动退激活速率，由物质之间的退激活速率 $\Gamma_{V-TR}$和物质与作用管壁的退激活速率 $\Gamma_{diff}$组成，前者表示分子能量转换成分子的机械动能，而后者表示分子能量转换为波导壁的内能。在本文的计算中，$\Gamma_{V-TR}$的典型值是 $1.2\times10^5\mathrm{s}^{-1}\cdot\mathrm{torr}^{-1}$，$\Gamma_{diff}=u_1^2D_{diff}^0/pa^2$，其中$u_1$是贝塞尔函数 $J_0$的第一个零点，$D_{diff}^0$是扩散常数，值是 $85\mathrm{cm}^2\cdot\mathrm{torrs}^{-1}$，$a$ 是微结构空芯光纤波导纤芯半径，$p$ 是甲醇蒸气的工作气压。

二氧化碳激光经过硒化锌聚焦透镜耦合到微结构光纤波导中，由于纤芯尺寸很小且管壁对二氧化碳激光高反，假设泵浦光沿光纤横截面是均匀分布的，忽略泵浦光横模的强度分布。当激光器稳定运转时，泵浦光的光子数可以表示为：

$$\frac{\mathrm{d}\Phi_1}{\mathrm{d}t}=\frac{-\eta L-\gamma_1}{t_1}\Phi_1+Z=0 \tag{5-2}$$

其中，$L$ 是光纤波导的长度，$t_1=L/c$，$c$ 是光速，$\gamma_1$是二氧化碳激光的单程损耗，$Z=P_{CO_2}/\pi a^2 L\hbar\omega_{CO_2}$表示泵浦激发体积元，$P_{CO_2}$表示二氧化碳激光的功率。在甲醇蒸气工作气压较低的时候，甲醇蒸气对二氧化碳泵浦光的吸收系数$\eta$是：

$$\eta=\frac{\alpha_0 e^{\frac{-\Delta^2}{\Delta v_D^2}}}{\left(1+\frac{I}{I_{SAT}}\right)^{1/2}} \tag{5-3}$$

$\alpha_0$是不饱和吸收系数，$\Delta=(v_{CO_2}-v_{21})$表示泵浦失谐量，$\Delta v_D$是甲醇的多普勒线宽，$I_{SAT}$表示二氧化碳激光饱和光子数通量。由公式（5-3）可得，$I_{SAT}$表征了甲醇对二氧化碳激光的吸收系数，是计算泵浦吸收的关键物理量，其表达式是：

$$I_{SAT}=\frac{I_S}{\hbar\omega_{CO_2}} \tag{5-4}$$

$I_S$表示工作物质的饱和吸收光强。最终能够获得太赫兹激光过程速率方程：

$$\begin{cases}
dn_2/dt=-\sigma_{CO_2}I_{CO_2}(n_2-g_2/g_0n_0)-\Gamma_{r2}n_2+\alpha_2\Gamma_{r2}n_K^{exc}-\Gamma(n_2-n_2^e)\\
dn_0/dt=\sigma_{CO_2}I_{CO_2}(n_2-g_2/g_0n_0)-\Gamma_r n_0+\alpha_0\Gamma_r n_K^{gnd}-\Gamma(n_0-n_0^e)\\
dn_K^{exc}/dt=-\sigma_{CO_2}I_{CO_2}(n_2-g_2/g_0n_0)-\Gamma_K n_K^{exc}+\alpha_K\Gamma_K N^{exc}-\Gamma(n_K^{exc}-n_K^{exc,e})\\
dn_K^{gnd}/dt=\sigma_{CO_2}I_{CO_2}(n_2-g_2/g_0n_0)-\Gamma_K n_K^{gnd}+\alpha_K\Gamma_K N^{gnd}-\Gamma(n_K^{gnd}-n_K^{gnd,e})\\
dN^{exc}/dt=\Gamma_K n_K^{exc}-\alpha_K\Gamma_K N^{exc}-\Gamma(N^{exc}-N^{exc,e})\\
dN^{gnd}/dt=\Gamma_K n_K^{gnd}-\alpha_K\Gamma_K N^{gnd}-\Gamma(N^{gnd}-N^{gnd,e})
\end{cases} \tag{5-5}$$

通过求解上述速率方程组能够得到饱和吸收光强的表达式：

$$I_{SAT}=\frac{\hbar\omega_{CO_2}(\Gamma_r+\Gamma)\Gamma(\Gamma_K+\alpha_K\Gamma_K+\Gamma)}{2\sigma_{CO_2}[m\Gamma(\Gamma_K+\alpha_K\Gamma_K+\Gamma)+\alpha_{J2}\Gamma_r(\alpha_K\Gamma_K+\Gamma)]} \tag{5-6}$$

$\sigma_{CO_2}$是泵浦光的均匀截面，$n_K^i$是$K$值对应的激发态的工作分子数。$N^{gnd}$和$N^{exc}$是激光过程剩下的基态和激发态的工作分子数，$\alpha_K$是振动能级的$K$能级的分子数的比例。一般情况下，假定所有的转动弛豫速率都相等，则$m=1$。以微结构光纤波导的空气纤芯半径为变量，甲醇蒸气受激产生频率为2.52THz的输出太赫兹波为例，饱和吸收光强和工作气压的关系如图5-21所示。

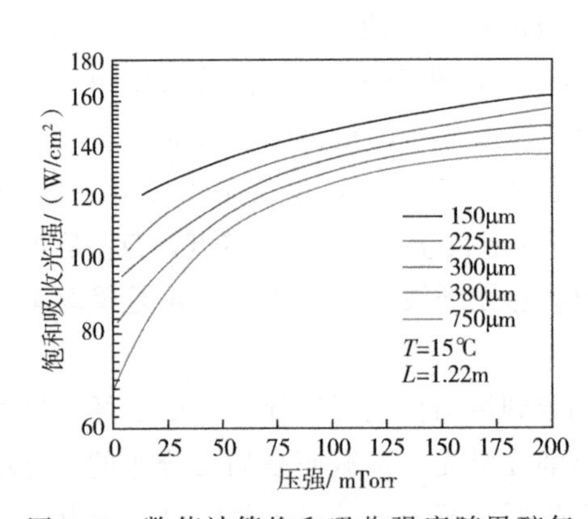


图5-21 数值计算饱和吸收强度随甲醇气体工作压强的变化。不同颜色的曲线表示微结构光纤波导空芯纤芯半径从150～750μm的改变

从图5-21可以看出，饱和吸收强度随着空芯半径的减小而增加。同

时，当甲醇蒸气的工作气压增加，饱和吸收强度也会增加。这是由于微结构光纤波导空芯半径 $a$ 和工作气压 $p$ 能够影响振动退激活速率，$\Gamma \propto u_1^2 D_{\mathrm{diff}}^0 / pa^2$。因此，增加甲醇气体的工作气压以及减小光纤空芯半径能够增加气体的饱和吸收强度。

接下来计算了光泵浦气体太赫兹激光器的小信号增益[142,143]：

$$\gamma = \frac{4\pi}{3h\varepsilon_0 \lambda \Delta\nu} \mu_{ij}^2 \left( n_i - \frac{g_i}{g_j} n_j \right) \tag{5-7}$$

$\lambda$ 表示太赫兹波的波长；$\Delta\nu$ 是碰撞加宽的洛伦兹线宽；$\mu_{ij}$ 是从能级 $i$ 到能级 $j$ 量子跃迁的电偶极矩；$n_i$ 和 $n_j$ 表示从 $i$ 到 $j$ 泵浦跃迁的单位体积的粒子数；$g_i$ 和 $g_j$ 是太赫兹能级 $i$ 和 $j$ 的简并度。

反转粒子数浓度和洛伦兹线宽比值的范围在 $10^{11} \sim 10^{12}\,\mathrm{cm^{-3} \cdot MHz^{-1}}$。使用典型参数求解小信号增益的表达式，获得光泵浦气体太赫兹激光器的小信号增益可以达到 $0.01 \sim 10\,\mathrm{m^{-1}}$。

通过分析前面得到的速率方程，可以获得太赫兹激光的输出功率的表达式[144]：

$$P_{\mathrm{THz}} = [Q_q Q_c / (1 + g_3/g_2)][\eta(I_{\mathrm{CO_2}}) L / (\gamma_{\mathrm{CO_2}} + \eta(I_{\mathrm{CO_2}}) L)] P_{\mathrm{CO_2}} \tag{5-8}$$

其中，$Q_q$ 是量子转化效率；$Q_c$ 是太赫兹波导谐振腔的效率，表达式是 $Q_c = (-0.5\ln R)/(\gamma_{\mathrm{THz}} - 0.5\ln R)$，$R$ 是太赫兹波输出耦合光栅的反射率，$\gamma_{\mathrm{THz}}$ 是太赫兹波在光纤内的单程损耗系数；$\gamma_{\mathrm{CO_2}}$ 表示二氧化碳激光在光纤内的单程损耗；$P_{\mathrm{CO_2}}$ 是入射的二氧化碳激光功率；$\eta$ 是吸收系数[145,146]；$I_{\mathrm{CO_2}}$ 是行波强度，与公式（5-6）的 $I_{\mathrm{SAT}}$ 相关；$L$ 是微结构光纤的长度。图 5-22 给出了归一化太赫兹输出功率随工作气压的变化关系，此时设定二氧化碳激光的功率为 30W，微结构光纤波导空芯半径是 380μm。当工作气压在最佳工作气压 $p_{\mathrm{th}}$ 以下时，太赫兹波输出功率随着工作气压的升高而增加。当工作气压高于 $p_{\mathrm{th}}$ 时，输出太赫兹波的功率随着气压的继续升高而降低。从图 5-22 可以看出，随着工作气压的升高，对二氧化碳激光的吸收达到饱和。另外，微结构光纤波导的管壁将会影响振动退激活速率 $\Gamma$，也即工作气压的增加会使得 $\Gamma$ 降低。因此，上述两个因素的共同作用将会导致图 5-22 中的变化趋势。

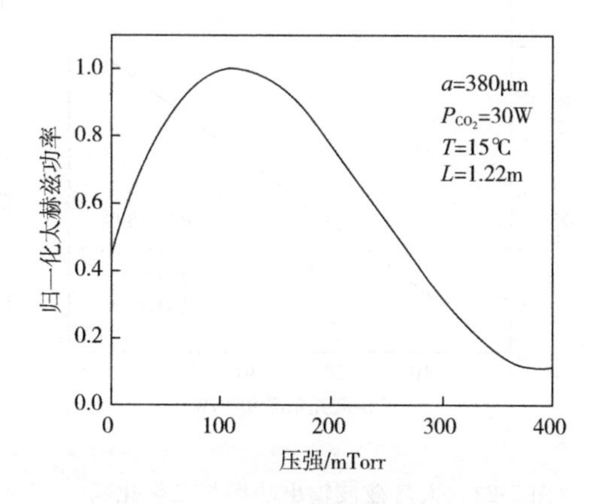


图 5-22　归一化太赫兹波输出功率随工作气压的变化关系

进一步分析计算了泵浦激光的阈值功率：

$$P_{\mathrm{th}}=\frac{p_{\mathrm{th}}p}{G}(1+p/p_{\mathrm{th}})2\gamma_{\mathrm{CO_2}} \tag{5-9}$$

$$G=\frac{Lc^2\xi}{2\pi^3 f_{\mathrm{THz}}^2 t_{\mathrm{sp}}C^2Vhf_{\mathrm{CO_2}}}F(f) \tag{5-10}$$

其中，$f_{\mathrm{THz}}$是太赫兹波频率，在这里选择 2.52THz；$f_{\mathrm{CO_2}}$是泵浦激光的频率；$t_{\mathrm{sp}}$是激发能级的自发辐射寿命；$F$（$f$）是洛伦兹线宽的归一化函数。对于甲醇增益介质，通过与 J. Henningsen 的工作结果[147]进行对比分析，可以得到理论上的泵浦阈值。在这里假定除了波导腔半径 $a$ 之外的其他参数与 J. Henningsen 工作中的参数都在同一数量级上，则可以将公式（5-9）和公式（5-10）简化为：

$$P_{\mathrm{th}}\propto\frac{1}{G} \tag{5-11}$$

$$G\propto\frac{1}{a^2} \tag{5-12}$$

在此计算了波长为 570.5μm 的太赫兹波的泵浦阈值 $P_{\mathrm{th1}}$[147]与 119μm 的太赫兹波的泵浦阈值 $P_{\mathrm{th2}}$的比值，$P_{\mathrm{th1}}/P_{\mathrm{th2}}\approx10^4$。在文献［147］中，可以获得泵浦阈值 $P_{\mathrm{th1}}$大约是 3W，考虑到开放式谐振腔光泵浦气体太赫兹激光器，以及不同的太赫兹频率，在本书中所设计的光泵浦气体太赫兹激光器的泵浦阈值要高于 0.3mW，但远远小于 1W。

图 5-23 是理论计算的输出太赫兹波的功率和二氧化碳泵浦激光的功率变化曲线。从图 5-23 中可以获得最佳的工作气压是 110mTorr，太赫兹输出耦合光栅反射率大概为 65%，工作温度和微结构空芯光纤波导的长度分别是 15℃和 1.22m。在保持其他参数不变的情况下，太赫兹波的输出功率与二氧化碳的泵浦功率近似成线性关系。从理论上计算结果能够看出，基于微结构光纤波导的光泵浦气体太赫兹激光器的输出功率能够达到毫瓦量级。

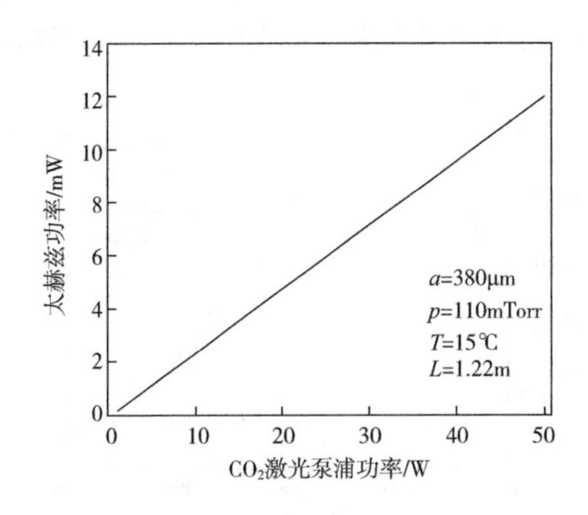


图 5-23　太赫兹波输出功率与二氧化碳泵浦激光功率的关系

从二氧化碳激光到太赫兹波的转换效率 $\kappa$ 定义为：

$$\kappa=\frac{P_{\mathrm{THz}}}{P_{\mathrm{CO_2}}} \tag{5-13}$$

考虑到量子吸收效应，只有 25% 的能量能够转换成有效的输出[146,148]。因此，能够推测从二氧化碳激光到太赫兹波的总的转换效率大约在0.1%。

## 5.3.3 太赫兹微结构光纤波导设计及传输分析

在本书中所使用的大芯径微结构光纤波导是由高密度聚乙烯管制成的，横截面结构如图5-19中插图所示。图中蓝色区域是高密度聚乙烯材料，设置材料的折射率 $n=1.535$。灰色区域是空芯管区域，位于中心区域的高密度聚乙烯管的直径为 $D$，管的厚度是 $t$。周围单层包层高密度聚乙烯小管的直径和厚度分别是 $d$ 和 $t$。使用这种大芯径结构的微结构光纤波导作为光泵浦气体太赫兹激光器的反应池，可以将大部分的模场功率限制在空气纤芯中传输。在光纤结构的外层设置了完美匹配层（PML）吸收边界来计算太赫兹波传输损耗。

根据前面分析的气体太赫兹反应池参数，在计算中选择微结构光纤的结构参数是 $d=470\mu m$ 和 $D=760\mu m$。对于微结构光纤，有效传输模式的数目可由以下表达式决定[149]：

$$V_{eff}=(2\pi r/\lambda)(n_0^2-n_{eff}^2)^{1/2} \tag{5-14}$$

其中，$n_0$ 是纤芯区域的折射率；$n_{eff}$ 是包层区域的有效折射率；$r$ 是包层小管的半径，$r=d/2$。当归一化频率 $V<2.405$ 时，可以实现单模运转。当其他参数确定，存在截止波长 $\lambda_c$，波长大于 $\lambda_c$ 的电磁波能够在光纤中单模运转。图5-24是 $V_{eff}$ 和太赫兹波频率的变化关系，图中的红色水平虚线表示的是 $V_{eff}=2.405$。从图中能够看出，本书所讨论的工作频率2.52THz满足单模传输的条件。

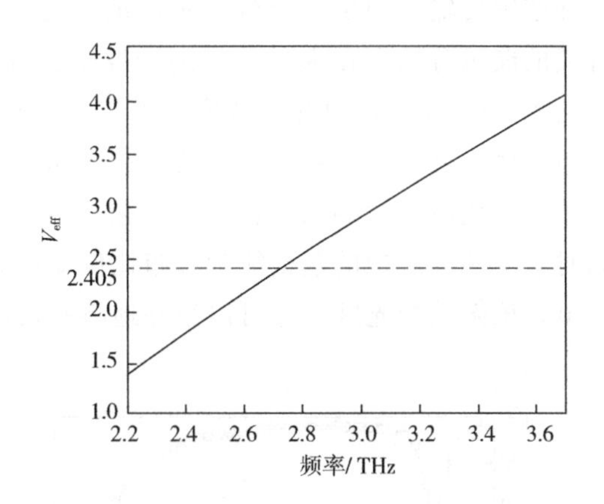


图5-24 $V_{eff}$ 和太赫兹波频率的变化关系

为了将太赫兹波限制在纤芯中，需要对设计的微结构光纤波导反应管的参数进行优化。高密度聚乙烯管的厚度应该避免与传输的太赫兹波的波长发生共振。共振满足的条件如下[150]：

$$t=\frac{mc}{f}\times\frac{1}{2(n_{clad}^2-n_{CH_3OH}^2)^{1/2}} \tag{5-15}$$

其中，$m$ 表示任意的正整数；$f=2.52THz$，$n_{clad}=1.535$ 和 $n_{CH_3OH}=1$ 分别是高密度聚乙烯管和甲醇气体的有效折射率的实部。当 $m=1$ 时，对应的 $t$ 的取值是 $51\mu m$。

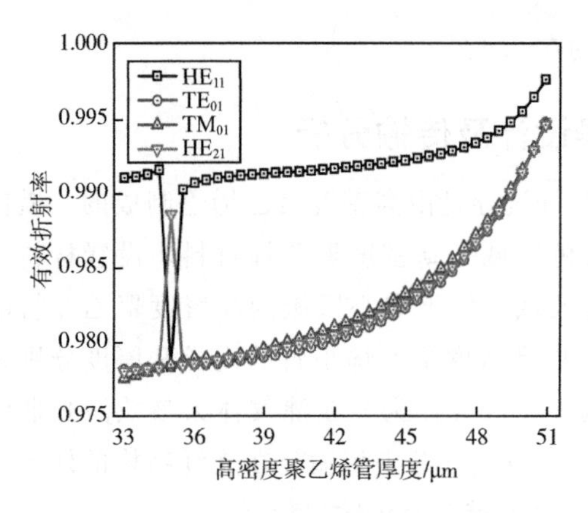

图 5-25 微结构光纤波导的色散曲线

首先，计算了微结构光纤基模（$HE_{11}$）和高阶模（$TE_{01}$、$TM_{01}$ 和 $HE_{21}$）的色散曲线，如图 5-25 所示。从图中可以看出，基模 $HE_{11}$ 的有效折射率要比高阶模的有效折射率高，且各个模式的折射率随着高密度聚乙烯管厚度的增加而增加。在高密度聚乙烯管的厚度 $t=35\mu m$ 时，$HE_{11}$ 模式和 $HE_{21}$ 模式的折射率发生了突变。

为了避免高吸收材料对太赫兹波传输的影响，需要最大限度地将太赫兹波限制在空气纤芯区域传播，因为太赫兹波在干燥的空气中传输时近乎无损。太赫兹波在微结构光纤中传播时，空芯纤芯模式的一部分能量被很好地限制在纤芯中传输，但也有部分能量泄漏在包层中。图 5-26 是纤芯区域中基模和高阶模的能量分数。在大部分的高密度聚乙烯管厚度区域内，$HE_{11}$ 模式的能量分数达到 90%以上，随着高密度聚乙烯管厚度的增加，基模能量在空气纤芯中的分布比例降低，这是由于随着管厚度趋近于太赫兹波发生共振的厚度 51μm 时，由于共振效应，太赫兹波会泄漏到包层区域，所以导致基模能量分布比例减少。同时，空芯纤芯中的基模能量分布比例要比高阶模的能量分布比例高，由此可以看出，该微结构光纤波导可以很好地将基模能量限制在空芯纤芯中，而高阶模大部分都会泄漏到包层区域中。在本书中设计的光纤结构的纤芯基模能量分布比例要远远高于其他结构的太赫兹光纤波导，比如，椭圆孔太赫兹光纤（～50%）[151]，超细胞结构光纤（～35%）[152] 以及聚合物管（～30%）[153]。将太赫兹波限制在纤芯区域传输，不仅仅能够保证低损耗传输，还能够有效地增加抗环境干扰的能力。

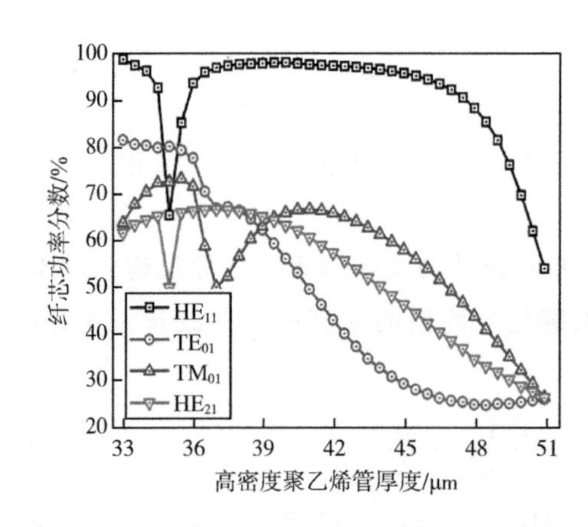

图 5-26 太赫兹波模式在纤芯中的分布比例与高密度聚乙烯管壁厚度的变化关系

对于微结构光纤的设计，需要定量地测量横向维度上波导所覆盖的面积。图 5-27 是有效模场面积与高密度聚乙烯管壁厚度的关系。从图中可以看出，基模的有效模场面积要比高阶模的有效模场面积小，这表明基模的模式能够很好地被限制在纤芯区域传输，且随着高密度聚乙烯管厚度的增加，有效模场面积也在增加，这是由于太赫兹波的波长与管厚度产生共振引起的。当优化结构参数后，获得的有效模场面积大约在 $2\times10^5$ μm²，这和之前报道的光纤结构的有效模场面积在同一数量级上[154]。

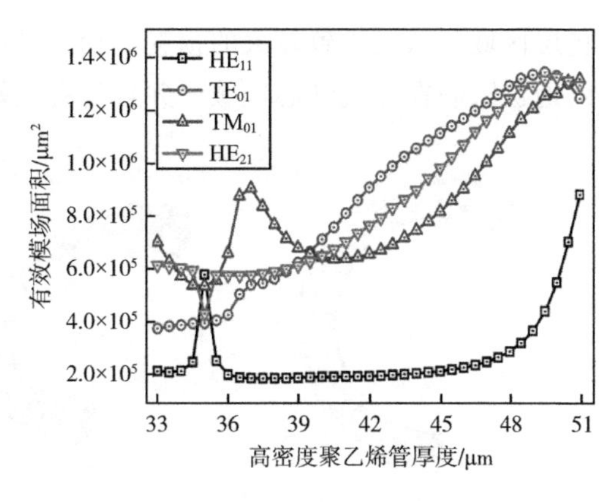


图 5-27　有效模场面积与高密度聚乙烯管壁厚度的变化关系

微结构光纤波导的损耗主要是由材料本身的损耗以及拉制过程的限制损耗造成的。由于本书所设计的微结构光纤可以使得太赫兹波在空气纤芯中传输，所以材料对太赫兹波的吸收可以忽略，因此在这里只考虑限制损耗的影响。在设计中，将高密度聚乙烯管的管壁厚度作为基本的变量进行研究，限制损耗与高密度聚乙烯管壁厚度的变化趋势如图 5-28 所示。从图中能够看出，在 33～36μm 的范围内，无论是基模 $HE_{11}$ 还是高阶模，限制损耗的变化比较剧烈。这是由于太赫兹波的模场通过高密度聚乙烯管管壁泄漏到了周围的区域，管壁的减小会导致模场的泄漏，基模和周围区域的相互作用将会增强，因此限制损耗变得不稳定，且此区域范围内，基模 $HE_{11}$ 的损耗高于高阶模 $TE_{01}$ 的损耗。而管壁厚度在 36～48μm 的范围内时，基模的损耗要远低于高阶模的损耗，由此能够保证频率为 2.52THz 的太赫兹波实现基模传输。当管壁厚度为 44.5μm 时，可以得到最低的限制损耗为 4.93dB/m，低于目前报道的太赫兹光纤。当管壁厚度为 51μm 时，基模 $HE_{11}$ 的限制损耗增大，这是由于管厚度与太赫兹波长产生共振。图 5-28 的插图分别表示在 35μm 处和 44.5μm 处的基模 $HE_{11}$ 和高阶模 $TE_{01}$ 的电场强度分布。从插图可以看出，在 35μm 处，基模 $HE_{11}$ 的模场泄漏到了

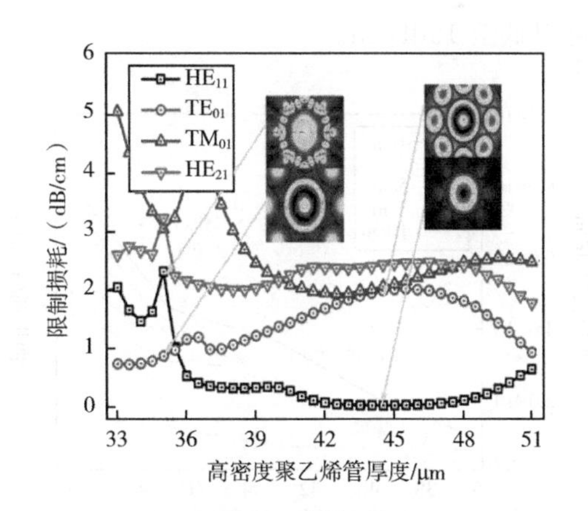


图 5-28　计算的限制损耗谱。插图表示的是管壁厚度分别为 35μm 和 44.5μm 时的基模 $HE_{11}$ 和高阶模 $TE_{01}$ 的电场强度分布图

包层区域，从而导致较大的损耗。而在 44.5μm 处的基模 $HE_{11}$ 的模场则可以有效地被限制在空气纤芯区域，并且具有很好的高斯分布。

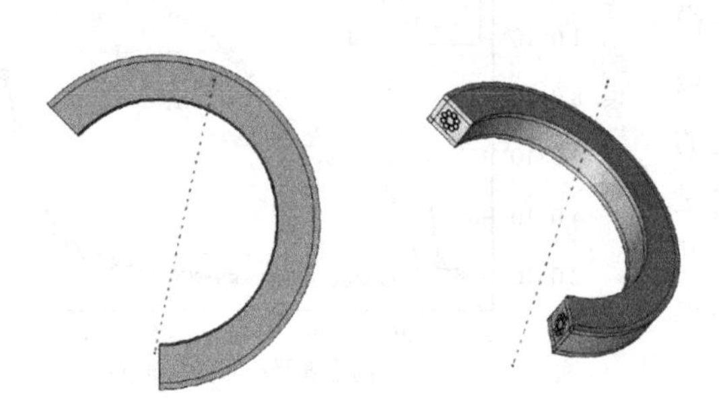

图 5-29　微结构光纤弯曲模型

除了限制损耗之外，弯曲损耗也是影响空芯微结构光纤波导工作性能的一个重要的评价参数。用三个不同复杂拉伸变量区域组成的完美匹配层构成了一个矩形的计算区域。基于以上的分析，在管壁厚度 36～51μm 的范围分析弯曲损耗。在 2.52THz 频率处沿着 $x$ 轴方向进行弯曲，弯曲损耗的模型如图 5-29 所示。

图 5-30 是基模 $HE_{11}$ 的弯曲损耗随管壁厚度 $t$ 的变化关系。图 5-30（a）是不同弯曲半径时的弯曲损耗和管壁厚度 $t$ 的变化关系。不同颜色的曲线表示不同的弯曲半径，分别是 1cm、3cm、5cm、7cm 以及 10cm。随着管壁厚度的增加，弯曲损耗也在增加，而弯曲半径减小时，损耗增加的幅度较大。图 5-30（b）是不同管壁厚度时的弯曲损耗与微结构光纤弯曲半径之间的关系。不同的符号表示不同的管壁厚度。在这里考虑的管壁厚度分别是 36μm、40μm、42μm、47μm 以及 51μm。从图 5-30（b）可以看出，当管壁为 51μm 时，弯曲损耗达到了 50dB/m，管壁的共振会增加太赫兹波传输的损耗。本书设计的微结构光纤的弯曲损耗可以低至 10dB/m。

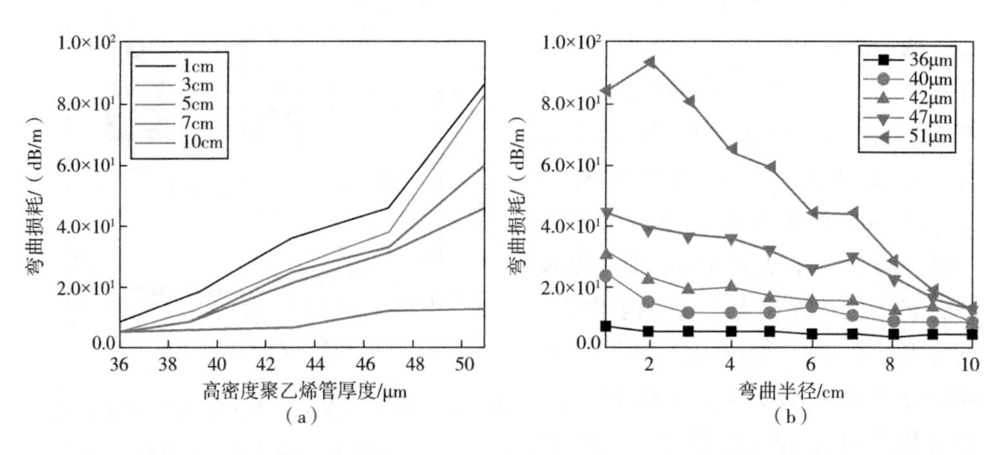


图 5-30　基模 $HE_{11}$ 在微结构光纤中传输时的弯曲损耗。弯曲损耗与管壁厚度 $t$ 的变化关系（a）及弯曲损耗与光纤弯曲半径 $R$ 的变化关系（b）

不同弯曲半径时的输出模场分布如图 5-31 所示。当弯曲半径 $R<7\text{cm}$ 时，输出光束的模场仍然是高斯分布。A. Hassani 等人报道[137]的聚合物光纤在弯曲时，其输出的基模模式已经产生畸变。与他们报道的结果相比，在本章中所设计的太赫兹微结构光纤波导即使在弯曲半径 $R$ 为 1cm 的情况下，依然能够更好地保持基模的高斯传输。

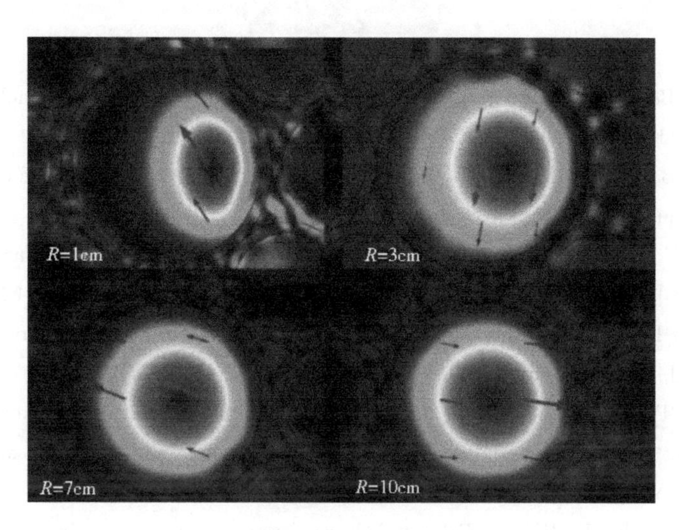


图 5-31　基模 $HE_{11}$ 纤芯模的模场分布

大芯径微结构光纤波导是一种具有潜力的气体太赫兹激光器反应池替代物，通过对微结构光纤内部结构的设计及优化，可以将太赫兹波限制在空气纤芯区域。空芯微结构光纤波导比石英管具有更好的柔韧性以及可弯曲操作，利用微结构光纤纤芯区域作为泵浦光与气体增益介质的相互作用的反应池，可以实现太赫兹激光器的“小型化”“集成化”。

通过建立了基于空芯微结构光纤波导的紧凑气体太赫兹激光器模型，基于速率方程和太赫兹能量转换模型数值分析了泵浦激光饱和吸收强度、甲醇对泵浦光的吸收系数、太赫兹波小信号增益、工作压强以及微结构光纤结构参数对太赫兹输出特性的影响。利用有限元法对设计的大芯径微结构光纤的纤芯基模能量比、有效模场面积、限制损耗以及弯曲损耗等指标进行了研究。该太赫兹源有以下优点：i. 将太赫兹泵浦技术和光纤波导优良的传输特性相结合，采用大芯径微结构光纤波导作为二氧化碳激光与甲醇蒸气相互作用的气体池能够减小激光器的体积，增加了二氧化碳激光与甲醇气体相互作用的强度，同时设计的大芯径微结构光纤波导可以降低二氧化碳激光的传输损耗，提高激光器的转换效率，理论计算输出功率达到毫瓦量级，为实现具有高光束质量、低传输损耗、可靠稳定且体积小的太赫兹激光器提供了新的途径。ii. 产生的频率为 2.52THz 的太赫兹波被限制在微结构光纤的空芯中，具有较低的限制损耗（～4.93dB/m）和平坦的弯曲损耗。纤芯中基模的能量分数达到 90%以上，所设计的太赫兹微结构光纤在弯曲半径为 1cm 的情况下，依然能够保持基模的高斯传输。

## 参考文献


[1] Couny F, Benabid F, Roberts P J, et al. Identification of Bloch-modes in hollow-core photonic crystal fiber cladding [J]. Opt. Express 15, 325-338 (2007).

[2] Couny F, Benabid F, Roberts P J, et al. Generation and photonic guidance of multi-octave optical-frequency combs [J]. Science 318, 1118-1121 (2007).

[3] Benabid F. Hollow-core photonic bandgap fibre: New light guidance for new science and technology [J]. Philos. Trans. A Math. Phys. Eng. Sci. 364, 3439-3462 (2006).

[4] Benabid F, Roberts P J. Linear and nonlinear optical properties of hollow core photonic crystal fiber [J]. J. Mod. Opt. 58, 87-124 (2011).

[5] Severin E P, Bae H, Reichwald K, et al. Multimodal nonlinear endomicroscopic imaging probe using a double-core double-clad fiber and focus-combining micro-optical concept [J]. Light Sci. Appl. 10, 207 (2021).

[6] Couny F, Benabid F, Roberts P J, et al. Fresnel zone imaging of Bloch-modes from a Hollow-Core Photonic Crystal Fiber Cladding [C]. In Proceedings of the 2007 Conference on Lasers and Electro-Optics (CLEO), Baltimore, MD, USA, 6-11 May 2007; pp. 1-2.

[7] Couny F, Benabid F, Light P S. Subwatt threshold cw Raman fiber-gas laser based on $H_2$-filled hollow-core photonic crystal fiber [J]. Phys. Rev. Lett. 99, 143903 (2007).

[8] Benoît A, Beaudou B, Alharbi M, et al. Over-five octaves wide Raman combs in high-power picosecond-laser pumped $H_2$-filled inhibited coupling Kagome fiber [J]. Opt. Express 23, 14002-14009 (2015).

[9] Belli F, Abdolvand A, Chang W, et al. Vacuum-ultraviolet to infrared supercontinuum in hydrogen-filled photonic crystal fiber [J]. Optica 2, 292-300 (2015).

[10] Debord B, Gérôme F, Honninger C, et al. Milli-Joule energy-level comb and supercontinuum generation in atmospheric air-filled inhibited coupling Kagome fiber [C]. In Proceedings of the 2015 Conference on Lasers and Electro-Optics (CLEO), San Jose, CA, USA, 10-15 May 2015; pp. 1-2.

[11] Light P S, Couny F, Benabid F. Low optical insertion-loss and vacuum-pressure all-fiber acetylene cell based on hollow-core photonic crystal fiber [J]. Opt. Lett. 31, 2538-2540 (2006).

[12] Balciunas T, Dutin C F, Fan G, et al. A strong-field driver in the single-cycle regime based on self-compression in a kagome fibre [J]. Nat. Commun. 6, 6117 (2015).

[13] Lee E, Luo J Q, Sun B, et al. Flexible single-mode delivery of a high-power 2 μm pulsed laser using an antiresonant hollow-core fiber [J]. Opt. Lett. 43, 2732-2735 (2018).

[14] Cui Y L, Zhou Z Y, Huang W, et al. Quasi-all-fiber structure CW mid-infrared laser emission from gas-filled hollow-core silica fibers [J]. Opt. Laser Technol. 121, 105794 (2020).

[15] Huang W, Li Z X, Cui Y L, et al. Efficient, watt-level, tunable 1.7 μm fiber Raman laser in H2-filled hollow-core fibers [J]. Opt. Lett. 45, 475-478 (2020).

[16] Zhang Z, Wang Y Y, Zhou M, et al. Recent advance in hollow-core fiber high-temperature and high-pressure sensing technology [Invited] [J]. Chin. Opt. Lett. 19, 070601 (2021).

[17] Peters T, Wang T P, Neumann A, et al. Single-photon-level narrowband memory in a hollow-core photonic bandgap fiber [J]. Opt. Express 28, 5340-5354 (2020).

[18] Knebl A, Yan D, Popp J, et al. Fiber enhanced Raman gas spectroscopy [J]. Trends Anal. Chem. 103, 230-238 (2018).

[19] Debord B, Amrani F, Vincetti L, et al. Hollow-Core Fiber Technology: The Rising of "Gas Photonics" [J]. Fibers. 7 (2), 16 (2019).

[20] Hidaka T, Morikawa T, Shimada J. Hollow-core oxide glass cladding optical fibers for middle-infrared region [J]. J. Appl. Phys. 52 (7), 4467-4471 (1981).

[21] Nagano N, Saito M, Miyagi M, et al. $TiO_2$-$SiO_2$ based glasses for infrared hollow waveguides [J]. Appl. Opt. 30, 1074-1079 (1991).

[22] Komanec M, Dousek D, Suslov D, et al. Hollow-Core Optical Fibers [J]. Radioengineering, 29 (3), 417-430 (2020).

[23] Temelkuran B, Hart S, Benoit G, et al. Wavelength-scalable hollow optical fibres with large photonic bandgaps for $CO_2$ laser transmission [J]. Nature 420, 650-653 (2002).

[24] Cregan R F, Mangan B J, Knight J C, et al. Single-mode photonic band gap guidance of light in air. Science [J]. 285 (5433), 1537-1539 (1999).

[25] Zeltner R, Pennetta R, Xie S R, et al. Flying particle microlaser and temperature sensor in hollow-core photonic crystal fiber [J]. Opt. Lett. 43, 1479-1482 (2018).

[26] Hasan M I, Akhmediev N, Mussot A, et al. Midinfrared pulse generation by pumping in the normal-dispersion regime of a gas-filled hollow-core fiber [J]. Phys. Rev. Appl. 12 (1), 014050 (2019).

[27] Terrelm A, Digonnet M J F, Fan S. Resonant fiber optic gyroscope using an air-core fiber [J]. J. Lightwave Technol. 30, 931-937 (2012).

[28] Hayes J R, Sandoghchi S R, Bradley T D, et al. Antiresonant Hollow Core Fiber With an Octave Spanning Bandwidth for Short Haul Data Communications [J]. J. Lightwave Technol. 35, 437-442 (2017).

[29] Venkataraman N, Gallagher M T, Smith C M, et al. Low loss (13 dB/km) air core photonic band-gap fibre [C]. In European Conference on Optical Communication (ECOC).

Copenhagen (Denmark), 2002, p. 1-2.

[30] Mangan B J, Farr L, Langford A, et al. Low loss (1.7 dB/km) hollow core photonic bandgap fiber [C]. in Optical Fiber Communication Conference, Technical Digest (CD) (Optical Society of America, 2004), paper PD24.

[31] Roberts P J, Couny F, Sabert H, et al. Ultimate low loss of hollow-core photonic crystal fibres [J]. Opt. Express 13, 236-244 (2005).

[32] Benabid F, Knight J C, Antonopoulos G, et al. Stimulated Raman scattering in hydrogen-filled hollow-core photonic crystal fiber [J]. Science 298 (5592), 399-402 (2002).

[33] Pearce G J, Wiederhecker G S, Poulton C G, et al. Models for guidance in kagome-structured hollow-core photonic crystal fibres [J]. Opt. Express 15, 12680-12685 (2007).

[34] Wang Y Y, Couny F, Roberts P J, et al. Low loss broadband transmission in optimized core-shape Kagome Hollow-Core PCF [C]. in Conference on Lasers and Electro-Optics 2010, OSA Technical Digest (CD) (Optical Society of America, 2010), paper CPDB4.

[35] Wheeler N V, Bradley T D, Hayes J R, et al. Low Loss Kagome Fiber in the 1μm Wavelength Region [C]. in Advanced Photonics 2016 (IPR, NOMA, Sensors, Networks, SPPCom, SOF), OSA Technical Digest (online) (Optical Society of America, 2016), paper SoM3F. 2.

[36] Février S, Beaudou B, Viale P. Understanding origin of loss in large pitch hollow-core photonic crystal fibers and their design simplification [J]. Opt. Express 18, 5142-5150 (2010).

[37] Yu F, Wadsworth W J, Knight J C. Low loss silica hollow core fibers for 3-4 μm spectral region [J]. Opt. Express 20, 11153-11158 (2012).

[38] Pryamikov A D, Biriukov A S, Kosolapov A F, et al. Demonstration of a waveguide regime for a silica hollow-core microstructured optical fiber with a negative curvature of the core boundary in the spectral region > 3.5 μm [J]. Opt. Express 19, 1441-1448 (2011).

[39] Kolyadin A N, Kosolapov A F, Pryamikov A D, et al. Light transmission in negative curvature hollow core fiber in extremely high material loss region [J]. Opt. Express 21, 9514-9519 (2013).

[40] Poletti F. Nested antiresonant nodeless hollow core fiber [J]. Opt. Express 22, 23807-23828 (2014).

[41] Gao S F, Wang Y Y, Ding W, et al. Hollow-core conjoined-tube negative-curvature fibre with ultralow loss [J]. Nat. Commun. 9, 2828 (2018).

[42] Jasion G T, Bradley T D, Harrington K, et al. Hollow Core NANF with 0.28 dB/km Attenuation in the C and L Bands [C]. in Optical Fiber Communication Conference Postdeadline Papers 2020, (Optical Society of America, 2020), paper Th4B. 4.

[43] 娄淑琴，李曙光. 微结构光纤设计、制备及应用 [M]. 北京：科学出版社，2019.

[44] Poletti F, Petrovich M N, Richardson D J. Hollow-core photonic bandgap fibers: technology and applications [J]. Nanophotonics, 2 (5-6), 315-340 (2013).

[45] Heckl O H, Baer C R E, Kränkel C, et al. High harmonic generation in a gas-filled hollow-core photonic crystal fiber [J]. Appl. Phys. B 97, 369 (2009).

[46] Beaudou B, Gerôme F, Wang Y Y, et al. Millijoule laser pulse delivery for spark ignition through kagome hollow-core fiber [J]. Opt. Lett. 37, 1430-1432 (2012).

[47] Debord B, Alharbi M, Vincetti L, et al. Multi-meter fiber-delivery and pulse self-compression of milli-Joule femtosecond laser and fiber-aided laser-micromachining [J]. Opt. Express 22, 10735-10746 (2014).

[48] Debord B, Gérôme F, Paul P, et al. 2. 6 mJ energy and 81 GW peak power femtosecond laser-pulse delivery and spectral broadening in inhibited coupling Kagome fiber [J]. in CLEO: 2015, OSA Technical Digest (online) (Optical Society of America, 2015), paper STh4L. 7.

[49] Hädrich S, Rothhardt J, Demmler S, et al. Scalability of components for kW-level average power few-cycle lasers [J]. Appl. Opt. 55, 1636-1640 (2016).

[50] Debord B, Alharbi M, Benoît A, et al. Ultra low-loss hypocycloid-core Kagome hollow-core photonic crystal fiber for green spectral-range applications [J]. Opt. Lett. 39, 6245-6248 (2014).

[51] Jaworski P, Yu F, Carter R M, et al. High energy green nanosecond and picosecond pulse delivery through a negative curvature fiber for precision micro-machining [J]. Opt. Express 23, 8498-8506 (2015).

[52] Gebert F, Frosz M H, Weiss T, et al. Damage-free single-mode transmission of deep-UV light in hollow-core PCF [J]. Opt. Express 22, 15388-15396 (2014).

[53] Gao S F, Wang Y Y, Ding W, et al. Hollow-core negative-curvature fiber for UV guidance [J]. Opt. Lett. 43, 1347-1350 (2018).

[54] Yalin A P. High power fiber delivery for laser ignition applications [J]. Opt. Express 21, A1102-A1112 (2013).

[55] Subramanian K, Gabay I, Ferhanoğlu O, et al. Kagome fiber based ultrafast laser microsurgery probe delivering micro-Joule pulse energies [J]. Biomed. Opt. Express 7, 4639-4653 (2016).

[56] Ritari T, Tuominen J, Ludvigsen H, et al. Gas sensing using air-guiding photonic bandgap fibers [J]. Opt. Express 12, 4080-4087 (2004).

[57] Nampoothiri A V V, Jones A M, Dutin C F, et al. Hollow-core Optical Fiber Gas Lasers (HOFGLAS): a review [Invited] [J]. Opt. Mater. Express 2, 948-961 (2012).

[58] Yang F, Jin W, Cao Y C, et al. Towards high sensitivity gas detection with hollow-core photonic bandgap fibers [J]. Opt. Express 22, 24894-24907 (2014).

[59] Wheeler N V, Heidt A M, Baddela N K, et al. Low Loss, Wide Bandwidth, Low Bend Sensitivity HC-PBGF for Mid-IR Applications [C]. in Workshop on Specialty Optical Fibers and their Applications, (Optical Society of America, 2013), paper F2. 36.

[60] Yao C, Gao S, Wang Y, et al. Silica Hollow-Core Negative Curvature Fibers Enable Ultrasensitive Mid-Infrared Absorption Spectroscopy [J]. J. Lightwave Technol. 38 (7), 2067-2072 (2020).

[61] Hoo Y L, Shujing L, Hoi Lut H, et al. Fast response microstructured optical fiber methane sensor with multiple side-openings [J]. IEEE Photon. Technol. Lett. 22, 296-298 (2010).

[62] Klimczak M, Dobrakowski D, Ghosh A N, et al. Nested capillary anti-resonant silica fiber with mid-infrared transmission and low bending sensitivity at 4000 nm [J]. Opt. Lett. 44, 4395-4398 (2019).

[63] Li J, Yan H, Dang H T, et al. Structure design and application of hollow core microstructured optical fiber gas sensor: A review [J]. Opt. Laser Technol. 135, 106658 (2021).

[64] Yang F, Tan Y, Jin W, et al. Hollow-core fiber fabry-perot photothermal gas sensor [J]. Opt. Lett. 41, 3025-3028 (2016).

[65] Couny F, Benabid F, Light P S. Reduction of fresnel back-reflection at splice interface between hollow core PCF and single-mode fiber [J]. IEEE Photonics Technol. Lett. 19, 1020-1022 (2007).

[66] Quan M R, Tian J, Yao Y. Ultra-high sensitivity fabry-perot interferometer gas refractive index fiber sensor based on photonic crystal fiber and vernier effect [J]. Opt. Lett. 40, 4891-4894 (2015).

[67] Li Y N, Zhao C, Xu B, et al. Optical cascaded Fabry-Perot interferometer hydrogen sensor based on vernier effect [J]. Opt. Commun. 414, 166-171 (2018).

[68] Zhao C L, Han F, Li Y N, et al. Volatile organic compound sensor based on PDMS coated fabry-perot interferometer with vernier effect [J]. IEEE Sens. J. 19, 4443-4450 (2019).

[69] Zhang Z, He J, Du B, et al. Highly sensitive gas refractive index sensor based on hollow-core photonic bandgap fiber [J]. Opt. Express 27, 29649-29658 (2019).

[70] Flannery J, Al Maruf R, Yoon T, et al. Fabry-pérot cavity formed with dielectric metasurfaces in a hollow-core fiber [J]. ACS Photonics 5, 337-341 (2017).

[71] Li Y N, Shen W, Zhao C, et al. Optical hydrogen sensor based on PDMS-formed double-C type cavities with embedded Pt-loaded $WO_3/SiO_2$ [J]. Sens. Actuators, B 276, 23-30 (2018).

[72] Feng X, Feng W, Tao C, et al. Hydrogen sulfide gas sensor based on graphene-coated tapered photonic crystal fiber interferometer [J]. Sens. Actuators, B 247, 540-545 (2017).

[73] Ahmed F, Ahsani V, Nazeri K, et al. Monitoring of carbon dioxide using hollow-core photonic crystal fiber machzehnder interferometer [J]. Sensors (Basel) 19, 3357 (2019).

[74] Peucheret C, Zsigri B, Hansen T P, et al. 10 Gbit/s transmission over air-guiding photonic bandgap fibre at 1550 nm [J]. Electron Lett. 41, 27-29 (2005).

[75] Poletti F, Wheeler N V, Petrovich M N, et al. Towards high-capacity fibre-optic communications at the speed of light in vacuum [J]. Nat. Photonics 7, 279-284 (2013).

[76] Wooler J P, Gray D, Poletti F, et al. Robust Low Loss Splicing of Hollow Core Photonic Bandgap Fiber to Itself [C]. in Optical Fiber Communication Conference/National Fiber Optic Engineers Conference 2013, OSA Technical Digest (online) (Optical Society of A-merica, 2013), paper OM3I. 5.

[77] Sleiffer V A J M, Jung Y, Leoni P, et al. 30. 7 Tb/s (96×320 Gb/s) DP-32QAM transmission over 19-cell Photonic Band Gap Fiber [C]. in Optical Fiber Communication Conference/National Fiber Optic Engineers Conference 2013, OSA Technical Digest (online) (Optical Society of America, 2013), paper OW1I. 5.

[78] Sleiffer V A J M, Jung Y M, Baddela N K, et al. High capacity mode-division multiplexed optical transmission in a novel 37-cell hollow-core photonic bandgap fiber [J]. J Lightwave Technol, 32 (4), 854-863 (2013).

[79] Castro J M, Kose B, Pimpinella R, et al. Low latency transmission over 400 m Hollow-Core-Fiber Cable at 100G PAM-4 per wavelength [C]. in Optical Fiber Communication Conference (OFC) 2021, P. Dong, J. Kani, C. Xie, R. Casellas, C. Cole, and M. Li, eds., OSA Technical Digest (Optical Society of America, 2021), paper F4C. 3.

[80] Liu Z, Galdino L, Hayes J R, et al. Record High Capacity (6. 8 Tbit/s) WDM Coherent Transmission in Hollow-Core Antiresonant Fiber [C]. in Optical Fiber Communication Conference Postdeadline Papers, OSA Technical Digest (online) (Optical Society of America, 2017), paper Th5B. 8.

[81] Sakr H, Bradley T D, Hong Y, et al. Ultrawide Bandwidth Hollow Core Fiber for Interband Short Reach Data Transmission [C]. in Optical Fiber Communication Conference Postdeadline Papers 2019, (Optical Society of America, 2019), paper Th4A. 1.

[82] Nespola A, Straullu S, Bradley T D, et al. Record PM-16QAM and PM-QPSK transmission distance (125 and 340 km) over hollow-core-fiber [C]. in 45th European Conference on Optical Communication (ECOC). Dublin (Ireland), 2019, p. 1-4.

[83] Saljoghei A, Qiu M, Sandoghchi S R, et al. First Demonstration of Field-Deployable Low Latency Hollow-core Cable Capable of Supporting> 1000km, 400Gb/s WDM Transmission [J]. [Online]. arXiv preprint arXiv: 2106. 05343, 2021.

[84] Krupke W F, Beach R J, Kanz V K, et al. Resonance transition 795-nm rubidium laser [J]. Opt. Lett. 28, 2336-2338 (2003).

[85] Zhou Z, Tang N, Li Z, et al. High-power tunable midinfrared fiber gas laser source by acetylene-filled hollow-core fibers [J]. Opt. Express 26, 19144-19153 (2018).

[86] Dadashzadeh N, Thirugnanasambandam M P, Weerasinghe H W K, et al. Near diffraction-limited performance of an OPA pumped acetylene-filled hollow-core fiber laser in the mid-IR [J]. Opt. Express 25, 13351-13358 (2017).

[87] Aghbolagh F B A, Nampoothiri V, Debord B, et al. Mid IR hollow core fiber gas laser emitting at 4. 6μm [J]. Opt. Lett. 44, 383-386 (2019).

[88] Wang Y, Dasa M K, Adamu A I, et al. High pulse energy and quantum efficiency mid-infrared gas Raman fiber laser targeting $CO_2$ absorption at 4.2 μm [J]. Opt. Lett. 45, 1938-1941 (2020).

[89] Adamu A I, Habib M S, Petersen C R, et al. Deep-UV to Mid-IR Supercontinuum Generation driven by Mid-IR Ultrashort Pulses in a Gas-filled Hollow-core Fiber [J]. Sci. Rep. 9, 4446 (2019).

[90] Habib M S, Markos C, Antonio-Lopez J E, et al. Multioctave supercontinuum from visible to mid-infrared and bend effects on ultrafast nonlinear dynamics in gas-filled hollow-core fiber [J]. Appl. Opt. 58, D7-D11 (2019).

[91] Travers J C, Grigorova T F, Brahms C, et al. High-energy pulse self-compression and ultraviolet generation through soliton dynamics in hollow capillary fibres [J]. Nat. Photonics 13, 547-554 (2019).

[92] Hartog A, Conduit A, Payne D. Variation of pulse delay with stress and temperature in jacketed and unjacketed optical fibres [J]. Opt. Quant. Electron. 11, 265-273 (1979).

[93] Mutugala U, Numkam Fokoua E, Chen Y, et al. Hollow-core fibres for temperature insensitive fibre optics and its demonstration in an optoelectronic oscillator [J]. Sci. Rep. 8, 12 (2018).

[94] Yang F, Gyger F, Thévenaz L. Intense Brillouin amplification in gas using hollow-core waveguides [J]. Nat. Photonics 14, 700-708 (2020).

[95] Wu Z Q, Zhou X Y, Xia H D, et al. Low-loss polarization-maintaining THz photonic crystal fiber with a triple-hole core [J]. Appl. Opt. 56, 2288-2293 (2017).

[96] Xiao H, Li H S, Wu B L, et al. Polarization-maintaining terahertz bandgap fiber with a quasi-elliptical hollow-core [J]. Opt. Laser Technol. 105, 276-280 (2018).

[97] Xiao H, Li H S, Ren G B, et al. Polarization-maintaining hollow-core photonic bandgap few-mode fiber in terahertz regime [J]. IEEE Photonic. Tech. L. 30, 185-188 (2018).

[98] Habib M A, Anower M S, Abdulrazak L F, et al. Hollow core photonic crystal fiber for chemical identification in terahertz regime [J]. Opt. Fiber Technol. 52, 101933 (2019).

[99] Pakarzadeh H, Rezaei S M, Namroodi L. Hollow-core photonic crystal fibers for efficient terahertz transmission [J]. Opt. Commun. 413, 81-88 (2019).

[100] Yan D X, Meng M, Li J S, et al. Proposal for a symmetrical petal core terahertz waveguide for terahertz wave guidance [J]. J. Phys. D: Appl. Phys. 53 (27), 275101 (2020).

[101] Wu S, Li J S. Hollow-petal graphene metasurface for broadband tunable THz absorption [J]. Appl. Opt. 58, 3023-3028 (2019).

[102] Lee P T, Lu T W, Fan J H, et al. High quality factor microcavity lasers realized by circular photonic crystal with isotropic photonic band gap effect [J]. Appl. Phys. Lett. 90, 151125 (2007).

[103] Heidepriem H E, Petropoulos P, Asimakis S, et al. Bismuth glass holey fibers with high

nonlinearity [J]. Opt. Express 12, 5082-5087 (2004).

[104] Yang J, Zhao J Y, Gong C, et al. 3D printed low-loss THz waveguide based on Kagome photonic crystal structure [J]. Opt. Express 24, 22454-22460 (2016).

[105] Wu Z Q, Li Q Z, Xia H D, et al. Low loss polarization-maintaining terahertz fiber based on central air hole movements [J]. Opt. Eng. 57 046113 (2018).

[106] Chantry G W. Long-Wave Optics. vols. 1/2, New York: Academic, 1984.

[107] Mukhopadhyay I, Singh S. Optically pumped far infrared molecular lasers: spectroscopic and application aspects [J]. Spectrochim. Acta Part A 54, 395-410 (1998).

[108] Dodel G. On the history of far-infrared (FIR) gas lasers: Thirty-five years of research and application [J]. Infrared Phys. Tech. 40, 127-139 (1999).

[109] 苗亮. 高能量光泵太赫兹气体激光器研究 [D]. 武汉：华中科技大学，2012.

[110] 刘闯. 高效率光泵 $CH_3F$ 气体 192μm 太赫兹激光器研究 [D]. 哈尔滨：哈尔滨工业大学，2016.

[111] Michele A D, Bousbahi K, Carelli G, et al. The $^{13}CH_3OH$ far-infrared laser: new lines and assignments [J]. Infrared Phys. Tech. 45 (4), 243-248 (2004).

[112] McKnight M, Penoyar P, Pruett M, et al. New far-infrared laser emissions from optically pumped $CH_2DOH$, $CHD_2OH$, and $CH_3^{18}OH$. IEEE J. Quantum Electron. 50, 42-46 (2014).

[113] 何志红. 光泵重水气体分子产生 THz 激光辐射技术的研究 [D]. 天津：天津大学，2007.

[114] Viscovini R C, Moraes J C S, Costa L F L, et al. DCOOD optically pumped by a $^{13}CO_2$ laser: new terahertz laser lines [J]. Appl. Phys. B 91, 517-520 (2008).

[115] 何志红，姚建铨，时华锋，等. 光泵重水气体产生 THz 激光的半经典理论分析 [J]. 物理学报，56 (10)，5802-5807 (2007).

[116] 何志红，姚建铨，任侠，等. 紧凑型超辐射光泵重水气体 THz 激光器的研制 [J]. 光电子·激光，19 (1)，34-37 (2008).

[117] Dubinov A A, Aleshkin V Y, Ryzhii M, et al. Terahertz Laser with Optically Pumped Graphene Layers and Fabri-Perot Resonator [J]. Appl. Phys. Express 2 (9), 092301 (2013).

[118] 耿利杰. 光泵 $D_2O$ 气体太赫兹激光器的实验研究 [D]. 哈尔滨：哈尔滨工业大学，2009.

[119] Michele A D, Moretti A, Pereira D. Optically pumped $^{13}CD_3I$: new TeraHertz laser transitions [J]. Appl. Phys. B-Lasers O 103 (3), 659-662 (2011).

[120] Jackson M, Nichols A J, Womack D R, et al. First laser action observed from optically pumped $CH_3^{17}OH$ [J]. IEEE J. Quantum Electron. 48 (3), 303-306 (2012).

[121] Geng L J, Qu Y C, Zhao W J, et al. High Efficient, Intense and Compact Pulsed $D_2O$ Terahertz Laser Pumped With a TEA $CO_2$ Laser [J]. J. Infrared Millim. Te. 34 (12),

780-786 (2013).

[122] Ifland S, McKnight M, Penoyar P, et al. New Far-Infrared Laser Emissions from Optically Pumped $^{13}CHD_2OH$ [J]. IEEE J. Quantum Electron. 50 (1), 23-24 (2014).

[123] Jackson M, Alves H. New cw Optically Pumped Far-Infrared Laser Emissions Generated with a Transverse or "Zig-Zag" Pumping Geometry [J]. J. Infrared Millim. Te. 35 (3), 282-287 (2014).

[124] Pagies A, Ducournau G, Lampin J F. Continuous wave terahertz molecular laser optically pumped by a quantum cascade laser [J]. in: 41st International Conference on Infrared, Millimeter, and Terahertz waves (IRMMW-THz). 2016: 1-2.

[125] Sun S, Zhang G, Shi W, et al. Optically pumped gas terahertz fiber laser based on gold-coated quartz hollow-core fiber [J]. Appl. Opt. 58, 2828-2831 (2019).

[126] Yan D X, Zhang H W, Xu D G, et al. Numerical study of compact terahertz gas laser based on photonic crystal fiber cavity [J]. J. Lightwave Technol. 34, 3373-3378 (2016).

[127] Qasymeh M. Terahertz generation in an electrically biased optical fiber: A theoretical investigation [J]. Int. J. Opt. 2012, 486849 (2012).

[128] Zhou P, Fan D. Terahertz-wave generation by surface-emitted four-wave mixing in optical fiber [J]. Chin. Opt. Lett. 9 (5), 051902 (2011).

[129] Suizu K, Kawase K. Terahertz-wave generation in a conventional optical fiber [J]. Opt. Lett. 32, 2990-2992 (2007).

[130] Barh A, Varshney R K, Agrawal G P, et al. Plastic fiber design for THz generation through wavelength translation [J]. Opt. Lett. 40 (9), 2107-2110 (2015).

[131] Barh A, Ghosh S, Varshney R K, et al. Mid-IR fiber optic light source around 6 μm through parametric wavelength translation [J]. Laser Phys. 24 (11), 115401 (2014).

[132] Liu W L, Zhang J J, Rious M, et al. Frequency tunable continuous THz wave generation in a periodically poled fiber [J]. IEEE Trans. Terahertz Sci. Technol. 5, 470-477 (2015).

[133] Barh A, Pal B P, Agrawal G P, et al. Specialty Fibers for Terahertz Generation and Transmission: A Review [J]. IEEE J. Sel. Top. Quantum Electron. 22 (2), 365-379 (2015).

[134] Jin Y S, Kim G J, Jeon S G. Terahertz dielectric properties of polymers [J]. J. Korean Phys. Soc. 49 (2), 513-517 (2006).

[135] Atakaramians S, Afshar V S, Monro T M, et al. Terahertz dielectric waveguides [J]. Adv. Opt. Photon. 5 (2), 169-215 (2013).

[136] Han H, Park H, Cho M, et al. Terahertz pulse propagation in a plastic photonic crystal fiber [J]. Appl. Phys. Lett. 80 (15), 2634-2636 (2002).

[137] Hassani A, Dupuis A, Skorobogatiy M. Porous polymer fibers for low-loss Terahertz guiding [J]. Opt. Express 16 (9), 6340-6351 (2008).

[138] Kaino T, Katayama Y. Polymers for optoelectronics [J]. Polymer Eng. Sci. 29 (17), 1209-1214 (1989).

[139] Pizzoferrato R, Marinelli M, Zammit U, et al. Optically induced reorientational birefringence in an artificial anisotropic Kerr medium [J]. Opt. Commun. 68 (3), 231-234 (1988).

[140] Kumar V, Varshney R K, Kumar S. Terahertz generation by four-wave mixing and guidance in diatomic teflon photonic crystal fibers [J]. Opt. Commun. 454, 124460 (2020).

[141] Cheo P K. Handbook of molecular laser [M]. New York: Marcel Dekker Inc., 1987, 497-636.

[142] Chang T Y. Optical pumping in gases, in Nonlinear Infrared Generation, (Springer, Berlin, Heidelberg, New York 1977) pp., 16215-16272, 1977.

[143] Hodges D T. A review of advances in optically pumped-infrared lasers [J]. Infrared Phys. 18, 375-384 (1978).

[144] Zhang H Y, Liu M, Zhang Y P. Output power enhancement of optical pumped gas waveguide terahertz laser by promoting vibrational de-excitation. Opt. Commun. 326, 29-34 (2014).

[145] 张会云，刘蒙，张玉萍，等. 连续波抽运气体波导产生太赫兹激光的理论研究. 物理学报，63 (2)，80-87 (2014).

[146] DeTemple T A, Danielewicz E J. Continuous-wave $CH_3F$waveguide laser at 496 μm: Theory and experiment [J]. IEEE J. Quantum Electron. 12 (1), 40-47 (1976).

[147] Henningsen J, Jensen H. The optically pumped far-infrared laser: Rate equations and diagnostic experiments [J]. IEEE J. Quantum Electron. 11 (6), 248-252 (1975).

[148] Mansfield D K, Horlbeck E, Bennett C L. Enhanced, high power operation of the 119 μm line of optically pumped $CH_3OH$ [J]. Int. J. Infrared Milli. Waves 6, 867-876 (1985).

[149] Birks T A, Knight J C, Russell P S J. Endlessly single-mode photonic crystal fiber [J]. Opt. Lett. 22, 961-963 (1997).

[150] Wei C L, Kuis R A, Chenard F, et al. Higher-order mode suppression in chalcogenide negative curvature fibers [J]. Opt. Express 23, 15824-15832 (2015).

[151] Chen H B, Chen D R, Hong Z. Squeezed lattice elliptical-hole terahertz fiber with high birefringence [J]. Appl. Opt. 48, 3943-3947 (2009).

[152] Chen D R, Tam H Y. Highly Birefringent Terahertz Fibers Based on Super-Cell Structure [J]. J. Lightw. Technol. 28, 1858-1863 (2010).

[153] Wang J L, Yao J Q, Chen H M, et al. A Simple Birefringent Terahertz Waveguide Based on Polymer Elliptical Tube Chinese Phys. Lett. 28 (1), 014207 (2011).

[154] Islam Md S, Sultana J, Atai J, et al. Ultra low-loss hybrid core porous fiber for broadband applications [J]. Appl. Opt. 56, 1232-1237 (2017).

# 第6章

# 负曲率微结构光纤波导传输特性分析

## 6.1 负曲率微结构光纤波导简介

### 6.1.1 研究现状

在19世纪70年代后期，研究人员提出了一种圆柱形布拉格波导，其由交替排列的高折射率和低折射率材料组成。该波导使用带隙或者禁带将光波限制在具有低折射率的中心纤芯中[1,2]。存在带隙意味着某些特定的频率将无法在波导中传输。如果光波的频率位于带隙的频率范围内，则周期性的包层结构可以将光波限制在中心区域的空芯中[3-5]。此外，纤芯基模的有效折射率将位于带隙范围内。在19世纪90年代后期，研究人员对中心为空气纤芯的二维周期性包层结构的空芯光子带隙光纤波导进行了大量研究，能够实现传统光纤波导无法实现的光学特性[6,7]。空芯光子带隙光纤波导可以克服传统阶跃折射率光纤波导的一些基本限制，理论上可以实现较低的传输损耗、较低的非线性和较高的损伤阈值[5]。另外，波导中心区域的空芯可以填充气体或者其他材料，增加光-物质相互作用的长度[5]。此后，研究人员对Kagome型光纤波导进行了研究，从而进一步降低传输损耗[8-11]。

除了周期性包层结构外，反共振反射也可以将光波限制在低折射率区域。1986年，美国贝尔实验室的M. A. Duguay等人和日本横滨国立大学Y. Kokubun等人分别在一维平板波导中进行了反共振反射的研究和实验实现[12,13]。反谐振反射结构已经被用于设计具有不同包层结构的光子晶体光纤波导的纤芯边界。这类波导包括Kagome光纤波导、方格空芯光纤波导以及带隙光纤波导[9,10]。通过改变纤芯边界的厚度，反谐振结构可以用来减少衬底材料和空气界面处的场强[14-16]。

对反谐振光纤波导和Kagome光纤波导的研究最终导致了对负曲率光纤波导的研究，其包层由一层细管构成，利用简单的薄层结构和纤芯边界的负曲率特性进行导光。在负曲率光纤波导中，纤芯边界的表面法向量与径向单位向量相反[17]。负曲率结构抑制了纤芯基模和包层模式之间的耦合。包层模式主要分布在包层细管内、在衬底材料内或者在细管和外包层材料之间的空隙中。反谐振是抑制负曲率光纤波导中纤芯和包层模式之间的耦合的关键作用之一。纤芯边界处的反谐振以及纤芯和包层模式之间的波数失配共同作用抑制了模式之间的耦合，并产生非常低的损耗。2011年，A. D. Pryamikov课题组研究制备了世界上第一根负曲率空芯光纤波导，其结构是目前研究中比较常见的圆形玻璃管包层结构光纤波导，长度为0.63cm的波导在1～4μm波长之间具有多个宽带传输区域[18]。随后，A. F. Kosolapov等人通过改变构成负曲率光纤波导的材料，制备出可以传输波长为10.6μm的二氧化碳（$CO_2$）激光的负曲率空芯光纤波导[19]。2012年，Bath大学的F. Yu等人提出了“Ice-Cream-Cone”结构的负曲率空芯光纤波导，主要工作在3～4μm中红外波段，可以将损耗降低到34dB/km[20]，并于2013年，成功地应用于传输2.94μm激光并进行医学上的微创手术[21,22]。之后的负曲率光纤波导设计主要用于传输短波长激光，包括近红外和可见光激光。在通信激光波长范围内，通过利用抑制耦合作用，基于二氧化硅（$SiO_2$）材料的负曲率光纤波导可以实现10dB/km量级的低传输损耗。波导纤芯直径越大，越容易获得较低的损耗，但需要注意的是，较大的纤芯尺寸也容易实现高阶模运转。世界各国的课题组对负曲率光纤波导的纤芯边界的曲率、包层管的数量、管壁的厚度以及弯曲半径对波导损耗的影响进行了大量的研究。通过在负曲率光纤波导包层管之间增加间隙或者通过增加一个或者多个嵌套环来增加额外的反射面，可以提升负曲率光纤波导的性能。由于在负曲率波导中不存在带隙的概念，因此不需要周期性的包层结构。负曲率波导具有简单的结构设计，能够广泛应用于研制中红外[23-27]及太赫兹波段[28]的波导器件。

### 6.1.2 理论模型

负曲率微结构空芯光纤波导的结构相对于其他空芯光纤波导较为简单，通常情况下，光纤波导的包层由一层石英毛细管组成（在不同的频率范围），在纤芯边界处形成了负曲率纤芯边界。负曲率光纤波导的导光机制是抑制波导纤芯中传播的光与衬底材料、包层管中或者包层管与玻璃壁之间的空隙中传输的光之间的耦合。相关的研究模型主要包括Marcatili和Schmeltzer模型[29]、空芯反谐振反射光波导模型以及模式抑制耦合模型等。尽管总是需要一些波数失配，但反谐振在抑制纤芯和负曲率光纤波导其他区域中的电磁波的耦合起着关键作用。反谐振和纤芯基模与包层模式之间的波数失配的组合抑制了模式之间的耦合。抑制耦合机制与光子带隙光纤波导中的导光机制有很大不同。

(1) Marcatili 和 Schmeltzer 模型

该模型是由 Marcatili 和 Schmeltzer 于 1964 年报道，他们全面分析和深入研究了介质空芯光纤波导的模式特性，总结了模式损耗和弯曲损耗的计算表达式，能够反映空芯光纤波导中电磁波传输模式的基本特性。在该模型中，假定理想的空芯光纤波导是由圆形纤芯构成，纤芯周围是无限大且均匀无吸收的介质材料，入射到纤芯与包层之间分界面上的光波不会产生全反射，而是能够产生透射光，从而引起在纤芯中传输的光波的损耗。模式损耗 $\alpha$ 和相应的传播常数 $\beta$ 的表达式如下[30]：

$$\alpha_{mn}=\left(\frac{u_{mn}}{2\pi}\right)^{2}\frac{\lambda^{2}}{a^{3}}\mathrm{Re}(V_{m}) \tag{6-1}$$

$$\beta_{mn}=\frac{2\pi}{\lambda}\left\{1-\frac{1}{2}\left(\frac{u_{mn}\lambda}{2\pi a}\right)^{2}\left[1+\mathrm{Im}\left(\frac{V_{m}\lambda}{\pi a}\right)\right]\right\} \tag{6-2}$$

其中，$u_{mn}$ 是贝塞尔函数 $J_{m-1}$ 的第 $n$ 个解，$m$ 和 $n$ 分别表示角向和径向模式的阶数；$\lambda$ 表示工作光波波长；$a$ 表示纤芯的半径大小；$V_m$ 是基于包层折射率和模式阶数而得到的常数。

可以通过上式求解和分析所有泄漏型空芯光纤波导的模式损耗。从表达式中可以看出，当 $a/\lambda$ 增大时（最简单直接的方法是增加纤芯尺寸），模式损耗会很快地衰减；而在特定的模式阶数时，增加传播常数才可以在较大纤芯中产生横向共振。研究表明，增加纤芯尺寸能够增加入射光波在纤芯边界处的掠射角，从而产生较高的菲涅尔反射，能够有效地降低光波在传输中的衰减。基于此，可以通过增大纤芯尺寸来降低衰减损耗。该模型只能够用来阐释最简单的包层结构，不适用于具有复杂包层结构的空芯光纤波导。复杂的包层结构将对入射的光波产生多重反射，容易产生多光束干涉从而形成干涉相长或者干涉相消效应，导致损耗的减少或者增加。

(2) 空芯反谐振导光模型

反谐振效应是负曲率微结构空芯光纤波导能够在空芯区域传输光波的一个重要原因。图 6-1 给出了谐振效应与反谐振效应的模型原理示意图。对于大纤芯宽度结构中的纤芯模式（纤芯直径远大于工作波长），纵向波矢 $k_L$ 可以用 $n_0k_0$ 来近似，而在衬底材料区域的横向波矢 $k_T$ 可以用 $k_0(n_1^2-n_0^2)^{1/2}$ 来近似，参数 $k_0=2\pi/\lambda$ 表示空气中的波矢。光波通过介质平板有额外反射和无额外反射的相位差

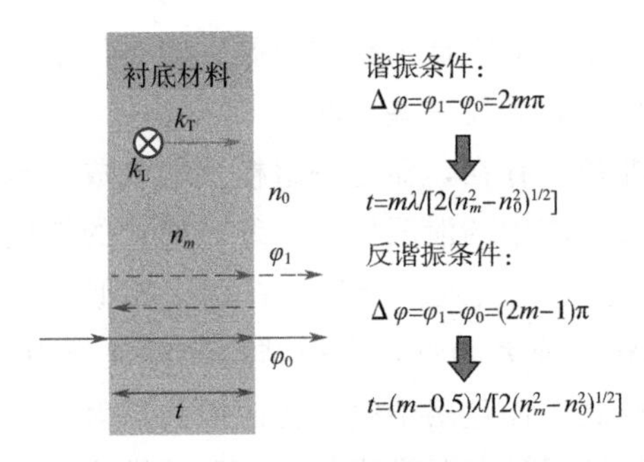


图 6-1 谐振和反谐振模型示意图

为 $2tk_0$ $(n_1^2-n_0^2)^{1/2}$，$t$ 为平板厚度。当满足谐振条件时，相位差是 $2\pi$ 的整数倍，则对应的平板厚度为 $t=m\lambda/[2(n_1^2-n_0^2)^{1/2}]$，$m$ 为任意的正整数。满足此条件时，包层区域的相干相长将引起纤芯区域显著的光场泄漏，因此会导致损耗谱中的损耗尖峰，将会产生较高的损耗。当发生反谐振时，相位差为 $\pi$ 的奇数倍，则对应的平板的厚度为 $t=(m-0.5)\lambda/[2(n_1^2-n_0^2)^{1/2}]$，$m$ 为任意的正整数。满足此条件时，包层结构的局域相干相消效应将光波能量束缚在纤芯中，因此会在损耗谱中产生一个或者多个低损耗窗口。这种导光机制一方面能够有效降低模场与包层衬底微结构的重叠度从而降低表面散射损耗，另一方面还能够获得较宽的低损耗窗口，而增加反谐振介质层的个数和合理布局高折射率反谐振层的形状均能够有效降低光纤波导结构的限制损耗。谐振条件不会随着空气纤芯的宽度的改变而发生变化。泄漏损耗 $L=40\pi n_{\text{imag}}/[\ln(10)\lambda]$（$n_{\text{imag}}$ 表示材料负折射率的虚部）[31, 32] 随着空气纤芯宽度的增加而降低[33]。需要注意的是，谐振条件和反谐振条件也可以分别使用最小和最大反射条件从平面平行板的多光束条纹方程导出[34]。

图 6-2 给出了 8 个圆形石英毛细管组成包层结构的负曲率微结构空芯光纤波导的结构示意图。包层管的管壁厚度为 $t$，内包层管的直径为 $d_{\text{tube}}$，包层管的数量为 $p$，中心位置空气纤芯的直径为 $D_{\text{core}}$，这些参数满足公式 $D_{\text{core}}=(d_{\text{tube}}+2t)/\sin(\pi p)-(d_{\text{tube}}+2t)$[35, 36]。详细的光纤波导结构计算结果将在下文中给出。

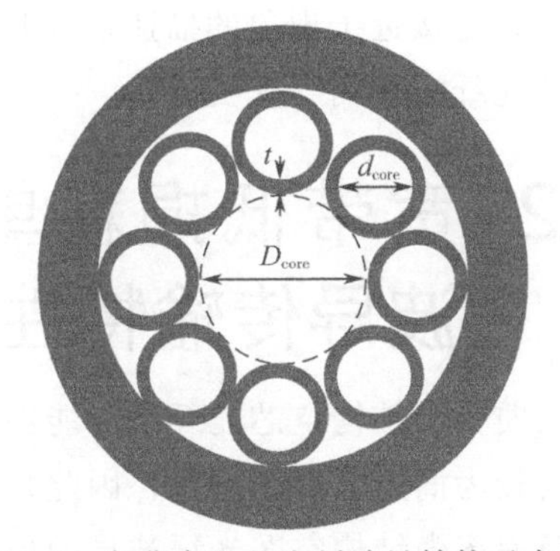


图 6-2 负曲率空芯光纤波导结构示意图

### (3) 模式抑制耦合模型

反谐振反射会阻止光波穿透纤芯周围的管壁，这对于负曲率微结构空芯光纤波导实现低损耗是必要的。为了能够更好地把光波限制在光纤波导空芯纤芯中传输，除了波导包层管管壁需要满足反谐振的条件以外，同时也要保证抑制波导纤芯模式与包层管模式之间的耦合。抑制耦合意味着通过降低纤芯模式和包层模式之间的耦合来抑制纤芯模式泄漏到包层区域中[37,38]。通过较小的空间模式重叠和它们的波数或有效系数的不匹配，可以降低纤芯和包层模式之间的耦合。为了有效地抑制耦合，两个条件都需要满足。反谐振效应降低了模式重叠。较小的重叠反过来减小了抑制耦合所需的波数失配，但总是需要一些失配。

在模式耦合模型中，某一包层模式并非单一存在，而是一组模式的合成，包括高折射率区域的介电模式和低折射率空气区域中的泄漏模式，纤芯模式的性质可以用纤芯模式与包层模式之间的耦合阐述[39]。模式耦合发生在两个相似的模式之间，也就是说两个模式的有效折射率相等或者相近，在微结构光纤波导中，介电模式折射率一般较高，不会产生耦合模式，而包层中空气孔区域的折射率与纤芯空气区域的折射率相等，包层中空气孔区域的泄漏模式与纤芯区域模式有效折射率在一定条件下会相近或者相等，此时才能够产生模式耦合。

在微结构负曲率空芯光纤波导中，每一个包层细管都能够产生反谐振条件，即可以将模式限制在管中心，其管模式的有效折射率和单一包层管形成的空芯光纤波导基模有效折射率一致。在模式耦合点，纤芯基模和包层管模式发生耦合，纤芯的能量会泄漏到包层管区域，限制损耗较大，则通过抑制纤芯基模与包层管模式的耦合，可以获得较小的限制损耗。模式抑制耦合需要满足以下两个条件：①纤芯模式与包层管模式之间具有一定程度的空间不重叠；②纤芯模式和包层管模式之间的有效折射率不匹配[37, 38]。在负曲率微结构空芯光纤波导中，可以通过结构设计实现上述两个条件，从而达到模式抑制耦合。

两种导光机制中，反谐振反射机制更接近于光波传输原理性质，模式抑制耦合机制则更接近于现象的描述，因此，结合上述两种机制，可以解释负曲率微结构空芯光纤波导的导光机理。

## 6.2 宽带低损耗单模负曲率微结构空芯波导传输特性的研究

负曲率微结构空芯光纤波导能够将电磁波限制在纤芯中进行传输，同时波导的结构较为简单、易于制备，因此是目前空芯波导领域的一个研究热点。标准结构的负曲率微结构空芯光纤波导的包层是由 6 个细管构成，包层管壁的厚度、包层管之间的间隙、包层管的数目和包层管的形状、是否含有嵌套管以及嵌套管的形状是负曲率空芯光纤波导的重要结构参数，这些结构参数的改变都有可能影响负曲率微结构空芯波导的传输特性。

前期的研究表明包层相邻细管之间的缝隙会对负曲率微结构空芯光纤波导的限制损耗产生较大的影响。当细管之间的间隙为 0 时，相邻的细管之间会形成节点，则传输的电场模式会存在于节点区域。当细管之间的间隙不为 0 时，在传输带宽内的额外的谐振会消失。当细管之间的间隙进一步增加时，空气纤芯区域限制模式的能力将会降低。为了提高波导的传输性能，需要对相邻细管之间的间隙大小进行优化。另外，在拉伸过程中，由于表面张力的作用，会使得细管对齐[40]。因此，制备负曲率微结构空芯光纤波导更容易，因为当包层管相邻细管之间的间隙不为0时，由于表面张力的存在，可以通过提高拉伸温度来保持光纤波导的圆柱形状。

## 6.2.1 波导的结构设计

由六个包层细管构成的负曲率微结构空芯光纤波导的几何结构如图6-3所示[41]。蓝色区域表示PMMA材料，灰色区域表示空气。负曲率光纤波导中心空气孔区域的直径定义为$D_{core}$，包层区域细管的直径为$d_{tube}$，管壁的厚度为$t$。两个相邻包层细管之间的间隙为$g$。负曲率微结构空芯光纤波导的结构参数之间的关系可以由下式表示：

$$D_{core}=(d_{tube}+2t+g)/\sin(\pi/k)-(d_{tube}+2t) \tag{6-3}$$

其中，$k$表示包层细管的个数。中心区域空芯纤芯的直径$D_{core}$固定为1500μm，对应的工作频率为2.52THz。我们使用有限元仿真软件对所设计的负曲率微结构空芯光纤波导的传输模式和传输特性进行了分析。完美匹配层（PML）设置在最外层用来吸收泄漏的能量（在图6-3中没有显示出来）。为了更加接近实际的情况，在仿真中需要考虑负曲率波导材料的吸收。在仿真中，PMMA材料在2.52THz频率处的折射率的实部和虚部分别为1.6和0.03[42]。选择PMMA材料作为波导材料主要考虑以下几点原因：PMMA具有较低的吸收系数；在所研究的频率范围内，PMMA材料折射率的实部基本保持不变。空气的折射率为1。

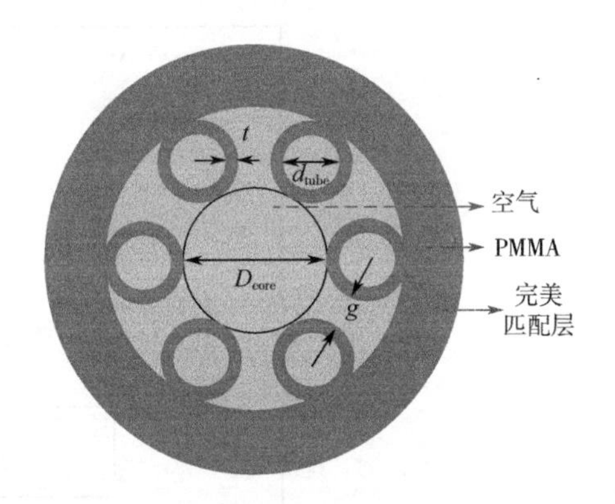

图6-3　微结构负曲率光纤波导横截面图

## 6.2.2 仿真与结果

本书首先分析了基于PMMA材料的微结构负曲率光纤波导的限制损耗。在包层区域相邻细管之间的间隙$g$不同时，限制损耗与管壁厚度$t$之间的变化规律如图6-4所示。当管壁厚度$t$分别为50μm、76μm和98μm时，波导的限制损耗较高。限制损耗较低的三个透射窗口区域所对应的包层细管的厚度分别是40μm、63μm和88μm，在图6-4中分别用符号$N_1$、$N_2$和$N_3$表示。当相邻细管之间的间隙从238μm增加到476μm时，上述三个区域对应的限制损耗表现出轻微的变化趋势。通过优化包层区域细管管壁厚度 $t$，可以获得特定频率 $f$ 对应的高、低限制损耗的周期性变化[43, 44]：

$$t = N \times \frac{c}{2\pi f \sqrt{n^2 - 1}} \times \arctan \frac{n}{\sqrt[4]{n^2 - 1}} \tag{6-4}$$

其中，$n$ 表示材料的折射率。当 $N = 2a + 1$ 时（$a$ 为任意正整数），管壁厚度 $t$ 对应限制损耗较低时的管壁厚度数值。当 $N = 2b + 2$ 时（$b$ 为任意正整数），管壁厚度 $t$ 对应较高的损耗。因此，当 $a = 1$、2、3 时，对应的三个低损耗的管壁厚度 $t$ 分别为 39μm、65μm 以及 91μm；当 $b = 1$、2、3 时，对应的三个高损耗的管壁厚度 $t$ 分别为 52μm、78μm 以及 104μm。这些计算得到的值与图 6-4 中的三个低损耗区域（$N_1$、$N_2$ 和 $N_3$）以及三个高损耗区域（$M_1$、$M_2$ 和 $M_3$）符合较好。当 $g = 0$ 时，限制损耗曲线表现出不同的变化趋势，这一结果可以解释为是由相邻管的接触节点的模式导致的。

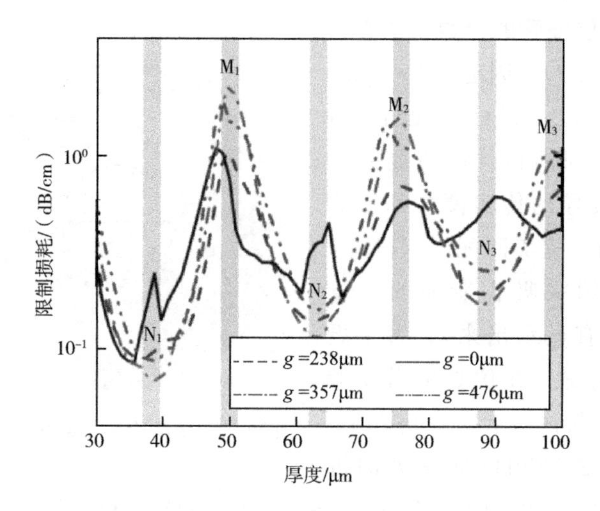


图 6-4　不同相邻管间隙 $g$ 时限制损耗随管壁厚度 $t$ 的变化规律，工作频率固定在 2.52THz

尽管 PMMA 材料在太赫兹波段具有较高的固体材料损耗，但是由于超过 99%的模场能量主要限制在波导中心部位的空芯纤芯区域进行传输，则可以实现较小的传输损耗。图 6-5（a）是波导中心区域纤芯基模的功率分数的变化曲线。空芯纤芯区域的功率分数可以表示为空芯区域的模场功率与波导几何结构中的总功率之比。干燥空气基本不会对太赫兹波产生损耗。设计空芯光纤波导结构使得大多数的能量被限制在空气纤芯区域传输，从而可以降低材料对太赫兹波高吸收损耗的影响。从图 6-5（a）可以看出，纤芯基模可以获得较高的纤芯功率分数（除了谐振区域 $M_1$ 和 $M_2$ 之外，功率分数都在 99%以上），并且在低损耗区域表现出较为平坦的趋势，这有利于太赫兹波的传输。本文设计的负曲率微结构空芯光纤波导中实现的结果比之前报道的太赫兹光纤波导的结果高很多，包括椭圆孔微结构太赫兹光纤波导（～50%）[45]、超级单元结构（～35%）[46]以及聚合物细管（～30%）[47]等。太赫兹波在空气纤芯区域的高功率比可以实现较低的限制损耗，从而显著地提高抵抗环境扰动的性能。有效模场面积 $A_{eff}$ 随着包层管壁厚度 $t$ 的变化规律在图 6-5（b）中给出。从中可以看出，当包层相邻管之间的间隙 $g$ 从 0 增加到 476μm 时，有效模场面积 $A_{eff}$ 也随之增加。有效模场面积变化曲线有三个谐振点，分别对应于图 6-4 所致的 $M_1$、$M_2$ 和 $M_3$ 区域。

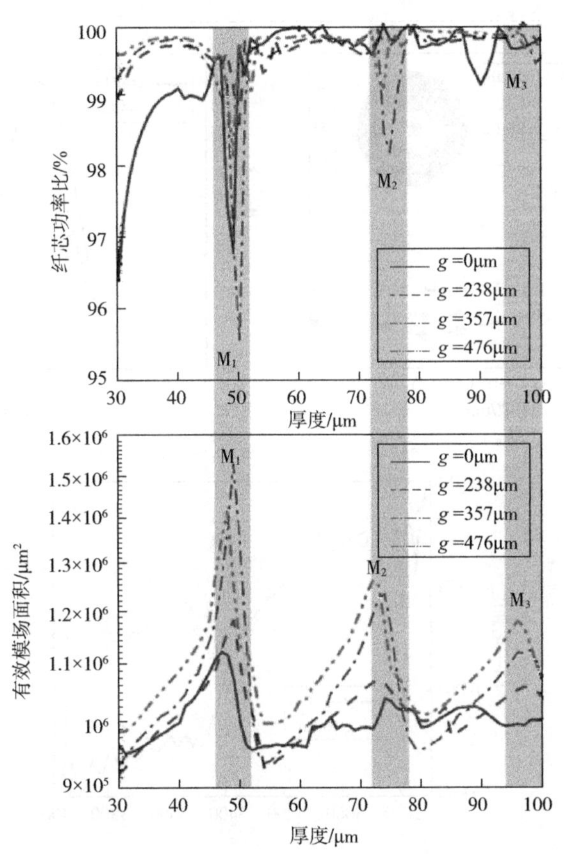


图 6-5　不同包层管间隙时光纤波导空芯纤芯区域模场功率分数随包层细管管壁厚度 $t$ 的变化规律（a）及不同包层管间隙时有效模场面积随管壁厚度 $t$ 的变化（b），此时工作频率固定在 2.52THz

研究了当包层管壁厚度 $t$ 为 40μm、63μm 和 88μm 时的限制损耗与相邻包层管间隙 $g$ 之间的关系，分析结果如图 6-6 所示。当间隙增加时，限制损耗先降低然后增加。当相邻包层管之间的间隙为 0 时，两个相邻包层管之间会形成节点，并且模场会残留在节点区域。当间隙过大时，模场将会从间隙泄漏到包层区域，导致限制损耗的增加。图 6-6（a）的插图展示了当间隙值 $g$ 和管壁厚度 $t$ 分别为 357μm 和 40μm 时的纤芯基模的模场分布。图 6-6（b）给出了管壁厚度 $t$ 为 40μm 时的电场的归一化强度。通过对比发现，间隙 $g$ 为 40μm 时对应的模场的归一化强度要比间隙为 0μm 时的模场的归一化强度高。图 6-6（c）给出了图 6-6（b）中 2700～4000μm 范围区域内放大的结果。在这个区域内，间隙 $g$ 为 0μm 时的强度比间隙 $g$ 为 40μm 时的强度高，并且当间隙 $g$ 为 0μm 时强度变化曲线展现出剧烈的浮动。该结果是由于在 $g$ 为 0μm 时相邻的两个包层管互相接触会形成节点区域，导致纤芯模场残留在节点处。

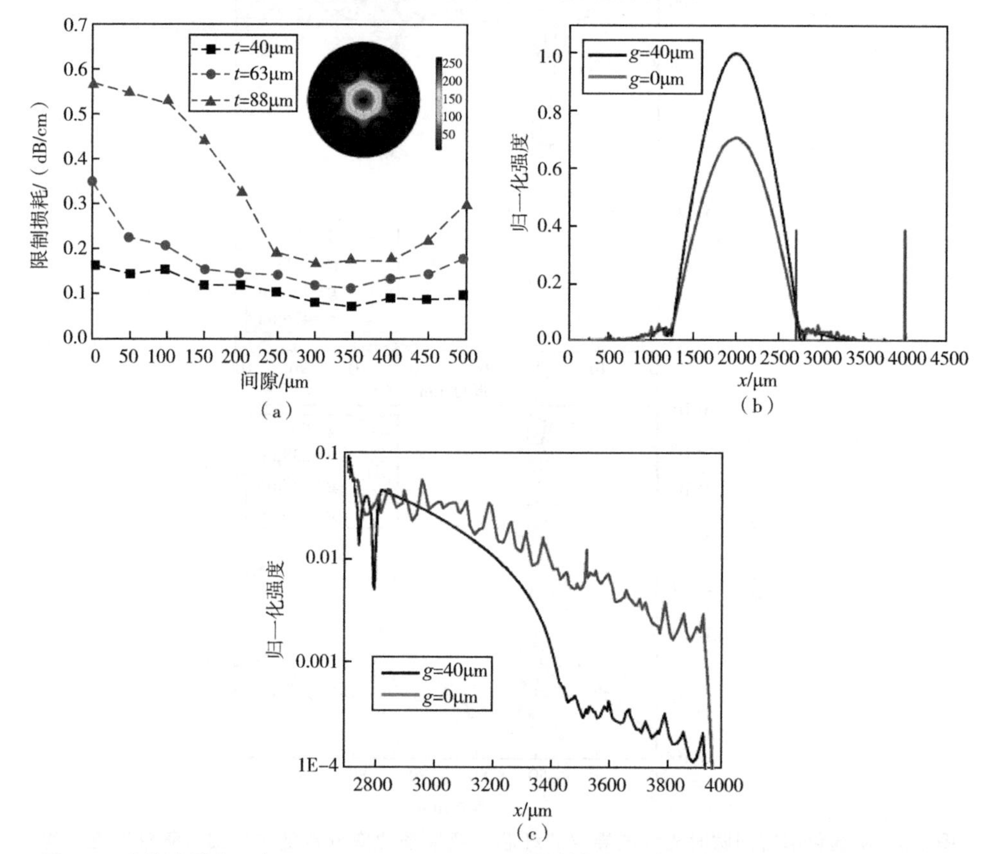


图 6-6 当管壁厚度 $t$ 为 40μm、63μm 和 88μm 时限制损耗随包层管间隙的变化规律。此时的工作频率固定在 252THz，插图表示当间隙 $g$ 和管壁厚度 $t$ 分别为 357μm 和 40μm 时的纤芯基模的模场分布（a）；当管壁厚度 $t$ 为 40μm 时电场的归一化强度（b）；图（b）中 2700～4000μm 的放大的结果图（c）

接下来继续分析了不同包层管间隙时的限制损耗随频率变化关系。图 6-7 给

出了当管壁厚度 $t$ 为 40μm、63μm 和 88μm 时限制损耗的变化趋势，分别对应图 6-4 中的三个低损耗区域 $N_1$、$N_2$ 和 $N_3$。通过优化包层相邻细管之间的间隙，限制损耗可以进一步降低。最小限制损耗对应的频率稍微高于 2.52THz，是由于负曲率微结构空芯光纤波导的结构参数在较高参数时是大的。在 2.52THz 处的限制损耗与 2.6THz 处的最小值的差别仅有 8.6%，对应的管壁厚度 $t$ 和包层管间隙 $g$ 分别为 63μm 和 357μm。

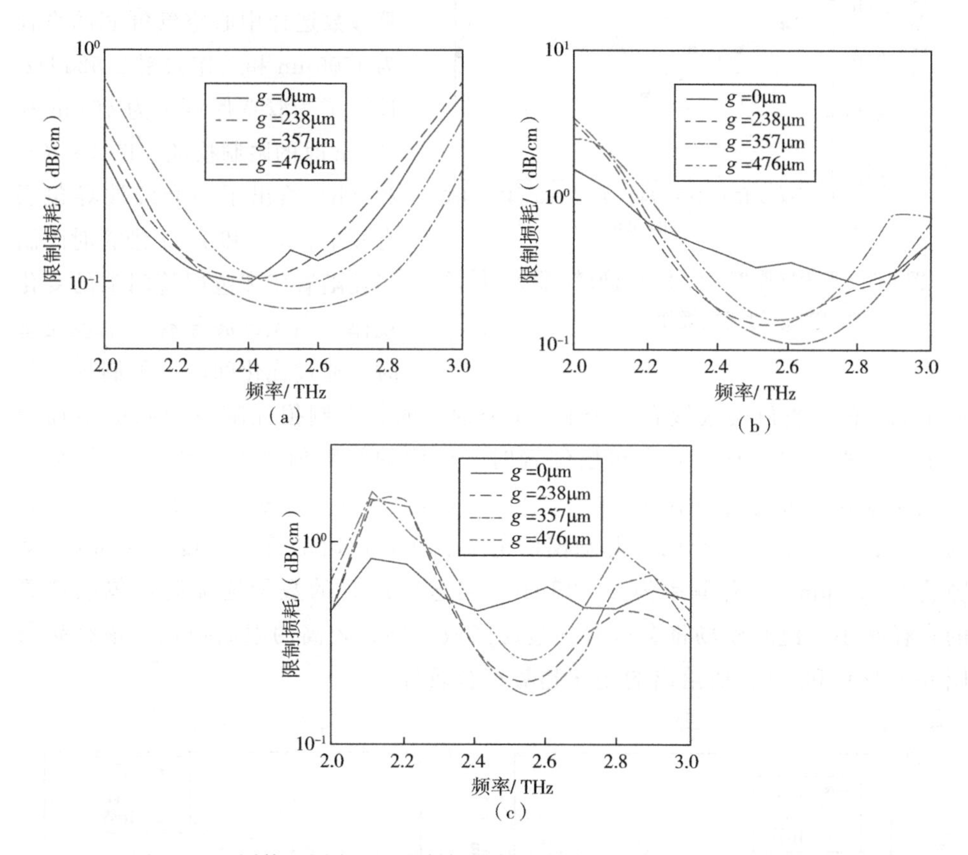


图 6-7　不同管壁厚度 $t$ 时限制损耗随频率的变化规律，$t$=40μm（a）；$t$=63μm（b）；$t$=88μm（c）

带宽是表征负曲率微结构空芯光纤波导的另一个重要参数。此处的带宽定义为限制损耗为最小限制损耗两倍时的频率范围[35]。图 6-8 表示当包层管壁厚度为 40μm 时带宽随相邻包层管之间间隙 $g$ 的变化规律。当间隙 $g$ 从 0μm 增加到 238μm 时，带宽降低；当间隙 $g$ 从 238μm 增加到 357μm 时，带宽增加。因此，间隙 $g$ 的最优取值范围在 357～416.5μm 之间，对应的带宽可以达到 700GHz。在这个范围内，带宽与中心频率之比约为 27.8%。另外，2.52THz 频率处的限制损耗低于 0.08dB/cm。由于最佳间隙的取值范围较宽，因此在波导制备过程中比较容易控制间隙值 $g$。

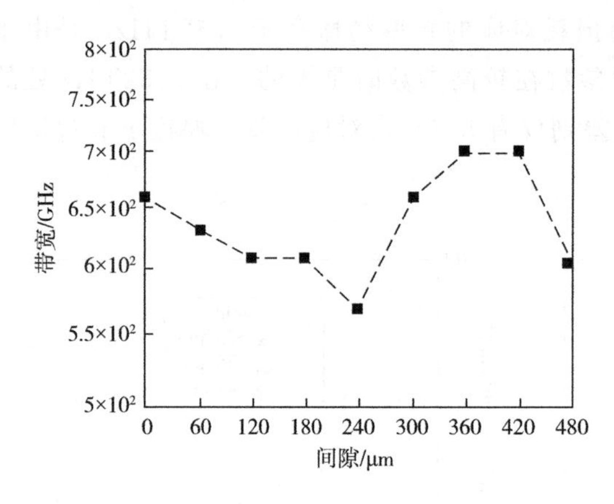


图 6-8　当管壁厚度 $t$ 为 40 μm 时带宽随包层管间隙 $g$ 的变化规律

然后，本书研究了当微结构负曲率空芯光纤波导的包层具有 8 个和 10 个包层细管时相邻细管之间间隙对限制损耗的影响。计算参数选择中心空气纤芯的直径为 1500μm 和工作频率 2.52THz。计算了当管壁厚度 $t$ 为 40μm 和 63μm 时的限制损耗。图 6-9（a）和（b）给出了当光纤波导包层有 6 个、8 个和 10 个细管时限制损耗随着相邻包层管间隙的变化规律。当光纤波导有 6 个包层管时，通过优化间隙，限制损耗降低了 3.5 倍。当包层区域有 8 个和 10 个细管时，限制损耗随着间隙的增加而增加。当光纤波导具有 6 个包层细管时，最优的间隙值是包层为 8 个或者 10 个包层细管的最优间隙值的 6 倍。图 6-9（c）～（e）分别给出了包层管个数为 6 个、8 个以及 10 个的纤芯基模的电场分布，此时的管壁厚度为 40μm、间隙为 327.5μm、工作频率为 2.52THz。当包层细管的数量增加时，包层细管的直径减小，此时模场将会泄漏到包层区域，导致较高的限制损耗。该结果与图 6-9（a）和（b）所给出的变化趋势符合较好。

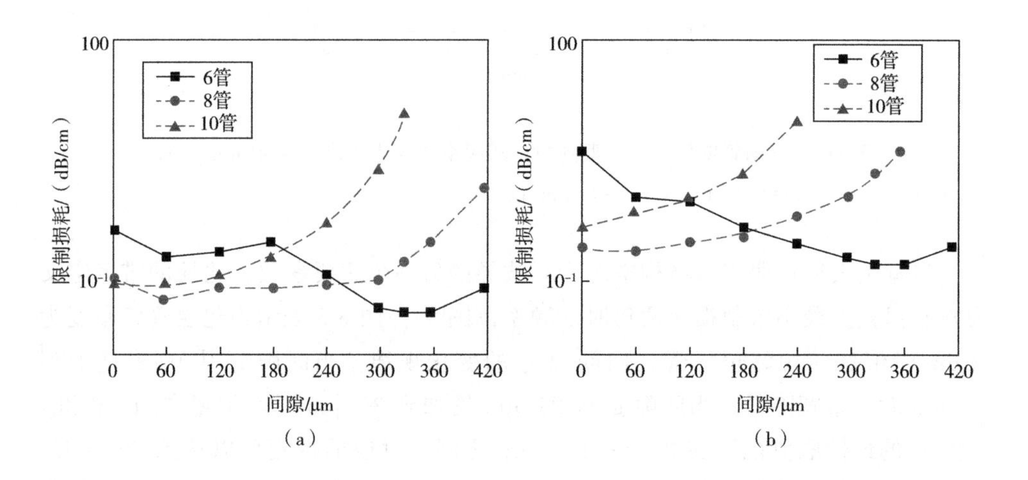

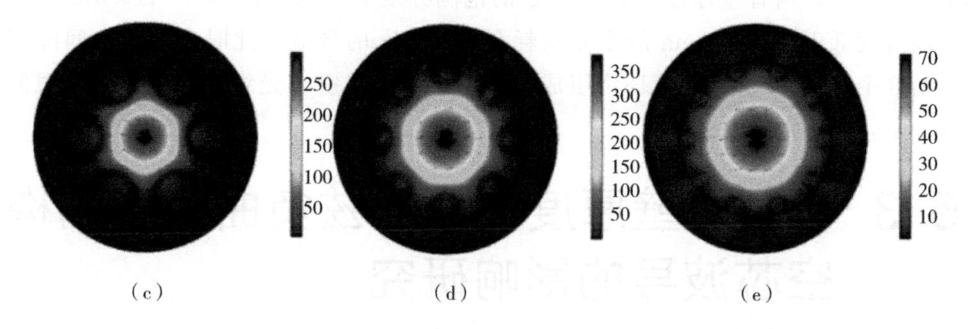


图 6-9　当有 6 个、8 个和 10 个包层细管时限制损耗随包层管间隙的变化趋势；管壁厚度为 40μm（a）和 63μm（b），频率为 2.52THz；管壁厚度为 40μm、间隙为 327.5μm 时的纤芯基模的电场分布：6 个（c）、8 个（d）以及 10 个（e）包层细管

最后，本文还研究了具有 6 个、8 个和 10 个包层管的微结构负曲率空芯光纤波导的空气纤芯区域的功率比，结果如图 6-10 所示。当包层管的个数为 6 个时，纤芯基模的功率比随着包层管间隙从 0μm 增加到 416.5μm 而增加。当间隙 $g$ 从 0μm 增加到 327.5μm 时，功率比增加了 0.8%。当包层管的个数为 8 个和 10 个时，功率比分别增加了 0.1%和 0.18%。上述分析表明当包层管个数为 6 个时，相邻包层细管之间的间隙对空气纤芯区域的功率比有较大的影响。

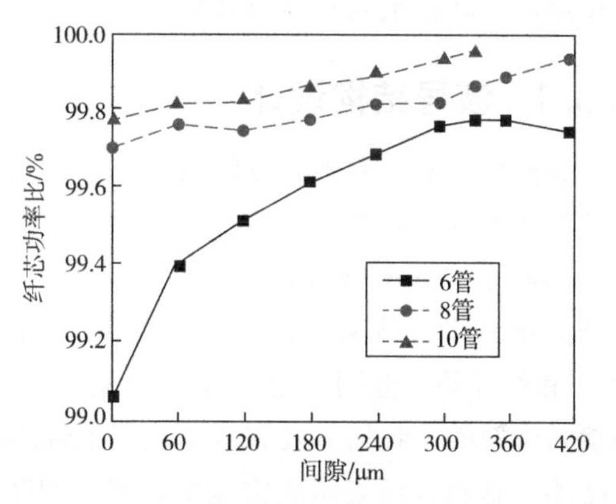


图 6-10　当包层区域有 6 个、8 个和 10 个细管时的空气纤芯区域的功率比随间隙的变化规律，此时包层管壁厚度 $t$ 和工作频率分别为 40μm 和 2.52THz

主要有两种方法制备太赫兹负曲率微结构空芯光纤波导。一种方法是由于 PMMA 质地柔软，可以通过钻孔制成管。然后将细管组合成预制件，置于拉制塔中并加热至高于 PMMA 的玻璃化转变温度。最后，通过拉伸预制棒来制备波导。另一种方式可以通过 3D 打印技术来制备所研究的太赫兹负曲率微结构空芯光纤波导。

在本节中，提出了一种结构简单的基于 PMMA 材料的太赫兹微结构负曲率光纤波导，具有低的限制损耗和更高的纤芯功率比。当光纤波导包层相邻细管之间的间隙经过优化之后，光纤波导的限制损耗可以降低 3.5 倍。对于包层中有六个环绕细管，当管壁厚度 $t$ 和间隙 $g$ 的范围分别为 40μm 和 357～416.5μm 时，可以实现低于 0.08dB/cm 的限制损耗和 700GHz 的带宽。此时，最佳的间隙值比由 8 个或者 10 个包层管环绕组成的微结构负曲率空芯光纤波导的最佳间隙值大 6 倍，易于加工制备。

# 6.3 包层管壁厚度对太赫兹负曲率微结构空芯波导的影响研究

更好地理解管壁厚度与限制损耗以及带宽之间的关系将有助于进一步提高太赫兹负曲率微结构空芯波导的性能。本节中，我们对基于 8 个包层高密度聚乙烯（HDPE）细管的微结构负曲率空芯光纤波导的传输特性进行研究。文中详细地数值分析了包层管壁厚度与负曲率波导限制损耗之间的关系，研究结果表明包层管壁厚度对降低限制损耗以及展宽工作带宽具有重要的作用[48]。

## 6.3.1 波导结构设计

我们使用基于有限元方法的全矢量模式求解软件对太赫兹微结构负曲率空芯光纤波导的性能参数和传输特性进行了数值研究。完美匹配层设置在光纤波导包层外部减小仿真窗口的大小[49]。图 6-11 给出了本节所研究的微结构负曲率空芯光纤波导的几何结构示意图[48]。具有 8 个包层细管的结构已经在可见激光波段[50]和红外频率范围[51]进行了相关研究。在太赫兹波段可以实现怎么样的优化仍然是未知的。我们对具有 8 个包层细管的负曲率光纤波导进行建模研究。在图 6-11 中，蓝色区域表示高密度聚乙烯（HDPE）材料，灰色区域表示空气区域。

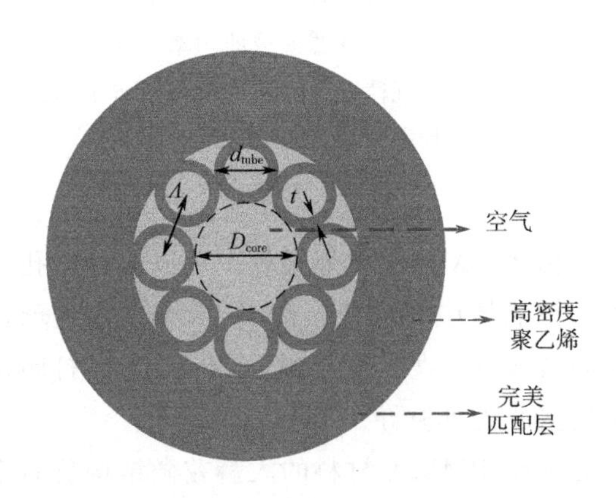


图 6-11 基于高密度聚乙烯材料的太赫兹微结构负曲率空芯光纤波导的横截面示意图

包层细管的直径为 $d_{\text{tube}}$，中间纤芯区域的直径 $D_{\text{core}}$ 是固定的。使用 $t$ 来定义包层管壁的厚度。在本节的仿真中，$d_{\text{tube}}=470\mu\text{m}$，$D_{\text{core}}=760\mu\text{m}$。$\Lambda$ 表示两个相邻包层细管管芯之间的距离。由于大多数用于太赫兹光纤波导的聚合物材料的折射在目标频率范围内都在 1.5 左右，因此为了简化计算和分析，在本节中，光纤波导的材料选取折射率为 1.535 的高密度聚乙烯材料[52, 53]。选择高密度聚乙烯作为光纤波导材料有以下几点原因：与聚苯乙烯、聚碳酸酯和有机玻璃相比，高密度聚乙烯具有较低的吸收系数；在 0.1～2.5THz 频率范围内，高密度聚乙烯的折射率可以保持在 1.535 左右[52]。此外，空气区域的折射率为 1。

## 6.3.2 结果研究与分析

首先通过优化负曲率波导来分析传输特性。纤芯基模（$HE_{11}$模式）的有效折射率和纤芯高阶模式（HOCMs，包括 $TM_{01}$、$TE_{01}$以及 $HE_{21}$模式）的有效折射率随包层管壁厚度的变化规律如图 6-12 所示。这些模式的有效折射率都小于 1，并且随着频率的增加而增加。纤芯高阶模式的有效折射率实部要比纤芯基模有效折射率实部低。

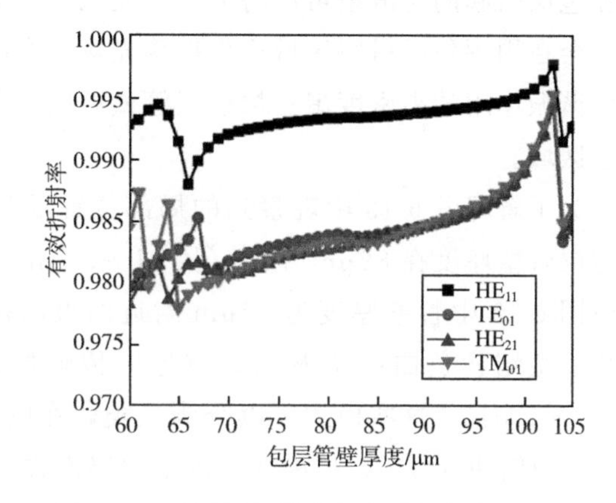


图 6-12 不同纤芯模式的有效折射率随包层管壁厚度的变化规律

在微结构负曲率空芯光纤波导设计中的一个重要参数是限制损耗，其与纤芯尺寸、包层管个数以及包层管壁厚度相关。图 6-13 中左边纵轴表示包层管壁厚度 $t$ 从 60～105μm 变化时的限制损耗曲线，用蓝色方块线型表示。从结果可以看出，通过优化包层管壁厚度，限制损耗的幅度可以降低 220 多倍。限制损耗的降低不是单调的，在曲线中会出现几个峰点。当工作频率固定在 2.52THz 时，包层管壁厚度为 97μm 时的最低的限制损耗约为 0.07dB/cm。

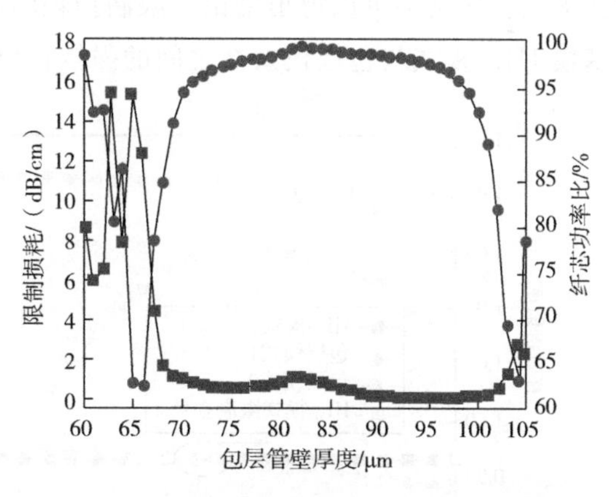


图 6-13 左边纵轴表示微结构负曲率光纤波导的限制损耗（蓝色方块线）与包层管壁厚度的关系，右边纵轴表示光纤波导纤芯功率比（红色圆形线）与包层管壁厚度的变化关系

为了避免在太赫兹波段中材料高吸收的影响，高效的光纤波导结构设计应该使空气纤芯区域的传导功率比最大化，因为干燥空气对太赫兹波几乎不存在吸收。图 6-13 右边纵轴（带圆圈

的红线）表示了空气纤芯区域中的太赫兹波功率的百分比。当包层管壁厚度优化之后，在微结构负曲率空芯光纤波导空气纤芯区域的功率比可以达到最大值99.9%。所提出的光纤波导的纤芯功率比远远高于其他的太赫兹波导的纤芯功率比。空气纤芯区域对太赫兹波的严格限制不仅保证了太赫兹波的低损耗传输，而且能够显著地提高抗环境干扰的能力。与具有正曲率的空芯带隙光纤波导相比，负曲率空芯光纤波导损耗低的一个重要原因是纤芯模场与包层高密度聚乙烯材料之间的重叠相对较低，降低了材料损耗的影响。在微结构带隙空芯光纤波导中，带隙包层引起的光散射可以将太赫兹波限制在缺陷纤芯区域。这种导光机制的性质是会在周围包层材料区域产生振荡光场。在微结构负曲率空芯光纤波导中，具有反谐振作用的高密度聚乙烯包层管壁可以作为反射界面将太赫兹波反射回中心空芯区域。

为了解释图 6-13 中观察到的局部位置限制损耗峰值的形成机制，本书对特定包层管壁厚度在 82μm 左右（从 81～83μm）的传输特性进行了分析，该区域对应图 6-13 中管壁厚度为 82μm 附近的限制损耗的峰值，结果如图 6-14 所示。计算了微结构负曲率空芯光纤波导中传输模式的有效折射率，折射率范围为 0.985～1.045。这些模式可以分为三类，在图 6-14 右侧所示：简并的纤芯基本模式（$HE_{11}$模式）、包层模式 1 以及包层模式 2。图 6-14 给出了 $HE_{11}$模式、包层模式 1 和包层模式 2 的有效折射率随包层管壁厚度的变化规律。纤芯基模 $HE_{11}$模式的限制损耗曲线峰值对应于 $HE_{11}$纤芯模式折射率和包层模式 2 折射率之间的交叉点。从结果可以得出结论，限制损耗的峰值是由特定包层管壁厚度时的纤芯基模 $HE_{11}$模式与包层模式 2 之间的强耦合导致的。

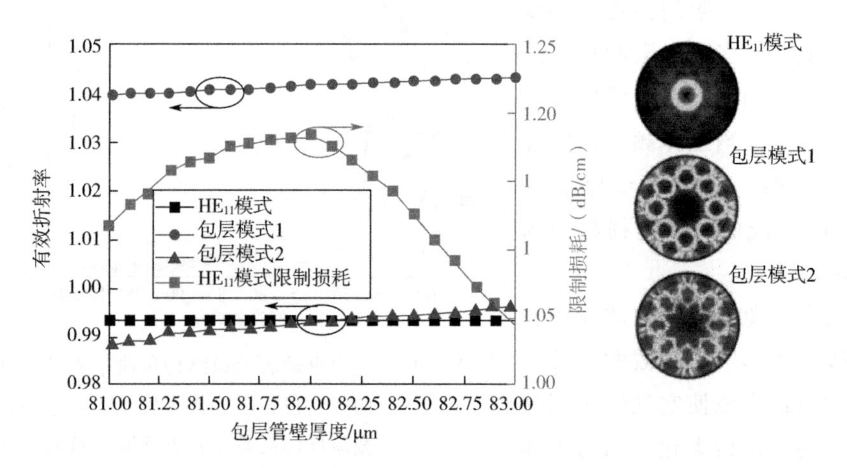


图 6-14　纤芯基模和高密度聚乙烯包层模式的有效折射率以及纤芯基模的限制损耗，右图表示纤芯基模和两个包层模式的模场分布图

本书接下来分析了不同包层管壁厚度的限制损耗随频率的变化关系。图 6-15 显示了包层管壁厚度分别为 75μm、82μm 以及 97μm 时的限制损耗。从图 6-15 可以看出，在三个不同的包层管壁厚度下的限制损耗几乎在同一量级。随着包层管壁厚度的增加，限制损耗曲线的最小值点将呈现红移现象。例如，当包层管壁厚度从 75μm 增加到 97μm 时，限制损耗最小值对应的频率将从 1.56THz 减小到 1.25THz。并且随着包层管壁厚度的增加，限制损耗也会增加。也就是说，不同的包层管壁厚度会导致在其中传输的太赫兹波产生不同的损耗。

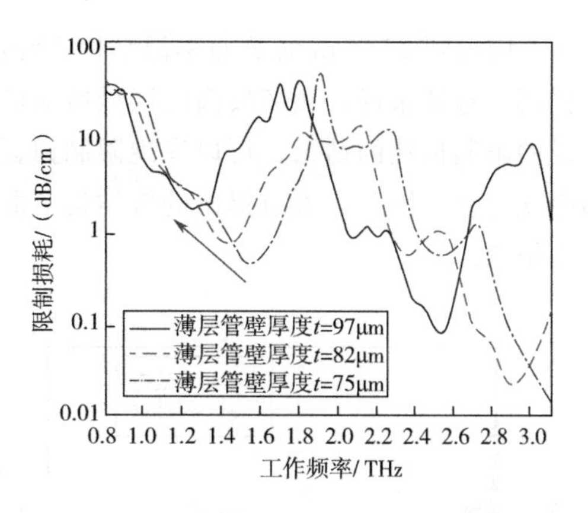


图 6-15　不同包层管壁厚度 75μm、82μm 以及 97μm 时对应的限制损耗

图 6-16 给出了包层管壁厚度为 97μm、82μm 以及 75μm 时的对应的带宽，此时对应的中心频率分别为 2.52THz、2.9THz 以及 3.15THz，对应的带宽为 120GHz、186GHz 以及 275GHz，最低的限制损耗为 0.07dB/cm、0.02dB/cm 以及 0.01dB/cm。结果表明，带宽随着包层管壁厚度的减小而增加，同时也随着工作频率的增加而增加。通过优化包层管壁厚度，可以获得最佳的工作频率。

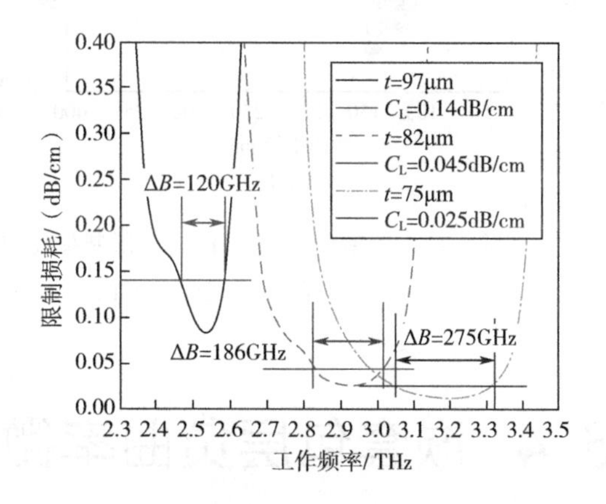


图 6-16　包层管壁厚度为 97μm、82μm 以及 75μm 时的负曲率光纤波导的工作带宽

研究人员设计了用于太赫兹波传输的低弯曲损耗光纤波导，结果表明可以通过使用实芯或者多孔纤芯微结构来降低弯曲损耗[54, 55]。这类太赫兹光纤波导结构可能会引起较大的材料吸收，从而导致更高的模式损耗（材料损耗、限制损耗和弯曲损耗的综合效应）。本文使用文献［56］给出的方式计算了具有不同弯曲半径的弯曲负曲率光纤波导中的太赫兹波传输特性，此时弯曲方向沿着 $x$ 轴。计算了频率为 2.52THz、包层管壁厚度为 97μm 时的限制损耗与弯曲半径之间的关系，计算结果如图 6-17（a）所示。在图 6-17（b）中，给出了弯曲半径 $R$ 从

20mm 增加到 250mm 时负曲率微结构光纤波导在 0.8～3.1THz 频率范围内的限制损耗。总体来说，频率较高的区域所对应的弯曲损耗较低。通过比较不同弯曲半径的限制损耗的结果，可以发现限制损耗曲线在不同弯曲半径时具有几乎相似的变化趋势。因此，本节提出的微结构负曲率空芯光纤波导的限制损耗对弯曲半径不敏感。

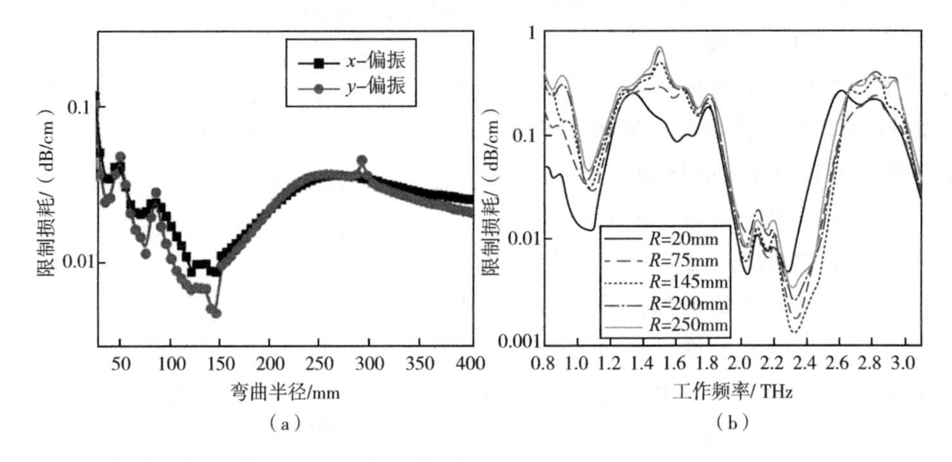


图 6-17 频率为 2.52THz 时的限制损耗和弯曲半径的关系（a）；不同弯曲半径时限制损耗随频率的变化关系（b）

# 6.4 嵌套包层负曲率微结构空芯波导设计

上两节的讨论主要是利用单层管环结构，能否使用多层反射结构进一步提升负曲率光纤波导的传输特性值得进行研究。简单地增加管环层数，将有可能增加不必要的节点，增加纤芯基模耦合到节点处产生块状模，从而产生限制损耗。既要不形成多余的节点，又要增加反射结构层数，比较实用的方法是在相同方位角的现有包层管内添加额外的嵌套环或者反射结构[57]，这种多层反谐振光纤波导在保持无节点结构的同时，还能够提供更多嵌套环结构。

## 6.4.1 波导的结构与设计

本节所提出的负曲率微结构空芯光纤波导由六个嵌套等边三角形结构的包层管组成，结构如图 6-18 所示[58]。白色区域代表空气，蓝色区域代表 Topas COC 材料，包层管的厚度和嵌套三角形结构的厚度相同，用 $t$ 表示，$d_0$ 表示包层管的直径，纤芯区域的直径用 $d_1$ 表示，外层 Topas COC 材料所构成的包层直径和厚

度分别用 $D_1$ 和 $D_2$ 表示，六个包层管均匀排列在内部。其中 $d_1$ 设置为 1425μm，$D_1$ 和 $D_2$ 分别为 4200μm 和 287.5μm。光纤波导以 Topas COC 为基底材料，折射率值为 1.53，空气折射率值为 1。选择 Topas COC 材料作为基底材料的原因是 Topas COC 具有一些良好的特性，这些特性是恒定折射率、低材料损耗、对湿度不敏感和低色散[59]，通过反谐振作用可以将太赫兹波有效地束缚在纤芯内部。

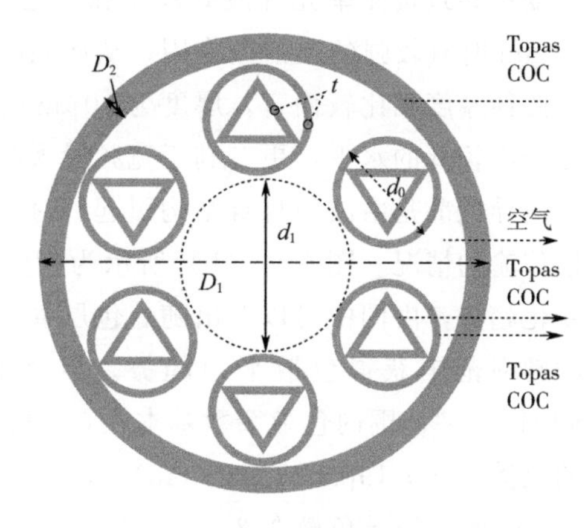


图 6-18 嵌套三角形结构负曲率空芯光纤波导结构示意图

使用有限元仿真软件模拟计算结构参数对微结构光纤波导传输性能的影响[41]。在包层管和三角形结构厚度不同的情况下研究负曲率微结构光纤波导在 2.0～2.8THz 频率范围内的性能差异。

## 6.4.2 结果与讨论

通过全矢量有限元法在 2.0～2.8THz 频段内对光纤的限制损耗、色散、有效模场面积以及纤芯功率比进行了数值模拟[60]。当太赫兹波在光纤波导内部传输时，部分太赫兹波泄漏到包层结构中，导致波导产生限制损耗[61]。负曲率空芯波导限制损耗可以通过公式（6-5）得出[62]：

$$C_{\mathrm{L}}(\mathrm{dB/cm}) = 40\pi \times \frac{\mathrm{Im}(n_{\mathrm{eff}})}{\lambda \ln 10} \tag{6-5}$$

$\mathrm{Im}(n_{\mathrm{eff}})$ 代表模式有效折射率的虚部；$\lambda$ 代表工作太赫兹波的波长。根据公式（6-5）可知光纤波导的限制损耗主要受有效模式折射率的虚部影响，当管壁厚度 $t$ 为 90μm 时，所设计的光纤波导在 2.05～2.8THz 频率范围内的限制损耗一直处于较低的水平（$10^{-3}$ dB/cm 量级），在 2.36THz 频率处的限制损耗低至 0.005dB/cm。因此当太赫兹波在光纤波导内部传输时，太赫兹波可以很好地被束缚在纤芯区域，限制损耗的影响得到了有效抑制。图 6-19（a）给出的是四种不同厚度情况下限制损耗在 2.0～2.8THz 频率范围内的变化趋势，从图中可以看出当厚度从 70～100μm 逐渐增加时，限制损耗在 2.0～2.2THz 频段内逐渐降低。因此，当保持包层细管和纤芯直径不变时，仅改变包层管管壁和嵌套三角形边的厚度，光纤的限制损耗会受到影响，随着厚度的增加，波导限制损耗明显降低。而且随着管壁厚度的增加，波导限制损耗的起伏不同，这是因为包层结构厚度的变化导致负曲率光纤波导反谐振中心[39]发生改变，从图中可以看出在厚度为 90μm 时有较强的反谐振作用，从而能够使得光纤波导的限制损耗得到有效抑制。四种厚度相比较而言，厚度为 90μm 时的限制损耗在较宽的太赫兹频段内一直处于比较低的水平，更有利于宽频段太赫兹波在光纤波导内部的传输。

波导色散是由波导自身结构引起，对于波导色散的分析，通常情况下只考虑基模传输的情况。图 6-19（b）所示为管壁厚度 $t$ 取不同厚度时色散系数随频率的变化趋势，由图中可以看出随着包层管和三角形管壁厚度 $t$ 的改变，可以在相应的频率范围获得色散平坦趋势。当厚度为 90μm 时，此光纤波导在 2.0～2.8THz 频率范围内色散系数基本在 0 刻度上下浮动，在 2.1～2.8THz 频率范围内的色散为 $-0.19\text{ps}/(\text{THz}\cdot\text{cm}) < \beta_2 < 0.19\text{ps}/(\text{THz}\cdot\text{cm})$。当厚度为 70μm 和 80μm 时，波导色散在 2.0～2.4THz 频率范围内浮动较大。厚度为 100μm 时在 2.0～2.5THz 频率范围内色散值处于较低的水平［绝对值介于 0.03～0.3ps/(THz·cm) 之间］，但是在 2.5～2.8THz 频率范围内色散曲线有明显的变化，在 2.7THz 处达到了 −20ps/(THz·cm)，在 2.75THz 处达到了 15ps/(THz·cm)。结果表明，当厚度为 90μm 时，所设计的光纤波导能够获得较低的色散，可以实现太赫兹波的基模稳定传输。

此外，还讨论了光纤波导的有效模场面积和纤芯功率比。有效模场面积表征波导模式传输过程中实际的模场分布大小[61]，纤芯功率比表征传输过程中太赫兹波在纤芯中的存量。由图 6-19（c）可以看出在有效模场面积曲线图中，管壁厚度为 90μm 时的有效模场面积相对于其他三种厚度处于较低水平，在 2.72THz 频率处达到峰值 $1.5\times10^{-6}\text{m}^2$。厚度为 70μm 时，有效模场面积在频率为 2.12THz 处达到最高值 $4.98\times10^{-6}\text{m}^2$。当光纤波导的有效模场面积较大时将会激发一系列非线性效应。由图 6-19（d）可以发现管壁厚度为 90μm 时，在较宽的带宽范围内纤芯功率比可以稳定在 99%以上，可以实现太赫兹波的高效传输。管壁厚度为 100μm 时在频率为 2.7THz 处达到最低 43%，在 2.0～2.34THz 频率范围内可以达到 99%。纤芯功率比的增长趋势也可以反映出包层管和嵌套三角形结构的管壁厚度带来的影响，值得注意的是当管壁厚度为 90μm 和 100μm 时，在部分太赫兹频段内两种参数不同的光纤波导有着相近的传输能力。在 2.64～2.8THz 频率范围内，管壁厚度 $t$ 为 100μm 时限制损耗增加，纤芯功率比下降，这表明纤芯基模和包层模发生强烈的模式耦合，从而破坏了反谐振区域的形成[39]。图 6-20 表示光纤波导在不同频率时的纤芯基模模场分布图。

综合上述分析，嵌套三角形结构的负曲率光纤波导在四种厚度的情况下都会有相应的带宽可以实现模式的稳定传输，但相比较而言管壁厚度为 90μm 时的情况最为理想，减少了能量衰减。

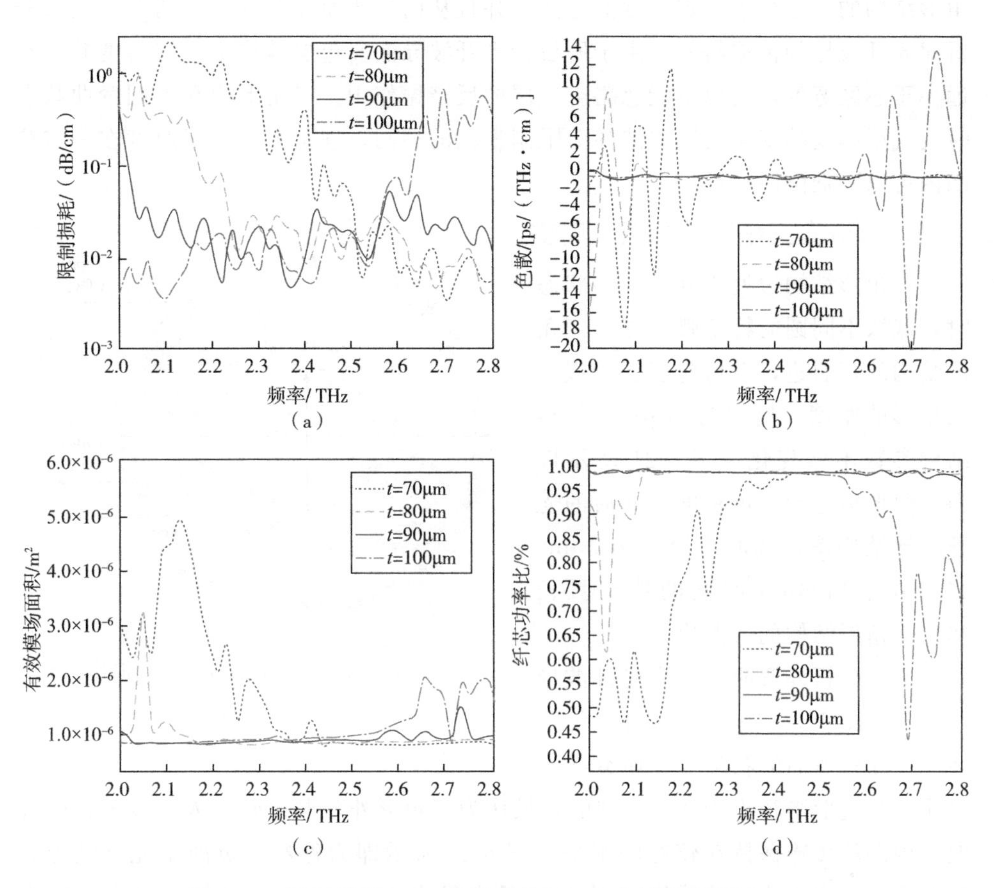


图 6-19　限制损耗（a）；色散特性（b）；有效模场面积（c）以及纤芯功率比随频率的变化曲线（d）

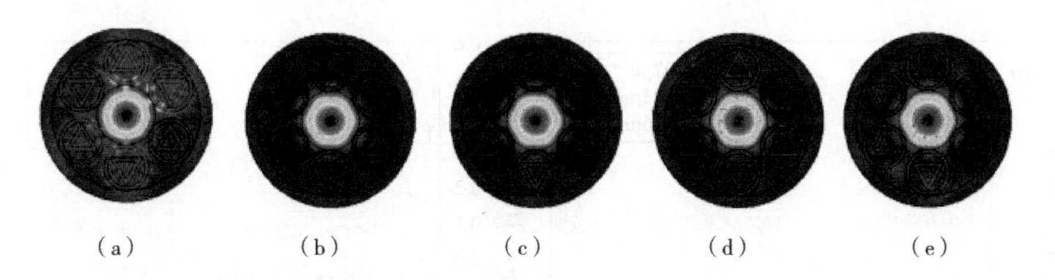


图 6-20　光纤波导纤芯基模模场分布：2.0THz（a）；2.2THz（b）；2.4THz（c）；2.6THz（d）；2.8THz（e）

## 6.4.3　结构优化

为了获得一个更好的传输效果，对设计的负曲率光纤波导进行了改进，将三角形结构的边进行了一定程度的弯曲，并且从向外弯曲和向内弯曲两个方面来分析此光纤波导的传输特性。由于所设计光纤波导嵌套包层结构空气层厚度并没有远小于芯区宽度，所以不能忽略空气层的反谐振作用。三角形边在不同弯曲状态时空气层厚度的变化会影响波导对限制损耗的抑制，理论上空气层厚度在一定范围内可以降低限制损耗[39]。

### （1）嵌套三角形结构边外弯曲

三角形结构边处于外弯曲的状态时，截取不同圆的特定弧长作为三角形结构的弯曲边，保持包层管和嵌套三角形的厚度 $t$ 仍然为 90μm，其他结构参数不做变化。图 6-21 所示即为三角形边进行一定程度弯曲后的光纤波导结构图，选取半径为 797μm、1003μm、1436μm 的圆的特定弧长作为三角形结构的弯曲边。

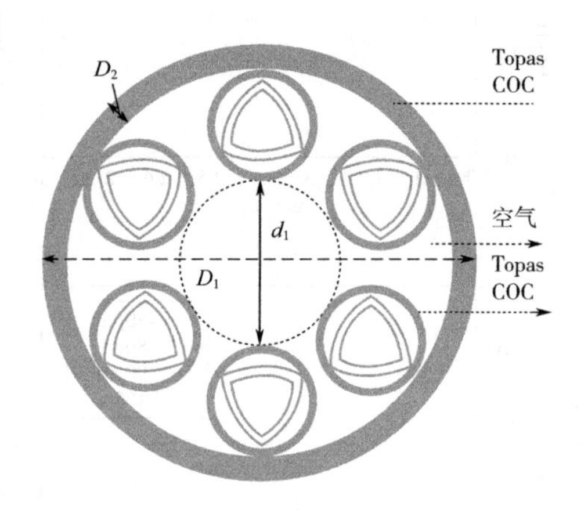


图 6-21　内嵌三角形边外弯曲负曲率光纤波导结构图

研究分析外弯曲负曲率光纤波导在 2.0～2.8THz 频率范围内的传输性能。在外弯曲的状态下，研究结果表明，当选取半径为 1003μm 圆的弧长作为三角形外弯曲边时，太赫兹波在光纤波导内部的传输保持在较好的水平。图 6-22 所示即为外弯曲负曲率光纤波导各项性能随频率变化的曲线图。图 6-23 是半径为 1003μm 时，光纤波导在不同太赫兹频率处的模场分布情况。

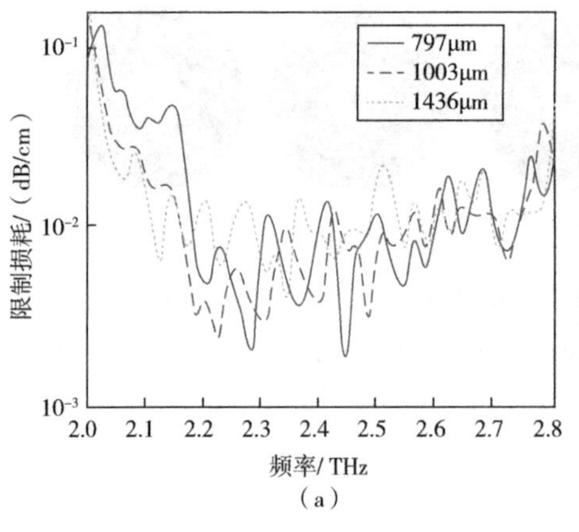


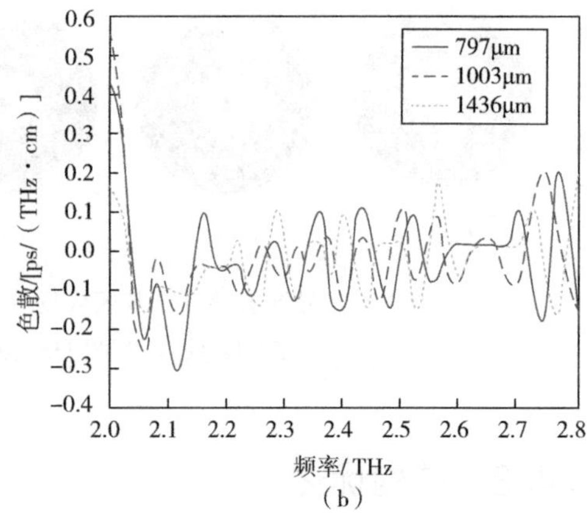

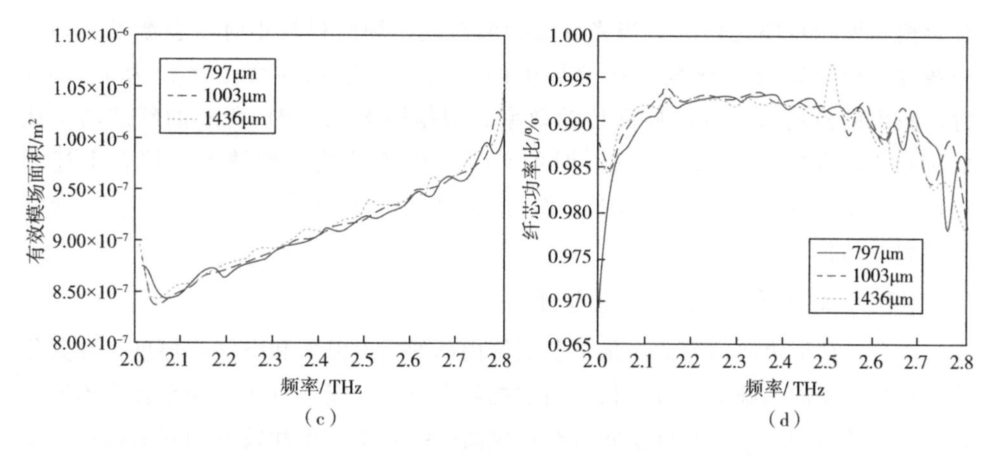


图 6-22 限制损耗（a）；色散特性（b）；有效模场面积（c）；纤芯功率比随工作频率的变化曲线（d）

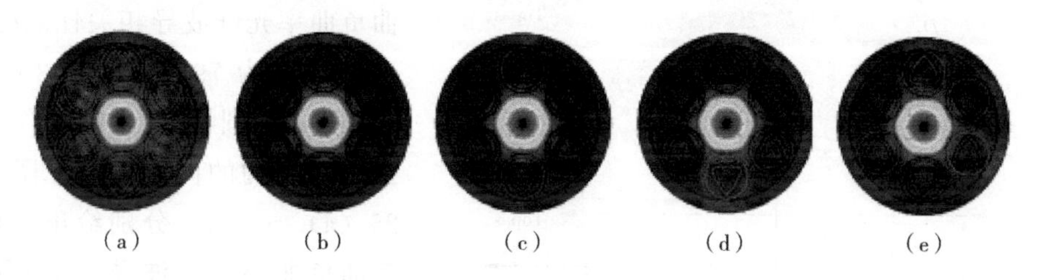


图 6-23 外弯曲光纤波导纤芯基模模场在不同频率时的分布：2.0THz（a）；2.2THz（b）；2.4THz（c）；2.6THz（d）；2.8THz（e）

如图 6-22（a）所示，可以看到在 2.0～2.18THz 频率范围内，三角形边外弯曲半径所取越大则限制损耗越低。半径为 1003μm 时，波导在 2.18～2.8THz 限制损耗变化幅度较小，相比较三角形的直边情况，此时的限制损耗在 2.22THz 频率处降到了 0.0024dB/cm，并在多个太赫兹频率处的限制损耗低至 0.003dB/cm，比直边最低 0.005dB/cm 的限制损耗下降了 40%左右。表明光纤波导结构的改变在一定程度上增强了反谐振作用，促进了光纤波导对限制损耗的有效抑制。从图 6-22（a）也可以看出限制损耗存在振荡特性，这是由于基模泄漏的能量被包层反射后和基模继续耦合所致[63]，因此包层管内空气孔的变化对于振荡峰的产生起到了一定作用。

从图 6-22（b）可以观察到色散系数在不同弯曲半径作用下的变化趋势，半径为 1003μm 时色散系数在 0 刻度线上下浮动范围较小；在 2.04～2.78THz 频率范围内，色散在−0.19～0.19ps/(THz·cm) 的范围内浮动变化。由图 6-22（c）所给出的结果可以看出，随着内嵌三角形包层边外弯曲半径的增大，有效模场面积也随之增大，当光纤波导的有效模场面积较小时将会激发一系列非线性效应，阻碍太赫兹波在波导中的传输[61]。所以在弯曲半径为 1003μm 时，较大的模场面积可以提高传输效率。根据图 6-22（d）所示的纤芯功率比变化趋势，弯曲半径为 1003μm 时的结果要优于其他两种情况。综合上述分析，选取半径为 1003μm 圆的弧长作为三角形的弯曲边有利于太赫兹波在光纤波导内部的传输。

### （2）嵌套三角形结构边内弯曲

嵌套三角形边向内弯曲增加了包层管内部的反射弧面和空气层厚度，在其他结构参数不变的基础上通过分析三组数据研究以上性能，对比发现在计算不同参数时，半径为 1003μm 时可以同时获得较高的纤芯功率比和较低的限制损耗。如图 6-24 所示是内弯曲光纤波导结构示意图。

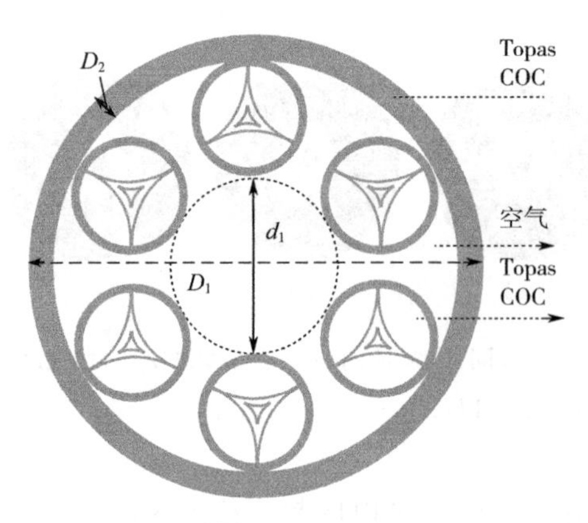


图 6-24　内嵌三角形边内弯曲负曲率光纤波导结构图

在分析内嵌三角形边内弯曲负曲率光纤波导相关性能时，选取半径为 797μm、1003μm、1436μm 的圆的特定弧长作为三角形结构的内弯曲边。图 6-25（a）～（d）分别给出了内弯曲负曲率光纤波导的限制损耗、色散、有效模场面积、纤芯功率比随工作频率的变化趋势。图 6-26 是半径为 1003μm 圆的弧长作为弯曲边时在不同太赫兹频率处的模场分布情况。

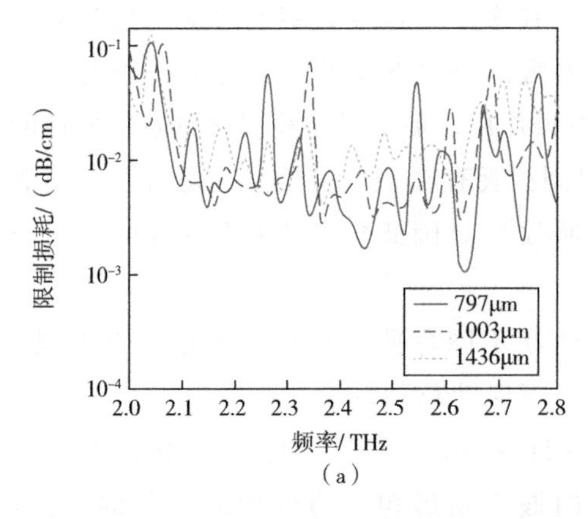


（a）

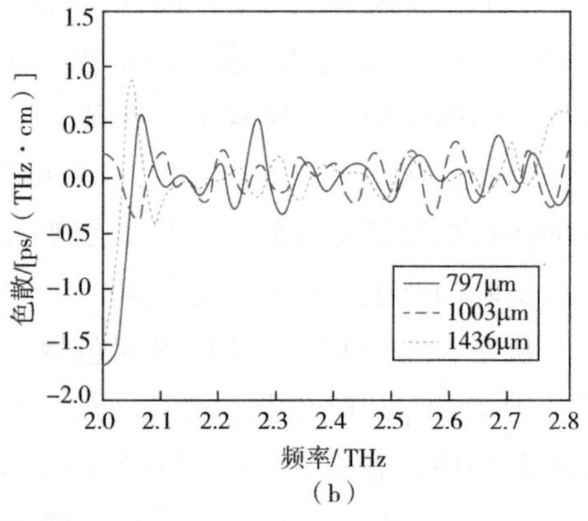


（b）

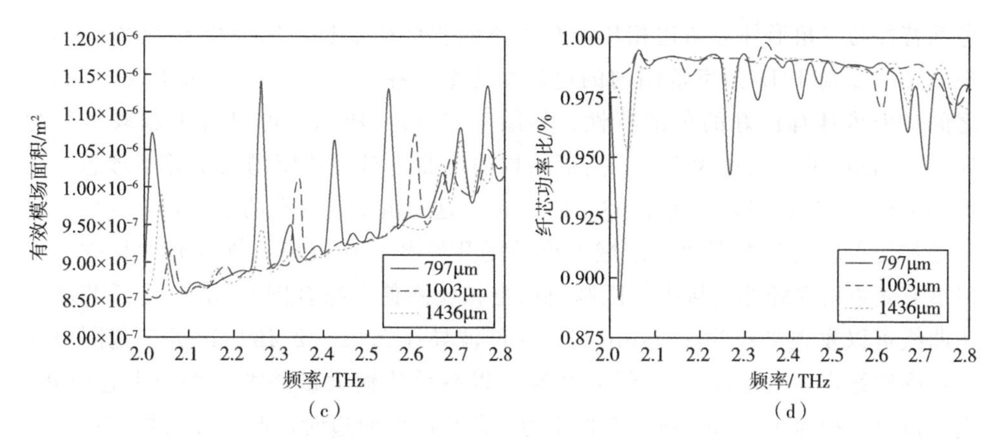


图 6-25 限制损耗 (a)；色散特性 (b)；有效模场面积 (c)；
纤芯功率比随工作频率的变化曲线 (d)

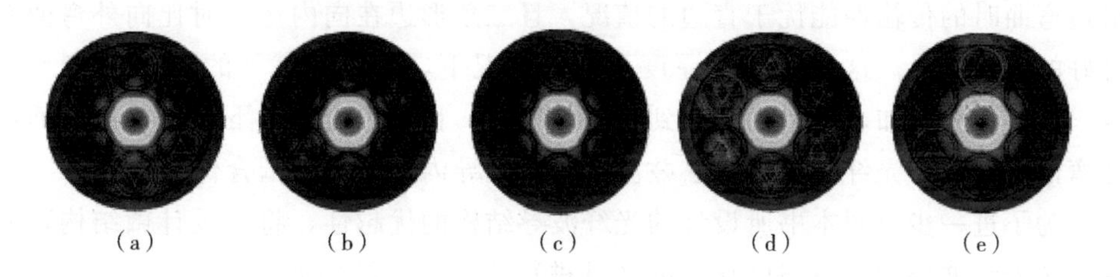


图 6-26 内弯曲光纤波导纤芯基模模场在不同频率时的分布：2.0THz (a)；2.2THz (b)；2.4THz (c)；2.6THz (d)；2.8THz (e)

由图 6-25 (a) 可以发现当选取半径为 797μm 和 1003μm 圆的弧长作为弯曲边时，限制损耗在特定太赫兹频段变化幅度明显，并且出现周期性的变化以及狭长的谐振峰。包层管内三角形边在向内弯曲时反射弧面的增加是谐振峰形成的主要机制，由于包层的反共振原理[64]使光纤波导内反谐振区域的形成出现周期性的变化，在特定太赫兹频段阻碍反谐振区域的形成，使纤芯束缚太赫兹波的能力减弱，从而导致一部分能量泄漏到包层区域。

半径为 797μm 时，波导的限制损耗在 2.62THz、2.64THz 频率处可以达到最低 0.001dB/cm，在 2.04THz 频率处达到最高 0.11dB/cm。半径为 1003μm 时，限制损耗在 2.36THz 频率处达到最低 0.002dB/cm，比直边时的最低 0.005dB/cm 下降了 60%，并在 2.46～2.6THz 频率范围内限制损耗维持在 0.004dB/cm 左右，此时光纤波导的限制损耗特性相比较外弯曲的情况得到了有效优化。半径为 1436μm 时，光纤波导的限制损耗特性变化平缓，然而在 2.1～2.26THz、2.4～2.66THz 频率范围内均要高于其他两种情况。

如图 6-25 (b) 所示，当嵌套三角形边向内弯曲时，三种半径情况下的波导色散特性与三角形外弯曲边相比出现了不同程度的增长，但半径为1003μm时，在2.26～2.38THz频率范围内的色散变化范围在－0.02～0.20ps/(THz・cm)之间，仍然具有良好的色散特性。如图6-25（c）所示，可以看出截取半径为1003μm的圆的弧长作为嵌套三角形结构的弯曲边时有效模场面积并不理想，在2.6THz频率处获得峰值为$1.08\times10^{-6}m^2$，这是由于空气孔的变化，空气层厚度的增加使得芯模与管模两个区域不重叠度升高[39]，所以模式耦合时太赫兹波可以被有效束缚在纤芯区域中，限制损耗也相应降低。综合图6-25（d）纤芯功率比曲线可以发现半径为1003μm时，光纤波导在2.22～2.48THz频率范围内纤芯功率比稳定在99%以上，纤芯区域可以高效传输太赫兹波。综合上述分析，选择截取半径为1003μm圆的弧长作为三角形的弯曲边时，此光纤波导有最佳传输性能。

对比分析微结构负曲率空芯光纤波导嵌套三角形的三种结构，结果表明三角形边弯曲时的传输性能优于直边的情况，且三角形边在向内弯曲时比向外弯曲有更好的传输效果。这是因为在厚度不变的情况下，弯曲状态下的曲率变化[65]导致三角形边长增加，反射面积得到了有效增加，且内弯曲状态下形成的反射面比外弯曲更有利于光纤波导对太赫兹波在光纤波导内部的抑制耦合作用。

为了进一步说明本书所设计的光纤波导结构的优越性，将所设计微结构负曲率空芯光纤波导的参数与已报道的文献进行了对比，结果如表6-1所示。对比结果表明，本书所设计的光纤波导结构在较高太赫兹频率处的参数优于已经报道的光纤波导结构，在基于光泵浦气体太赫兹激光器系统中具有较大的应用潜力。

**表6-1 设计的光纤波导结构与其他结构的性能对比**

| 参考文献 | 波导结构 | 频率/THz | 纤芯功率比/% | 限制损耗/(dB/cm) | 色散/[ps/(THz・cm)] | 有效模场面积/$m^2$ |
|---|---|---|---|---|---|---|
| [42] | 电介质管包层 | 0.828 |  | 0.16 |  |  |
| [66] | 三角形包层 | 0.21～0.3 | 95 | 0.66 |  |  |
| [67] | 夹杂金属丝包层 | 1.1 | 99 | 0.00006 |  |  |
| 本书 | 直边 | 2.1～2.8 | 99 | 0.005 | －0.19～0.19 | $1.5\times10^{-6}$ |
| 本书 | 外弯曲 | 2.06～2.62 | 99 | 0.003 | －0.19～0.19 | $1.04\times10^{-6}$ |
| 本书 | 内弯曲 | 2.22～2.48 | 99 | 0.002 | －0.02～0.2 | $1.08\times10^{-6}$ |

本书设计了嵌套三角形包层结构的新型负曲率空芯光纤波导，在对三角形结构厚度优化的基础上采用全矢量有限元法对此负曲率光纤波导在2.0～2.8THz频率范围内的性能进行数值模拟，深入分析了光纤波导的各个传输特性，光纤波

导在此频率范围内的限制损耗、色散特性、有效模场面积以及纤芯功率比均体现出良好的性能。结果表明三角形结构厚度为 90μm 时，该光纤波导能够获得低损耗、宽带宽的传输特性，限制损耗在 2.36THz 频率处达到 0.005dB/cm，传输带宽范围为 2.1～2.8THz，同时在此频率范围内有较低的色散系数 [±0.1ps/(THz·cm)]，纤芯功率比也稳定在 99%以上。

在对负曲率光纤波导的结构进行优化后，发现三角形边在向内弯曲时比向外弯曲有更好的传输性能。特别当截取半径为 1003μm 圆的特定弧长作为弯曲边时，限制损耗在 2.36THz 频率处达到了 0.002dB/cm，并在 2.46～2.6 THz 频率范围内限制损耗维持在 0.004dB/cm 左右，在此区间内纤芯功率比也稳定在 99%以上。负曲率光纤波导的各项性能分析需要进一步地实验验证，在未来的研究工作中将通过 3D 打印技术制备此光纤波导实物进行实验探究。嵌套三角形包层结构的负曲率光纤波导将会因低限制损耗、宽传输带宽在传感器以及成像仪[66]等领域有重要应用价值。

## 6.5 太赫兹微结构双负曲率空芯光纤波导设计及研究

在近几年的研究中，研究者们发现具有双层包层管的负曲率光纤波导比单层包层管有更加优良的传输特性。然而目前的研究结果表明双包层管负曲率空芯光纤波导仅在中红外波段被人们所了解，在太赫兹波段的研究仍需进一步的努力。

在本节中，设计了具有椭圆孔径管的双包层负曲率光纤波导，与椭圆包层管连接的圆形包层管能够进一步扩大纤芯和负曲率包层边界的负曲率半径小的优势。与包层单层管结构相比较，具有椭圆包层管的双负曲率结构可以降低限制损耗和表面散射损耗。此外，在设计可以有效抑制或者增强高阶模式的光纤波导时，这种结构可以提供额外的自由度。最后，使用有限元仿真软件，在 1.0～1.3THz 和 1.84～2.5THz 频率范围内，通过调整椭圆孔管长轴和短轴的比值分析了光纤波导的限制损耗、弯曲损耗、波导色散、有效模场面积和纤芯功率比等传输特性[68]。

### 6.5.1 光纤波导结构设计

所设计的双负曲率光纤波导结构二维截面如图 6-27 所示，六个均匀排列的椭圆孔管与圆管相互连接作为光纤波导的包层结构。其中白色区域代表空气，蓝色区域表示 Topas COC 材料，椭圆管的长半轴 $a$ 与短半轴 $b$ 分别为 0.9mm 和 0.48mm，与椭圆管相连接的圆管半径 $d_1/2$ 为 0.3mm。椭圆管与圆管的厚度 $t$

相同，均设置为 0.1mm，纤芯区域的半径 $d_2/2$ 为 0.7mm。由 Topas COC 材料构成的包层厚度 $D_1=0.3$mm，包层直径 $d_3/2=3$mm。为了保持结构的稳定性，包层的圆管和椭圆管交叉连接。同时在设计的光纤波导外层设置了 $D_2=0.3$mm 的完美匹配层，用来吸收辐射能量。光纤波导的基底材料是 Topas COC 有机物，折射率值为 1.5258[59]，空气折射率值为 1。Topas COC 在材料特性上具有恒定折射率、低材料损耗、对湿度不敏感和低色散等良好的特性。

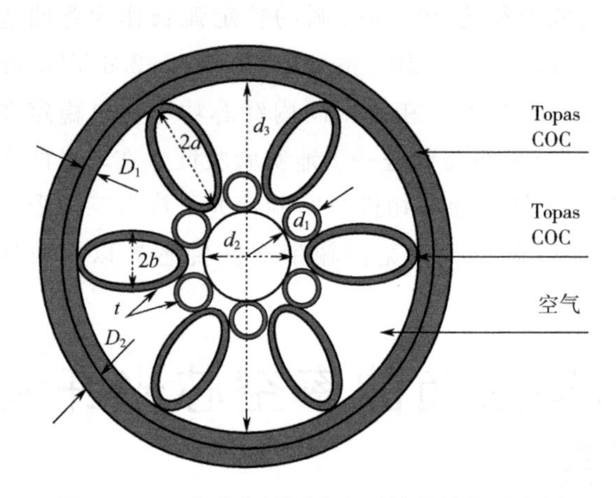


图 6-27　双负曲率椭圆孔光纤波导结构示意图

使用有限元仿真软件模拟计算结构参数对光纤传输性能的影响。在椭圆管和圆管厚度不变的情况下研究双负曲率太赫兹光纤波导在低频段 1.0～1.3THz 以及高频段 1.84～2.5THz 的性能差异。在设计的过程中，通过调整椭圆管长轴与短轴的比值即 $a/b$ 发生改变时，研究结构参数的变化对光纤波导传输性能的影响。在研究过程中，选择了 $a/b=1.5$、1.7、1.9 以及 2.1 作为研究对象。在 1.0～1.3THz 和 1.84～2.5THz 频率范围内以 0.02THz 作为步长仿真太赫兹波在纤芯中的传输情况。基于有限元法使用模式求解器求解亥姆霍兹方程来计算太赫兹光纤波导的模式分布和传播常数。在模拟中使用物理控制的网格，完整的网格包括 21786 个三角形单元、920 个四边形单元、2413 个边界单元和 132 个顶点单元。平均单元质量为 0.8175。

### 6.5.2　结果与讨论

当太赫兹波在光纤波导内部传输时，由于不同光纤波导结构的作用会导致部分太赫兹波泄漏到包层中，从而导致光纤波导产生限制损耗。图 6-28 是所设计光纤波导在不同 $a/b$ 参数下限制损耗的变化趋势，结果表明光纤在 1.84～2.5THz 频率范围内限制损耗特性优于 1.0～1.3THz 频率范围内的限制损耗。图 6-28（a）表明当 $a/b=1.9$ 时，光纤波导的限制损耗在 1.28THz 频率处达到最低 $4.7\times10^{-4}$ dB/cm，在 1.16～1.26THz 频率范围内限制损耗始终维持在 $10^{-3}$ 量级，限制损耗最低为 0.001dB/cm。如图 6-28（b）所示，在部分太赫兹区间内 $a/b=1.5$ 时的限制损耗特性优于 $a/b=1.9$ 的情况，但是总体上在 $a/b=$

1.9 时的限制损耗特性更好。在 2.22～2.5THz 频率范围内限制损耗始终保持在 $10^{-5}$～$10^{-6}$量级，频率为 2.44THz 处的限制损耗低至 $3.2\times10^{-6}$dB/cm。值得注意的是，在 1.0～1.3THz 和 1.84～2.5THz 频率范围内，光纤波导的限制损耗特性均表现出明显的振荡趋势。快速振荡的产生机制则是由于当包层模式的有效折射率接近基模时，横向相位随曲率增大而存在一个快速振荡的强度分布[40]。事实上，在一般情况下，负曲率光纤波导结构主要是通过抑制芯模与包层模的耦合作用实现信号在空芯区域的快速传播，结构特性所产生的反谐振作用可以保证信号极少地泄漏到包层区域。而这种抑制耦合的机制依赖于芯模与包层模之间的横向不匹配，导致场重叠和纤芯模泄漏减小[40]。图 6-28（c）～（f）给出了不同频率处纤芯基模的分布。从图 6-28（d）可以看出，当频率为 1.3THz 时，光纤波导的纤芯基模的部分模场分布在包层区域。当频率为 2.0THz 和 2.5THz 时，此时的纤芯基模能够很好地被限制在纤芯区域，如图 6-28（e）和（f）所示。

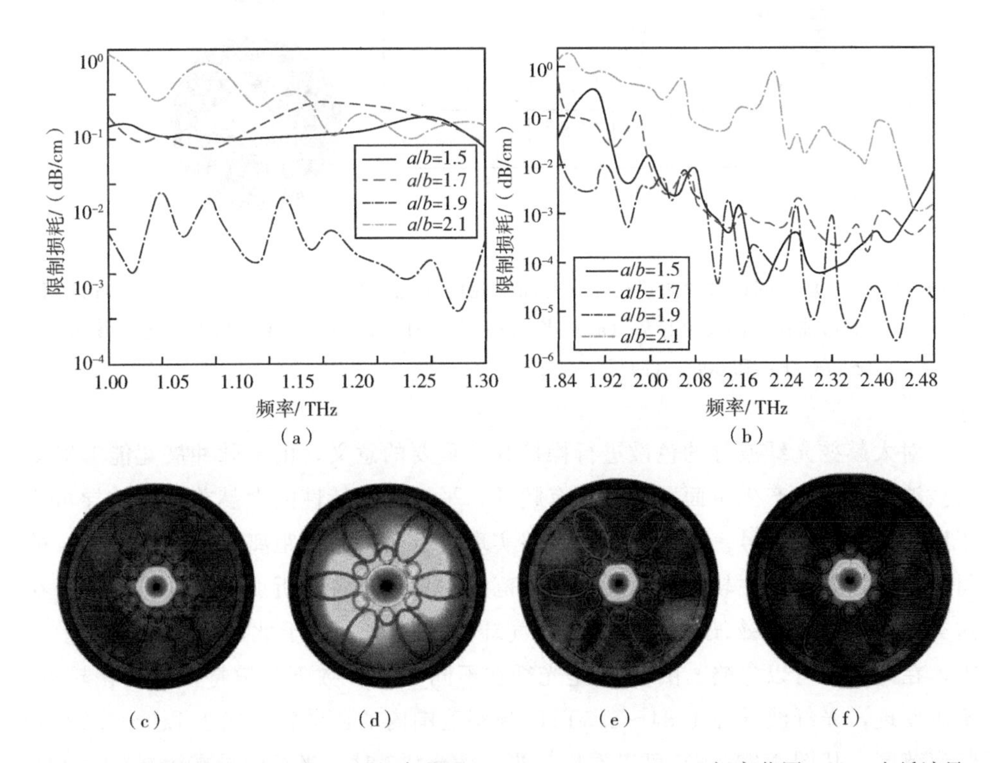


图 6-28 限制损耗 1.0～1.3THz 频率范围（a）和 1.84～2.5THz 频率范围（b）；光纤波导模场分布：1.0THz（c）；1.3THz（d）；2.0THz（e）以及 2.5THz（f）

弯曲损耗是光纤另一个较为关键的特性，它表明了太赫兹波在光纤弯曲时被引导的程度。在计算光纤弯曲损耗时选择了等效折射率模型[69]进行处理。在研究过程中，光纤波导的弯曲半径范围为 20～55cm，通过有限元法每隔 1cm 计算一次。求解出光纤波导弯曲时的等效折射率后即可求出弯曲损耗。图 6-29（a）所示即为四种结构参数下弯曲损耗的变化趋势。结果表明，在四种结构参数下，$a/b=1.9$ 时的弯曲损耗特性比其他三种结构更加优良。在弯曲半径为 25cm 时，弯曲损耗低至 $4.4\times10^{-5}$dB/cm，且在 20～55cm 的弯曲半径范围内弯曲损耗始终维持在 $10^{-4}$～$10^{-5}$ 量级。如图 6-29（b）和（c）所示，当 $a/b=1.9$ 时，在不同弯曲半径下太赫兹波仍然能够被有效地限制在纤芯区域。

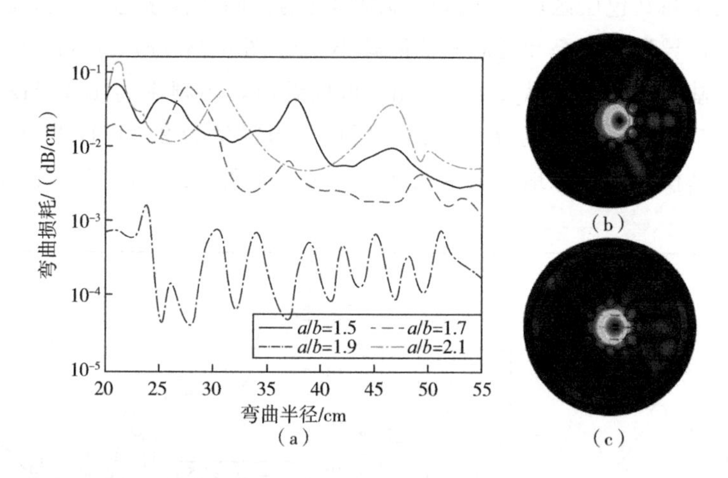


图 6-29　$a/b$ 取不同值时弯曲损耗随着弯曲半径的变化趋势，弯曲半径在 20～55cm 之间的弯曲损耗的变化趋势（a）；当 $a/b=1.9$ 时，不同弯曲半径所对应的模场分布 25cm（b）和 50cm（c）

对太赫兹光纤波导的色散进行操控具有重要的意义，由于脉冲展宽能够对太赫兹波传输性能产生负面影响。具有超低、平坦色散特性的太赫兹光纤波导可用于同时传输多个信号。同时，其还能够实现宽带信号的长距离传输。从 Topas 的材料特性来看，其在较宽的太赫兹频率范围内具有稳定的折射率特性。另外，在这类结构中，太赫兹波主要集中在空气纤芯中传输。基于此，材料色散几乎为零，在计算中可以忽略。图 6-30 是光纤在不同 $a/b$ 参数下色散特性的变化趋势，不难发现，光纤波导在 1.84～2.5THz 频率范围内的色散特性优于 1.0～1.3THz 频率范围。从图 6-30（a）可以看出，当 $a/b=1.7$ 时，光纤波导在 1.0～1.3THz 频率范围内有较优的色散性能，在此频率范围内色散参数绝对值介于 0.02～2.21ps/(THz・cm)。在 1THz 频率处，此光纤有最低的色散参数为 −0.02ps/(THz・cm)。而其他三种情况，色散特性均有明显的幅度变化，当 $a/b=1.5$ 时光纤在 1.24THz 频率处具有最高的色散为 8.56ps/(THz・cm)。当 $a/b=1.9$

时，光纤在 1.3THz 取得最高的色散为 7.89ps/(THz·cm)。当 $a/b=2.1$ 时，光纤波导在 1.04THz 频率处获得的色散值高达 −5.58ps/(THz·cm)。图 6-30(b)的结果表明，在 1.84～2.5THz 频率范围内，光纤波导的色散特性有了明显下降。结果表明，当 $a/b=1.9$ 时，光纤波导在 2.04～2.4THz 频率范围内的色散值稳定在 −0.18～0.05ps/(THz·cm)范围内，并且光纤波导在 1.84THz 频率处的色散峰值仅为 1.86ps/(THz·cm)。此外，当 $a/b=1.5$ 以及 $a/b=1.7$ 时，光纤波导依旧拥有良好的色散特性。当 $a/b=1.5$ 时，光纤波导的色散在 2.0～2.42THz 频率范围内的取值位于 −0.10～0.22ps/(THz·cm)之间。当 $a/b=1.7$ 时，光纤波导的色散在 2.04～2.46THz 频率范围内的取值位于 −0.15～0.20ps/(THz·cm)之间。然而。当 $a/b=2.1$ 时，光纤波导在 1.86THz 和 1.88THz 频率处的色散高达 26.36ps/(THz·cm)以及 18.15ps/(THz·cm)。综合上述分析，在低频段 1.0～1.3THz，$a/b=1.7$ 时，光纤波导的色散性能较为优越；在高频段 1.84～2.5THz，$a/b=1.9$ 时，光纤波导的色散性能较优。

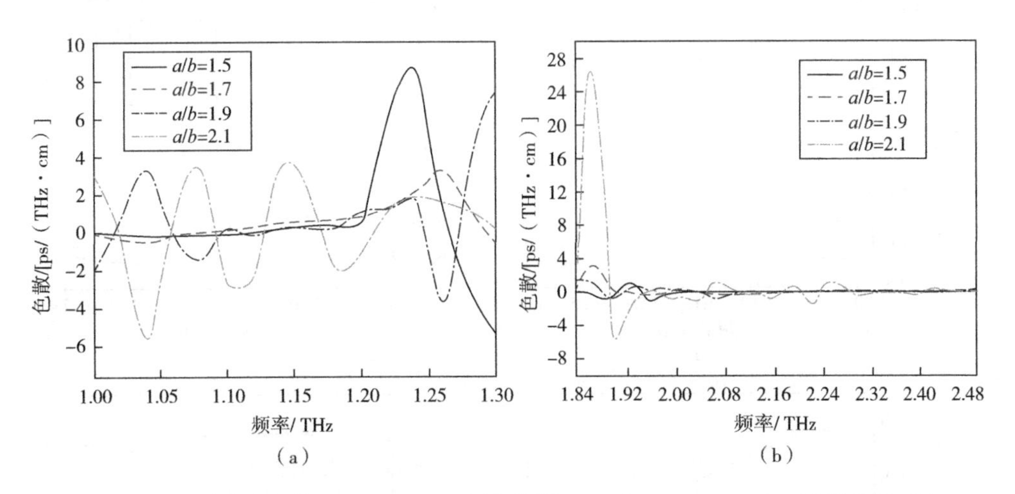


图 6-30 光纤波导色散 1.0～1.3THz 频率范围(a)和 1.84～2.5THz 频率范围(b)

同时，继续分析了光纤波导的有效模场面积以及纤芯功率比的特性。有效模场面积表征光纤模式传输过程中实际的模场分布大小，纤芯功率比表征传输过程中太赫兹波在纤芯中的传播存量。如图 6-31(a)所示，当 $a/b=1.9$ 时在 1.0～1.3THz 频率范围的有效模场面积要高于其他三种情况。从图 6-31(b)可以看出，当 $a/b=1.9$ 时，光纤波导在 1.0～1.1THz 频率范围内比其他三种情况拥有较大的有效模场面积。此外，光纤波导在 1.86THz 频率处的有效模场面积高达 $3.42\times10^{-6}m^2$。当 $a/b=1.9$ 时，光纤波导具有较大的模场分布，有利于太赫兹波在光纤波导中的传输。

图 6-31（c）所示为纤芯功率比在 1.0～1.3THz 频率范围内的变化趋势，由此可以看出在整个研究频率范围内，当 $a/b=2.1$ 时，纤芯功率比的变化趋势较为理想，总体上维持在 80%以上。其他三种结构纤芯功率比均有明显的幅度变化，其中当 $a/b=1.5$ 和 $a/b=1.7$ 时，纤芯功率比在 1.26～1.3THz 频率范围内维持在 20%和 30%左右；当 $a/b=1.9$ 时，纤芯功率比在 1.26～1.3THz 频率范围内维持在 30%～50%之间。图 6-31（d）所示是纤芯功率比在 1.84～2.5THz 频率范围内的变化趋势，相比较于 1.0～1.3THz 频率范围，纤芯功率比明显提高。结果表明当 $a/b=1.5$ 时纤芯功率比的变化较小，在整个频率范围内基本维持在 90%以上，其中在 2.0～2.3THz 频率范围内纤芯功率比达到 98%以上。值得注意的是，图 6-28（b）中 $a/b=1.5$ 时限制损耗在 2.44～2.5THz 频率范围内显著增加，图 6-31（d）中 $a/b=1.5$ 时纤芯功率比在 2.44～2.5THz 频率范围内下降，这表明基模和管模发生强烈的模式耦合，破坏了反谐振区域的形成。

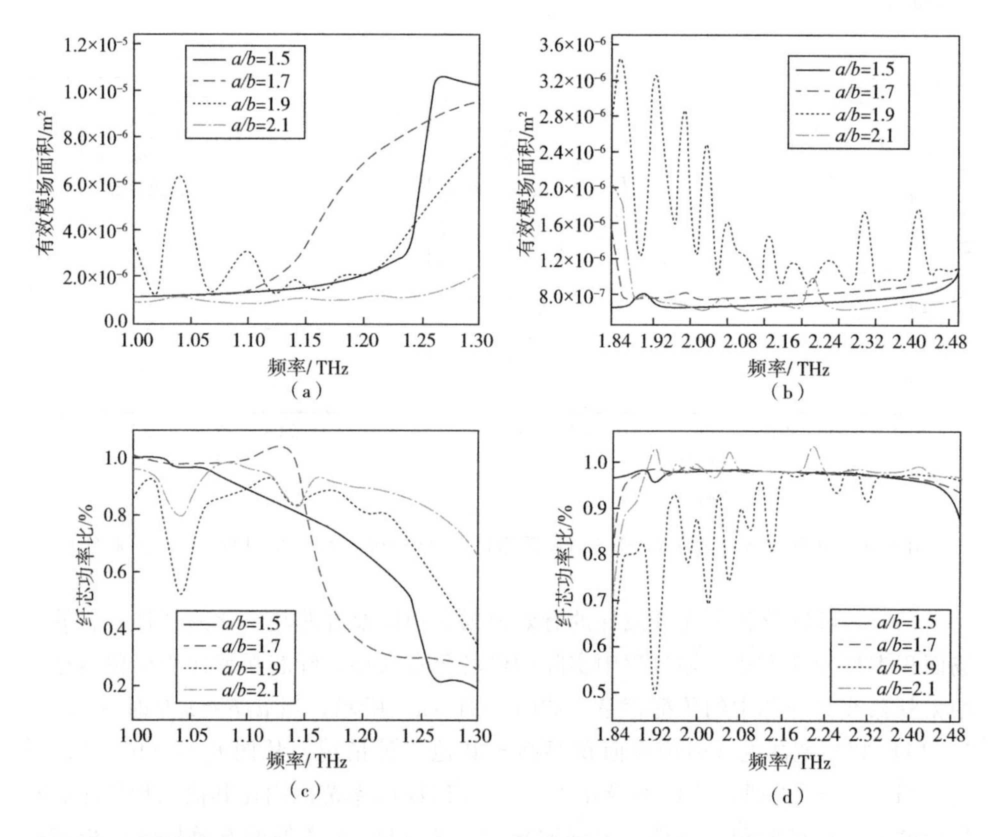


图 6-31　有效模场面积在 1.0～1.3THz（a）和 1.84～2.5THz（b）频率范围内的变化趋势；纤芯功率比在 1.0～1.3THz（c）和 1.84～2.5THz（d）频率范围内的变化趋势

综合上述分析，在四种不同的 $a/b$ 参数下不同特性均有良好的表现，然而综合多种性能研究分析可以得出结论，当 $a/b=1.9$ 时太赫兹波在光纤波导内部传输可以被有效束缚，实现模式的高效传输。

### 6.5.3 结构优化

为了获得更好的传输效果，对所设计光纤波导进行结构上的调整。在保持椭圆孔管 $a/b=1.9$ 不变的情况下，将原来垂直排列的椭圆孔管调整为水平排列，并通过调整椭圆孔管倾斜的角度继续研究上述光纤波导的各项性能。理论上将椭圆孔管调整为水平排列后可以增大光纤的纤芯区域，从而降低光纤的限制损耗和提高光纤的纤芯功率比[70]。

图 6-32 即为优化后的光纤波导结构示意图，圆管和椭圆孔管的管壁厚度 $t$ 仍然保持 0.1mm 不改变，结构调整后的光纤波导具有大孔径纤芯区域，图 6-32 所示纤芯区域 $d_2/2$ 为 1.47mm。椭圆孔管的倾斜角度 $\theta$ 从 0°开始每隔 5°增加到 15°。

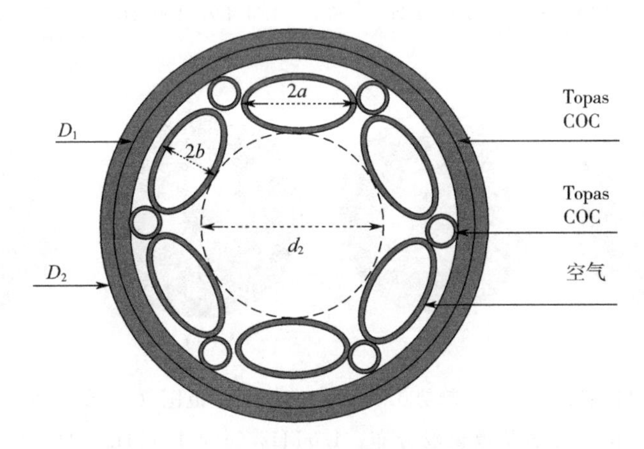


图 6-32　优化结构光纤结构图

图 6-33 为结构优化后光纤波导的限制损耗变化曲线图以及模场分布图。图 6-33（a）表明在 1.0～1.2THz 频率范围内限制损耗明显降低，其中 $\theta=0°$时的限制损耗最低，在 1THz 频率处达到 $7.33\times10^{-4}$dB/cm，与结构未优化前相比限制损耗下降了 80%。而在 1.2～1.3THz 频率范围内垂直放置的椭圆管有更低的限制损耗。图 6-33（b）为优化结构在 1.84～2.5THz 频率范围内的限制损耗变化曲线图，结果表明在 1.84～2.26THz 频率范围内的限制损耗远低于椭圆管垂直放置时的情况，其中当 $\theta=0°$时光纤波导有最低的限制损耗，在 2.14THz 频率处的限制损耗最低为 $8.73\times10^{-6}$dB/cm，比结构未优化前的限制损耗降低了

90%以上。在 1.84～2.1THz 频率范围内，其他三种倾斜角度的限制损耗也均低于椭圆管垂直放置时的情况。然而在 2.26～2.5THz 频率范围内垂直放置的椭圆管的限制损耗优于优化结构的限制损耗。上述分析足以说明结构优化后负曲率光纤波导的反谐振作用得到了增强，限制损耗得到了有效的降低，另一方面也证实了具有大孔径纤芯的负曲率光纤波导在特定的太赫兹频段可以得到极低的限制损耗。图 6-33（c）～（f）给出了优化后的光纤波导在不同频率处的纤芯基模模场分布。

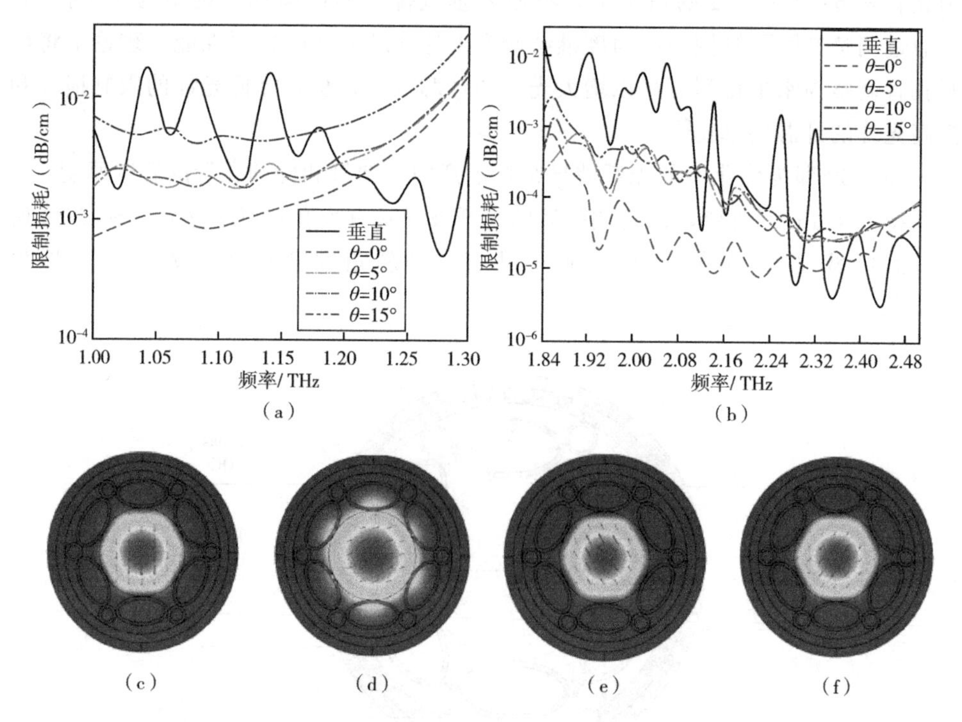


图 6-33　限制损耗随频率的变化趋势 1.0～1.3THz 频率范围（a）和 1.84～2.5THz 频率范围（b）；纤芯基模模场分布：1.0THz（c），1.3THz（d），2.0THz（e）和 2.5THz（f）

较为遗憾的是，限制损耗虽然被有效地降低，但光纤波导的弯曲损耗却增加了两个数量级。图 6-34 为结构优化后的弯曲损耗变化曲线图和模场分布图。由图 6-34（a）可以看出结构优化后的弯曲损耗均要高于椭圆管垂直放置时的情况，这说明具有大孔径纤芯的负曲率光纤波导在弯曲时容易造成结构的畸变从而导致负曲率光纤波导不能抑制耦合，无法产生反谐振区域。图 6-34（b）和（c）分别给出了 $\theta=0°$ 时弯曲半径为 25cm 和 50cm 时的纤芯基模模场分布图，由模场分布图也可看出能量衰减较为严重。

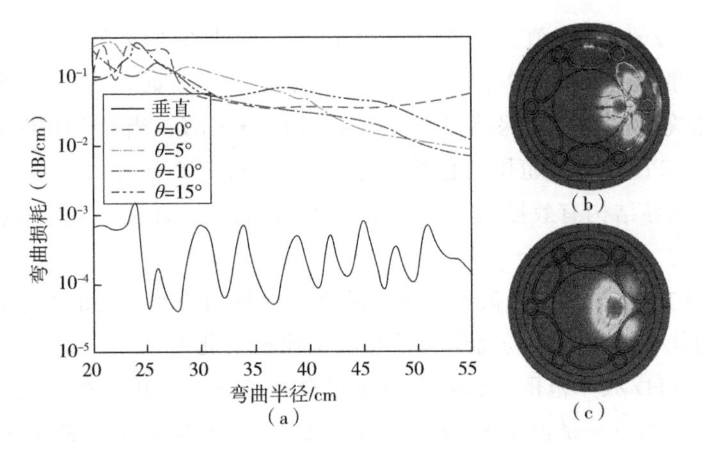


图 6-34　弯曲损耗随弯曲半径的变化趋势（a）；$\theta=0°$时在弯曲半径为 25cm（b）和 50cm（c）时的纤芯基模模场分布

结构优化后的波导色散特性变化趋势如图 6-35 所示。图 6-35（a）是色散特性在 1.0～1.3THz 频率范围内的变化趋势，由图中曲线变化可以看出结构优化后的色散特性比椭圆管垂直排列时明显降低。结果表明，$\theta=15°$时光纤波导在此频段内有最优的色散特性，平坦的色散维持在−0.02～0.29ps/(THz・cm）之间，在 1.12THz 频率处的色散低至 $8\times10^{-9}$ps/(THz・cm)。图 6-35（b）所示是在 1.84～2.5THz 频率范围内的色散曲线，在此频率范围内，当 $\theta=15°$时能够获得更好的色散特性，结果表明在 1.84～2.5THz 频率范围内光纤波导的色散维持在−0.11～0.12ps/(THz・cm)，在 2.06～2.28THz 频率范围内色散保持在

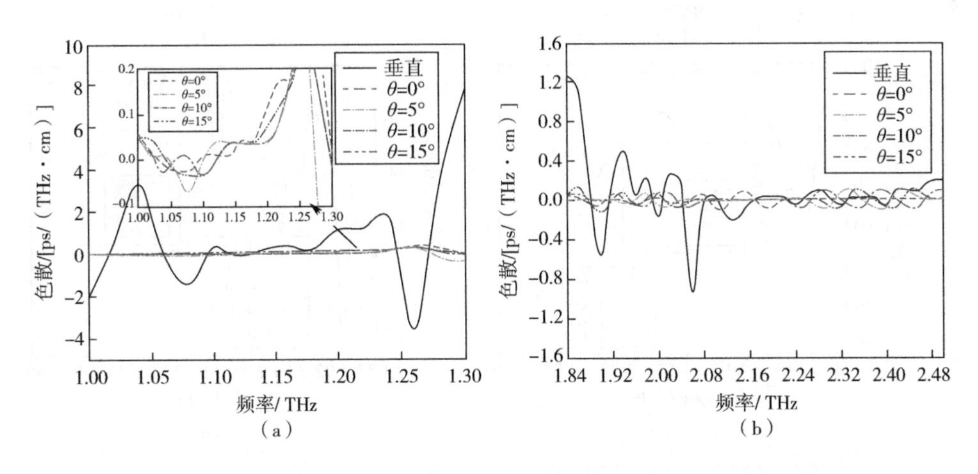


图 6-35　光纤波导在 1.0～1.3THz 频率范围内的色散曲线（a）；光纤波导在 1.84～2.5THz 频率范围内的色散曲线（b）

0.005ps/(THz・cm)。值得注意的是，当 $\theta=0°$ 时光纤波导在 2.22～2.5THz 带宽范围内色散保持在 0.005ps/(THz・cm)；当 $\theta=5°$ 时，光纤波导在 2.04～2.26THz 带宽范围内色散保持在 0.005ps/(THz・cm)；当 $\theta=10°$ 时，光纤波导在 2.08～2.22THz 带宽范围内色散保持在 0.005ps/(THz・cm)。说明多种倾斜角度的光纤波导结构有效提高了光纤波导的色散特性，加强了太赫兹波在空芯区域的传播能力。

此外结构优化后的光纤波导有更大的有效模场面积和更高的纤芯功率比，图 6-36 是结构优化后有效模场面积和纤芯功率比的变化曲线图。图 6-36 (a) 表明在 1.0～1.3THz 频率范围内有效模场面积得到了有效优化。在 1.02～1.24THz 频率范围内，当 $\theta=5°$ 时光纤波导有最大的有效模场面积，此时光纤波导在 1.24THz 频率处的有效模场面积达到了 $5.74\times10^{-6}\mathrm{m}^2$。然而在 1.24～1.3THz 频率范围内，垂直排列的椭圆管有更大的有效模场面积。图 6-36 (b) 给出了在

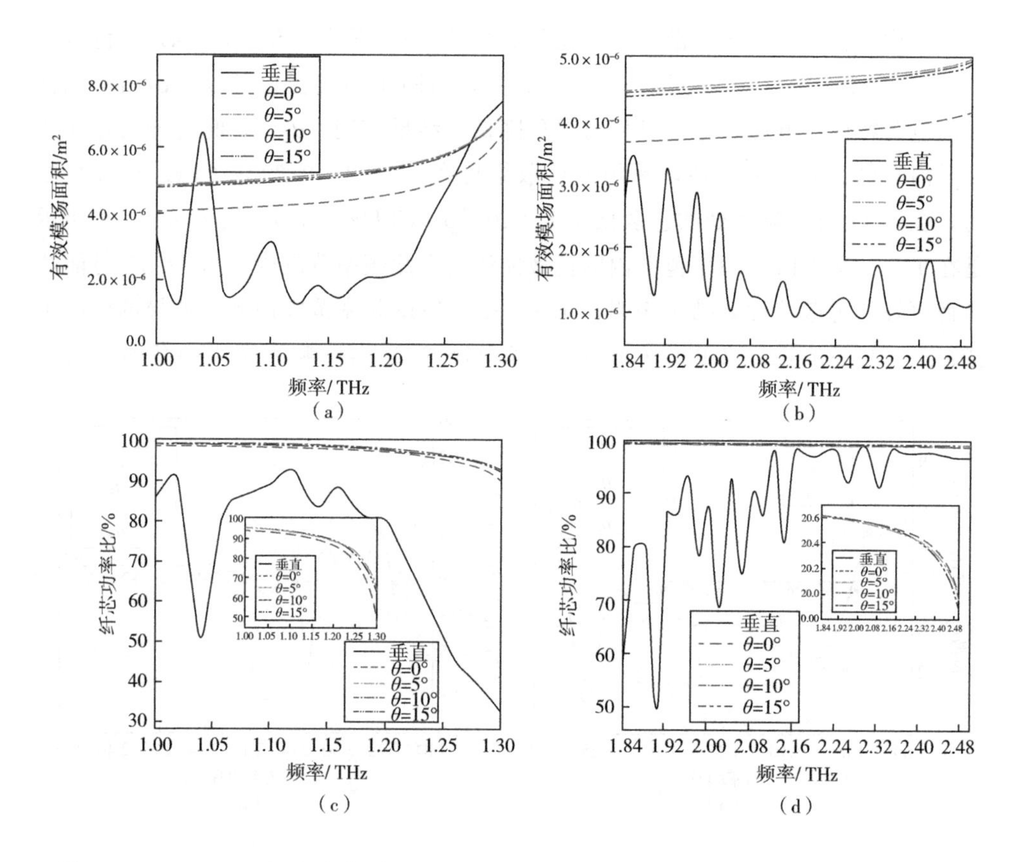


图 6-36　1.0～1.3THz 频率范围 (a) 和 1.84～2.5THz 频率范围 (b) 的有效模场面积；1.0～1.3THz 频率范围 (c) 和 1.84～2.5THz 频率范围 (d) 的纤芯功率比

1.84～2.5THz 频率范围内有效模场面积的变化趋势，结果表明当 $\theta=5°$时光纤波导的有效模场面积最大，在整个带宽范围内有效模场面积始终高于 $4.3\times10^{-6}$ $m^2$，从而也说明光纤的非线性效应较为稳定，传输模式稳定。

图 6-36（c）和（d）分别是 1.0～1.3THz 频率范围内和 1.84～2.5THz 频率范围内的纤芯功率比变化趋势。由图所示可以看出两个频段的纤芯功率比都得到了有效优化，1.0～1.3THz 频率范围内的纤芯功率比始终高于 90%，1.84～2.5THz 频率范围内纤芯功率比基本维持在 99%左右。这是因为太赫兹波在具有大孔径纤芯的负曲率光纤波导内部传输时可以通过反谐振作用被有效地保留在空芯区域。

综合上述分析，将椭圆孔管水平排列时，调整倾斜角度可以获得比垂直排列的椭圆孔管更优异的光纤波导传输特性。当 $\theta=0°$时光纤波导的限制损耗最低，在其他性能上，$\theta=0°$时与其他倾斜角度差距并不大。所以选择 $\theta=0°$时的光纤波导结构更有利于太赫兹波在光纤波导内部的传输。

本节设计了双负曲率椭圆管负曲率光纤波导，通过调整椭圆管长轴与短轴的比例研究光纤波导在 1.0～1.3THz 和 1.84～2.5THz 频率范围内的限制损耗、弯曲损耗、波导色散、有效模场面积以及纤芯功率比等传输特性。结果表明光纤波导在长轴与短轴比例为 1.9 时，即 $a/b=1.9$ 时光纤波导具有低损耗、宽带宽的特点。在 1.28THz 频率处的限制损耗低至 $4.7\times10^{-4}$dB/cm，在 2.44THz 频率处的限制损耗低至 $3.2\times10^{-6}$dB/cm，其中在 2.22～2.5THz 频段内限制损耗始终维持在 $10^{-5}$～$10^{-6}$量级。且当 $a/b=1.9$ 时，光纤波导在 2.04～2.4THz 频率范围内的色散特性稳定在-0.18～0.05ps/(THz·cm）之间，且当弯曲半径为 25cm 时，光纤波导的弯曲损耗低至 $4.4\times10^{-5}$dB/cm。

光纤波导结构优化后的限制损耗与色散特性得到了明显提升，当 $\theta=0°$时，限制损耗在 1THz 频率处达到 $7.33\times10^{-4}$dB/cm，与结构未优化前相比限制损耗下降了 80%，在 2.14THz 频率处的限制损耗最低为 $8.73\times10^{-6}$dB/cm，与未优化前相比限制损耗降低了 90%左右。同时，结构优化后的光纤纤芯功率比在低频段 1.0～1.3THz 范围内始终维持在 90%以上，在高频段 1.84～2.5THz 范围内也达到了 99%左右。所设计的双负曲率椭圆孔光纤波导将会因低限制损耗和宽传输带宽在 1.0～1.3THz 频率范围可以应用于显微成像、生物医学等领域[71]，而 1.84～2.5THz 频率范围可以在成像仪和光泵气体激光器领域有广阔的应用前景[72,73]。

## 参考文献

[1] Yeh P, Yariv A, Marom E. Theory of Bragg fiber [J]. J. Opt. Soc. Am. 68, 1196-1201

(1978).
[2] Yeh P, Yariv A. Bragg reflection waveguides [J]. Opt. Commun. 19, 427-430 (1976).
[3] Russell P St J. Photonic crystal fibers [J]. Science 299, 358-362 (2003).
[4] Russell P St J. Photonic-crystal fibers [J] J. Lightwave Technol. 24, 4729-4749 (2006).
[5] Poletti F, Petrovich M N, Richardson D J. Hollow-core photonic bandgap fibers: technology and applications [J]. Nanophotonics 2, 315-340 (2013) .
[6] Knight J C, Broeng J, Birks T A, et al. Photonic band gap guidance in optical fibers [J]. Science 282, 1476-1478 (1998).
[7] Cregan R F, Mangan B J, Knight J C, et al. Single-mode photonic band gap guidance of light in air [J]. Science 285, 1537-1539 (1999).
[8] Couny F, Benabid F, Light P S. Large-pitch kagome-structured hollow core photonic crystal fiber [J]. Opt. Lett. 31, 3574-3576 (2006).
[9] Pearce G J, Wiederhecker G S, Poulton C G, et al. Models for guidance in kagome-structured hollow-core photonic crystal fibres [J]. Opt. Express 15, 12680-12685 (2007).
[10] Couny F, Benabid F, Roberts P J, et al. Generation and photonic guidance of multi-octave optical-frequency combs [J]. Science 318, 1118-1121 (2007).
[11] Argyros A, Pla J. Hollow-core polymer fibres with a kagome lattice: potential for transmission in the infrared [J]. Opt. Express 15, 7713-7719 (2007).
[12] Duguay M A, Kokubun Y, Koch T L, et al. Antiresonant reflecting optical waveguides in $SiO_2$ Si multiplayer structures [J]. Appl. Phys. Lett. 49, 13-15 (1986).
[13] Kokubun Y, Baba T, Sakaki T, et al. Low-loss antiresonant reflecting optical waveguide on Si substrate in visible-wavelength region [J]. Electron. Lett. 22, 892-893 (1986).
[14] Roberts P J, Williams D P, Mangan B J, et al. Realizing low loss air core photonic crystal fibers by exploiting an antiresonant core surround [J]. Opt. Express 13, 8277-8285 (2005).
[15] Pearce G, Pottage J, Bird D, et al. Hollow-core PCF for guidance in the mid to far infra-red [J]. Opt. Express 13, 6937-6946 (2005).
[16] Amezcua-Correa R, Broderick N G, Petrovich M N, et al. Design of 7 and 19 cells core air-guiding photonic crystal fibers for low-loss, wide bandwidth and dispersion controlled operation [J]. Opt. Express 15, 17577-17586 (2007).
[17] Wang Y Y, Wheeler N V, Couny F, et al. Low loss broadband transmission in hypocycloid-core Kagome hollow-core photonic crystal fiber [J]. Opt. Lett. 36, 669-671 (2011).
[18] Pryamikov A D, Biriukov A S, Kosolapov A F, et al. Demonstration of a waveguide regime for a silica hollow-core microstructured optical fiber with a negative curvature of the core boundary in the spectral region $> 3.5\mu m$ [J]. Opt. Express 19 (2), 1441-1149 (2011).
[19] Kosolapov A F, Pryamikov A D, Biriukov A S, et al. Demonstration of $CO_2$-laser power delivery through chalcogenide-glass fiber with negative-curvature hollow core [J]. Opt.

Express 19, 25723-25728 (2011).

[20] Yu F, Wadsworth W J, Knight J C. Low loss silica hollow core fibers for 3-4μm spectral region [J]. Opt. Express 20 (10), 11153-11160 (2012).

[21] Urich A, Maier R R J, Yu F, et al. Flexible delivery of Er: YAG radiation at 2.94μm with negative curvature silica glass fibers a new solution for minimally invasive surgical procedures [J]. Opt. Express 4 (2), 193-205 (2012).

[22] Urich A, Maier R R J, Yu F, et al. Silica hollow core microstructured fibres for mid-infrared surgical applications [J]. J. Non-Cryst. Solids 377, 236-239 (2013).

[23] Price J H V, Monro T M, Ebendorff-Heidepriem H, et al. Mid-IR supercontinuum generation from nonsilica microstructured optical fibers [J]. IEEE J. Sel. Top. Quantum Electron. 13, 738-749 (2007).

[24] Jiang X, Joly N Y, Finger M A, et al. Deep-ultraviolet to mid-infrared supercontinuum generated in solid-core ZBLAN photonic crystal fibre [J]. Nat. Photonics 9, 133-139 (2015).

[25] Tao G, Ebendorff-Heidepriem H, Stolyarov A M, et al. Infrared fibers [J]. Adv. Opt. Photon. 7, 379-458 (2015).

[26] Belardi W, White N, Lousteau J, et al. Hollow core anti-resonant fibers in borosilicate glass [C]. in Workshop on Specialty Optical Fibers and their Applications, OSA Technical Digest (online) (Optical Society of America, 2015), paper WW4A. 4.

[27] Gattass R R, Rhonehouse D, Gibson D, et al. Infrared glass-based negative-curvature antiresonant fibers fabricated through extrusion [J]. Opt. Express 24, 25697-25703 (2016).

[28] Sun S, Shi W, Sheng Q, et al. Investigation of mode couplings between core and cladding of terahertz anti-resonant fibres [J]. J. Phys. D: Appl. Phys. 54, 185107 (2021).

[29] 张亚萍. 高双折射、低损耗负曲率空芯光纤的设计与理论研究 [D]. 济南大学，2020.

[30] Marcatili E A J, Schmeltzer R A. Hollow metallic and dielectric waveguides for long distance optical transmission and lasers [J]. Bell Syst. Tech. J. 43 (4), 1783-1809 (1964).

[31] White T P, Kuhlmey B T, McPhedran R C, et al. Multipole method for microstructured optical fibers. I. Formulation [J]. J. Opt. Soc. Am. B 19, 2322-2330 (2002).

[32] Hu J, Menyuk C R. Leakage loss and bandgap analysis in air-core photonic bandgap fiber for nonsilica glasses [J]. Opt. Express 15, 339-349 (2007).

[33] Vincetti L. Empirical formulas for calculating loss in hollow core tube lattice fibers [J]. Opt. Express 24, 10313-10325 (2016).

[34] Born M, Wolf E. Elements of the theory of interference and interferometers [M]. in Principles of Optics, 7th ed. (Cambridge University, 1999), pp. 359-366.

[35] Wei C, Menyuk C R, Hu J. Impact of cladding tubes in chalcogenide negative curvature fibers [J]. IEEE Photon. J. 8, 2200509 (2017).

[36] Wei C, Hu J, Menyuk C R. Comparison of loss in silica and chalcogenide negative curvature

fibers as the wavelength varies [J]. Front. Phys. 4, 30 (2016).
[37] Debord B, Alharbi M, Bradley T, et al. Hypocycloid-shaped hollow-core photonic crystal fiber Part I: arc curvature effect on confinement loss [J]. Opt. Express 21, 28597-28608 (2013).
[38] Debord B, Amsanpally A, Chafer M, et al. Ultralow transmission loss in inhibited-coupling guiding hollow fibers [J]. Optica 4, 209-217 (2017).
[39] 陈翔，胡雄伟，李进延. 负曲率空芯光纤限制损耗的影响因素 [J]. 激光与光电子学进展，56 (5), 050602 (2019).
[40] Wei C L, Weiblen R J, Menyuk C R, et al. Negative curvature fibers [J]. Adv. Opt. Photon. 9, 504-561 (2017).
[41] Yan D X, Li J S. Design and analysis of the influence of cladding tubes on novel THz waveguide [J]. Optik 180, 824-831 (2019).
[42] Setti V, Vincetti L, Argyros A. Flexible tube lattice fibers for terahertz applications [J]. Opt. Express 21, 3388-3399 (2013).
[43] Tang X L, Sun B S, Shi Y W. Design and optimization of low-loss high-birefringence hollow fiber at terahertz frequency [J]. Opt. Express 19, 24967-24979 (2011).
[44] Miyagi M, Kawakami S. Design theory of dielectric-coated circular metallic waveguides for infrared transmission [J]. J. Lightw. Techonl. LT-2, 116-126 (1984).
[45] Chen H B, Chen D R, Hong Z. Squeezed lattice elliptical-hole terahertz fiber with high birefringence [J]. Appl. Opt. 48, 3943-3947 (2009).
[46] Chen D R, Tam H Y. Highly birefringent terahertz fibers based on super-cell structure [J]. J. Lightw. Technol. 28, 1858-1863 (2010).
[47] Wang J L, Yao J Q, Chen H M, et al. A simple birefringent terahertz waveguide based on polymer elliptical tube [J]. Chin. Phys. Lett. 28, 014207 (2011).
[48] Yan D X, Li J S. Effect of tube wall thickness on the confinement loss, power fraction and bandwidth of terahertz negative curvature fibers [J]. Optik 178, 717-722 (2019).
[49] Yan D X, Zhang H W, Xu D G, et al. Numerical study of compact terahertz gas laser based on photonic crystal fiber cavity [J]. J. Lightwave Technol. 34, 3373-3378 (2016).
[50] Yu F, Knight J C. Negative curvature hollow-core optical fiber [J]. IEEE J. Sel. Top. Quant. 22 (2), 146-155 (2015).
[51] Alagashev G K, Pryamikov A D, Kosolapov A F, et al. Impact of geometrical parameters on the optical properties of negative curvature hollow-core fibers [J]. Laser Phys. 25 (5), 055101 (2015).
[52] Naftaly M, Miles R E. Terahertz time-domain spectroscopy for material characterization, Proc. IEEE 95, 1658-1665 (2007).
[53] Geng Y F, Tan X L, Wang P, et al. Transmission loss and dispersion in plastic terahertz photonic band-gap fibers [J]. Appl. Phys. B-Lasers O. 91 (2), 333-336 (2008).

[54] Islam R, Rana S, Ahmad R, et al. Bend-insensitive and low-loss porous core spiral terahertz fiber [J]. IEEE Photon. Tech. Lett. 27, 2242-2245 (2015).

[55] Hasan M R, Islam M A, Anower M S, et al. Low-loss and bend-insensitive terahertz fiber using a rhombic-shaped core [J]. Appl. Opt. 55, 8441-8447 (2016).

[56] Wei C, Kuis R A, Chenard F, et al. Higher-order mode suppression in chalcogenide negative curvature fibers [J]. Opt. Express 23, 15824-15832 (2015).

[57] Poletti F. Nested antiresonant nodeless hollow core fiber [J]. Opt. Express 22, 23807-23828 (2014).

[58] 孟淼，严德贤，李九生，等. 基于嵌套三角形包层结构负曲率太赫兹光纤的研究 [J]. 物理学报，69 (16)，167801 (2020).

[59] Wu Z D, Zhou X Y, Shi Z H, et al. Proposal for high-birefringent terahertz photonic crystal fiber with all circle air holes [J]. Opt. Eng. 55 (3), 037105 (2016).

[60] Habib M A, Anower M S, Abdulrazak L F, et al. Hollow core photonic crystal fiber for chemical identification in terahertz regime [J]. Opt. Fiber Technol. 52 101933 (2019).

[61] 魏薇，张志明，唐莉勤，等. 六重准晶涡旋光光子晶体光纤特性 [J]. 物理学报，68 (11)，114209 (2019).

[62] Zhang L, Ren G J, Yao J Q. A new photonic crystal fiber gas sensor based on evanescent wave in terahertz wave band: design and simulation [J]. Optoelectron. Lett. 9, 438 (2013).

[63] 崔莉，赵建林，张晓娟，等. 光子晶体光纤的弯曲损耗振荡特性分析 [J]. 光学学报，28，1172-1177 (2008).

[64] 姬江军，孔德鹏，马天，等. 环烯烃共聚物空芯微结构太赫兹光纤的设计与制造 [J]. 红外与激光工程，43 (6)，1909-1913 (2014).

[65] Belardi W, Knight J C. Effect of core boundary curvature on the confinement losses of hollow antiresonant fibers [J]. Opt. Express 21, 21912-21917 (2013).

[66] Cruz A L S, Serrao V A, Barbosa C L, et al. 3D printed hollow core fiber with negative curvature for terahertz applications [J]. J. Microwaves, Optoelectron. Electromagn. Appl. 14, SI-45 (2015).

[67] Sultana J, Islam M S, Cordeiro C M B, et al. Terahertz Hollow Core Antiresonant Fiber with Metamaterial Cladding [J]. Fibers 8 (2), 14 (2020).

[68] Meng M, Yan D X, Yuan Z W, et al. Novel double negative curvature elliptical aperture core fiber for terahertz wave transmission [J]. J. Phys. D: Appl. Phys. 54 (23), 235102 (2021).

[69] Wang Y, Imranhasan M, Hassan M R A, et al. Effect of the second ring of antiresonant tubes in negative-curvature fibers [J]. Opt. Express 28, 1168-1176 (2020).

[70] Su Z L, Tian F J, Zhang Y J, et al. A modified large mode-field area fiber with managing chromatic dispersion [J]. Optik 208, 164104 (2020).

[71] Cruz A L S, Franco M A R, Cordeiro C M B, et al. Exploring THz hollow-core fiber designs manufactured by 3D printing [C]. in 2017 SBMO/IEEE MTT-S International Microwave and Optoelectronics Conference (IMOC 2017), Aguas de Lindoia, Brazil, 1-5 (2017).
[72] Pagies A, Ducournau G, Lampin J F. Low-threshold terahertz molecular laser optically pumped by a quantum cascade laser. APL. Photonics 1 (3), 031302 (2016).
[73] Chevalier P, Amirzhan A, Wang F, et al. Widely tunable compact terahertz gas lasers [J]. Science 366 (6467), 856-860 (2019).

# 第7章

# 微结构波导双折射偏振特性研究

作为电磁波的一个基本属性，偏振及其产生的相关效应在电磁波领域具有重要的研究意义和应用价值。对于非保偏波导来说，外界的扰动如应力、温度等都可能引入不可控的双折射或偏振模色散，而电磁波偏振态的变化和正交偏振态模式之间的串扰都会限制波导在如陀螺、传感、激光器系统以及电磁波传输等方面的实际应用。偏振波导可以通过灵活的设计结构从而实现较高的双折射（一般达到 $10^{-4}$ 量级）（双折射是指相双折射，表示为波导的两个偏振态基模有效折射率的差的绝对值）[1]，从而能够抑制外部扰动带来的不可控双折射和偏振模式之间的串扰对电磁波传输所带来的影响，使波导沿偏振轴激发的模式具有较高的偏振消光比，从而确保电磁波偏振态传播。就传统的实芯波导而言，通过设计非圆形纤芯引入高双折射（几何结构双折射）和通过波导横截面上的非均匀应力分布产生高双折射（应力双折射）都能够有效提高电磁波在波导中偏振传输的性能。同时，大量的研究结果表明，使用悬浮纤芯结构或者多孔纤芯结构可以实现较大的双折射[2-4]。目前报道的使用悬浮纤芯结构以及多孔纤芯结构能够实现的最高的双折射为 0.1116[2]。

不同于传统的实芯光纤波导以及悬浮纤芯或者多孔纤芯光纤波导，空芯光纤波导通过特定的微结构设计可以将电磁场限制在空气供低延迟、低色散、低非线纤芯区域中，使得模场与背景材料微结构的重叠度低于1%，可以提高光致损伤阈值、抗干扰等特点，并且可以通过填充液体或者气体来实现不同的功能。因此，具有偏振性能的空芯波导在高精度干涉测量[5]、高功率激光传输[6]、生物化学分析等领域展现出巨大的应用潜力。由于纤芯传输模场与包层结构的重叠度较低，空芯光纤波导不能够有效地通过使用应力双折射的方式实现偏振传输，因此高双折射空芯光纤波导的研究既是对波导物理机制的研究，也是对其设计思想的探索。

# 7.1 微结构偏振空芯波导介绍

## 7.1.1 几何结构双折射方法探索-纤芯光子带隙光纤波导

2002年，日本北海道大学的K. Saitoh等人首次在空芯光纤波导中使用几何结构双折射方式，结合有限元方法设计了一款纤芯缺陷四个空气孔形状的椭圆空芯光子带隙光纤波导，其满足二重旋转对称性，数值仿真结果表明其双折射可以达到$10^{-3}$量级[7]。2004年，康宁公司的X. Chen等人实验拉制了空芯微结构光子带隙光纤波导[8]，测量结果表明该宽椭圆纤芯空芯光纤波导在1.55μm处的群双折射为0.025，群双折射（Group Modal Birefrigence，GMB）定义为波导两偏振态基模群折射率的差，与相双折射$B$满足$\mathrm{GMB}=B-\lambda\times \mathrm{d}B(\lambda)/\mathrm{d}\lambda$。该波导的损耗高达1.5dB/m，这是因为随着纤芯尺寸减小，将会引起纤芯模场与包层微结构重叠度增大，波导损耗主要是由拉制的光纤波导中石英-空气界面不平滑所导致的散射损耗引起的。在实验中，研究人员还发现当激光没有对准耦合进入该光纤波导时，则不会观察到偏振特性。因此，几何结构双折射并不是最有效的设计偏振空芯光子带隙光纤波导的方法，新的物理机制有待研究并利用。

2005年，英国南安普顿大学的F. Poletti等人分析了空芯光子带隙光纤波导几何结构形变与偏振相关特性的关系[9]。主要研究了两类光纤波导结构的形变：宏观的横向形变（水平方向整体放大）和只改变纤芯周围壁厚（水平方向壁厚增加），如图7-1所示。在均匀理想对称结构中，纤芯周围包层管壁上的表面模式彼此简并，与纤芯模式发生反交叉耦合的波长位置相同，纤芯模式也因此简并，没有明显的双折射特性。而整体宏观的形变使得光纤波导从六重旋转对称结构变为二重旋转对称结构，并且周期结构的包层水平与竖直方向也会有壁厚差异，从而破坏了表面模的简并状态，且纤芯模式所处的光子带隙也向长波长移动，从而能够产生双折射，并印证了2003年巴斯大学研究人员报道的实验结果[10]。

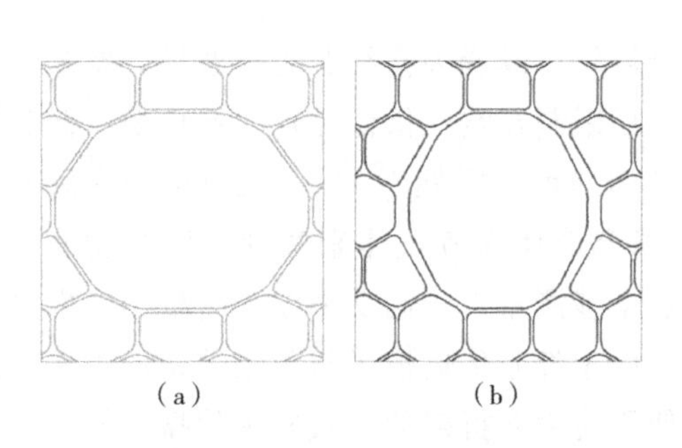

图7-1　两种变形情况[9]

第二类结构形变只改变了纤芯周围的包层管壁，且改变量相比纤芯的尺寸小于3个数量级。尽管这种结构上的微弱改变对于传统的光纤波导结构不会造成较大的影响，但是对于光子带隙光纤波导来说，具有较大的影响。管壁厚度的改变能够改变其有效折射率，同时也使得原本简并的多个表面模式不再简并，不同表面模式与纤芯模式发生反交叉耦合的波长位置不一致，且这种耦合作用具有偏振相关性。改变纤芯周围的包层管壁，借助表面模式与纤芯模式偏振相关的反交叉耦合效应引入高双折射是行之有效的办法。

2006 年，英国、丹麦和德国的研究人员在纤芯缺陷 7 个空气孔的光子带隙光纤波导纤芯周围添加四个椭圆形节点来构造光纤波导结构[11]，如图 7-2 所示。增加节点可以将波导的六重旋转对称结构转变为二重旋转对称结构，能够产生较高的双折射；同时，节点的引入可以使得纤芯周围包层管壁的厚度发生变化，破坏均匀结构，消除了原本结构中的表面模式的简并性。通过调节椭圆形节点的大小，能够调节两类模式发生耦合的频率，其相双折射可以达到 $10^{-4}$ 量级。

由于光子带隙效应的存在，纤芯区域可以有效传导处于带隙中的高阶谐振模式。空芯光子带隙光纤波导往往是多模波导，有较差的模式纯度。2012 年，丹麦 NKT Photonics 公司对节点型的偏振空芯光子带隙光纤波导的模式纯度进行了优化[12]。借助光子带隙传导电磁波的本征特性，有效折射率较高的纤芯模式传输窗口要比有效折射率较低的高阶模式的传输窗口更能延伸至短波长，合理调节光纤波导结构将波导的偏振工作波长设置在带隙的短波长区域（高阶模式传输窗口以外的短波长区域），便可以实现空气纤芯模式的有效单模传输。2014 年，M. Michieletto 等人在空芯微结构光子带隙包层结构中添加缺陷孔，借助包层缺陷孔模式与表面模式的相位匹配来泄漏表面模式，其群双折射可以达到 $10^{-3}$ 量级，但光纤波导的传输损耗从 20dB/km 增加至 60dB/km[13]。2021 年，华中科技大学和武汉长盈通光电技术股份有限公司联合研究了一种具有凹折射率包层的超宽带高双折射布拉格层状光子带隙光纤波导[14]。他们首次将光子带隙效应和布拉格多层结构结合起来。所提出的光纤波导包含蜂窝状毛细管包层和具有水平不对称的椭圆纤芯。通过创新性地引入三种不同折射率的石英毛细管，将具有凹凸折射率分布的包层相结合，为光的偏振提供了优越的性能。结果表明，该波导在 180nm 宽的波长范围内可以实现 2dB/km 的限制损耗，与传统的光子带隙光纤波导相比降低了三倍。在整个研究带宽

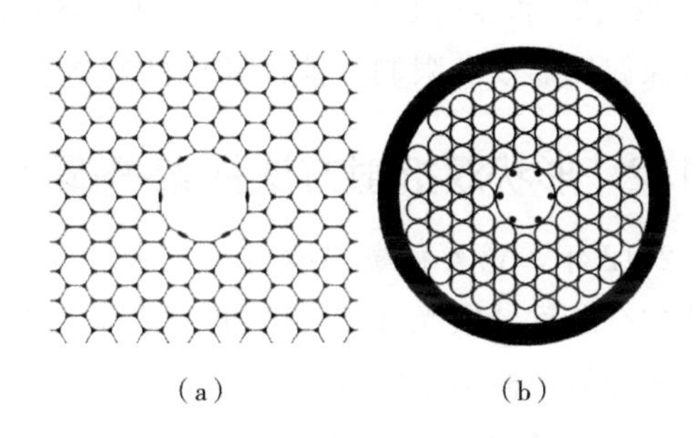


图 7-2 纤芯周围添加四个椭圆形节点的光纤波导[11]

范围内，双折射保持在 $10^{-3}$ 量级，最大值为 $2.5\times10^{-3}$。

在太赫兹波段，对于空芯光子带隙光纤波导的偏振特性也进行了大量的研究。2018 年，北京交通大学简水生院士团队提出了一种支持少模运转的太赫兹空芯光子带隙光纤波导，可以实现较大的双折射特性[15]。空气纤芯区域由缺失 21 个空气孔构成，计算结果表明该光纤波导在带隙范围内可以支持 6 个矢量模式，模式的限制损耗为 $10^{-3}\mathrm{cm}^{-1}$ 量级，群速度色散在 1ps/(THz・cm) 以下，在工作频率 0.92THz 附近所有模式的双折射高于 $10^{-4}$。并且研究了中心空气纤芯区域几何形状对光纤传导模式数和双折射的影响。同年，该课题组设计了一种太赫兹偏振光子带隙光纤波导，包括准椭圆空芯纤芯和三角排布的六边形空气空包层[16]。该光纤波导可以支持两个稳定的偏振保持的基模。数值计算表明，该光纤波导基模的双折射、限制损耗以及群速度色散分别为 $9.4\times10^{-4}$、$3\times10^{-3}\mathrm{cm}^{-1}$ 以及 0.39ps/(THz・cm)。探讨了空芯边界处结构参数引起的制备缺陷，表明对保偏性能以及限制性能的相应的影响在可以接受的范围内。

## 7.1.2 形状双折射方法探索-椭圆纤芯空芯反谐振光纤波导

2012 年，意大利摩德纳雷焦艾米利亚大学的 L. Vincetti 等人研究了太赫兹微结构空芯反谐振光纤波导的纤芯椭圆率对其双折射特性的影响[17]。结果表明，无论选择何种椭圆率的纤芯，波导的双折射均不高于 $7\times10^{-5}$。2016 年，南安普顿大学的 S. A. Mousavi 等人计算分析了在 1.5μm 波长处光纤波导的不同纤芯大小、不同椭圆率等条件下的空芯反谐振光纤波导的双折射[18]。结果表明改变纤芯的几何形状仅仅能够实现 $10^{-5}$ 量级的双折射。通过调整波导的纤芯几何形状的方法并不能够有效地提升保偏光纤波导的双折射特性。

由于反谐振结构传导电磁波主要利用了包层区域、电磁场局域相干相消的导光机制，因此光纤波导的传输窗口、损耗、色散以及模场与包层管壁的重叠度都与光纤波导包层区域微结构的管壁厚度有关。2015 年，北京工业大学的丁伟和汪滢莹课题组[19]首次根据反谐振反射的阶数将空芯反谐振光纤波导的传输通带划分为常规反谐振窗口（所有包层管壁的反谐振反射阶数在该导光窗口通带内均相同）和混合型反谐振窗口（不同包层管壁的反谐振反射阶数在该传输窗口内存在差别），通过调节空芯反谐振光纤波导相互垂直方向上的管壁厚度，能够在光纤波导的混合反谐振窗口区域内产生高双折射。研究结果表明，该光纤波导的传输窗口带宽为 60nm，在 1.19μm 波长处的最低损耗为 0.34dB/m，双折射为 $10^{-4}$ 量级。同年，英国南安普顿大学的 S. A. Mousavi 等人通过合理调节光纤波导彼此正交方向上薄层管壁厚度的方法在空芯反谐振波导的常规反谐振窗口同样实现了 $10^{-4}$ 量级的高双折射[20]，并基于嵌套管型空芯反谐振波导[21]实现了一种单偏振保偏波导结构，该波导双折射为 $10^{-4}$ 量级，最低损耗为 0.076dB/m。

2018 年，贝勒大学的 C. L. Wei 等人在无节点负曲率空芯反谐振光纤波导中实现双折射[22]，保持最内层石英壁的反谐振条件不变，仅仅在波导横截面某一方向上的石英管内增加嵌套内管，借助嵌套内管的石英壁模式与空气纤芯模式具有偏振相关的反交叉耦合效应产生双折射，该结构在 1.55μm 处的双折射为 $1.5\times10^{-5}$，最低损耗 20dB/km，工作带宽不足 5nm。同年，北京交通大学的 S. B. Yan 等人提出了一种高双折射空芯反谐振太赫兹光纤波导[23]。该光纤波导由 10 个 Topas 细管构成，通过在水平方向上引入两个较大的细管构成嵌套包层结构来产生高的双折射。数值仿真结果表明通过增加较大细管的外径和厚度，以及降低较小细管的厚度，有助于获得较高的双折射。在 1.04THz 处获得的双折射为 $8.7\times10^{-4}$。增加较大细管的厚度以及较小细管的厚度可以进一步将双折射提升至 $10^{-3}$ 量级，但会导致损耗的增加和带宽的降低。

2019 年，英国巴斯大学的 Y. Stephanos 等报道了一种高双折射负曲率空芯反谐振光纤波导的实验研究[24]，其包层结构是由六个不接触的圆管构成。由于在空芯反谐振光纤波导中引入高双折射的壁厚搭配往往不能满足反谐振反射条件，因此多年来报道的保偏空芯反谐振光纤波导设计都是使用多层石英壁结构来抑制光的泄漏从而降低波导的损耗。对于包层仅包含六个石英管构成的无节点反谐振光纤波导结构而言，双折射越高传输损耗越高，因此可以通过调节纤芯大小或石英包层管壁厚度来平衡光纤波导的双折射和传输损耗效应。当光纤波导纤芯为 26μm、两个管壁厚度为 210nm、四个管壁厚度为 610nm，当工作波长为 1.55μm 时，群双折射为 $4.4\times10^{-5}$，对应的相位双折射为 $2.5\times10^{-5}$，传输损耗为 0.46dB/m。2020 年，拉杰沙希工程技术大学的 I. M. Ankan 等人报道了包层管由四个半椭圆管和水平半椭圆管嵌套结构组成的负曲率光纤波导[25]，如图 7-3 (a) 所示。在 $y$-偏振和 $x$-偏振时获得损耗低于 9dB/m 的传输带宽分别为 0.42THz 和 0.21THz。所提出的光纤波导在整个工作频率范围内具有高于 $10^{-4}$ 的双折射。同年，M. A. Mollah 等报道了以 Zeonex 为基底材料，由四个圆管和水平嵌套结构组成包层结构的负曲率光纤波导，如图 7-3 (b) 所示，双折射在 $10^{-4}$ 量级传输带宽为 700GHz，在 1.1THz 的限制损耗低至 0.0016dB/cm[26]。

2021 年，天津大学孙帅等人数值研究了太赫兹反谐振光纤波导中纤芯基模与包层管基模之间的折射率引导模式耦合，然后将该折射率诱导模式耦合应用于保偏反谐振光纤波导设计中[27]。仿真结果表明，当纤芯直径接近包层管直径时，该光纤波导可以实现双折射，保持入射光的偏振状态。此外，通过使纤芯边界形变或者将纤芯边界分类为两个正交反谐振边界而实现的双折射特性可以通过折射率引导模式耦合来增强。其设计的光纤波导结构的最高的双折射指数超过 $4\times10^{-4}$。

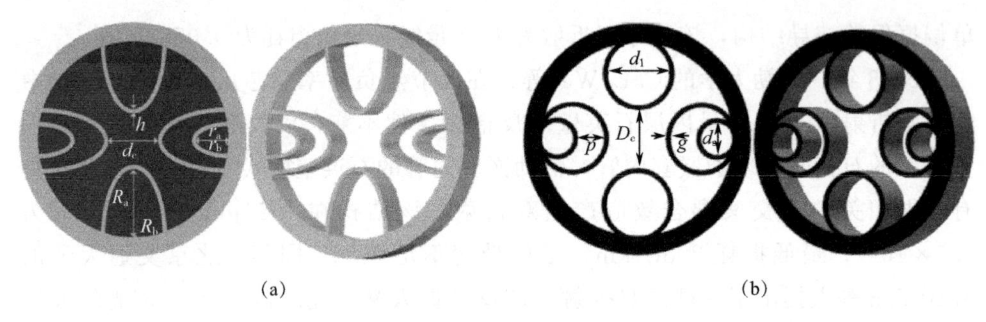


图 7-3　椭圆形嵌套包层光纤波导 (a)[25]；圆形嵌套包层光纤波导 (b)[26]

以上研究工作表明合理优化波导相互垂直的两个方向上的包层管壁厚度差，或者增加嵌套内管与纤芯模式的反交叉耦合都能够产生高的双折射效应。高双折射空芯反谐振光纤波导的发展依旧需要在理论上进行全面分析，研究不同设计方法的特点，深刻掌握空芯反谐振光纤波导中产生双折射的物理机制，建立一套系统的理论模型。

## 7.2　基于嵌套包层结构双负曲率太赫兹波导的双折射特性研究

由于微结构波导具有高双折射、低损耗特性，适合用于太赫兹波的保偏传输。太赫兹微结构保偏波导能够实现较高的双折射特性并且具备较好的偏振态保持能力，在对偏振态敏感的实际应用中具有巨大的应用潜力。在其发展的同时，太赫兹微结构保偏波导用于太赫兹波的偏振器件具有尺寸小、集成度高和易与太赫兹波导系统连接等优点也成了许多科研人员关注的焦点。本书在负曲率嵌套光纤波导结构基础上，通过额外增加圆形包层管来增强光纤波导的反谐振作用，设计了一种适用于长距离通信的新型双负曲率嵌套波导结构[28]。该光纤波导结构由八个包层管和两个半椭圆嵌套管组成，通过改变包层管的结构参数来研究光纤波导的双折射、限制损耗、色散、有效模场面积等性能。结果表明，当水平外包层管的厚度 $t_2$ 为 50μm 时，在 1.75～2.6THz 范围内能够实现稳定的 $10^{-4}$ 量级双折射，其带宽达到 850GHz；在频率为 2.575THz 时 $y$-偏振的限制损耗可以达到 0.00231dB/cm；在 2.0～2.475THz 频率范围内波导色散系数介于 ±0.188ps/(THz·cm) 之间；在 2.6THz 时 $x$-偏振的有效模场面积最高可达到 $2.618\times10^{-6}\text{m}^2$。

### 7.2.1　光纤结构与设计

本书设计的结构是由八个包层管和两个半椭圆嵌套管组成的双负曲率空芯光

纤波导，其结构如图 7-4 所示。图 7-4 中蓝色和白色填充的部分分别代表 Topas COC 材料和空气区域。光纤波导包括外包覆层和包层管两个部分；整个光纤波导结构外部包覆层的内径为 $D_1$，外径为 $D_2$。光纤波导内部的包层管主要可分为垂直方向上含嵌套结构的包层管和水平方向上两两相切的包层管。光纤波导内部垂直方向的包层管外径为 $d_3$、厚度为 $t_1$，内部嵌套半椭圆紧贴设置在包层管内对应于包层管与包覆层紧贴的位置，椭圆管的长半轴长为 $b$，短轴长为 $a$，厚度为 $t_4$。光纤波导内部水平方向外径为 $d_4$、厚度为 $t_2$ 的四个外包层管与水平方向呈 ±30°角紧贴于包覆层，外径为 $d_5$、厚度为 $t_3$ 内包层管与两相邻水平外包层管相切。具体参数如下：$D_1$ 和 $D_2$ 分别为 4100μm 和 4600μm；$d_3$、$d_4$、$d_5$ 分别为 1400μm、1200μm、520μm；$t_1$、$t_3$、$t_4$ 分别为 90μm、50μm、50μm。$y$ 方向嵌套椭圆的长半轴 $b$ 为 600μm，短半轴 $a$ 为 350μm。光纤波导以 Topas COC 为基底材料，折射率值为 1.5258[29, 30]，空气折射率值为 1。选择 Topas COC 材料作为基底材料的原因是 Topas COC 具有恒定折射率、低材料损耗、对湿度不敏感和低色散等特性[29, 30]。通过反谐振作用可以将太赫兹波有效地束缚在纤芯内部。

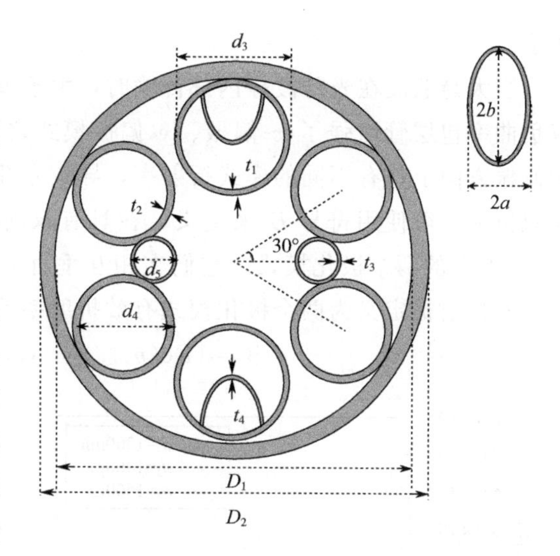


图 7-4 嵌套半椭圆包层水平双负曲率光纤波导结构示意图

利用 COMMSOL Multiphysics 软件对光纤波导的双折射、不同偏振方向上的限制损耗、色散、有效模场面积进行仿真计算。在水平方向外包层管壁厚度不同的情况下研究传输性能差异，对比获得双负曲率嵌套光纤在 1.75～2.6THz 频率范围内最优外包层管厚度下的各项性能。

## 7.2.2 结构参数选择

结构参数 $D_1$ 和 $D_2$ 的选择是依据已经报道的工作[23]。在此基础上，在不同方向设计不同尺寸的包层管，形成不对称纤芯。通过不断调整和计算结构的参数从而获得更好的双折射性能，最终确定 $a$、$b$、$d_3$、$d_4$ 和 $d_5$ 的结构尺寸。参数 $d_3$、$d_4$ 和 $d_5$ 对光纤波导双折射、限制损耗和色散的影响分别如图 7-5～图 7-13

所示。

当太赫兹波在光纤波导内部传输时，由于垂直方向上的嵌套管和水平方向的双负曲率包层管增强了 $x$-偏振、$y$-偏振模式之间的不对称性，并且在相互垂直的偏振方向上具有不同的模式折射率，导致光纤波导产生双折射。负曲率光纤波导双折射一般使用符号 $B$ 来定义，在具有双向非对称结构的波导内部，会存在 $x$、$y$ 方向的两个极化模式，它们在相互垂直的偏振方向上具有不同的模式折射率，双折射被定义为两个极化模式有效折射率差的绝对值[18]：

$$B=|\mathrm{Re}(n_{\text{eff-}y})-\mathrm{Re}(n_{\text{eff-}x})| \tag{7-1}$$

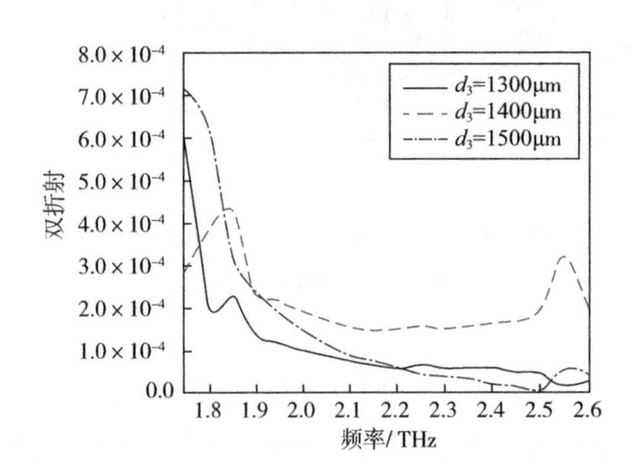


图 7-5 $d_3$ 取不同值时双折射与频率之间的关系

其中，$n_{\text{eff-}y}$ 与 $n_{\text{eff-}x}$ 分别代表的是 $y$ 和 $x$ 两组不同偏振模式的有效折射率，Re 表示取其实部。图 7-5 给出了参数 $d_3$ 分别为 1300μm、1400μm 和 1500μm 时的双折射特性。从图中可以看出，在较低频率时，参数 $d_3$ 为 1300μm 和 1500μm 时的双折射相对较高，而当频率增高时，参数 $d_3$ 为 1400μm 时所获得的双折射较高。

限制损耗是太赫兹在纤芯中传输时泄漏到包层内而造成的能量损耗，图 7-6（a）和（b）分别给出了参数 $d_3$ 取不同值时 $x$-偏振模式和 $y$-偏振模式的限制损耗随频率的变化关系。单从限制损耗分析，当 $d_3$＝1300μm 时的限制损耗在三者之中处于较低水平。

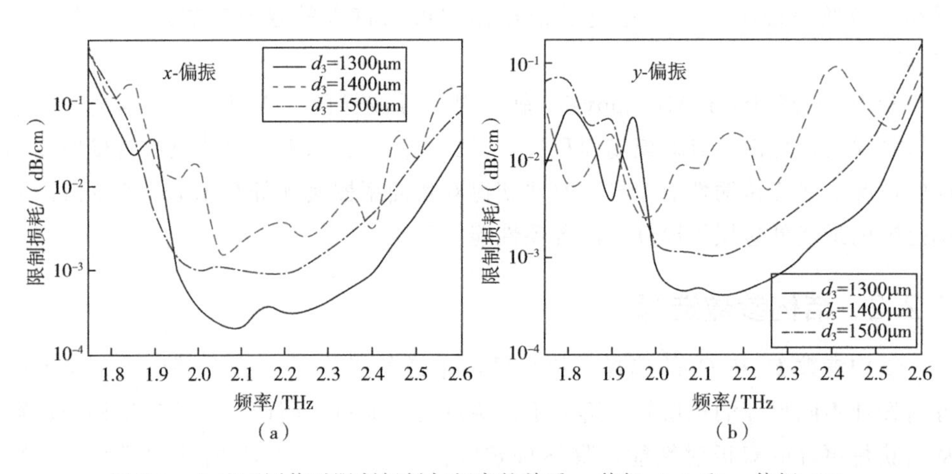


（a）　　（b）

图 7-6 $d_3$ 取不同值时限制损耗与频率的关系 $x$-偏振（a）和 $y$-偏振（b）

其次，本书还对设计的负曲率光纤波导的色散特性进行了分析。在光纤通信系统中，色散会引起光脉冲的展宽，导致传输信号的畸变，限制了传输信道的容量、带宽和传输距离，使得通信质量下降，因此色散是衡量通信传输性能的一个重要参数。正如在之前的章节中所讨论的，对于光纤波导结构来说，常见的色散包括材料色散和波导色散，由于 Topas COC 的折射率在 0.1～2.0THz 范围内是恒定的[29]，且太赫兹波在所设计光纤波导的空芯纤芯中传输，因此该光纤波导的材料色散在所研究的频率范围内可以忽略不计，只需计算由结构引起的波导色散。色散平坦度是太赫兹光纤波导性能参数的重要评价指标。图 7-7 给出了 $d_3$ 取不同值时 $x$-偏振和 $y$-偏振方向上的色散变化趋势。当 $d_3=1300\mu m$ 时，两个偏振方向上的色散都能够保持较为平坦的色散趋势。

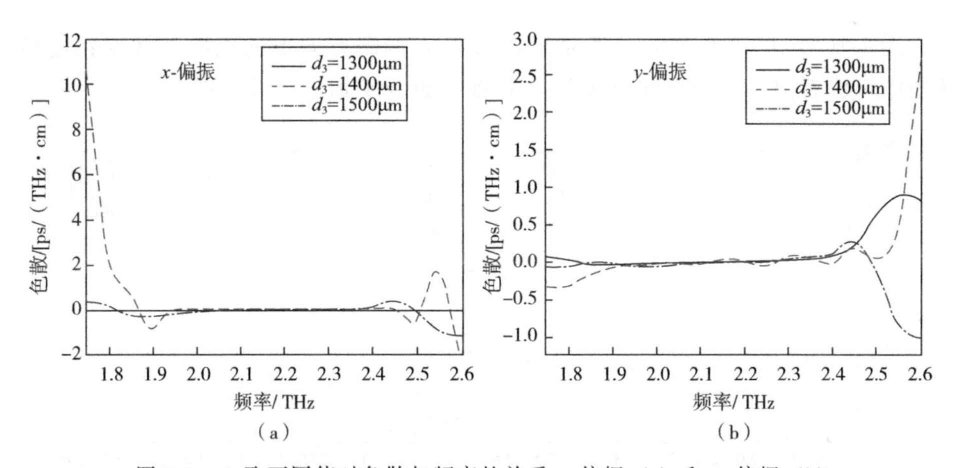


图 7-7　$d_3$ 取不同值时色散与频率的关系 $x$-偏振（a）和 $y$-偏振（b）

图 7-8 研究了 $d_4$ 变化对光纤波导双折射的影响。当 $d_4$ 取不同值时，双折射基本可以维持在 $10^{-4}$ 量级。当 $d_4=1100\mu m$ 时，在频率为 2.15THz 左右会存在一个较高的双折射值。

图 7-9 分析了 $d_4$ 取不同值时对光纤波导限制损耗的影响。当 $d_4=1300\mu m$ 时，限制损耗较高，变化趋势较为平缓。当 $d_4=1100\mu m$ 时，限制损耗处于较低水平，但存在有显著的振荡特性，且 $d_4$ 变化对 $y$-偏振的限制损耗影响更大。

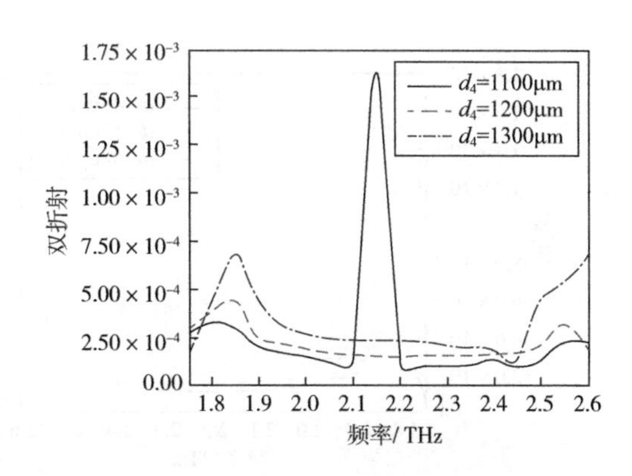


图 7-8　$d_4$ 取不同值时双折射与频率之间的关系

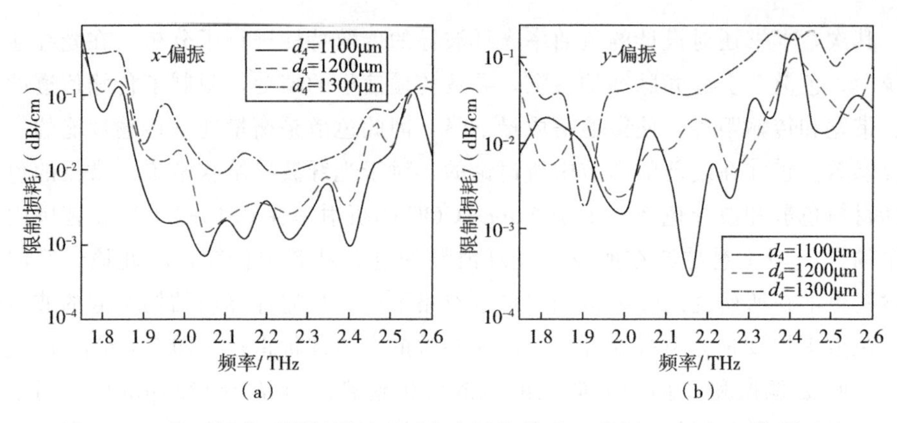


图 7-9　$d_4$取不同值时限制损耗与频率之间的关系 $x$-偏振（a）和 $y$-偏振（b）

图 7-10 给出了 $d_4$取不同值时 $x$-偏振和 $y$-偏振方向上的色散特性变化趋势。从图中可以看出，$x$-偏振能够提供比 $y$-偏振更为平坦的色散特性。

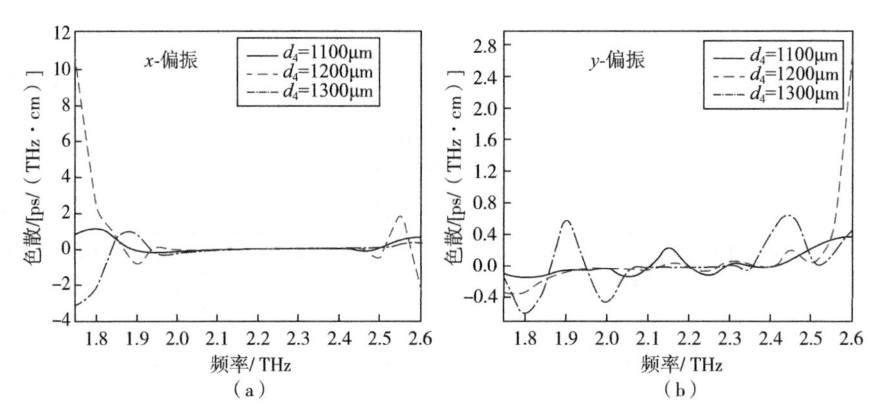


图 7-10　$d_4$取不同值时色散与频率之间的关系 $x$-偏振（a）和 $y$-偏振（b）

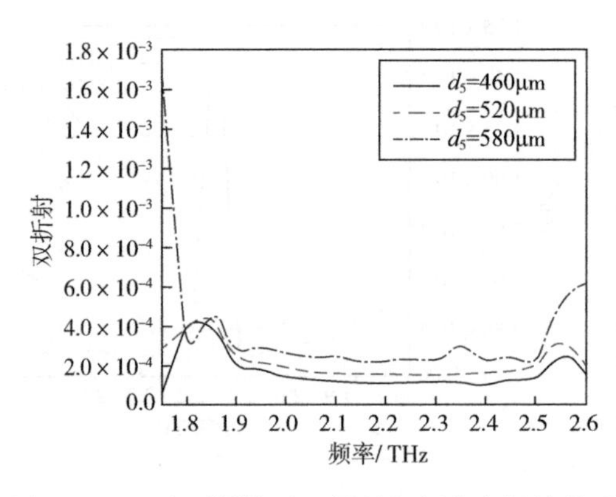


图 7-11　$d_5$取不同值时双折射与频率之间的关系

图 7-11 给出了 $d_5$变化对光纤波导双折射特性的影响。当 $d_5$取不同值时，双折射的取值较为接近，且双折射曲线变化较为平缓，随着 $d_5$的增加，双折射也随之增加。

图 7-12 分析了 $d_5$取不同值时对光纤波导限制损耗的影响。从结果可以看出，$x$-偏振的限制损耗较为平缓，$y$-偏振的限制损耗呈现明

显的振荡特性，这是由于 $y$ 方向存在有嵌套结构。

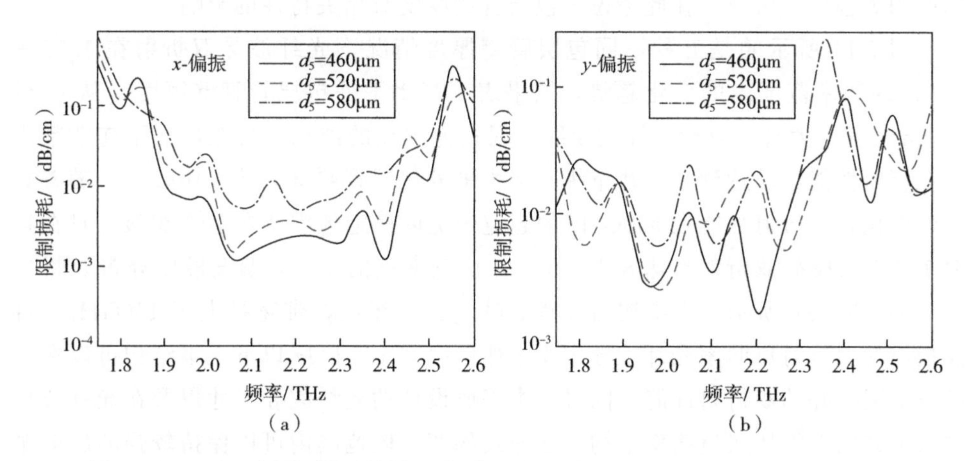


图 7-12　$d_5$ 取不同值时限制损耗和频率之间的关系 $x$-偏振（a）和 $y$-偏振（b）

图 7-13 给出了 $d_5$ 取不同值时 $x$-偏振和 $y$-偏振方向上的色散变化趋势。从图中可以看出，$x$-偏振能够提供比 $y$-偏振更为平坦的色散特性。当 $d_5=580\mu m$ 时，在较高频率范围内变化较为明显。

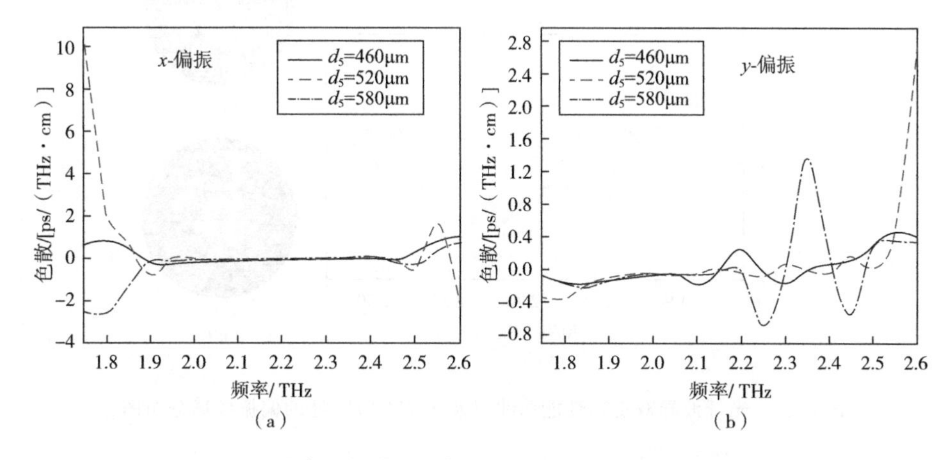


图 7-13　$d_5$ 取不同值时色散和频率之间的关系 $x$-偏振（a）和 $y$-偏振（b）

选择 1.75～2.6THz 作为研究的频率范围是由于多数光泵浦气体太赫兹激光器的输出频率位于该频率范围，有利于未来将该光纤波导应用在相关系统中。

### 7.2.3 结果与讨论

基于上述研究结果，本部分内容通过全矢量有限元法在 1.75～2.6THz 频段内对所设计的光纤波导的双折射、垂直和水平方向上的限制损耗、色散、有效模场面积等进行了研究。在此考虑了包层管壁厚度对相关特性的影响。

图 7-14 所示的是五种不同包层管壁厚度情况下光纤波导双折射在 1.75～2.6THz 频率范围内的变化趋势，结果表明当水平外包层管管壁厚度 $t_2$ 从 40～80μm 逐渐增大时，双折射性能曲线出现较为明显的浮动，且在部分不连续频段上双折射性能浮动达到一个数量级。当水平外包层管厚度 $t_2$ 为 50μm 时，随着频率的变化，双折射性能在 850GHz 的超宽带宽内稳定地维持在 $10^{-4}$ 量级，且在频率 1.775THz 处双折射高达 $8.1\times10^{-4}$，该频率点的 $x$、$y$ 偏振模场分布如图 7-14（b）和（c）所示。本结构与参考文献［25］相比，带宽扩大了 150GHz。目前报道的双折射负曲率光纤波导主要工作频率在 1.5THz 以下，本结构可以在高频段实现较好的双折射性能。同时，本书所设计的光纤波导尺寸以及在光纤波导的水平方向上添加双负曲率结构，在连续的宽频段范围内可以保持较强的反谐振作用，与垂直方向的嵌套结构共同作用下，可以有效地使波导在宽频段范围内保持连续的偏振效应。

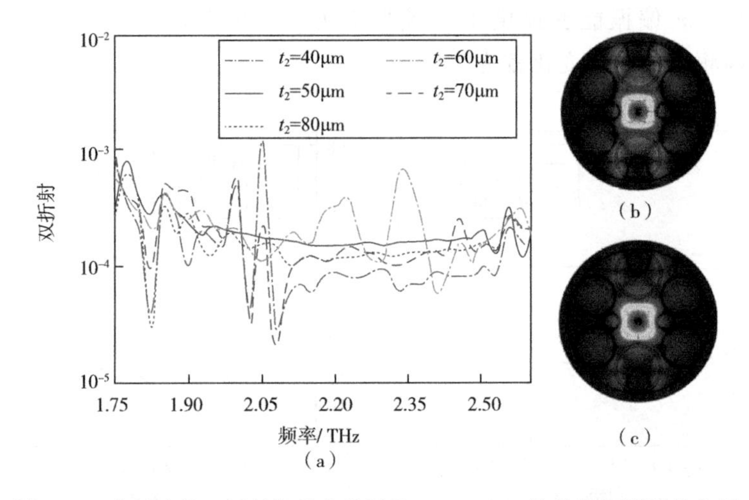


图 7-14　光纤波导双折射性能曲线以及 1.775THz 处的偏振模场分布图

在 1.75～2.6THz 频率范围内，分析了厚度 $t_1$ 和 $t_3$ 对所设计光纤波导结构双折射的影响。如图 7-15（a）所示，对于不同的厚度 $t_1$，双折射特性表现出明显的抖动和峰值差异性。当厚度 $t_1$ 为 90μm 和 100μm 时，双折射曲线比较稳定且保持在 $10^{-4}$ 量级。对于两种不同的厚度，分别在频率 1.775THz 和 2.45THz 处获得较高的双折射 $8.1\times10^{-4}$ 和 $9\times10^{-4}$。此外，如图 7-15（b）所示，厚度 $t_3$ 的变化对双折射影响较小。对于不同的 $d_3$ 取值，双折射具有相似的变化趋势，且数值较为接近。当 $t_3$ 为 60μm 时，双折射在 2.2THz 以上降低到 $10^{-5}$ 量级。这是因为垂直包层管和水平内包层管打破了纤芯的对称结构，使得两种偏振的纤芯基模具有不同的有效折射率[31]。此外，绿色虚线和其他曲线覆盖的频率范围不同，这是由于在后续频率范围内无法有效生成纤芯基模。

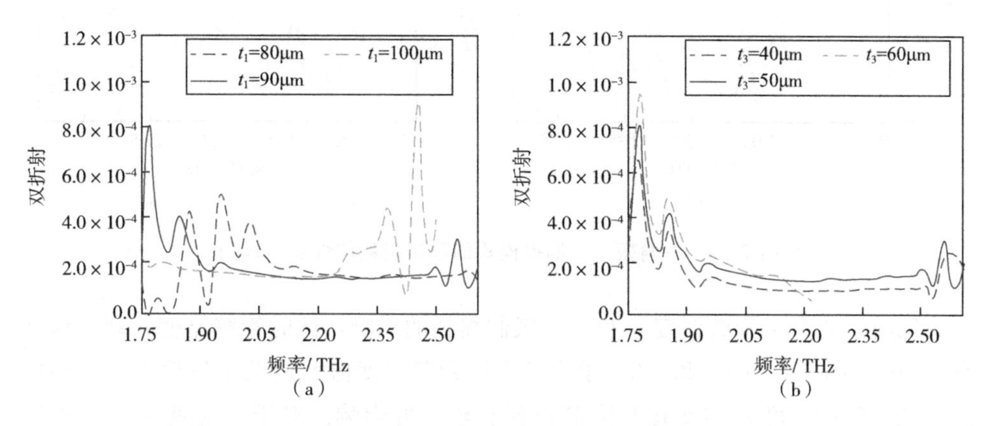


图 7-15　不同厚度 $t_1$（a）和厚度 $t_3$（b）时的双折射特性

图 7-16 分别表示所设计的光纤波导在两个偏振方向上的限制损耗性能曲线图。由图 7-16 可知，水平外包层管管壁厚度 $t_2$ 变化对限制损耗有很明显的影响，不同厚度下的限制损耗在部分频率处的差异最高能超过两个数量级，且损耗的大小与水平外包层管厚度的大小也不完全呈线性关系。相较于厚度 $t_2$ 取其他值时，当 $t_2$ 为 50μm 时在 $x$-偏振、$y$-偏振方向上损耗相对最低。这是因为包层管管壁厚度大小直接影响着反谐振的强度，从而影响太赫兹在光纤波导纤芯内传输时泄漏的情况。此外在 $t_2$ 为 50μm 时，$y$-偏振限制损耗波动变化相对更平稳，可以获得比 $x$-偏振变化更平稳、数值更低、带宽更大的限制损耗特性。当频率为 2.575THz 时，在 $y$-偏振方向上的限制损耗可以低至 $2.31\times10^{-3}$dB/cm。这是因为 $y$ 轴包层管和嵌套管的双重反谐振作用，$y$-偏振光能够更好地被限制在纤芯中，使 $y$ 轴偏振光的泄漏损耗降低而导致的结果，这一结果有利于宽频带太赫兹波在波导内传输。值得注意的是，在 1.75～2.575THz 频率范围内，光纤波导的限制损耗特性均表现出明显的振荡趋势。事实上，在一般情况下，负曲率光纤波导结构主要是通过抑制芯模与包层模的耦合作用实现信号在空芯区域的快速传播，结构特性所产生的反谐振作用可以保证信号极少地泄漏到包层区域[32]。而快速振荡产生的原因则如下：首先，由 $y$ 轴的嵌套结构引起的反谐振效应和抑制耦合效应联合作用使得限制损耗曲线表现出振荡特性[22,33]。其次，$x$ 轴方向上包层空芯管相互接触的节点的存在也可以导致损耗的振荡。

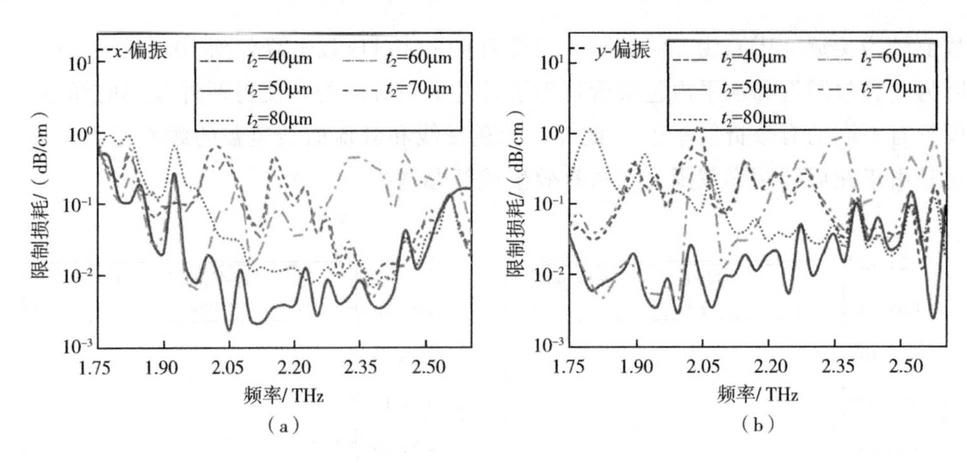


图 7-16　$x$-偏振、$y$-偏振模式的限制损耗的性能曲线图

同时，研究了管壁厚度 $t_1$ 和 $t_3$ 对限制损耗的影响，此时管壁厚度 $t_2$ 和 $t_4$ 保持在 50μm。图 7-17（a）和（b）给出了不同管壁厚度值 $t_1$ 时两个偏振方向上的限制损耗。管壁厚度 $t_1$ 的变化对限制损耗有较大的影响。对于 $x$-偏振模式，不同管壁厚度 $t_1$ 所对应的某些特定频率处的限制损耗差异最多可以超过两个数量级。在 2.05THz 处获得较低的限制损耗 0.00163dB/cm。对于 $y$-偏振模式，不同管壁厚度 $t_1$ 所对应的限制损耗差异较小，并且限制损耗曲线比 $x$-偏振所对应的限制损耗曲线平坦。这是由嵌套结构在 $y$ 方向上产生的反谐振效应和抑制耦合效应的联合作用引起的。

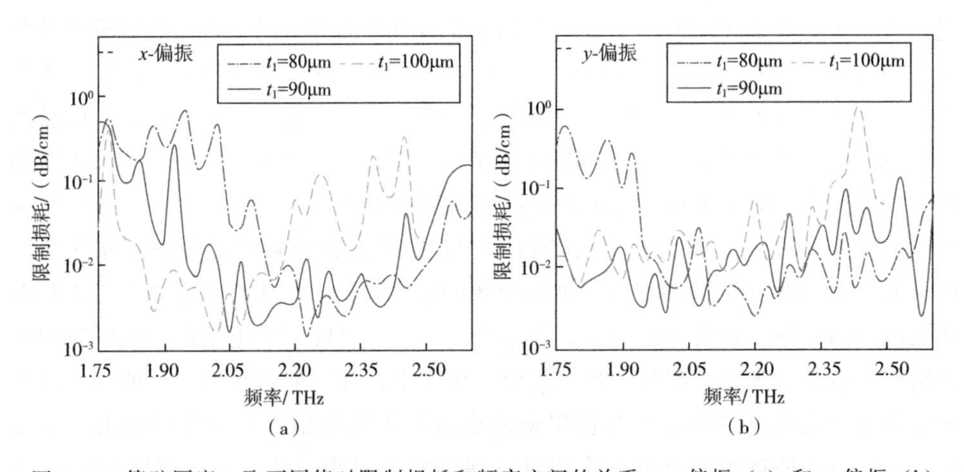


图 7-17　管壁厚度 $t_1$ 取不同值时限制损耗和频率之间的关系：$x$-偏振（a）和 $y$-偏振（b）

如图 7-18（a）和（b）所示，对管壁厚度 $t_3$ 对限制损耗的影响也进行了讨论。管壁厚度 $t_3$ 对 $x$-偏振和 $y$-偏振的限制损耗有相对较小的影响，且不同管壁

厚度 $t_3$ 所对应的限制损耗在研究的频率范围内具有几乎相似的波动趋势。

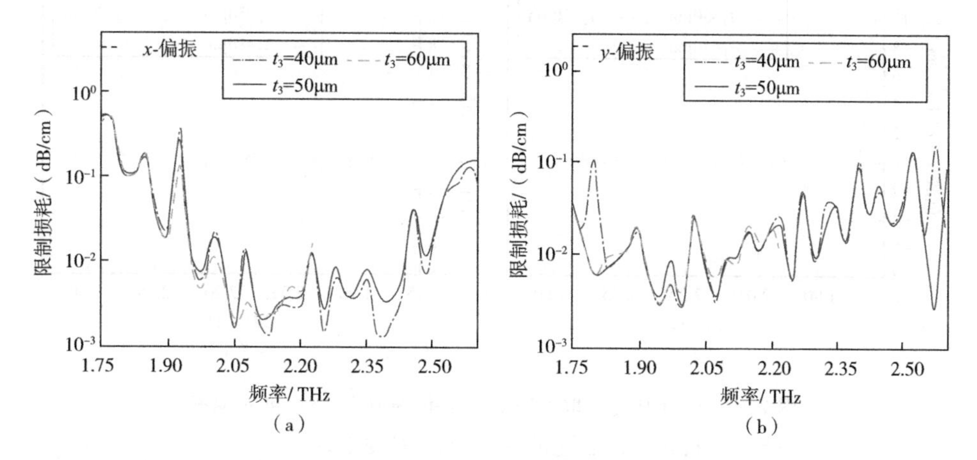


图 7-18 管壁厚度 $t_3$ 取不同值时限制损耗和频率之间的关系：$x$-偏振（a）和 $y$-偏振（b）

图 7-19 所示分别为 $x$-偏振、$y$-偏振在不同水平外包层管管壁厚度 $t_2$ 时色散特性随频率的变化的趋势。从图 7-19（a）可以看出，在 $x$-偏振方向上，随着水平内包层管管壁厚度 $t_2$ 的改变，在某个厚度下的相应频段可以获得平坦的色散特性。当 $t_2$ 为 50μm 和 80μm 时，在 2～2.475THz 频率范围内时，$x$-偏振模式色散的范围为－0.188～0.188ps/（THz・cm），色散稳定且平坦；当 $t_2$ 为 40μm、60μm 和 70μm 时，$x$-偏振模式的色散在 1.75～2.6THz 范围内浮动较大且色散系数比较高。

从图 7-19（b）可以看出，在 $y$-偏振方向上，当 $t_2$ 为 40μm、60μm 和 70μm 时，在 1.75～2.6THz 范围内色散变化幅度较大。当 $t_2$ 为 50μm 时，色散在零刻度附近上下浮动，在 1.75～2.525THz 区间，色散绝对值介于 0.009～0.43ps/（THz・cm）之间。而 $t_2$ 为 80μm 时，在 1.75～1.975THz 区间，色散绝对值介于 0.47～6.6ps/(THz・cm）之间，曲线浮动范围明显比 $t_2$ 为 50μm 时更大。综上所述，当 $t_2$ 为 50μm 时所设计的微结构负曲率光纤波导在 $x$、$y$ 两个偏振方向上能够同时获得较低且平坦的波导色散性能，这是由于当厚度 $t_2$ 为 50μm 时，结构参数有利于减少模式有效折射率变化，使色散更加平坦。在实际应用中，低平坦色散保证了宽频带太赫兹波的有效传输[34]。

最后，本书还分析了有效模场面积。光纤波导的有效模场面积是用于定量衡量某一模式占据的横截面积的量，表征光纤波导模式传输过程中实际的模场分布大小。从有效模场面积曲线图 7-20 中可以看出，管壁厚度 $t_2$ 为 50μm 时，$x$-偏振和 $y$-偏振的有效模场面积随着工作频率增加，并且处于相对较低水平，这是

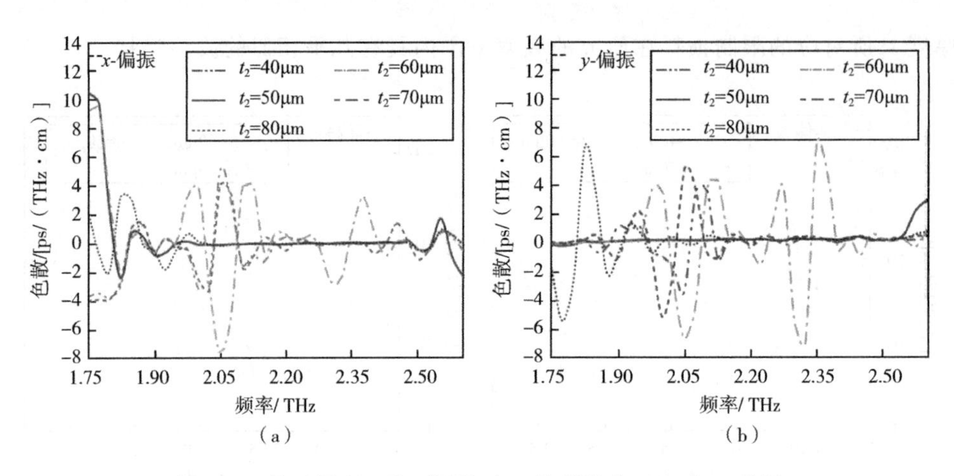


图 7-19　管壁厚度 $t_2$取不同值时 $x$-偏振模式（a）和 $y$-偏振模式（b）的色散随工作频率的变化关系

因为随着频率的增加，限制在纤芯区域的太赫兹波增多。在 1.75～2.6THz 频率范围内两偏振模式有效模场面积变化幅度小，总体稳定在 $5\times10^{-7}\sim1\times10^{-6}\mathrm{m}^2$ 之间，基模被很好地限制在纤芯区域。当频率为 2.6THz 时，$x$-偏振模式可以获得的最大有效模场面积为 $2.618\times10^{-6}\mathrm{m}^2$，$y$-偏振模式的最大有效模场面积为 $8.92\times10^{-7}\mathrm{m}^2$。由于有效模场面积与非线性成反比[35]，在信号波传输时，较大的有效模场面积会导致较小的非线性，可以保证信号在波导中稳定传输。

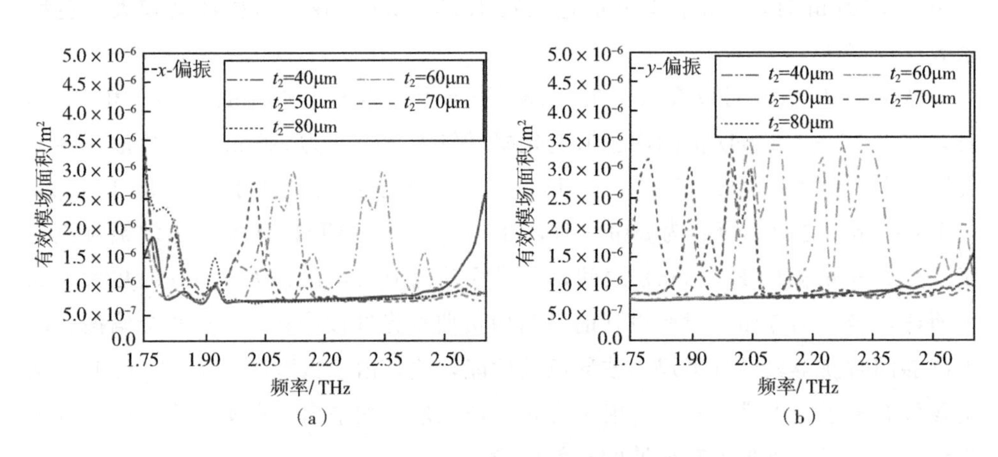


图 7-20　管壁厚度 $t_2$取不同值时 $x$-偏振（a）和 $y$-偏振（b）模式下有效模场面积随频率的变化关系

上述结果表明该负曲率光纤波导的传输特性在厚度 $t_2$ 为 50μm 时可以获得比其他厚度值时更优的结果，具有更好的传输效果。这是因为在厚度不同时，纤芯区域的面积大小和抑制耦合能力的不同，所以传输性能效果不同。为了进一步说明本书中所设计的光纤波导结构的优越性，将所设计光纤波导的传输特性与已报道的文献进行了对比，结果如表 7-1 所示。对于光子晶体光纤波导，太赫兹波的传输主要基于全内反射原理，信号波被限制在实芯纤芯中，导致较低的限制损耗和较高的材料损耗。从对比结果可以看出，本书所设计的光纤波导结构的双折射性能参数优于已经报道的同类波导结构，且能够在更宽的频率范围内保持较高的双折射，在未来太赫兹技术偏振敏感器件的开发与研究中具有较大的应用潜力。

**表 7-1　所设计的光纤波导与其他光纤波导的比较**

| 文献 | 波导类型 | 双折射带宽 | 双折射 | 最低损耗 /(dB/cm) | 色散 /[ps/(THz·cm)] |
|---|---|---|---|---|---|
| [23] | 负曲率 | 300GHz | $>10^{-3}$ | — | — |
| [25] | 负曲率 | 600GHz | $>10^{-4}$ | 0.012 | — |
| [26] | 负曲率 | 700GHz | $>10^{-4}$ | 0.0016 | — |
| [36] | 负曲率 | — | — | $3.2\times10^{-6}$ | 0.05 |
| [37] | 光子晶体 | 2000GHz | $>10^{-3}$ | $1.15\times10^{-9}$ | 0.275 |
| [38] | 光子晶体 | — | — | $6.30\times10^{-4}$ | 1.20 |
| [39] | 光子晶体 | 1400GHz | $>10^{-2}$ | $10^{-2}$ | 1.18 |
| [31] | 负曲率 | — | — | 0.07 | — |
| [32] | 光子晶体 | — | $>10^{-2}$ | 0.15 | — |
| [40] | 负曲率 | 300GHz | $>10^{-3}$ | 0.005 | — |
| 本书 | 负曲率 | 850GHz | $>10^{-4}$ | 0.0023 | ±0.188 |

本章中提出了一种新型的空芯太赫兹光纤波导，由嵌套包层结构和双负曲率包层结构组成。使用有限元方法分析了该光纤波导在 1.75～2.6THz 频率范围内的传输特性，研究了结构参数对双折射、限制损耗、色散以及有效模场面积的影响。该双负曲率嵌套包层光纤波导可以作为一种偏振保持光纤波导，以促进太赫兹器件的研究进展。

## 参考文献

[1] 洪奕峰，汪滢莹，丁伟，等. 保偏空芯光纤的研究进展 [J]. 光子学报，48 (11)，1148010 (2019).

[2] Sadath M A, Islam M S, Hossain M S, et al. Ultra-high birefringent low loss suspended elliptical core photonic crystal fiber for terahertz applications [J]. Appl. Opt. 59, 9385-9392 (2020).

[3] Wang B, Jia C, Yang J, et al. Highly Birefringent, Low Flattened Dispersion Photonic Crystal Fiber in the Terahertz Region [J]. IEEE Photon. J. 13 (2), 7200210 (2021).

[4] Sadath M M, Rahman M M, Islam M S, et al. Design optimization of suspended core photonic crystal fiber for polarization maintaining applications [J]. Opt. Fiber Technol. 65, 102613 (2021).

[5] Terrel M A, Digonnet M J F, Fan S. Resonant fiber optic gyroscope using an air-core fiber [J]. J. Lightwave Technol. 30 (7), 931-937 (2012).

[6] Triches M, Michieletto M, Johansen M M, et al. Photonic crystal fiber technology for compact fiber-delivered high-power ultrafast fiber lasers [C]. Proc. SPIE 10512, Fiber Lasers XV: Technology and Systems, 105120X (26 February 2018).

[7] Saitoh K, Koshiba M. Photonic bandgap fibers with high birefringence [J]. IEEE Photon. Technol. Lett. 14, 1291-1293 (2002).

[8] Chen X, Li M J, Venkataraman N, et al. Highly birefringent hollow-core photonic bandgap fiber [J]. Opt. Express 12, 3888-3893 (2004).

[9] Poletti F, Broderick N G R, Richardson D J, et al. The effect of core asymmetries on the polarization properties of hollow core photonic bandgap fibers [J]. Opt. Express 13, 9115-9124 (2005).

[10] Bouwmans G, Luan F, Knight J C, et al. Properties of a hollow-core photonic bandgap fiber at 850 nm wavelength [J]. Opt. Express 11, 1613-1620 (2003).

[11] Roberts P J, Williams D P, Sabert H, et al. Design of low-loss and highly birefringent hollow-core photonic crystal fiber [J]. Opt. Express 14, 7329-7341 (2006).

[12] Lyngsø J K, Jakobsen C, Simonsen H R, et al. Truly single-mode polarization maintaining hollow core PCF [C]. Proc. SPIE 8421, 84210C (2012).

[13] Michieletto M, Lyngsø J K, Lægsgaard J, et al. Cladding defects in hollow core fibers for surface mode suppression and improved birefringence [J]. Opt. Express 22, 23324-23332 (2014).

[14] Tan H Y, Sima C, Deng B T, et al. Design and Analysis of Ultra-Wideband Highly-Birefringent Bragg Layered Photonic Bandgap Fiber With Concave-Index Cladding [J]. IEEE Photonics J. 13 (3), 7100310 (2021).

[15] Xiao H, Li H, Ren G, et al. Polarization-Maintaining Hollow-Core Photonic Bandgap Few-Mode Fiber in Terahertz Regime [J]. IEEE Photonics Technol. Lett. 30 (2), 185-188 (2018).

[16] Xiao H, Li H, Wu B, et al. Polarization-maintaining terahertz bandgap fiber with a quasi-elliptical hollow-core [J]. Opt. Laser Technol. 105, 276-280 (2018).

[17] Vincetti L, Setti V. Elliptical hollow core tube lattice fibers for terahertz applications [J]. Opt. Fiber Technol. 19 (1), 31-34 (2013).

[18] Mousavi S A, Sandoghchi S R, Richardson D J, et al. Broadband high birefringence and polarizing hollow core antiresonant fibers [J]. Opt. Express 24, 22943-22958 (2016).

[19] Ding W, Wang Y Y. Hybrid transmission bands and large birefringence in hollow-core anti-resonant fibers [J]. Opt. Express 23, 21165-21174 (2015).

[20] Mousavi S A, Richardson D, Sandoghchi S, et al. First design of high birefringence and polarising hollow core anti-resonant fibre [C]. in 2015 European Conference on Optical Communication (ECOC), (IEEE, 2015), pp. 1-3.

[21] Poletti F. Nested antiresonant nodeless hollow core fiber [J]. Opt. Express 22, 23807-23828 (2014).

[22] Wei C L, Menyuk C R, Hu J. Polarization-filtering and polarization-maintaining low-loss negative curvature fibers [J]. Opt. Express 26, 9528-9540 (2018).

[23] Yan S B, Lou S, Wang X, et al. High-birefringence hollow-core anti-resonant THz fiber [J]. Opt. Quantum Electron. 50 (3), 162 (2018).

[24] Yerolatsitis S, Shurvinton R, Song P, et al. Birefringent Anti-Resonant Hollow-Core Fiber [J]. J. Lightwave Technol. 38 (18), 5157-5162 (2020).

[25] Ankan I M, Mollah M A, Paul A K, et al. Polarization-maintaining and Polarization-filtering Negative Curvature Hollow Core Fiber in THz Regime [C]. in 2020 IEEE Region 10 Symposium (TENSYMP). IEEE, 2020, 20115540, DOI: 10. 1109/TENSYMP50017. 2020. 9231018.

[26] Mollah M A, Rana S, Subbaraman H. Polarization Filter Realization Using Low-loss Hollow-core Anti-resonant Fiber in THz Regime [J]. Results Phys. 17, 103092 (2020).

[27] Sun S, Shi W, Sheng Q, et al. Polarization-maintaining terahertz anti-resonant fibers based on mode couplings between core and cladding [J]. Results Phys. 25 (12), 104309 (2021).

[28] Yuan Z W, Wang Y, Yan D X, et al. Study on the high birefringence and low confinement loss terahertz fiber based on the combination of double negative curvature and nested claddings [J]. J. Phys. D: Appl. Phys. 55, 115106 (2022).

[29] Mei S, Kong D, Wang L, et al. Suspended graded-index porous core POF for ultra-flat near-zero dispersion terahertz transmission [J]. Opt. Fiber Technol. 52, 101946 (2019).

[30] Liu H, Wang Y, Xu D, et al. High-sensitivity attenuated total internal reflection continuous-wave terahertz imaging [J]. J. Phys. D: Appl. Phys 50, 375103 (2017).

[31] Yan D X, Li J S. Effect of tube wall thickness on the confinement loss, power fraction and bandwidth of terahertz negative curvature fibers [J]. Optik 178, 717-722 (2018).

[32] Chen N, Liang J, Ren L L. High-birefringence, low-loss porous fiber for single-mode terahertz-wave guidance [J]. Appl. Opt. 52 5297-5302 (2013).

[33] Meng F C, Liu B W, Li Y F, et al. Low loss hollow-core antiresonant fiber with nested el-

liptical cladding elements [J]. IEEE Photon. J. 9, 7100211 (2016).
[34] Islam M A, Islam M R, Khan M M I, et al. Highly Birefringent Slotted Core Photonic Crystal Fiber for THz Wave Propagation [J]. Phys. Wave. Phenom 28 (1), 58-67 (2020).
[35] Stutzki F, Jansen F, Otto H, et al. Designing advanced very-large-mode-area fibers for power scaling of fiber-laser systems [J]. Optica 1, 233-242 (2014).
[36] Meng M, Yan D X, Yuan Z W, et al. Novel double negative curvature elliptical aperture core fiber for terahertz wave transmission [J]. J. Phys. D: Appl Phys. 54, 235102 (2021).
[37] Habib M, Anower M, Abdulrazak L, et al. Hollow core photonic crystal fiber for chemical identification in terahertz Regime [J]. Opt. Fiber Technol. 52, 101933 (2019).
[38] Rahman H, Sultana J, Islam M, et al. Porous core photonic crystal fiber for ultra-low material loss in THz regime [J]. IET Commun. 10, 2179-2183 (2016).
[39] Yakasai I, Abas P, Suhaimi H, et al. Low loss and highly birefringent photonic crystal fibre for terahertz applications [J]. Optik 206 164321 (2020).
[40] Yang S, Sheng X, Zhao G, et al. Simple birefringent Terahertz fiber based on elliptical hollow core [J]. Opt. Fiber Technol. 53, 102064 (2019).

# 第8章

# 基于微结构波导的传感研究

在人类发展的漫漫长河中，对世界探索的脚步从未停止。在信息社会的三大支柱技术（包括测量技术、通信技术以及计算机技术）中，测量技术是信息的源头技术。在测量过程中，通常会使用到各种各样的传感器件。传感技术的发展有力地推动了人们感知世界的进程。随着物联网时代的到来，人们有望基于性能优异的传感器和信息通信技术实现万物互联。传统的传感器体积较大、功能单一，容易受到外界环境干扰，无法满足现代经济社会对传感器性能的需要，而基于微结构波导的传感器具有结构紧凑、多参量测量、性能优异等优势，可以有效地应用于集成系统中，备受人们关注，成为传感技术领域的研究热点之一。如何进一步减小传感器大小、增强传感性能和稳定性是集成化传感器发展的方向。微结构波导具有结构简单、体积小、传感性能好等优点，广泛应用于传感、通信等领域，能够有效地减小传感器的尺寸，有利于在各类应用场合中布局传感器网络系统。

本章研究了基于微结构波导的微环谐振腔、圆形光子晶体波导、光栅波导耦合的人工表面等离子体传感器以及长周期光纤光栅传感器等四种结构的传感技术，并介绍了其传感应用。

## 8.1 基于微环谐振腔波导的高灵敏度传感器

通常情况下，光学谐振腔是由两个或者两个以上反射镜构成，在激光器领域能够产生正反馈和实现选模功能（包括纵模和横模）。微环谐振腔不仅能够产生正反馈，并且不需要谐振腔镜，仅使用独特的结构设计就能够对电磁场模式进行选择。

微环谐振腔是基于宏观谐振器的微纳器件，尺度约在微米、纳米量级。微环谐振腔是集成光子学中的关键组成部分之一，它们在实现高品质因数谐振腔功能的同时只需要占用较小的器件。因此，它们可以作为各种集成系统应用的基本构建模块，比如光谱滤波器、光开关和路由器、延迟线、激光器以及传感器等。早在 1969 年，贝尔实验室的美国科学家 E. A. J. Marcatili 就曾提出微环谐振器的概念[1]，但受限于当时的制作工艺，微环谐振器的研究和应用并没有得到进一步的发展。直到 21 世纪初期，随着全光通信的迅速发展和基于集成光学的波导加工工艺的日趋成熟，波导微环谐振器的作用变得越来越重要。硅基绝缘体（SOI）平台代表了当代通信光子学的基石，是最流行的微环谐振腔技术之一。SOI 与 CMOS 工艺兼容，并且具有高折射率差异，可以实现强模场限制和小波导弯曲半径。

周围环境物质的折射率能够直接或者间接地反映其所具有的特性。折射率传感就是通过检测折射率来观测周围环境的改变。传感灵敏度和可检测范围可以用来评估传感器的工作性能。微环谐振腔的结构简单、紧凑，能够提供较高的灵敏度和较宽的检测范围。随着研究人员对相关研究的不断深入，提出了许多不同的微环谐振腔来实现传感研究。

通过探测微环谐振腔单个谐振波长实现传感是比较常见的结构。条形波导微环谐振腔结构简单，是较为常见的微环结构之一，条形波导微环中传输模式会产生倏逝场，能够和待测样品相互作用，可以应用在传感领域。研究人员使用微环谐振腔工作在横磁模（TM）模式[2]或者将波导层厚度减小[3]，前者在波导和待测样品接触面上可以产生较强的作用场，后者的倏逝场的穿透深度较大，能够加强光波和待测样品的相互作用。在较高折射率介质内部加工较窄的低折射率介质，从而构成槽波导微环谐振腔。其法向电场分量的不连续性能够使得电场主要集中存在于低折射率介质区域，在低折射率区域填充待测样品，能够提高电场和待测样品相互作用的程度，实现传感。槽波导微环谐振腔[4,5]、双槽微环[6]以及多槽微环[7]等结构被相继报道，此时待测样品可以作为波导纤芯的一部分，此类微环谐振腔的折射率传感灵敏度可以达到 100nm/RIU 的量级。近年来，研究人员将一维光子晶体和微环谐振腔相结合，构成一维光子晶体微环谐振腔。将待测样品填充到光子晶体空气孔中成为波导纤芯的一部分，有利于增强光波和待测样品的相互作用。通常来说，利用一维光子晶体微环谐振腔的传感模式主要包括基于介质模式的传感[7,8]和基于空气模式的传感[9]。空气模式和待测样品的空间重叠度较高，能够产生较强的相互作用程度。大多数的研究主要是利用圆形空气孔来构建一维光子晶体微环谐振腔，此种结构的电磁波不能够最大限度地汇集在圆形空气孔区域，导致较低的品质因数 $Q$。2016 年，D. Urbonas 等人在微环半径为 4μm 的光子晶体微环谐振腔中利用空气模式实现的 $10^4$ 的品质因子，灵敏度为 100nm/RIU[8]。2020 年，徐亚萌等人提出了一种蝴蝶结结构的光子晶体微环谐振腔结构[10]，能够把电磁波有效地限制在蝴蝶结孔的尖端部位，获得与上述结构相近的空气模式品质因子，传感灵敏度增加了一倍。随着集成传感系统由单一结构变成复合结构，提出了新型的复合结构微环谐振腔，包括含槽一维光子晶体微环谐振腔[11,12]、亚波长光栅微环谐振腔[13-15]等。这两种方法能够通过增强待测样品和光波的相互作用强度从而获得较高的传感灵敏度。

可以通过探测微环谐振腔输出的包络谱波长实现传感。2009 年，H. X. Yi 和 D. X. Dai 等人分别利用马赫-曾德尔干涉结构双臂耦合微环[16]和双微环级联结构[17]进行包络谱波长传感，可以实现高达 $10^5$ nm/RIU 量级的传感灵敏度。近十年以来，研究人员基于游标法设计了双微环级联[18]、双悬浮纳米线微环级联[19]、双脊形微环级联[20]、三微环级联[21]以及微环级联马赫-曾德尔干涉[22]等结构进行包络谱探测传感实验研究。受限于加工精度和包络谱的准自由光谱范围等因素的影响，使用上述游标法进行传感研究所能检测的范围大概在 $10^{-3}$～$10^{-2}$RIU 量级。2016 年，W. W. Zhang 等人利用单个槽波导微环谐振腔进行包络谱探测传感[23]，获得了 $10^3$nm/RIU 量级的灵敏度，受限于损耗的影响，可探测范围低于 0.2RIU。2017 年，S. Chandran 等人报道了单个条状波导微环谐振腔的包络谱探测传感[24]，将可探测范围增加到 1RIU，但该结构的临界耦合条件的波长偏移仅仅和待测样品的折射率变化相关，传感灵敏度只有 $10^2$nm/RIU 量级。该结构几何尺寸较大，单个微环结构面积约为 0.38mm$^2$，比槽波导微环谐振腔的面积（0.003mm$^2$）大得多，较难应用在集成系统中。2020 年，新加坡国立大学的 Y. Chang 等人报道了基于游标效应中红外波段的热可调谐光子传感器，使用在绝缘材料上的硅基微环谐振腔结构[25]。通过在设备上使用有机液体，可以获得 48nm 的包络偏移，灵敏度为 3000nm/RIU，强度下降约 6.7dB。此外，该结构可以进行热调谐，灵敏度约为 0.091nm/mW。2022 年，李明宇课题组基于级联双环谐振腔传感器的游标效应，提出了一种由微流控系统、传感环以及带有微加热器的参考环组成的传感结构[26]。由样品折射率变化引起的输出光谱的偏移被热调加热器转换为电功率的变化。由于游标效应，该传感结构的灵敏度是单环结构的 20 倍，在 8nm 波长范围内使用高斯函数拟合了传感器的热光调谐的光谱包络。实验测得检测灵敏度为 33.703W/RIU，检测极限为 $1.34\times10^{-5}$RIU。

微环谐振腔的透射谱是关于谐振频率对称的洛伦兹（Lorentz）线型，通过增加品质因子能够获得更加尖锐的透射谱，从而获得更高的传感灵敏度。与洛伦兹线型相比，法诺（Fano）线型更加陡峭，能够在单峰强度传感中获得更高的灵敏度。法诺线型通常是由离散态和连续态的耦合形成的。通常情况下，微环谐振腔的透射光谱是离散态的，法布里-珀罗谐振腔的透射谱线则是连续态。2003 年，C. Y. Chao 和 L. J. Guo 将微环谐振腔的总线波导经过错位刻蚀从而构成法布里-珀罗谐振腔，能够形成法诺线型透射用来实现高灵敏度传感研究[27]。2011 年，H. X. Yi 等人利用双环级联形成法诺谐振用来实现折射率传感[28]。2017 年，Z. R. Tu 等人将梯形亚波长光栅微环和条形亚波长光栅法布里-珀罗谐振腔进行耦合，在实验中利用法诺线型透射谱实现了复折射率的传感[29]。2018 年，F. C. Peng 等人将微环谐振腔和一维光子晶体腔进行耦合形成法诺线型透射谱，实现了 $1.76\times10^4$ dB/RIU 的强度传感灵敏度[30]。2019 年，南京大学的 Y. J. Wen 等人设计了一种基于全光栅环形谐振腔的折射率传感器[31]。该结构包括两个基于亚波长光栅波导的轨道谐振腔、一个直线型的亚波长光栅总线波导和一个基于亚波长光栅波导的开放轨道。通过两个亚波长光栅轨道谐振腔的相互耦合，可以获得一个尖锐的法诺共振。光栅的引入可以增强传感器和待测液体分析物之间的相互作用，从而提高器件的灵敏度。通过计算得到波长为 1550nm 附近的灵敏度为 500nm/RIU，品质因数（FOM）为 $2000\text{RIU}^{-1}$，消光比可以达到 21.53dB。2020 年，D. Chauhan 等人设计了一种半径为 0.44μm 的等离子体金属-介质-金属波导微环谐振腔传感器，利用产生的法诺共振实现传感[32]。通过优化不同类型液体的器件参数，可以获得 1200nm/RIU 的灵敏度，通过改变微环的半径，法诺峰可调谐范围达到 740nm。2021 年，Y. X. Yu 等人提出了一种基于轨道微环谐振腔的等离子体纳米传感器结构，从而减小了近红外区域的金属-绝缘体-金属波导结构的损耗[33]。该结构可以激发双法诺共振峰，通过改变结构参数，可以改变共振峰的位置和线型形状。用于折射率传感时，灵敏度可以达到 1503.7nm/RIU，品质因数为 26.8；用于温度传感时其灵敏度可以达到 0.75nm/℃。

通过探测输出包络谱强度也可以实现折射率传感。该方法主要是浙江大学 J. J. He 课题组报道并实现。前期的研究聚焦于使用双环级联结构产生包络谱实现强度传感[34-37]，研究结果表明，相较于横电模（TE）模式，使用 TM 模式的包络强度探测传感能够提供更高的灵敏度。之后，该课题组报道了使用马赫-曾德尔干涉仪级联微环方案进行包络谱强度探测传感[38]，微环和反射型马赫-曾德尔干涉仪的自由光谱范围相似，从而产生游标效应。该传感结构的强度传感灵敏度高达 1892dB/RIU。和传统双级联微环谐振腔相比，测量平均功率增加了 13dB。

### 8.1.1 微环谐振腔的基本结构及模型理论

微环谐振腔通常是由环形波导谐振腔和直波导两部分构成。如图 8-1（a）所示，两个直波导相互平行，端口 1 是电磁波输入端口，满足谐振条件的电磁波从端口 1 输入并通过直波导和环形波导的耦合区域进入微环谐振腔，然后再通过环形波导与另一个直波导之间的耦合从端口 3 输出。在对微环谐振腔传输特性分析中，主要是对直-弯波导耦合结构进行分析。图 8-1 上侧的直-弯波导耦合区域，$E_1$和 $E_3$分别代表直-弯波导耦合区域的输入端的信号振幅，$E_2$和 $E_4$分别为通过直-弯波导耦合区域后，在各波导中剩余的信号振幅。

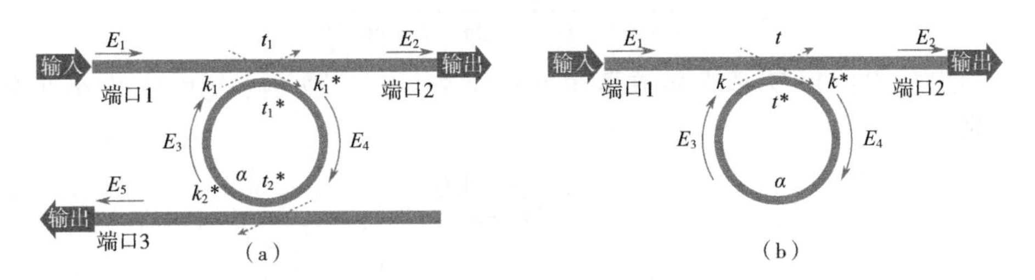


图 8-1　上行下载型微环谐振腔的结构示意图 (a)；单直波导微环谐振腔结构示意图 (b)

单直波导微环谐振腔结构和上行下载型微环谐振腔结构相比，只存在一个直-弯波导耦合区域，如图 8-1 (b) 所示。信号波从端口 1 输入，通过耦合结构后从端口 2 输出。基于耦合模理论，可以给出此结构中各部分的电场强度关系表达式为：

$$E_2 = tE_1 + kE_3 \tag{8-1}$$

$$E_4 = -k^* E_1 + t^* E_3 \tag{8-2}$$

其中，$E_1$、$E_2$、$E_3$和 $E_4$为信号的归一化振幅，因此对应的能量能够根据它们的模的平方获得。$t$、$t^*$、$k$ 和 $k^*$ 表示直-弯波导耦合结构中的各耦合系数，$t$ 和 $t^*$ 表示自耦合因子，$k$ 和 $k^*$ 表示互耦合因子。根据归一化条件有：

$$|k^2| + |t^2| = 1 \tag{8-3}$$

把直-弯波导耦合结构看作整体，不需要研究结构中各耦合系数的具体形式。为了方便计算和归一化处理，假设输入端输入信号振幅 $E_1 = 1$。信号在微环谐振腔中的传输特性可以表示为：

$$E_3 = \alpha e^{i\theta} E_4 \tag{8-4}$$

其中，$\alpha$ 表示信号在微环中传播时的传输系数。当信号在微环中无损传输时，$\alpha = 1$。$\alpha$ 与微环损耗系数 $\tau$ 和周长 $L$ 的关系为：

$$\alpha = \exp(-\tau L) \tag{8-5}$$

联系公式 (8-1)、公式 (8-2) 和公式 (8-4)，可以得到：

$$E_2 = \frac{-\alpha + t e^{-i\theta}}{-\alpha t^* + e^{-i\theta}} \tag{8-6}$$

$$E_3=\frac{-\alpha k^*}{-\alpha t^*+\mathrm{e}^{-i\theta}} \tag{8-7}$$

通过微环结构后，在端口 2 处的信号强度为：

$$|E_2|^2=\frac{\alpha^2+|t|^2-2\alpha|t|\cos(\theta+\phi_t)}{1+\alpha^2|t|^2-2\alpha|t|\cos(\theta+\phi_t)} \tag{8-8}$$

其中，$t=|t|\exp(\mathrm{i}\phi_t)$，在微环结构中传输的信号波强度为：

$$|E_3|^2=\frac{\alpha^2(1-|t|^2)}{1+\alpha^2|t|^2-2\alpha|t|\cos(\theta+\phi_t)} \tag{8-9}$$

当微环中的信号波达到谐振条件，即 $\theta+\phi_t=2m\pi$，其中 $m$ 表示正整数，则：

$$|E_2|^2=\frac{(\alpha-|t|)^2}{(1-\alpha|t|)^2} \tag{8-10}$$

$$|E_3|^2=\frac{\alpha^2(1-|t|^2)}{(1-\alpha|t|)^2} \tag{8-11}$$

由公式（8-9）可以看出，当微环中的传输系数 $\alpha$ 和自耦合因子模值 $|t|$ 相等时，端口 2 输出的信号波强度为 0，微环谐振腔工作在临界耦合状态，此时直波导中的传输信号 $tE_1$ 和从微环耦合到直波导中的信号 $kE_3$ 产生相消干涉。

## 8.1.2 微环谐振腔传感器的工作原理及模型仿真

图 8-2 表示基于微环谐振腔的四端口传感器的结构示意图。微环谐振腔包括一个环形波导，外层半径为 $R_1$，内层半径为 $R_2$，折射率为 $n_1$。环形波导耦合到两个相同的直波导，直波导的宽度为 $W$，折射率与环形波导折射率相同为 $n_1$。整个谐振器加工在二氧化硅材料衬底上。计算窗口周围设置了完美匹配层，进一步吸收辐射出的能量。

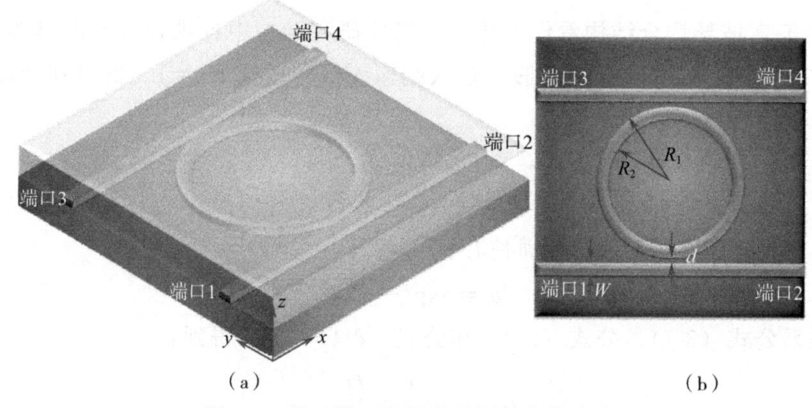


图 8-2 基于微环谐振腔的折射率传感器

在本章内容中使用仿真软件来获取各个端口的 $S$ 参数，进一步求取所需要的参数。谐振腔性能的测量主要基于两个参数的计算：灵敏度（$S$）和 $Q$ 因子（$Q$）。通常会使用两种传感机制：表面传感和体传感[39, 40]。体传感是基于检测平均折射率的变化，该变化是由整个渐逝场区域中分析物的存在引起的，如图 8-3（a）所示。表面传感基于分布在微环谐振腔顶部的分析物数量，类似于覆盖直波导的薄的图层，如图 8-3（b）所示。在测量中，通过检测在包层中均匀分布的分析物或者在谐振波导表面上沉积的分析物引起的谐振波长的偏移实现传感。

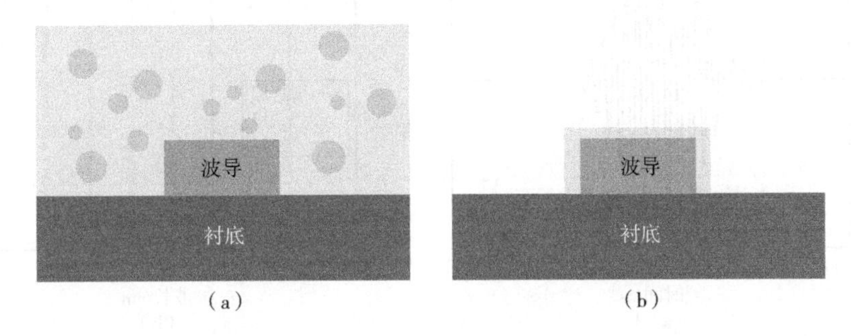


图 8-3　传感机制：均匀分布传感（a）；表面传感（b）

灵敏度 $S$ 是描述传感器性能的主要参数之一，定义为每折射率单位（RIU）的共振波长变化[40]：

$$S=\Delta\lambda_r/\Delta n \tag{8-12}$$

其中，$\Delta\lambda_r$ 表示谐振波长的偏移；$\Delta n$ 表示包层折射率的变化。最小的可探测波长偏移不依赖于谐振带宽或者谐振波形，而是由分辨率决定。然而，噪声会改变共振光谱，因此对于宽共振线型比较难以实现共振波长偏移的测量。为了提高精度，需要较窄的谐振峰，这又意味着需要更高的谐振 $Q$ 因子。$Q$ 因子可以定义为[41]：

$$Q=\lambda_r/\Delta\lambda_{FWHM} \tag{8-13}$$

其中，$\lambda_r$ 表示谐振波长；$\Delta\lambda_{FWHM}$ 表示谐振半高宽处的共振宽度。

## 8.1.3　结果和讨论

所提出的微环谐振腔波导传感器的设计目标是具有相对较高的 $Q$ 因子和相对较高的灵敏度，并且在 $\lambda=1.825\mu m$ 附近产生共振。在设计中直波导和环形波导的参数为：$R_1=202775\mu m$，$R_2=2.7225\mu m$，$W=0.445\mu m$。波导的高度 $h=0.22\mu m$。衬底材料是二氧化硅，直波导和环形波导由硅材料构成，其折射率为 3.46。耦合间隙（直波导和环形波导之间的距离）为 $d=0.2\mu m$。

使用仿真软件来获得所设计的谐振腔结构的输出端口能量强度随工作波长变化的关系。在总线波导处使用具有高斯时间包络的正弦脉冲激励信号作为激发源，覆盖1.6～2.0μm的波长窗口，信号波形如图8-4（a）所示。图8-4（b）给出了每个端口归一化强度。波长为1825.68nm所对应的谐振峰的$Q$因子约为2187。

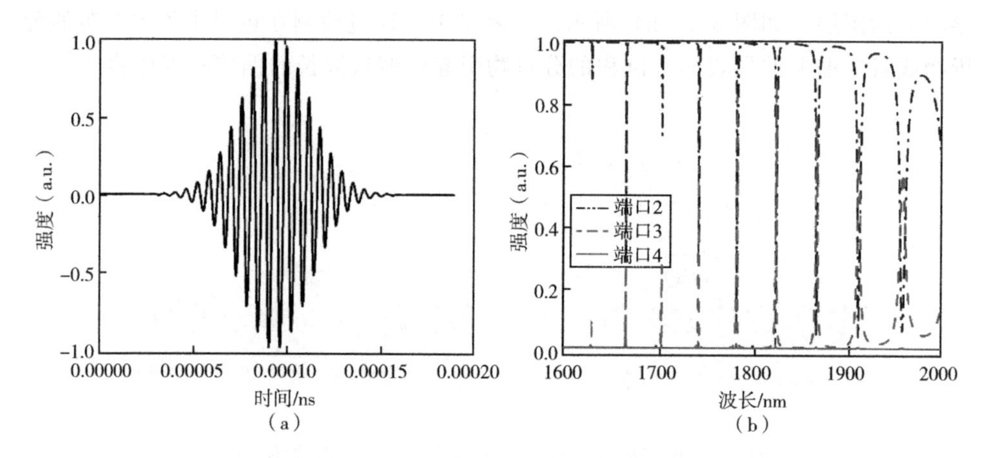


图8-4　激励信号波形（a）；各个端口输出信号的归一化强度（b）

为了在评估谐振器的传感灵敏度的过程中不较大程度地破坏微环谐振腔，轻微地改变待测材料的折射率。首先使得待测样品材料的折射率$n_s$从1变为1.0006，则下载端口3和透射端口2的强度峰值的偏移如图8-5（a）和（b）所示。

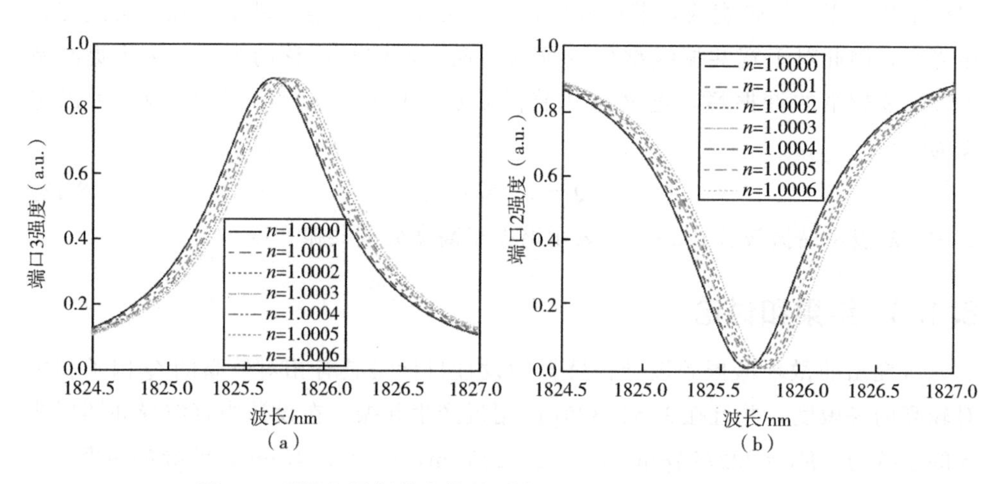


图8-5　不同包层折射率情况下端口3（a）和端口2（b）的归一化光谱强度随波长的变化关系

仿真结果表明，当待测样品的折射率增加 0.0001 时，谐振波长的偏移约为 0.02nm。根据公式（8-12），可以求得相对应的灵敏度 $S$ 约为 216nm/RIU，如图 8-6（a）所示。在谐振波长 $\lambda=1825.6766\text{nm}$ 处的电流密度分布如图 8-6（b）所示，从端口 1 入射的光波能够较好地从下载端口 3 耦合输出。

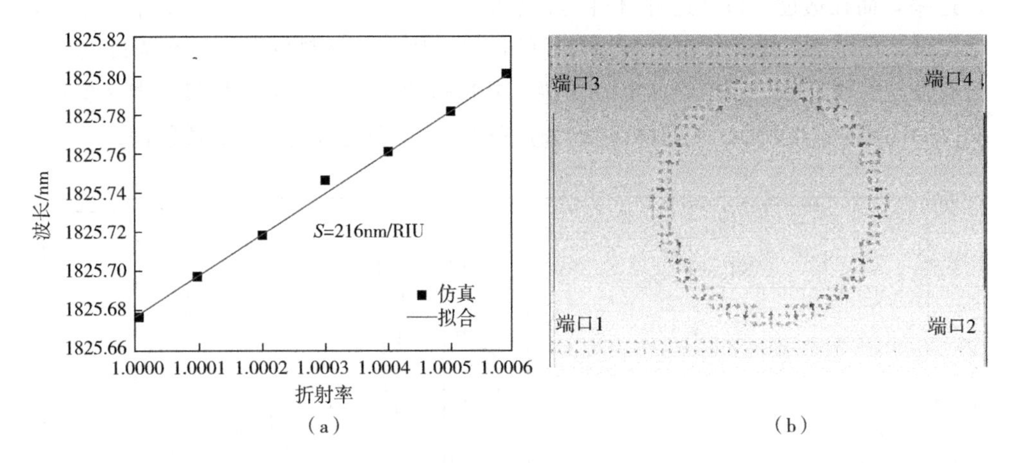


图 8-6　端口 3 谐振峰值波长随折射率的变化趋势及拟合灵敏度（a）；微环谐振腔结构在谐振波长为 1825.6766nm 处的电流密度分布（b）

仿真结果表明，所提出的微环谐振腔结构的 $Q$ 因子可以通过多种方式增加，同时能够保持相同的灵敏度，比如，将耦合间隙 $d$ 从 0.1μm 增加到 0.4μm，$Q$ 因子从 667 增加到 14944，如图 8-7 所示。然而，耦合间隙 $d$ 的增加导致在微环谐振腔内传输的电磁波的幅度降低，因此在端口 3 的强度谱中的谐振峰值较小，从 0.95 降低到 0.50，从而使实际应用中的信号检测变得复杂。

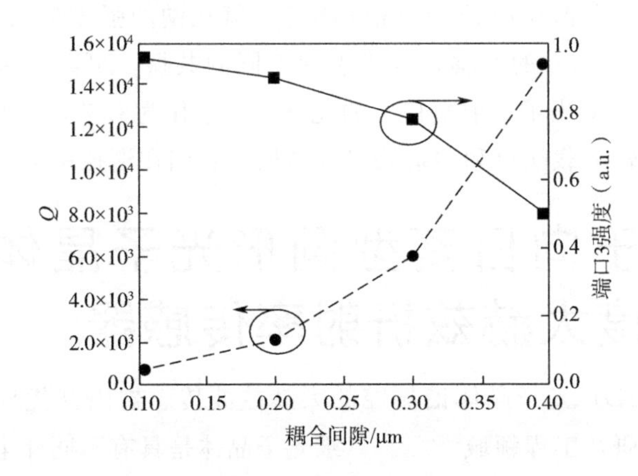


图 8-7　$Q$ 因子和端口 3 归一化强度随环形波导与直线波导之间耦合间隙的变化关系

同时使用实际的样品对该传感器的传感性能进行了评估。使用到的具有代表性的样品分别为氯化钠溶液（$n=1.5280$）[42]、水（25℃，$n=1.3180$）[43]以及二氧化碳气体（$n=1.0004382$）[44]。通过使用不同的样品材料，所观察到的损耗功率的影响会有所不同。在下载端口3，二氧化碳与其他样品材料相比具有较高的透过率，而在透过端口2这种材料具有最低的透过率。对于氯化钠样品溶液来说，结果显示出不同的趋势，在下载端口3的透过率比其他材料更低，但在透过端口2具有较高的透过率。而对于样品水来说，其透过率水平处于中间量级。图8-8（a）和（b）分别给出了对于不同样品材料时下载端口3和透射端口2的透射谱。

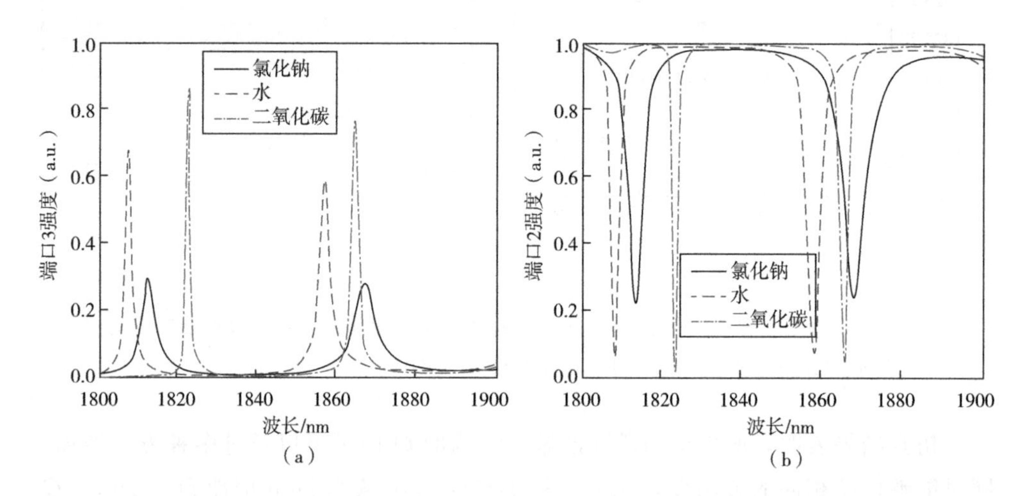


图8-8　下载端口3（a）和透射端口2（b）在三种不同样品时的透过率的归一化强度

改变包层样品材料并与穿过波导的光相互作用的过程中，包层材料会导致微环谐振腔波导的光谱参数发生变化。在图8-8（a）所示的下载端口3光谱中，考虑将水作为参考，在谐振波长1810nm附近，氯化钠的强度谱右移5.17nm，而二氧化碳发生15.22nm的红移，这将引起不同的共振，可以用来设计折射率传感器。图8-8（b）给出了透射端口2的光谱，以水作为参考，具有与端口3相同的变化。通过比较下载端口和透射端口的谐振，它们在谐振中的波长距离相同。

# 8.2　基于向日葵型圆形光子晶体的高灵敏度太赫兹折射率传感器

基于二维（2D）光子晶体谐振腔的太赫兹波传感器因其优异的传感性能而被广泛应用于科研及工程领域[45-47]。二维光子晶体是具有不同介电常数的材料在两个方向上周期性排列构成。通常情况下，二维光子晶体按照晶格排布可以划分为三角晶格和四方晶格两类；按照填充类型能够划分为介质柱型和空气孔型。1996 年，T. F. Krauss 等人首次基于 CMOS 工艺制备了光学频段的二维光子晶体平板微纳结构[48]。光子晶体是折射率的空间分布具有周期性的人工微结构。光子带隙是光子晶体最重要的特性，当带隙中不存在模态时，频率位于光子带隙中的电磁波将无法进行传播。完美光子晶体能够应用的场合有限，通常是在完美光子晶体结构中引入某种结构缺陷从而可以应用在不同的领域。此时光子晶体周期性和对称性的结构被破坏，会在光子带隙中产生部分缺陷态，频率落在此缺陷态频率范围内的信号波就能够在光子晶体结构中传输，并且被局域在缺陷处，而信号在远离缺陷的地方会快速减弱，此现象即是光子局域。当在光子晶体中引入一个点缺陷（即为光子晶体微腔），就能够在光子带隙中产生单个或者多个缺陷态的频率，具有此频率的信号波会被局域到点缺陷腔周围产生本征模式，能够提供较强的谐振特性。二维光子晶体微腔常见的缺陷结构主要包括以下四类[49]：①$H_m$型：调整单个或者 $m-1$ 个晶格点的位置或者大小从而形成可能存在的被反射腔包围的小空间[50, 51]；②$L_n$型：移除某个方向上的 $n$ 个晶格点构成空腔区域[51, 52]；③直接耦合波导型：在光子晶体波导中保留其中部分晶格点产生缺陷，并在这些缺陷中激发一些谐振的局域光学模式[53]；④异质型：光子晶体微腔是由不同晶格常数、孔（柱）尺寸、位置以及形状构成，用激发谐振模式[54, 55]。因此，按照光子晶体的光子带隙和光子局域效应，可以根据实际应用引入对应的缺陷结构，实现对信号波的调控，可用于设计许多的光学器件，如逻辑门器件[56, 57]、反射镜[58]，偏振选择器[59]，滤波器[60]和吸收器[61]等。光子晶体传感器具有无标记传感、高灵敏度、高 $Q$ 因子和快速响应等优点。根据不同的传感参数，光子晶体传感器可以分为气体传感器[62]、液体传感器[54]、机械传感器[63]和电磁场传感器[64]等。根据不同的传感机理，光子晶体传感器可以分为波长灵敏型、强度灵敏型和相位灵敏型等。光子晶体具有较强的电磁波限制特性，并且谐振腔中产生的谐振模式对周围环境的变化具有较高的灵敏性。

灵敏度是评估太赫兹波传感器工作特性的关键因素之一。研究人员设计了各种传感器结构，如异质结结构[65]、狭缝波导结构[66]和非圆形棒结构[67]等。这些结构比较复杂，在实际应用中不容易进行加工制备，使用成本较高。在红外波区域，基于圆形光子晶体的传感器具有较高的灵敏度[68]。但在太赫兹波区域，关于圆形光子晶体传感器的研究尚未见报道。圆形光子晶体具有旋转对称性，这样能够设计出具有更高自由度的太赫兹波器件。基于圆形光子晶体结构的器件具有低损耗、小体积、高 $Q$ 因子等特性。前期研究结果表明，圆形光子晶体在高性能太赫兹波传感器的应用领域具有较大的潜力。

本节提出了一种基于圆形光子晶体的太赫兹波折射率传感器[69, 70]，空气孔按照向日葵型分布在高密度聚乙烯（HDPE）基底上。太赫兹波沿着传感器入射，并根据透射光谱得到圆形光子晶体的带隙。当中心样品池填充具有不同折射率的分析物时，使用有限元法分析太赫兹波传感器的透射特性。另一方面，还研究了太赫兹波传感器的工作特性。数值计算表明，通过优化结构参数，设计的传感器结构可以分别获得较高的灵敏度（$S=10.4\mu m/RIU$）、$Q$ 因子（$Q=62.21$）和品质因数（FOM=1.46），可以应用于无标签生物传感。

## 8.2.1 模型和理论研究

图 8-9 给出本节所设计的基于向日葵型圆形光子晶体太赫兹传感器结构图。在 $o\text{-}xy$ 平面上的散射体（高密度聚乙烯基板中的气孔）的空间晶格位置由下面公式描述[71]：

$$x(M,\ m)=aM\cos\frac{2m\pi}{6M},\qquad y(M,\ m)=aM\sin\frac{2m\pi}{6M} \tag{8-14}$$

其中，$a$ 是晶格常数，$M$ 是空气孔的环数，$m$（$1\leqslant m\leqslant 6M$）是第 $M$ 圈空气孔的数量。为了降低加工难度和降低传感器成本，所有的空气孔设置在高密度聚乙烯基底上，空气孔半径为 $r$。高密度聚乙烯材料在太赫兹波段的折射率为 $n=1.535$。空气孔的深度（与圆形光子晶体基板的厚度相关）在 $z$ 方向上远大于 $a$。通过移除圆形光子晶体的中心、第一环和第二环处的空气孔，然后将两个较大的对称空气孔作为样品池放置在中心区域，从而构成折射率传感器。两个样品池对称分布在圆形光子晶体的中心区域部分。每个样品池是由两个半径分别为 $r_1$ 和 $r_2$ 的圆形空气孔取交集、一个宽度为 $t$ 的高密度聚乙烯薄壁以及两个半径分别为 $R_1$ 和 $R_2$ 的圆形空气孔取交集组成。中心缺陷结构可以降低样品填充的难度，同时较大的样品池可以使得太赫兹波与样品充分互作用，提高传感器性能。两个样

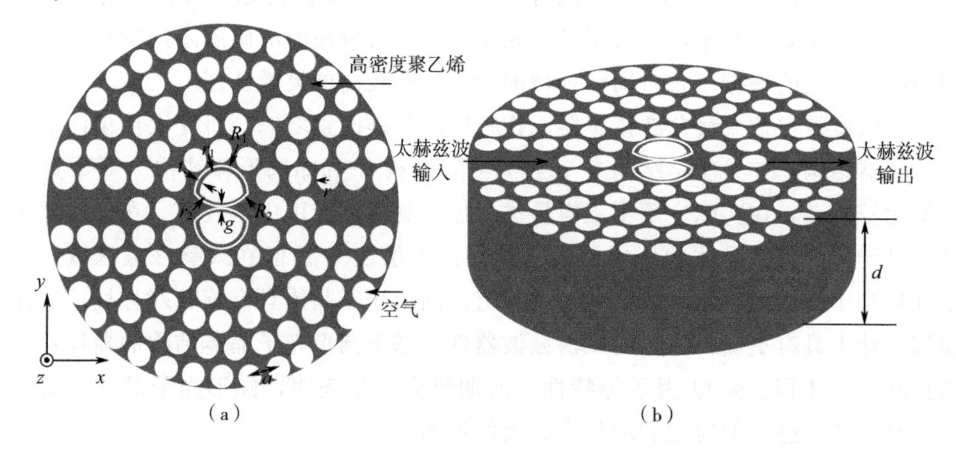


图 8-9　圆形光子晶体太赫兹波传感器二维结构顶层示意图（a）和三维结构（b）

品池之间的距离定义为 $g$。具有 TE 偏振态的太赫兹波从光子晶体谐振腔左侧注入传感器，在传感器的右侧设置监视器，对传感器的透射特性进行监控。所设计的传感器结构参数的初始值设定为：$a=100\mu m$、$r=0.42a=42\mu m$、$R_1=100\mu m$、$R_2=125\mu m$、$r_1=80\mu m$、$r_2=125\mu m$、$t=10\mu m$ 和 $g=0\mu m$。

使用 COMSOL Multiphysics 仿真软件分析太赫兹波传感器的工作特性。在传感器三维（3D）模型中，空气孔在 $z$ 方向上的深度 $d$ 远远大于工作波长（$\lambda$）和晶格常数（$a$），即 $d \gg \lambda$，$d \gg a$。在仿真过程中，使用二维模型替代三维模型进行计算，从而可以较大程度地减少计算时间和计算内存。根据之前报道的工作，使用二维和三维模型计算所得到结果相似[68]，可以获得模型的基本物理特征。本书中模型的边界条件设置为完美匹配层从而吸收能量。模型的网络划分选用物理控制网格，自由网格的数量为 227661。当仿真计算机的配置为 Intel（R）Core（TM）i5-8400 CPU @ 2.80 GHz 和 RAM 8.00 GB 时，仿真所耗费的平均时间为 5227s。

首先仿真计算了无缺陷的圆形光子晶体（蓝色虚线）和本书所设计的传感器（红色实线）在结构参数为初始值时的透射光谱，如图 8-10 所示。当分析物样品的折射率为 $n=1.0$ 时，计算频率范围为 0.5～2.0THz 的太赫兹波透射光谱。从透射曲线可以看出，当圆形光子晶体没有缺陷时，输入太赫兹波不能够通过传感器。当在圆形光子晶体中引入缺陷构成传感器时，具有特定频率的太赫兹波可以通过传感器部分地到达输出端口，相反，某些频率的太赫兹波不能够通过传感器到达输出端口，这为太赫兹波传感器的实现提供了基础。

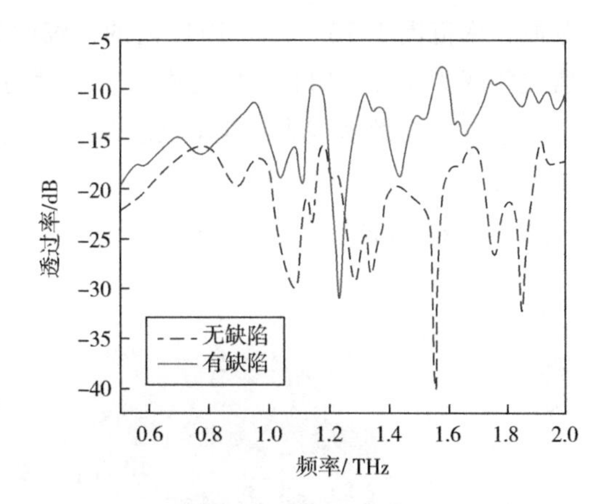


图 8-10 计算得到的无缺陷圆形光子晶体的透射光谱（蓝色虚线）和基于圆形光子晶体设计的太赫兹传感器的透射光谱（红色实线）

为了评估传感器的性能，本书计算分析了折射率传感器的灵敏度 $S$、$Q$ 因子和 FOM 等性能参数。

灵敏度可以定义为[68]：

$$S=\frac{\Delta\lambda}{\Delta n} \tag{8-15}$$

其中，$\Delta\lambda$ 表示谐振波长的改变；$\Delta n$ 表示折射率的改变。

$Q$ 因子可以定义为[68]：

$$Q=\frac{-2\pi f_{\mathrm{R}}\lg e}{2m} \tag{8-16}$$

其中，$f_{\mathrm{R}}$是传输太赫兹波的谐振频率；$m$ 是国际单位制（SI）的衰减斜率。

FOM 是一个表征传感器整体性能的参数，可以定义为[68]：

$$\mathrm{FOM}=\frac{SQ}{\lambda_{\mathrm{R}}} \tag{8-17}$$

其中，$S$ 表示灵敏度；$Q$ 表示 $Q$ 因子；$\lambda_{\mathrm{R}}$是谐振波长。

## 8.2.2 研究结果及讨论

为了获得上述的物理量（$S$、$Q$ 和 FOM），在图 8-11（a）中，计算了分析物样品折射率 $n$ 在 1.1～1.5 变化时在频率范围 0.5～2.0THz 内的太赫兹波透射光谱，折射率变化步长为 0.1。传感器在填充有不同折射率分析物时的透射光谱呈现出相似的变化趋势，如图 8-11（a）所示。图 8-11（b）给出了传感器在太赫兹波频率范围 1.15～1.35THz 内的详细的透射光谱。图 8-11（b）的插图是传感器在频率为 1.233THz、折射率为 1.0 时的二维电场分布，此时入射到传感器的太赫兹波由于散射或者反射，无法到达传感器输出端。随着分析物的折射率 $n$ 以步长 $\Delta n=0.1$ 从 1.1 增加到 1.5，传感器的透射极小值频率从 1.233THz 降低到 1.220THz，如图 8-11（b）所示。

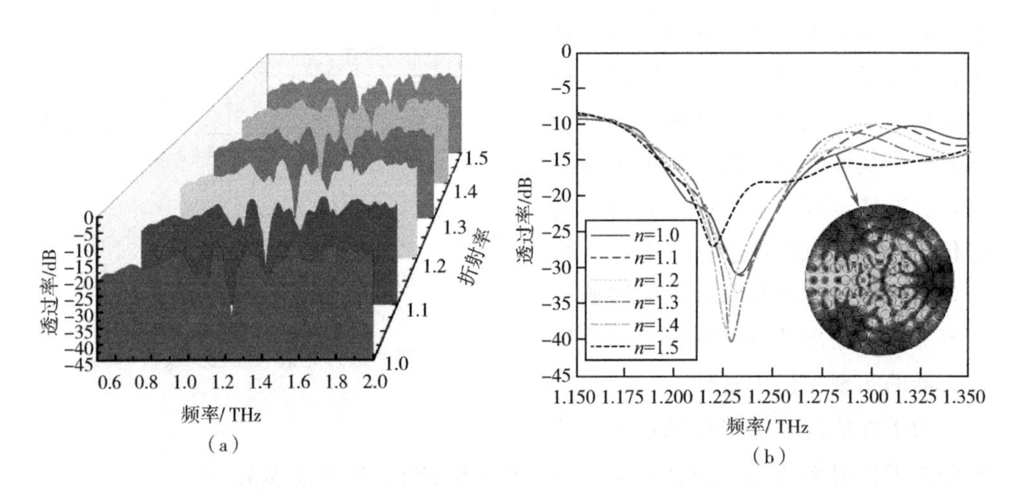


图 8-11 不同样品折射率时圆形光子晶体传感器在 0.5～2.0THz 范围内的透射谱（a）；圆形光子晶体传感器共振频率 1.233THz 附近的透射光谱（b）

根据公式（8-15）可以计算得到灵敏度为 6.475μm/RIU。根据公式（8-16）

和公式（8-17），可以获得对应的 $Q$ 因子和 FOM 分别为 52.57 和 1.40。该折射率范围表明本文提出的太赫兹折射率传感器可以广泛应用于气体传感或者液体传感领域。

为了提升传感器的传感性能，对包括 $t$ 和 $g$ 在内的传感器的结构参数进行了优化。参数 $t$ 和 $g$ 对灵敏度 $S$、$Q$ 因子和 FOM 的影响如图 8-12（a）和（b）所示。

当传感器的其他参数设置为其初始值时，参数 $t$ 对灵敏度 $S$、$Q$ 因子和 FOM 的影响在图 8-12（a）中给出。当参数 $t$ 以 $\Delta t=2\mu m$ 的步长从 0 增加到 $20\mu m$ 时，灵敏度从 $6.975\mu m/RIU$ 减小到 $5.5\mu m/RIU$，当参数 $t$ 取值范围在 $4\sim16\mu m$ 时，灵敏度没有显著的变化。同时，$Q$ 因子从 49.6 振荡增加到 62.21。FOM 表现出振荡趋势，但没有显著变化，并且介于 1.45 和 1.36 之间。应当注意的是，当参数 $t=20\mu m$ 时，两个样品池的面积最小；而当 $t=0\mu m$ 时，两个样品池的面积达到最大。

接下来分析了当参数 $t=0\mu m$ 时，参数 $g$ 对灵敏度 $S$、$Q$ 因子和 FOM 的影响，计算结果如图 8-12（b）所示。受到结构参数的限制，两个样品池之间的间隙的值 $g$ 位于 $0\sim16\mu m$ 之间。当 $g=0\mu m$ 时，两个样品池互相接触，中间没有缝隙的存在；而当参数 $g$ 增加至 $16\mu m$ 时，两个样品池分别和上、下空气孔相接触，此时两个样品池之间的缝隙最大。当参数 $g$ 以 $\Delta g=1\mu m$ 的步长从 $0\mu m$ 增加到 $16\mu m$ 时，灵敏度呈现递增的趋势，并且 $S$ 从 $6.975\mu m/RIU$ 增加到 $10.4\mu m/RIU$。当参数 $g=16\mu m$ 时，最大的灵敏度为 $10.4\mu m/RIU$。与之相反，当参数 $g$ 从 $0\mu m$ 增加到 $16\mu m$ 时，$Q$ 因子呈现出递减的趋势，$Q$ 因子从 49.68 降低到 33.31。当参数 $g=0\mu m$ 时，$Q$ 因子的最大值为 49.68。最后，FOM 展现出振荡变化的趋势（尽管不显著），并且其值介于 1.43 和 1.46 之间。

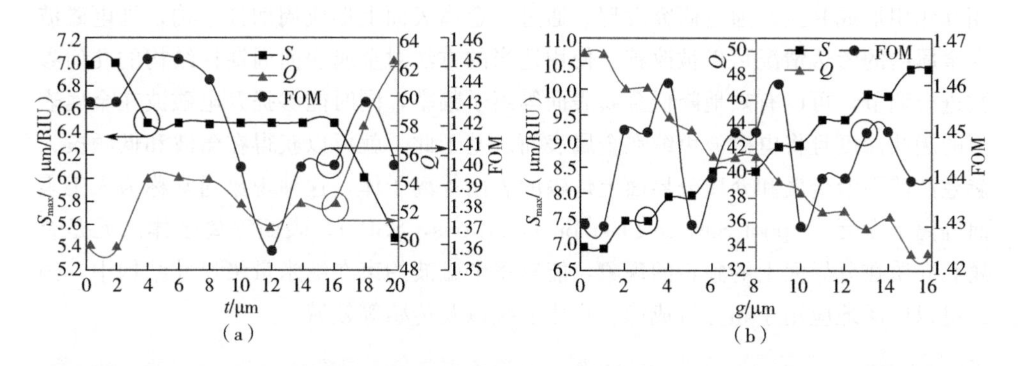


图 8-12　当 $g=0\mu m$ 参数 $t$ 对灵敏度 $S$、$Q$ 因子和 FOM 的影响（a）；当 $t=0\mu m$ 时参数 $g$ 对灵敏度 $S$、$Q$ 因子和 FOM 的影响（b）

从上述结果可以推断出，太赫兹波传感器的结构参数 $t$ 和 $g$ 对灵敏度、$Q$ 因子和 FOM 具有不可忽略的影响。灵敏度 $S$ 和 $Q$ 因子随着参数 $t$ 和 $g$ 的变化呈现显著的变化，并且在不同的参数 $t$ 和 $g$ 取值时达到最大值。这主要是由于高灵敏度和高 $Q$ 因子之间的权衡所造成的。为了获得较高的传感灵敏度，需要满足太赫兹波和分析物之间较高的重叠度，从而能够使得太赫兹波与分析物之间的相互作用增强。与此相反，为了获得较高的 $Q$ 因子，需要满足太赫兹波与波导介质之间的高重叠度。因此，在实际应用中，应该根据传感需求选择传感器的最佳结构参数。例如，为了实现高灵敏度，传感器结构参数 $t$ 和 $g$ 可以分别选择为 $t=0\,\mu m$ 和 $g=20\,\mu m$。否则，为了获得高 $Q$ 因子，结构参数 $t$ 和 $g$ 可以分别选择为 $t=20\,\mu m$ 和 $g=0\,\mu m$。而传感器的 FOM 在参数 $t$ 和 $g$ 取值不同时的变化不显著，从而说明本书所设计的传感器的传感性能比较稳定，可以满足不同实际场合的应用需求。目前来说基于高密度聚乙烯材料的光子晶体太赫兹波传感器的制造技术主要有 3D 打印和电子束光刻等。

# 8.3 基于介质光栅波导耦合的太赫兹人工表面等离子体传感器

表面等离子体激元（Surface Plasmon Polaritons，SPPs）是金属和介质分界面上的光子和自由电子相互作用所产生的集体振荡而形成的沿该分界面传播的近场电磁波[72-74]，该电磁波被束缚于此分界面上。一般来说，金属的等离子体频率位于可见光频段或是紫外波频段下，此时金属的介电常数表现为负值，而在微波以及太赫兹波段范围内可以将金属近似成理想导体（Perfect Electric Conductor，PEC），其介电常数的绝对值或实部非常大。由于电磁波趋肤效应[75]的影响，使得电磁波在进入金属后以指数趋势衰减损耗，从而使得电磁波难以穿透金属，不能够和自由电子相互作用形成共振。通过研究发现，通过在金属表面上形成周期性结构，则电磁波在金属内的渗透情况可以被改善。使用适当的方法对金属表面周期性结构的几何参数进行调节，可以有效地降低金属表面等离子频率，同时能够提升电磁波在金属表面的趋肤深度且将电磁波束缚在金属表面。基于此，就可以获得在微波和低频段太赫兹波范围沿金属和介质分界面上传输的表面等离子体，这种现象通常称为人工表面等离子激元（Spoof Surface Plasmon Polaritons，SSPs）。表面等离子体激元是金属和介质在分界面上的独特的现象，能够将电磁波约束在纳米量级尺寸结构中，因此可以广泛地应用于超分辨成像、集成系统以及传感等领域。

## 8.3.1 太赫兹人工表面等离子体技术研究进展

1902 年，R. W. Wood[76] 在光的衍射实验中观测到光波与金属之间可能存在相互作用。其后在1941年，U. Fano[77]才将表面电磁波和所产生的异常衍射现象关联起来，提出初步的表面等离子体概念。之后在1960年，E. A. Stern和R. A. Ferrell深入研究了这种现象[78]，并将其定义为表面等离子体，通过理论推导首次求解这类电磁波的色散关系。此后，Stephen和Cunningham提出了表面等离子体激元的概念。在这之后的数十年间，受限于当时的微纳加工制备技术，无法进一步对表面等离子体产生机理进行深入研究，因此对表面等离子体激元的研究和发展近乎处于停滞状态。1998年，T. W. Ebbesen等人通过实验发现刻有周期性的亚波长阵列孔结构的金属板在一些特定频率的电磁波照射时能够表现出透射增强效应，同时发现透射电磁波的强度远高于使用经典衍射理论计算的结果[79]。自此之后，由于表面等离子体激元所能够产生的异常光学现象，使得表面等离子体激元相关技术快速发展，掀起了表面等离子体激元研究的热潮。

在表面等离子体技术发展过程中，在相当长的一段时间内，对于此技术的研究范围局限于光学频段或者更高的频率范围。由于在微波和太赫兹波段，金属可以近似当作理想导体，平滑的金属表面上不能够有效地传输表面等离子体激元，从而使得表面等离子体激元的特性难以拓展到较低的频率范围。2004年，H. Cao等人在实验中观测到了低频太赫兹波通过亚波长金属孔阵列而形成的异常透射现象[80]。英国帝国理工学院的J. B. Pendry等人在金属表面刻制周期性的亚波长方孔结构（方孔深度和尺寸都在亚波长量级），可以有效降低金属表面等离子频率，同时能够增强电磁波的透过率[81]。当金属表面存在周期性亚波长方孔时，在其表面上可以传输类似于光波频段表面等离子体激元的低频表面模式并可以将场限制在亚波长结构，此外，通过改变周期性结构的几何参数可以有效地调节其表面的等离子频率。将低频段表面束缚模式称为人工表面等离子激元。2005年，英国的A. P. Hibbins等人在实验中证明了微波频段下人工表面等离子激元的存在[82]，通过在金属表面刻制方形孔增强电磁波在金属表面的渗透，改变方形孔的几何参数可以等效地降低金属表面的等离子频率。束缚在表面的电磁波的波矢分量所满足的色散关系和真实的表面等离子体激元的传输矢量较为相似，从而能够把低频段和高频段亚波长结构所导致的相似现象进行统一，极大地展宽了表面等离子体技术在光电子学领域的研究范围，为将表面等离子激元技术应用在太赫兹和微波频段提供了重要的理论支撑和实验基础，有效地推动了表面等离子体技术在低频电磁波领域的研究和发展。

研究人员对金属表面人工结构降低表面等离子频率的等效介质理论开展的深层次研究，探索能够在较低频率范围内产生表面等离子体的结构。通过改变金属表面结构参数从而调节人工表面等离子体频率，将表面等离子效应从光学频段应用到微波及太赫兹波频段，进一步为实现在低频段金属表面上亚波长范围内场的限制和传输提供了一种全新的方法。G. Kumar 等人通过实验验证了一维周期性穿孔金属结构孔深度和色散曲线的关系，随着孔深度的增加，色散曲线的渐近频率不断降低，表现出更为紧密的模态约束趋势[83]。A. I. Fernández-Domínguez 等人提出了应用在微波频段的 V 形槽结构[84]，通过在金属 V 形槽的内壁上刻制周期性的凹槽结构对电磁波进行束缚，从而激发人工表面等离子激元。使用 V 形槽结构可以获得较低的弯曲损耗。随后他们又报道了一种应用在太赫兹波频段的人工表面等离子体楔形波导结构，与 V 形槽的互补结构类似，由一排凸出的周期性金属楔构成[85]。通过调节楔形结构参数，能够有效降低色散带，提升波导的场限制能力。D. Martin-Cano 等人提出了一种多米诺等离子体（Domino Plasmons）结构[86]，当亚波长范围内的波导具有良好的横向尺寸时，相应电磁场模式的色散关系对波导宽度不敏感，具有较强的限制能力和较低的吸收损耗，为太赫兹高集成密度电路发展奠定了基础。上述几种人工表面等离子体激元结构都能够通过改变几何结构参数调节色散特性和电磁场限制能力，实现微波频段和太赫兹波频段的表面等离子体激元传输。2013 年，东南大学 X. Shen 等人基于多米诺等离子体结构的独特特性[87]，提出了共形表面等离子体激元（Conformal Surface Plasmons，CSPs）结构，能够在可折叠、弯曲的柔性超薄纸状介质膜上传播表面等离子体激元。由于这类波导结构金属层厚度较薄，可以使用标准印制电路板技术进行加工制备，易于实现人工表面等离子体功能器件的平面化和集成化。基于超薄一维平面金属结构的共形表面等离子体激元结构的提出为研究人员展现了新的方向，可以和工作在微波频段的传输线或者共面波导集成，在太赫兹高集成密度电路领域具有较大的潜力。基于此设计的宽带高效转换器、滤波器、定向耦合器等新型超薄功能器件推动了表面等离子体技术的快速发展，取得一系列优异的成果[88-92]。

电磁场和表面电荷的相互作用增强了表面等离子体的动量，使得入射电磁波和表面等离子体之间的动量不匹配。入射电磁波和表面等离子体的动量可以使用不同的耦合器结构实现匹配，包括棱镜、尖端以及光栅等结构，从而可以激发人工表面等离子体，产生共振模式[93]。图 8-13（a）为典型的 Kretschmann 结构，以全反射角度入射的电磁波在棱镜中电磁波矢量的面内分量和金属/空气分界面上的表面等离子体波矢量相匹配，从而使电磁波透过金属膜耦合形成表面等离子激元。随着隧道距离增大，表面等离子体激元的产生效率和金属膜厚度表现出负相关关系。图 8-13（b）给出了双层 Kretschmann 几何结构，主要是在棱镜和金属膜之间添加了一层折射率小于棱镜折射率的介质层构成，电磁波能够在不同角度入射时在金属分界面上激发表面等离子体激元。当金属膜较厚时，使用 Kretschmann 结构则不能够有效地产生表面等离子体激元。图 8-13（c）所示的

Otto结构则能够通过移动棱镜调节其和金属表面之间的间隙，从而能够避免上面所讲的问题。此时电磁波能够通过棱镜和金属表面之间的空气间隙产生隧道效应。图8-13（d）给出了经典的尖端激励结构，孔径较小的探针头能够照亮金属薄膜的表面，从尖端发出的电磁波矢量分量和表面等离子体激元的矢量相匹配。此结构中，探针可以容易地实现横向定位，因此可以在金属表面不同区域激发表面等离子体激元。另一方面，通过衍射光栅产生的衍射效应可以满足动量匹配条件[结构如图8-13（e）和（f）所示]。周期性波纹金属-介质分界面的衍射级可以提供比入射电磁波更大的波矢量，因此金属光栅对电磁波的衍射将耦合到表面等离子体激元中。

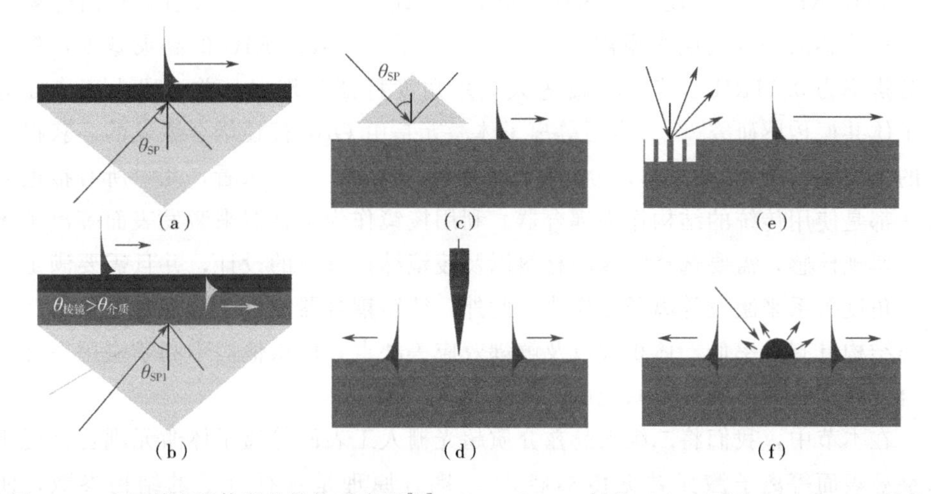


图8-13　表面等离子体激发结构示意图[93]。Kretschmann结构（a）；双层Kretschmann结构（b）；Otto结构（c）；尖端激励结构（d）；光栅衍射（e）；表面特征衍射（f）

通常情况下，棱镜和光栅等传统耦合器的耦合效率较低，这是这一类结构所固有的特点。此类结构激发的表面等离子体激元可能会解耦为传输波(Propagating Waves，PWs)，同时器件表面也会产生初始反射。此外，一些棱镜、尖端等耦合结构的体积较大，不利于应用到集成系统中。2016年，周磊等人报道了一种基于透明梯度超表面产生表面等离子体激元的研究，其将一个透明的梯度超表面放置在金属上方特定位置[94]。该结构能够有效提高传输波向表面等离子体激元转换的效率，所设计的超表面耦合器可以抑制去耦效应和表面反射。他们通过在$x$方向依次排列五个超单元构成一个超晶格，然后沿着$x$和$y$方向将超晶格周期性排列从而形成超表面耦合器，在实验中实现了73%的表面等离子体激元激发效率。

太赫兹等离子体激元传感器具有实时、无标记、灵敏度高等优势，广泛应用于通信系统、无损检测、成像系统、生物医学分析和光谱分析领域。B. Ng 等人使用周期金属槽支持的人工表面等离子体激元检测不同的流体，使用棱镜[95]和散射[96]的方式实现耦合。他们利用太赫兹时域光谱来探测一维周期凹槽中的人工表面等离子体激元的折射率[95]。该结构可以获得 490GHz/RIU 的灵敏度和 0.02RIU 的传感极限，检测分辨率为 10GHz。Y. Huang 等人基于高折射率高阻硅棱镜耦合器波导的传感结构[97]，使用高阻硅棱镜耦合器可以将入射电磁波转换为表面等离子体激元，实现 370GHz/RIU 的传感灵敏度。X. Chen 等人通过将 Otto 棱镜作为耦合器，设计了一个阶梯式的人工表面等离子体激元传感器[98]。计算结果表明，该传感器能够在折射率为 1.33～1.36 范围内提供最大约为 2.44THz/RIU 的灵敏度。A. Sathukarn 等人提出了一种用于折射率表面等离子体共振传感的一维周期光栅耦合器[99]，获得了 500GHz/RIU 的高灵敏度，折射率分辨率为 0.01RIU。Y. Zhang 等人利用角度特征实现太赫兹波段人工表面等离子体共振传感研究[100]。表明等离子体激元是由 Otto 棱镜耦合激发的，获得较高的角度灵敏度 320°/RIU，分辨率为 $3\times10^{-7}$RIU。目前来看，几乎所有报道的方法都是使用传统的结构作为耦合器。利用棱镜作为耦合器来激发表面等离子体激元实现传感，需要选择特殊的材料以及棱镜结构参数的设计，并且需要满足一定的角度关系来激发等离子体模式。此外，棱镜耦合器难以应用在集成系统[101]。此类结构具有效率低、体积大以及解耦效应等缺点，使得他们不利于应用在许多场合，特别是在高集成度系统中[102]。

在本节中，我们将二维太赫兹介质超光栅人工表面等离子体激元耦合器用于太赫兹表面等离子激元共振传感器[103]。耦合原理是选择合适的结构参数，使得−1 折射方向的功率显著增强，同时降低其他反射和折射方向的功率[104]。当分析物充满耦合器和金属槽之间的空隙时，分析物和表面等离子体激元模式之间的相互作用更加充分，因此能够提升灵敏度。

## 8.3.2 传感器结构和原理

所提出的二维太赫兹介质超光栅的人工表面等离子体激元耦合器的示意图如图 8-14 所示。由二氧化硅衬底上的不对称硅柱阵列组成的介质超光栅被放置在支持人工表面等离子体激元的目标金属槽阵列上方。介质光栅的基本物理机制可以用 Floquet-Bloch 定理进行解释，其中周期光栅阵列将一个入射平面波衍射到一系列离散的传输和消逝的谐波。超光栅将会显著地增强具有偏折角度 $\theta_s$ 的−1 衍射级，并且利用非对称散射柱完全抑制所有未考虑的衍射级（如图 8-15 所示）。

如图 8-14 所示，二氧化硅衬底底部和金属槽阵列表面之间的耦合空隙的距离定义为 $g_{air}$。$t_{sub}$ 表示介质衬底的厚度。硅柱和二氧化硅衬底的折射率分别是 $n_g=$

3.45 和 $n_s=1.95$。具有 $x$ 方向周期 $p_x$ 和 $y$ 方向周期 $p_y$ 的超光栅单元结构是由两个直径为 $d_1$ 和 $d_2$、高度为 $h_g$、间隙 $g_g$ 的圆柱组成的。所设计的支持人工表面等离子体激元的金属结构是由周期 $p_m$、深度 $h_m$、槽间隙为 $g_m$ 的亚波长金属槽构成。

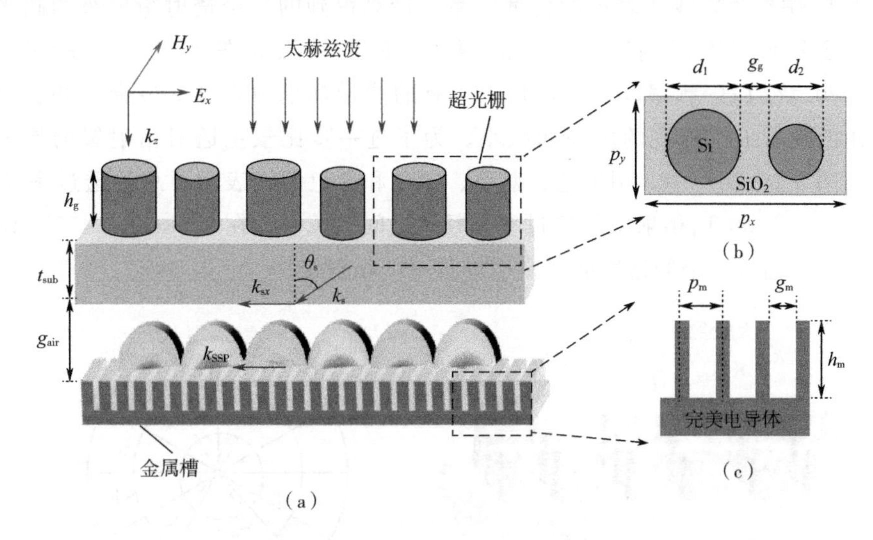


图 8-14　基于二维太赫兹介质超光栅波导的表面等离子体激元耦合器结构：工作原理示意图（a）；介质光栅波导结构（b）；金属槽阵列结构（c）

所设计的集成结构的最大优点是金属槽阵列以及二氧化硅衬底和金属槽阵列之间的间隙可以用作样品腔，从而能够实现液体和气体的太赫兹传感。此外，在进行准确的实时检测过程中，可以显著减少所需要的样品量。超光栅将垂直入射的太赫兹波 $k_i$ 转换为在介质层中具有偏转角 $\theta_s$ 的波束 $k_s$，通过 $x$ 分量 $k_{sx}$ 匹配金属槽阵列上表面等离子体模式的波矢 $k_{SSP}$[94, 105-107]：

$$k_{SSPs}=k_{sx}=\frac{2\pi}{\lambda_0}n_s\sin\theta_s \tag{8-18}$$

其中，$\lambda_0$ 表示入射太赫兹波的波长；$n_s$ 表示介质层的折射率。与待测样品相互作用之后的太赫兹波将从介质衬底反射出光栅结构以进行检测。因此，通过测量超光栅表面的反射太赫兹波，可以检测填充在超光栅衬底和金属槽阵列之间的分析物的介电特性。

## 8.3.3　结果与讨论

在所提出的传输耦合模式中，通过优化调节垂直入射太赫兹波在二氧化硅衬底中的偏转角度，可以获得较大的表面等离子体波矢 $k_{SSP}$。如图 8-14 所示，图 8-15（a）中的单元结构的参数 $p_x=150\,\mu m$ 和 $p_y=260\,\mu m$，包括两个 $d_1=190\,\mu m$

和 $d_2=150\mu m$ 的硅柱，它们的高度为 $h_g=300\mu m$，之间的间距 $g_g=50\mu m$。图 8-15（b）给出了频率为 0.42THz 时的透射和反射的主要衍射级，大部分的透射能量在二氧化硅衬底中被引导至具有偏转弯曲角 $\theta_s=46.35°$的 $T_{-1}$衍射级，对应于图 8-17 中红色虚线所表示的色散关系。计算得到的三个透射衍射级的超光栅远场强度分布与不同偏转弯曲角的频率之间的关系如图 8-15（c）所示。在 0.386～0.477THz 频率范围内，几乎所有的能量都集中在 $T_{-1}$方向，并且偏转弯曲角度随着工作频率的增加而减小。为了进一步比较主透射衍射级的能量分布，在图 8-15（d）中，用黑色、蓝色、绿色和紫色曲线表示了总的透过率 $T_{total}$以及 $T_{-1}$、$T_0$和 $T_1$衍射级的透过率与频率之间的关系。在 0.386～0.477THz 频率范围内，超过一半的透射能量被引导至 $T_{-1}$衍射级。

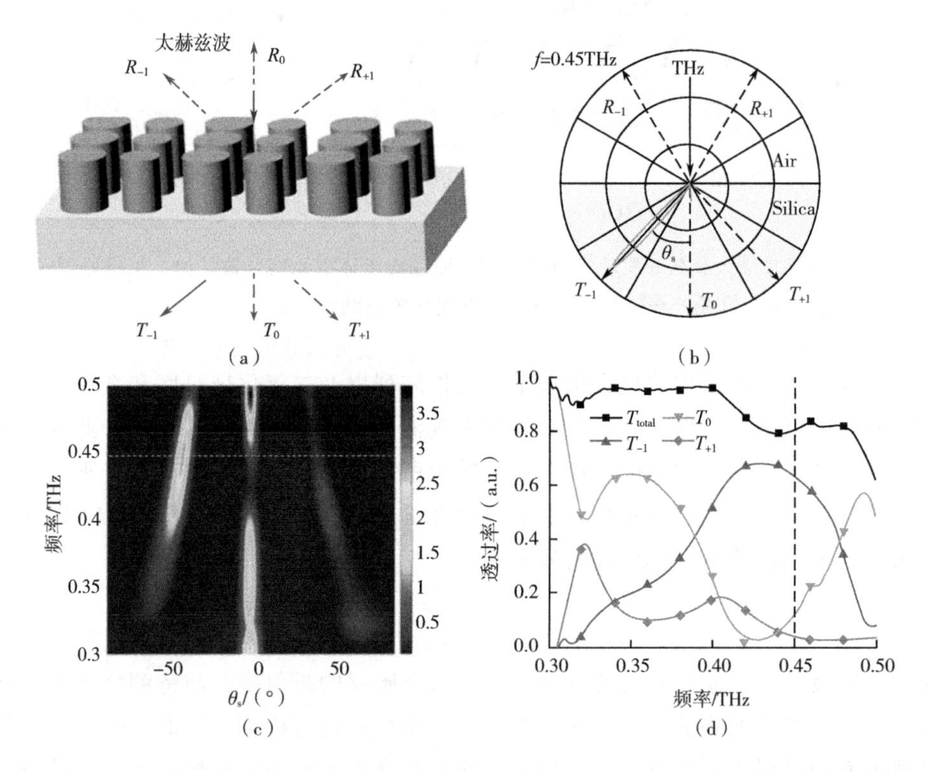


图 8-15　二维太赫兹介质超光栅人工表面等离子体激元耦合器的设计。衍射结构示意图（a）；频率为 0.42THz、偏转弯曲角度为 $\theta_s=46.35°$时所计算得到的透射和反射衍射级远场图（b）；超光栅归一化远场强度分布和频率在不同弯曲角度下的变化趋势（c）；不同衍射级的透过率和频率的变化趋势（d）

图 8-16（a）和（b）分别给出了所设计的超光栅在频率为 0.42THz 的太赫兹波垂直入射时电场和磁场分布，此时在二氧化硅衬底中偏转弯曲角度为 $\theta_s=$

46.35°，与图 8-15（b）所示的结果一致。结果表明，垂直入射的太赫兹波被超光栅阵列偏转，然后转换为具有弯曲角度 $\theta_s$ 的准平面波。

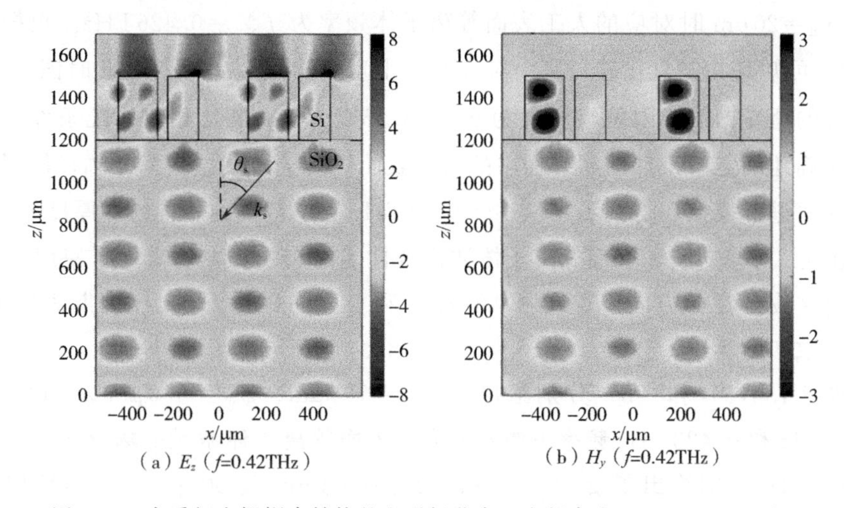

（a）$E_z$（$f$=0.42THz） （b）$H_y$（$f$=0.42THz）

图 8-16 介质超光栅耦合结构的电磁场分布，在频率为 $f=0.42$THz 时，超光栅二氧化硅衬底中电场（$E_z$）(a) 和磁场（$H_y$）(b) 的分布

透射型介质超光栅耦合器的工作原理具有类似金属超表面的高转换效率的优点，克服了复杂的多层设计、微波/太赫兹波段窄工作带宽以及光学频段的金属吸收损耗等缺点[94]。当满足公式（8-18）的条件时，垂直入射的太赫兹波发生衍射偏转一定的角度使得驱动波矢量 $k_{sx}$ 能够和二维超薄周期性金属沟槽表面上的平行波矢量 $k_{\mathrm{SSPs}}$ 共振耦合到本征表面等离子体激元上。通过使用有限元方法计算了结构参数分别为 $h_m=100\mu m$、$p_m=65\mu m$、$g_m=20\mu m$、$30\mu m$、$40\mu m$ 的周期金属槽阵列的色散。假设金属在太赫兹频率范围内是理想电导体，如图 8-17 所示，随着频率接近第一布里渊区的边缘，色散关系曲线变得平坦，波矢量趋向无穷。图中黑色虚线表示太赫兹波在空气中的色散关系（$k_0=2\pi/\lambda_0$），红色点画线表示太赫兹波在介质超光栅衬底内的色散关系（$k_{sx}=k_0 n_s \sin\theta$）。实线和红色点画线之间的交点表示可以实现动量匹配条件 $k_{sx}=k_{\mathrm{SSPs}}$。

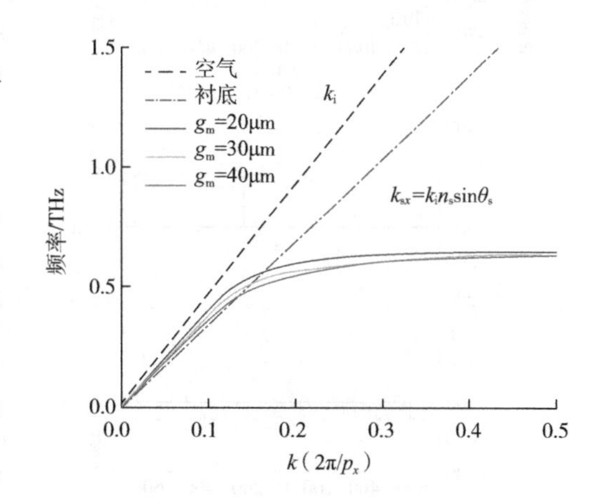

图 8-17 介质超光栅太赫兹人工表面等离子体激元耦合器色散曲线

如图 8-17 所示，为了在金属槽阵列上激发表面等离子体激元，二氧化硅衬底中的波矢 $k_{sx}$ 需要和 $k_{SSPs}$ 相匹配。假设在空气中的入射频率为 $f_0=0.5$THz，则当 $g_m=20\mu$m 时对应的人工表面等离子体频率为 $f_{SSP}^{th}=0.426$THz。根据公式(8-18) 可知其在二氧化硅衬底中对应的最小角度为 $\theta_s^{min}=38.5°$，此时图 8-15 中所设计的超光栅的极限偏转角度为 $\theta_s=46.35°>\theta_s^{min}$，满足相位匹配条件。为了更加精确地确定所设计的超光栅中的人工表面等离子体共振频率 $f_{SPP}^{sim}$，使用三维有限元法进行模拟，得到了在 0.40～0.44THz 频率范围内不同衬底厚度 $t_{sub}$ 和空气间隙 $g_{air}$ 对倏逝波和表面等离子体波耦合性能的影响。在仿真中，使用 P-偏振的太赫兹波沿着-$z$ 方向垂直入射，沿着 $x$ 和 $y$ 方向施加 Floquet 周期边界条件，几何参数如前所述。

图 8-18（a）和（b）分别给出了 $t_{sub}=700\mu$m、$g_{air}=400\mu$m 及 $500\mu$m 在 0.420THz 和 0.423THz 频率下激发的人工表面等离子体激元的场分布；图 8-18（c）和（d）分别给出了 $g_{air}=400\mu$m、$t_{sub}=600\mu$m 及 $500\mu$m 在 0.425THz 和

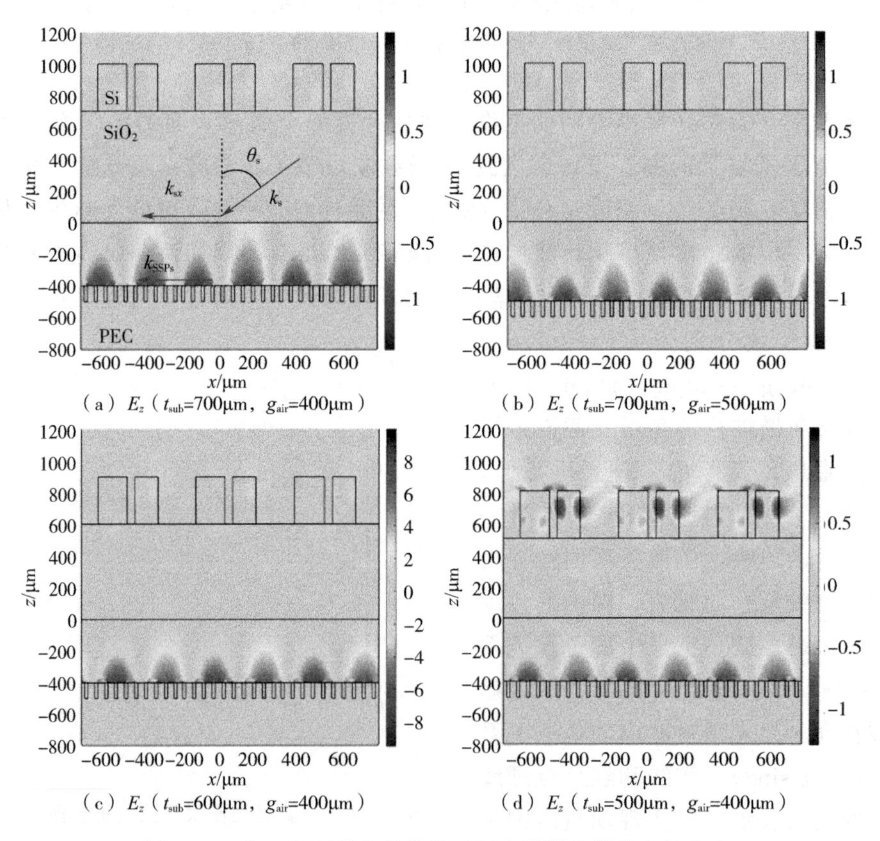

（a）$E_z$（$t_{sub}$=700μm，$g_{air}$=400μm）
（b）$E_z$（$t_{sub}$=700μm，$g_{air}$=500μm）
（c）$E_z$（$t_{sub}$=600μm，$g_{air}$=400μm）
（d）$E_z$（$t_{sub}$=500μm，$g_{air}$=400μm）

图 8-18　人工表面等离子体激元超光栅耦合器的电场分布

0.426THz频率下激发的表面等离子体激元的场分布。值得注意的是，典型的表面等离子体波是沿着空气和金属槽阵列分界面上产生的。

图8-19（a）和（b）给出了不同间隙$g_{air}$和厚度$t_{sub}$值时的反射光谱。表面等离子体激发频率处的反射谱具有最小值。通过调节介质超光栅衬底厚度$t_{sub}$和其与金属槽阵列之间的空隙$g_{air}$从而能够获得最佳的工作性能。如图8-19（a）所示，在$t_{sub}=700\mu m$时，在200～500μm的范围内以步长100μm调节空隙$g_{air}$。其中在$g_{air}=400\mu m$时的反射谱谐振点处的反射最小，且其在反射共振频率处产生沿着金属槽阵列传输的表面等离子体波。同样的，如图8-19（b）所示，在$g_{air}=400\mu m$时，在400～700μm的范围内调节衬底层厚度$t_{sub}$，步长为100μm。通过比较发现，当$t_{sub}=700\mu m$时的反射光谱谐振点在几组参数中为最小值。上述谐振频率和理论计算得到的频率$f_{SPP}^{th}=0.426THz$之间存在一些偏差。造成这些偏差的原因可以解释如下。当衬底和金属槽之间的间隙以及衬底厚度很小时，传输的表面等离子体并不是理想的表面波，因此相当一部分能量将重新辐射回介质衬底或者超光栅，这将通过能量阻尼和破坏性干涉效应影响表面等离子体色散关系。选择恰当的空气间隙和衬底厚度，比如当$t_{sub}=700\mu m$和$g_{air}=400\mu m$时，表面等离子体的共振反射将会产生一个显著的谷值，此处的能量被耦合到金属槽阵列所支持的表面等离子体激元中。图8-19（c）和（d）分别给出了在不同空气

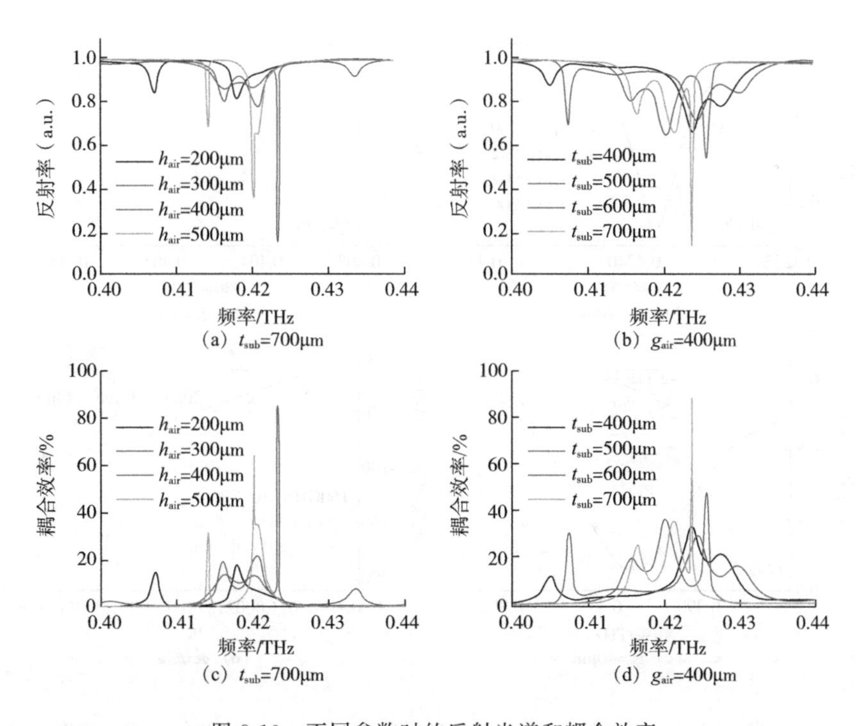


图8-19 不同参数时的反射光谱和耦合效率

间隙 $g_{air}$ 和衬底厚度 $t_{sub}$ 时表面等离子体激元的耦合效率随频率的变化趋势。

在图 8-20 中，通过在空气间隙中填充具有不同折射率 $n_a$ 的样品材料，用于研究基于介质超光栅的表面等离子体激元传感性能。图 8-20（a）～（c）分别给出了当金属槽阵列宽度 $g_m$ 为 20μm、30μm 和 40μm 时填充不同折射率样品材料的变化趋势。结果表明，$g_m$ 的变化将会对表面等离子体传感器的灵敏度产生显著影响。对于倏逝波，当公式（8-18）的条件满足时，将会发生表面等离子体的耦合，此时要求填充分析物的折射率（$n_a$）要小于衬底材料的折射率（$n_s$）。为了验证该传感器的灵敏度，考虑一些折射率为 $n_a=1.0000$、1.0002、1.0004、1.0006 的样品来评估所提出的传感系统。当 $g_m$ 为 20μm、30μm 和 40μm 时，反射光谱分别在 0.424THz、0.404THz 和 0.390THz 附近有三个尖锐的谷值，三个 $g_m$ 值对应的 $Q$ 因子分别为 1676、396 和 315。当 $g_m$ 为 20μm 时的 $Q$ 因子达到最大值，并且随着 $g_m$ 的增加而降低。值得注意的是，最小的可检测折射率变化是有限的，这主要取决于太赫兹源的频率分辨率。当使用返波管作为太赫兹源时，其传感系统的分辨率将低至几十千赫[108]。

为了直观地讨论传感器的灵敏度，图 8-20（d）给出了计算得到的传感器的谐振频率和分析物的折射率变化以及相应的线性拟合曲线。从图中可以看出，谐

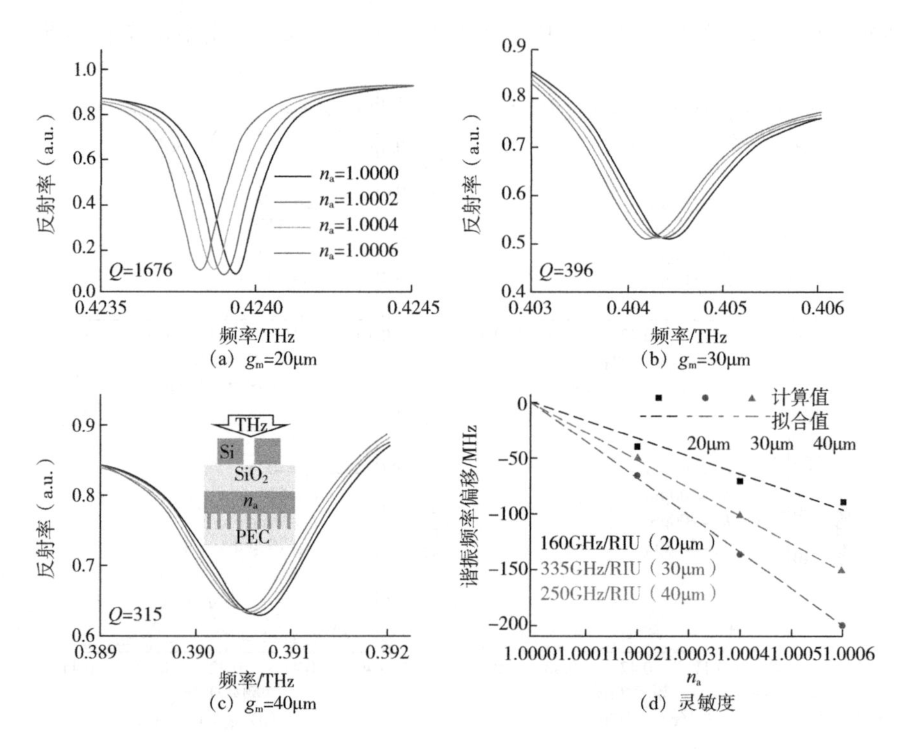

（a）$g_m$=20μm （b）$g_m$=30μm （c）$g_m$=40μm （d）灵敏度

图 8-20 当 $g_m$ 为 20μm、30μm 和 40μm 时反射光谱（a）～（c）和传感的灵敏度（d）

振频率和折射率具有良好的线性关系，且谐振频率随着折射率的增加表现出红移现象。当 $g_m$ 为 20μm、30μm 以及 40μm 时，通过线性拟合得到的零米高度分别为 160GHz/RIU、335GHz/RIU 以及 250GHz/RIU。当 $g_m=20\mu m$ 时，传感系统的探测极限为 0.0001RIU。其灵敏度和探测极限可以应用在多种气体的测定，例如：氢气（1.000132）、氮气（1.000270）、氨气（1.000376）以及二氧化碳（1.000407）等气体物质。

本节提出一种二维介质超光栅波导作为太赫兹人工表面等离子体激元的耦合器。介质超光栅将垂直入射到介质光栅波导上的太赫兹波偏转一定的角度，匹配金属槽阵列上人工表面等离子体激元的波矢量，实现动量匹配，从而激发产生人工表面等离子体。对不同折射率的填充介质的测试结果表明，该结构可实现对特定分析物的高灵敏度检测。

## 8.4 基于长周期光纤光栅波导的传感研究

自从 1995 年 A. M. Vengsarkar 等人[109]在光纤中成功地使用振幅掩模法写入长周期光纤光栅（LPG）以来，对长周期光纤光栅的研究工作引起广泛的关注。光通信使用的是传输模式中的纤芯模式，光纤布拉格光栅只有纤芯模式，之前的研究大多是集中在光纤的纤芯模式。长周期光纤光栅特殊的结构使得纤芯和包层之间产生能量交换，此后开始了对包层模式的研究。长周期光纤光栅具有体积小、寿命长、无回波影响、插入损耗少、抗电磁干扰等优势，且长周期光纤光栅比布拉格光纤光栅具有更好的应力、温度特性，故其在温度传感、应变传感、扭曲传感等领域具有重要的应用价值。在近 30 年的发展历程中，长周期光纤光栅技术已经较为成熟，目前常见的长周期光纤光栅制作方法主要有紫外激光写入法[109]、二氧化碳激光器写入法[110]、飞秒激光写入法[111]、电弧写入法[112]、腐蚀刻槽法[113]和机械压力法[114]等方式。长周期光纤光栅通常能够按照光栅周期、折射率调制分布、形成光栅结构机理以及光纤波导材料等方面的因素进行分类[115]。按照长周期光纤光栅周期不同可以分为长周期光纤光栅[109]和超长周期光纤光栅[116]。前者也被叫做透射型光栅，光栅周期约为几十到几百微米之间，两个传播方向相同的模式之间会产生耦合，能够将纤芯基模耦合到光纤波导的包层模中。后者的光栅周期达到毫米量级，是普通长周期光纤光栅的几倍甚至几十倍。按照光栅折射率分布的不同能够划分为均匀型[117]、啁啾型[118]、相移型[119]以及闪耀型[120]。均匀型长周期光纤光栅技术较为成熟，应用较为广泛，其光栅周期和折射率调制深度都是不变的，光栅是在光纤的轴向进行分布的。啁啾长周期光纤光栅的周期随着光纤的轴向位置的变化而不断变化，其周期分布是不均匀的，会随着光纤传输方向的位置不同而不断变化。相移长周期光纤光栅是在均匀长周期光纤光栅中的某些部位的折射率分布产生跳变，其也能够看作是由多个长周期光栅连接在一起构成的。闪耀长周期光纤光栅是在刻写激光和光纤的轴向方向不垂直时，就会使得光栅折射率分布方向和光纤的轴向存在一定的角度，折射率分布方向和光纤轴向方向的角度就是闪耀角。

分析长周期光纤光栅的透射谱对其应用非常有帮助，T. Erdogan 等人对长周期光纤光栅的理论分析已经相当的完善[121]。本书基于耦合模理论和阶跃折射率光纤三层模型包层模理论，利用与 T. Erdogan 相同的理论模型，考虑了纤芯导模同时与多个包层模之间的耦合，且计算中考虑了光纤的材料色散。从本征方程出发，解出了纤芯基模与一阶低次包层模的传播常数、场分布情况，计算了纤芯基模与一阶低次包层模的耦合系数。基于耦合模理论的基础，发展起来一种用传输矩阵分析长周期光纤光栅透射谱的方法，该方法没有太多的近似，精度较高，且适合于数值运算。

数值计算时，设定光纤波导的参数为：周期为 $\Lambda=450\mu m$，纤芯半径为 $4.15\mu m$，包层半径为 $62.5\mu m$，纤芯的折射率为 1.4681，包层的折射率为 1.4628，环境折射率设为 1.0。平均有效折射率调制为 $0.783\times10^{-4}$。仿真计算结果如图 8-21（a）所示。四个损耗峰的位置分别为 1341nm、1371nm、1430nm 和 1540nm，对应的峰值损耗分别为−1.068dB、−4.191dB、−10.64dB 和−18.13dB。图 8-21（b）是长周期光纤光栅四个损耗峰中心波长随环境折射率变化的情况。改变环境折射率的值，使其从 1.0 增加到 1.46（步进为 0.01），分别观察四个峰的中心波长和透射峰深度。图中显示，当环境折射率远小于包层折射率时，耦合波长随环境折射率增加变化非常缓慢；当环境折射率接近包层折射率时，耦合波

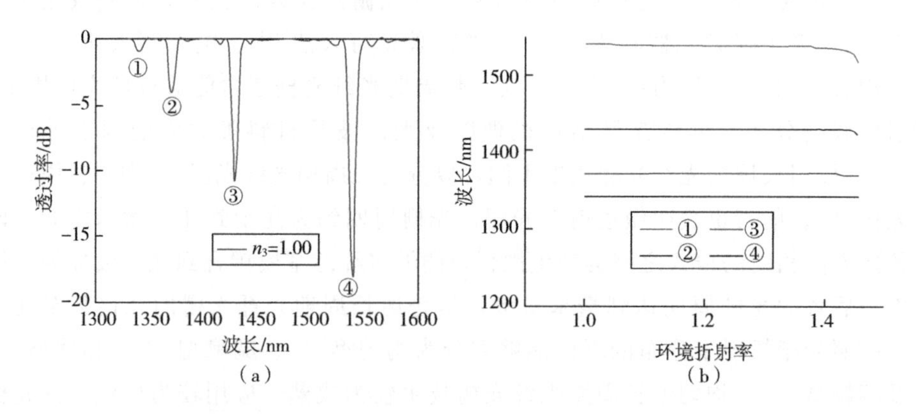


图 8-21　周期为 $450\mu m$ 的长周期光纤光栅波导的透射谱（a）；谐振波长和环境折射率的关系（b）

长移动速度增大。当环境折射率小于包层折射率时，随着环境折射率的增加，长周期光纤光栅的各个谐振峰都向短波长移动，且谐振峰模式的频率越高移动的程度越大。

图 8-22 (a) 计算了长周期光纤光栅四个谐振峰在环境折射率为 1.00 和 1.46 时的情形。由图 8-22 (a) 可以看出，当环境折射率从 1.00 变到 1.46 时，位于 1550nm 附近的谐振峰的偏移量大概有 24nm。而随着波长的减小，谐振峰的偏移量在减小，①号谐振峰基本没有偏移。因此，对于相同包层半径的长周期光纤光栅，高阶包层模的谐振峰移动量比低阶包层模的要大，也就是说高阶包层模对环境折射率的灵敏度比低阶包层模的要高。为了提高灵敏度，且更加容易观察，尽量选用较大的包层模阶次。图 8-22 (b) 是长周期光纤光栅四个损耗峰透射深度随环境折射率变化的情况。高阶包层模的谐振峰透射深度变化量比低阶包层模的要复杂，也就是说高阶包层模透射深度对环境折射率不稳定。而低阶包层模的透射深度随环境折射率的变化比较单调，但变化范围小。环境折射率的变化会引起包层模传播常数和模场分布的改变，从而将影响相位匹配条件和耦合系数的改变，最后改变了长周期光纤光栅的谐振波长和透射峰深度。

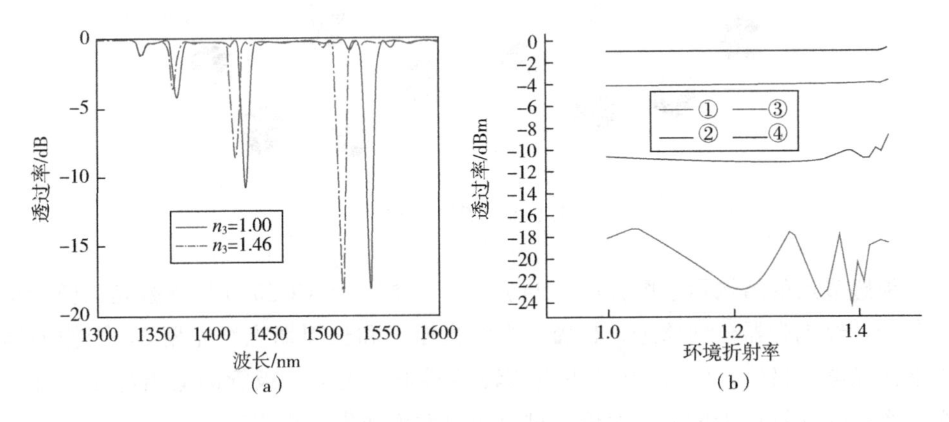


图 8-22 不同环境折射率时的长周期光纤光栅波导的透射谱 (a)；透射谱深度的变化 (b)

## 8.4.1 长周期光纤光栅传感应用研究

近年来，物联网产业飞速发展，尤其是无线局域网组网技术的发展使之越来越广泛地被用于传感网络中，丰富了传感器的组网手段。各类无线传感网络越来越多地被用于环境监测、结构健康监测和工业现场实时测量，采集和统计各种环境信息，如：温度、应力、湿度、pH、振动、压力等。无线局域网的兴起和发展给光纤传感器的组网技术带来了新的活力。

关于分布式光纤传感网络的研究已有大量报道，其信号传输采用光纤，存在布线组网复杂、不利于故障排除等缺点。将光纤传感技术和 ZigBee 无线组网技术相结合，使用射频信号（2.4GHz）传输信号，可以实现自组网，便于增加、减少和更换传感节点，可以根据协议栈中数据的源地址便捷地定位故障位置，同时具有对不同传感器的兼容特性。本节中提出了一种基于长周期光纤光栅和 ZigBee 组网技术的无线折射率传感网络，实现了实时的多点多参量测量[122]。

多节点折射率传感网络系统结构如图 8-23 所示，系统主要由传感节点、路由节点、协调器和中心计算机组成。传感网络组网形式采用树形网络的自组网系统。

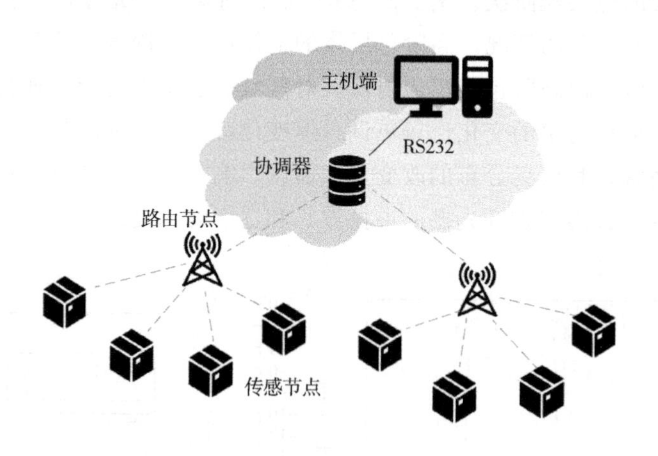


图 8-23　系统结构

传感节点的结构示意图如图 8-24 所示。控制模块 CC2530 控制激光二极管输出激光，经耦合器分两路进入长周期光纤光栅 1 和长周期光纤光栅 2，光栅的输出端接光电二极管，CC2530 利用模数转换器采样光电二极管的输出电压，计算光功率，并计算成折射率，然后通过射频收发模块发射出去。

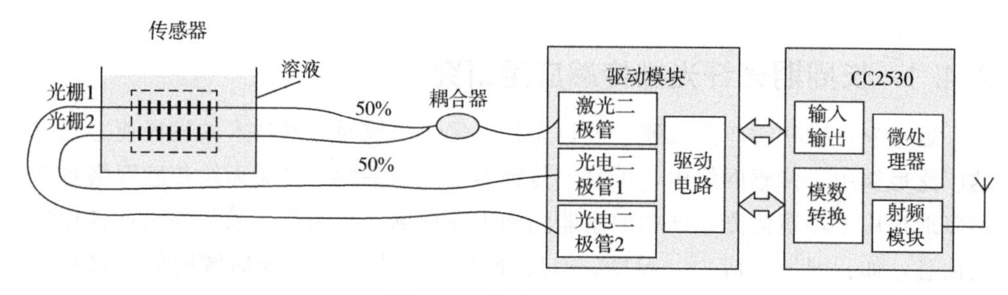


图 8-24　传感节点结构

利用双光纤光栅测量溶液折射率的原理如下：温度、折射率、透射光功率三者有公式（8-19）和公式（8-20）所表示的近似关系

$$Y_1 = k_{T1} T + k_{R1} R + \delta_1 \tag{8-19}$$

$$Y_2 = k_{T2} T + k_{R2} R + \delta_2 \tag{8-20}$$

$Y_1$和$Y_2$是两根长周期光纤光栅在光源为激光二极管时的透射光功率；$T$为溶液温度；$R$是溶液折射率；$k_{T1}$和$k_{T2}$是温度系数；$k_{R1}$和$k_{R2}$是折射率系数；$\delta_1$和$\delta_2$是常数。存在一个常数$k_{\mathrm{p}}$使得

$$k_{T1} k_{\mathrm{p}} = k_{T2} \tag{8-21}$$

公式（8-20）－公式（8-19）$\times k_{\mathrm{p}}$得到

$$Y_2 - Y_1 k_{\mathrm{p}} = (k_{R2} - k_{R1} k_{\mathrm{p}}) R + \delta_2 - \delta_1 k_{\mathrm{p}} \tag{8-22}$$

公式（8-22）可以写成

$$R = (Y_2 - Y_1 k_{\mathrm{p}} - \delta_2 + \delta_1 k_{\mathrm{p}}) / (k_{R2} - k_{R1} k_{\mathrm{p}}) \tag{8-23}$$

定义$k_1$和$k_2$的表达式为：

$$k_1 = -k_{\mathrm{p}} / (k_{R2} - k_{R1} k_{\mathrm{p}}) \tag{8-24}$$

$$k_2 = 1 / (k_{R2} - k_{R1} k_{\mathrm{p}}) \tag{8-25}$$

$$\delta = (-\delta_2 + \delta_1 k_{\mathrm{p}}) / (k_{R2} - k_{R1} k_{\mathrm{p}}) \tag{8-26}$$

公式（8-23）写成

$$R = k_1 Y_1 + k_2 Y_2 + \delta \tag{8-27}$$

在公式（8-27）中，$k_1$和$k_2$是传感器的两个传感系数。$k_1$、$k_2$和$\delta$能够通过标定实验确定。随着$Y_1$和$Y_2$被实时测得，溶液折射率将被实时监测。

使用的长周期光纤光栅周期为580μm，通过测量得到其透射谱如图8-25（a）所示，光源采用超连续光源NKT Photonics EXTREM-EXB-4（波谱范围420～2400nm），光谱仪采用AQ6375。传感器使用的损耗峰的波长范围从1542.6～1558.8nm。为了保护长周期光纤光栅，并且使施加的应力几乎不变，在实验中使用了一种特殊的封装，材料采用有机玻璃，全长为10cm，如图8-25（b）所示。这种封装上下打有一排直径为1mm的通孔，侧面有3mm×1mm的长方形通孔，液体可以通过，大颗粒物无法通过，从而起到保护光栅又能使光栅与待测溶液接触的作用。两侧用胶固定，内部光纤光栅处于悬空状态。当前研究的光纤光栅传感器封装设计主要针对温度及应力应变型传感器，没有找到特别针对溶液环境下长周期光纤光栅折射率传感器的封装设计，采用这种封装进行实用化尝试。

传感器驱动板包括了一个激光二极管、两个光电探测器和相关电路。激光二极管的功率为1mW，中心波长为1550nm左右，其输出谱宽0.6nm左右，输出光谱如图8-26（a）所示。光电二极管响应光的波长范围为850～1650nm，能够

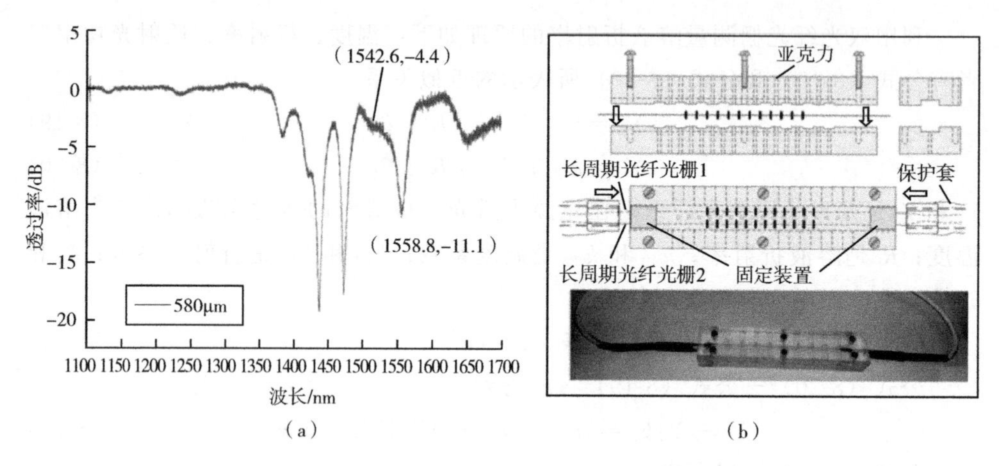


图 8-25 长周期光纤光栅透射谱（a）；传感器封装图（b）

探测 1mW 以下的光功率。由于传感器是基于强度调制的，所以光源的稳定性尤为重要，在驱动板上设计了自动功率控制电路。CC2530 的微处理器控制激光二极管的输出，并且通过片上两路模数转换器采集光电二极管 1 和光电二极管 2 转换后的电压信号，由此计算光功率 $Y_1$ 和 $Y_2$。最终装配成的传感节点如图 8-26（b）所示。

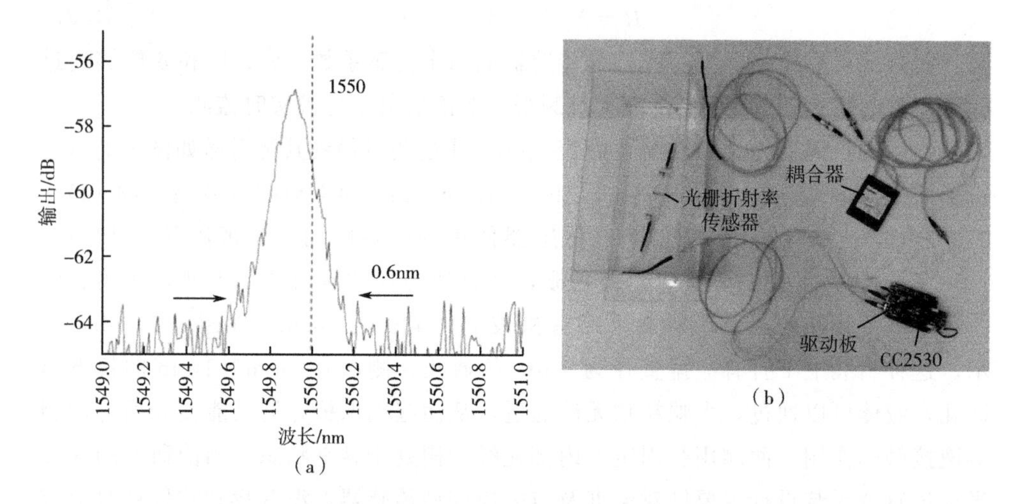


图 8-26 激光二极管输出的光谱（a）；传感节点实物图（b）

传感器使用浓度为 1%和 5%的氯化钠溶液做标定，氯化钠溶液折射率与浓度呈线性关系，其折射率由 CRC Handbook of Chemistry and Physics[123] 给出。首先将传感器放入浓度为 1%的氯化钠溶液中，此时的折射率为 1.3347，公式（8-27）即为

$$1.3347 = k_1 Y_1 + k_2 Y_2 + \delta \tag{8-28}$$

即

$$Y_1 = -(k_2/k_1) Y_2 + (1.3347 - \delta)/k_1 \tag{8-29}$$

将传感器放入溶液之后，随着环境折射率变化，可以得到$Y_1$和$Y_2$的线性关系，即确定了$k_2/k_1$、$\delta$与$k_1$的关系。再将传感器放入5%的氯化钠溶液中，此时溶液折射率为1.3418，再次测得$Y_1$和$Y_2$的线性关系，可得到$\delta$与$k_2$的关系，从而计算得到$k_1$、$k_2$和$\delta$，多次测量并取平均值。

在实验中一共封装了三个传感器，标定结果如表8-1所示。

**表8-1　三个传感器标定结果**

| 项目 | 传感器1 | 传感器2 | 传感器3 |
| --- | --- | --- | --- |
| $k_1$/(dB/RIU) | 1.94 | 2.01 | 1.95 |
| $k_2$/(dB/RIU) | −1.91 | −1.97 | −1.98 |
| $\delta$ | 1.26797 | 1.26602 | 1.26689 |

ZigBee是基于IEEE 802.15.4工作组制定的低功耗个域网标准协议，是一种低功耗的双向通信技术。其特点是低复杂度、低功耗、自组织、低成本、低数据速率。基于ZigBee的无线网络中有且只有一个协调器，整个网络由协调器组织，最多包含65535个网络节点。ZigBee采用了载波监听多路访问/冲突防止方式，有效避免了信道竞争和冲突，以保证数据传输的可靠性。

整个传感网络包括了传感节点、路由节点、协调器和中心计算机。系统结构如图8-23所示。一个Zigbee网络中可以有若干个传感节点和路由节点，但有且只有一个协调器。协调器为整个网络的核心，发起网络的建立。Zigbee网络通信有点播、组播和广播三种方式。本网络组网方案采用点播通信构成树形网络，即在传感节点协议栈中点播的目标节点都为协调器。传感节点直接或者通过路由节点间接地将传感信息传输给协调器。Zigbee网络的硬件平台采用TI的CC2530，传感节点、路由节点和协调器的硬件平台完全相同，只有软件层不同，Zigbee协议栈采用TI的Z-stack。

Zigbee协议栈的MAC和PHY层采用IEEE 802.15.4标准，通信信号为2.4GHz，图8-23中虚线代表无线传输信号。传感节点中，Z-stack中设置点播对象地址为0x0000，此地址为协调器地址。每隔1min发送一次测量数据给协调器。

传感节点的CC2530主要完成组网通信，定时发送传感信息数据包和采集两路模数转换计算转换为光功率。路由节点负责转发数据包给协调器。协调器统筹整个网络的通信，接收和解析收到的数据包，并且通过串口发送给上位机。上位机为普通计算机，计算机端用 VS2013 开发了一个应用软件以实现人机交互。

实验使用不同浓度的氯化钠溶液测试传感网络。分别将标定完的三个传感器放入浓度为 2%、3%和 4%的氯化钠溶液中进行测量。NaCl 溶液的折射率由 CRC Handbook of Chemistry and Physics[123] 给出，标准折射率为 1.3365、1.3383 和 1.34。测量结果如图 8-27 所示。根据测量数据可得，最大误差为 0.0004，平均误差为 0.00015。改变氯化钠浓度，使溶液折射率改变 0.0001，实验测得传感器功率发生了微小变化，即能够分辨，得到传感器的分辨率为 0.0001。网络能够每隔 1min 收到来自传感节点的折射率信息（RI），并且成功地显示在上位机界面。

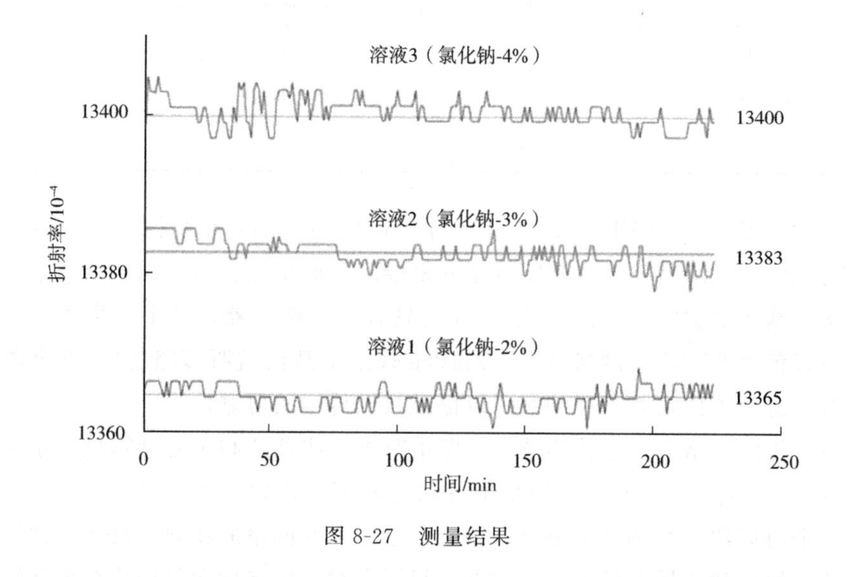


图 8-27　测量结果

除了溶液折射率传感器外，类似的长周期光纤光栅传感器，比如测量温度、应力等，也可以被设计并加入网络，从而实现多点多参量的测量，并且 Zigbee 大大简化了组网的过程，它的自组网功能使增删传感节点十分方便。这种基于 Zigbee 和光纤传感器的传感网络同时具备了 Zigbee 和光纤传感器的优点，并且相比传统全光纤式传感网络，成本低，系统更加简化，可以轻松实现多种环境信息的监测。

## 8.4.2　不同混凝土模拟环境下长周期光纤光栅传感器封装设计和实验研究

在实验中，分别采用不同氯离子浓度的混凝土模拟孔液、砂浆试件和混凝土试件验证长周期光纤光栅传感器测试结果的准确性，研究影响所研制传感器监测结果准确性的因素。

在测量过程中，将长周期光纤光栅传感器分别放置在蒸馏水和氯化钠溶液中。利用光谱仪测量得到的1450～1650nm的波长范围。氯化钠溶液的浓度在5～40g/L的范围内改变，变化幅度为5g/L。在整个测量过程中，保持外界压力、温度以及波导弯曲状态固定，从而排除其他外部刺激对透射性能的影响。测量得到的透射谱如图8-28（a）所示。在实验中发现，谐振峰的形状会受到外界应力的影响。当外部应力较大时，谢振峰较深且尖锐，相反，当外部应力较小时，谐振峰趋于平滑且较浅。从图中可以看出，在1580nm附近的谐振峰较小且带宽较窄。但此处的能量不稳定，且容易受到其他因素干扰。在1520nm附近有个浅而平滑的谐振峰［如图8-28（b）所示］，这个谐振峰相对较为稳定，因此选择此处的谐振峰作为传感的参考。

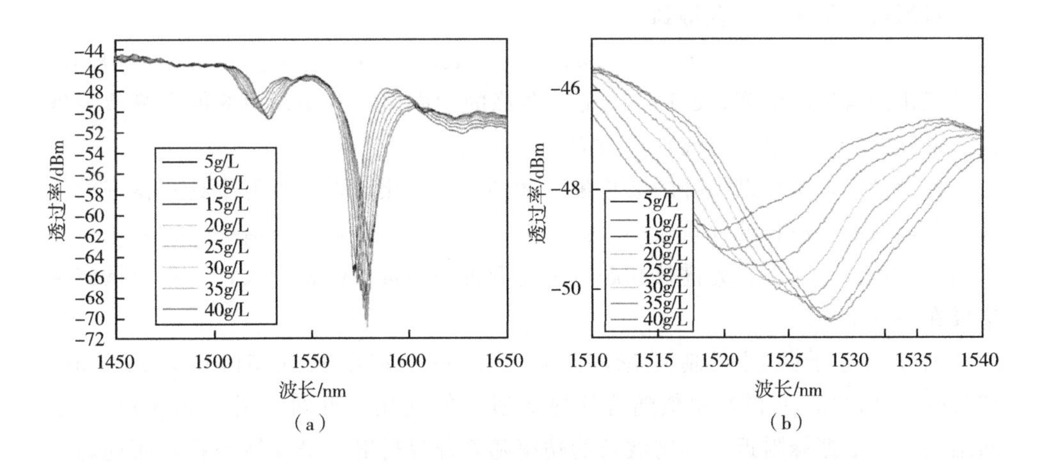


图8-28　不同浓度溶液下长周期光纤光栅的透射谱（a）；
1520nm波段附近的损耗峰随溶液浓度的变化（b）

该损耗峰中心波长随外界折射率变化关系如图8-29（a）所示。对实验数据进行拟合得到：

$$y=-0.0279x+1519.77 \tag{8-30}$$

其中，$x$为氯化钠浓度，g/L；$y$为谐振峰中心波长，nm。实验结果具有较好的线性关系，拟合直线的$R^2=0.93$，灵敏度为0.0279nm/（g/L）。结果表明，可以通过测量长周期光纤光栅的谐振峰中心波长的偏移来测定外界折射率。但在实际传感中，谐振峰波长偏移较小，灵敏度较低。损耗峰对应功率和氯化钠溶液的浓度的关系由图8-29（b）表示。

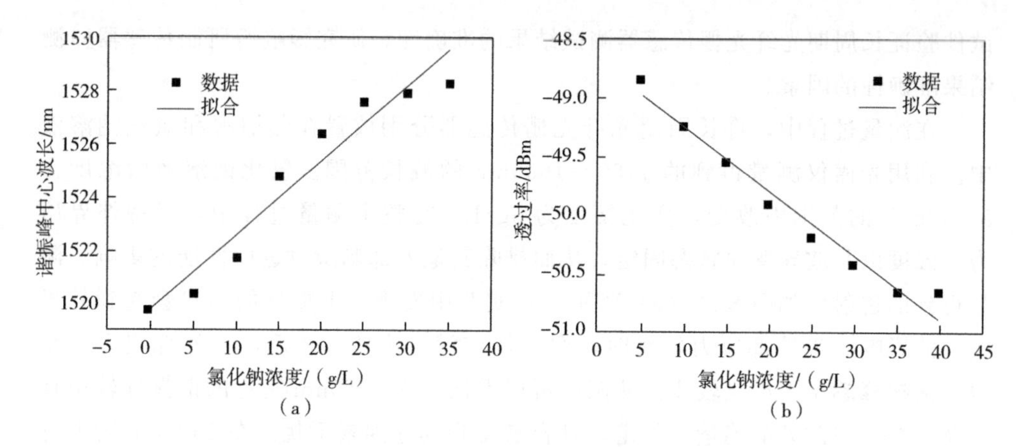


图 8-29 1520nm 处损耗峰中心波长随溶液浓度的关系（a）；
损耗峰中心波长功率与溶液浓度的关系（b）

对测量结果进行拟合得到：

$$P=-0.05405C-48.70236 \tag{8-31}$$

$C$ 是氯化钠溶液的浓度，g/L；$P$ 是谐振峰的功率值，dBm。功率值和溶液浓度具有良好的线性关系，且线性系数 $R^2=0.96355$。

在测量中，虽然谐振峰的波长偏移和功率的变化与外部折射率具有良好的线性关系，但由于波长偏移量较小，传感灵敏度较低，并且在光谱扫描过程中所要求的时间较长。其次，光谱仪和超宽带光源价格昂贵、体积较大，不利于携带和集成在系统中。

因此，基于强度调制理论，测量了某一固定波长（1514nm，1530nm，1569nm，1586nm）的功率值随着外界折射率的变化，得到如图 8-30（a）所示的结果。在谐振峰附近，选定波长的功率随着外界折射率呈线性关系，而远离谐振峰的波长功率线性较差。因此可以选择合适的波长，测定对应的功率就能够获得待测的折射率。

为了保护长周期光纤光栅，并且减小外界应力的影响，设计了一种有机玻璃体封装结构，材料采用有机玻璃，全长为 100mm，如图 8-25（b）所示。这种封装上下打有一排直径为 1mm 的通孔，侧面有 3mm×1mm 的长方形通孔，内部安放光纤的槽为 3mm×3mm×100mm，液体可以通过，大颗粒物无法通过，从而起到保护光栅又能使光栅与待测溶液接触的作用。两侧用胶固定，内部光纤光栅处于悬空状态。

埋入砂浆后连续测量五日，实验室温度恒定为 23℃，砂浆配置时所用溶液氯化钠浓度为 10g/L，测量结果如图 8-30（b）所示。实验结果表明，当传感装置埋入后，初期透过率变化较大，第二天开始渐渐趋于平缓。图 8-30（b）中，曲线代表的是光功率，曲线反映了光纤传感器透过的光功率逐渐变大，由于温度和应力是恒定的，所以光功率变大反映了传感器周围环境折射率变大，即反映了传感器埋入后砂浆中溶液浓度慢慢变大最终趋于稳定，由此可以得出结论，随着加入溶液中水参与水化反应等后水分变少，浓度变大，可以采用设计的长周期光纤光栅传感器实现浓度的测量。

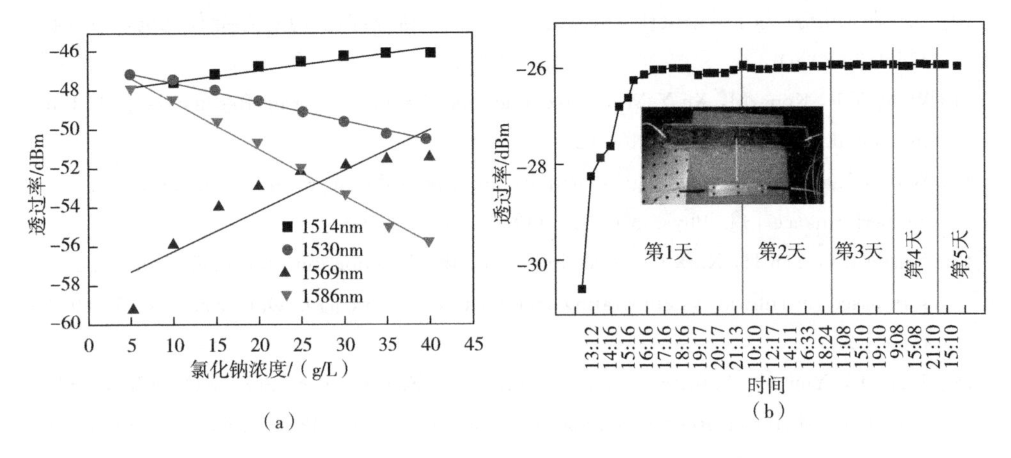


图 8-30　1514nm、1530nm、1569nm、1586nm 处光强与折射率的关系（a）；有机玻璃封装埋入混凝土的实验结果（b）

## 参考文献


[1] Marcatili E A J. Bends in optical dielectric guides [J]. Bell System Technical Journal 48 (7), 2103-2132 (1969).

[2] Hoste J W, Werquin S, Claes T, et al. Conformational analysis of proteins with a dual polarisation silicon microring [J]. Opt. Express 22, 2807-2820 (2014).

[3] Fard S T, Donzella V, Schmidt S A, et al. Performance of ultra-thin SOI-based resonators for sensing applications [J]. Opt. Express 22, 14166-14179 (2014).

[4] Radjenović B, Radmilović-Radjenović M. Excitation of confined modes in silicon slotted waveguides and microring resonators for sensing purposes [J]. IEEE Sensors J. 14 (5), 1412-1417 (2014).

[5] Steglich P, Villringer C, Pulwer S, et al. Hybrid-Waveguide Ring Resonator for Biochemical Sensing [J]. IEEE Sens. J. 17, 4781-4790 (2017).

[6] Yuan G, Gao L, Chen Y, et al. Improvement of optical sensing performances of a double-slot-waveguide-based ring resonator sensor on silicon-on-insulator platform [J]. Optik 125 (2), 850-854 (2014).

[7] Lo S M, Hu S, Gaur G, et al. Photonic crystal microring resonator for label-free biosensing [J]. Opt. Express 25, 7046-7054 (2017).
[8] Urbonas D, Balčytis A, Vaškevičius K, et al. Air and dielectric bands photonic crystal microringresonator for refractive index sensing [J]. Opt. Lett. 41, 3655-3658 (2016).
[9] Gao G, Zhang Y, Zhang H, et al. Air-mode photonic crystal ring resonator on silicon-on-insulator [J]. Sci. Rep. 6, 19999 (2016).
[10] 徐亚萌，孔梅. 基于硅基微环谐振器的折射率传感研究综述 [J]. 半导体光电，41 (4)，455-463 (2020).
[11] Wang X P, Kong M, Xu Y M. Slotted Photonic Crystal Microring Resonators [J]. Fiber Integrated Opt. 36: 1-2, 91-100 (2017).
[12] Wu N, Xia L. High-Q and high-sensitivity multi-hole slot microring resonator and its sensing performance [J]. Phys. Scr. 94 (11), 115512 (2019).
[13] Huang L J, Yan H, Xu X C , et al. Improving the detection limit for on-chip photonic sensors based on subwavelength grating racetrack resonators [J]. Opt. Express 25, 10527-10535 (2017).
[14] Luan E, Yun H, Laplatine L, et al. Enhanced Sensitivity of Subwavelength Multibox Waveguide Microring Resonator Label-Free Biosensors [J]. IEEE J. Sel. Top. Quantum Electron. 25 (3), 1-11 (2019).
[15] Wu N S, Xia L. Side-mode suppressed filter based on anangular grating-subwavelength grating microring resonator with high flexibility in wavelength design [J]. Appl. Opt. 58, 7174-7180 (2019).
[16] Yi H X, Citrin D S, Chen Y, et al. Dual-microring-resonator interference sensor [J]. Appl. Phys. Lett. 95 (19), 191112 (2009).
[17] Dai D X. Highly sensitive digital optical sensor based on cascaded high-Q ring-resonators [J]. Opt. Express 17, 23817-23822 (2009).
[18] Claes T, Bogaerts W, Bienstman P. Experimental characterization of a silicon photonic biosensor consisting of two cascaded ring resonators based on the Vernier-effect and introduction of a curve fitting method for an improved detection limit [J]. Opt. Express 18, 22747-22761 (2010).
[19] Hu J, Dai D X. Cascaded-ring optical sensor with enhanced sensitivity by using suspended Si-nanowires [J]. IEEE Photonics Technol. Lett. 23 (13), 842-844 (2011).
[20] Chen Y Q, Yu F, Yang C, et al. Label-free biosensing using cascaded double-microring resonators integrated with microfluidic channels. Opt. Commun. 344, 129-133 (2015).
[21] Liu Y, Li Y, Li M Y, et al. High-sensitivity and wide-range optical sensor based on three cascaded ring resonators [J]. Opt. Express 25, 972-978 (2017).
[22] Zhang Y, Zou J, Cao Z W, et al. Temperature-insensitive waveguide sensor using a ring cascaded with a Mach-Zehnder interferometer [J]. Opt. Lett. 44, 299-302 (2019).

[23] Zhang W W, Serna S, Roux X L, et al. Highly sensitive refractive index sensing by fast detuning the critical coupling condition of slot waveguide ring resonators [J]. Opt. Lett. 41 (3), 532-535 (2016).

[24] Chandran S, Gupta R K, Das B K. Dispersion enhanced critically coupled ring resonator for wide range refractive index sensing [J]. IEEE J. Sel. Top. Quantum Electron. 23, 424-432 (2017).

[25] Chang Y, Dong B, Ma Y, et al. Vernier effect-based tunable mid-infrared sensor using silicon-on-insulator cascaded rings [J]. Opt. Express 28, 6251-6260 (2020).

[26] Wang Y L, Yang Z P, Li M Y, et al. Thermal-optic tuning cascaded double ring optical sensor based on wavelength interrogation [J]. Chin. Opt. Lett. 20, 011301 (2022).

[27] Chao C Y, Guo L J. Biochemical sensors based on polymer microrings with sharp asymmetrical resonance [J]. Appl. Phys. Lett. 83 (8), 1527-1529 (2003).

[28] Yi H X, Citrin D S, Zhou Z P. Highly sensitive athermal optical microring sensor based on intensity detection [J]. IEEE J. Quantum Electron. 47 (3), 354-358 (2011).

[29] Tu Z R, Gao D S, Zhang M L, et al. High-sensitivity complex refractive index sensing based on Fano resonance in the subwavelength grating waveguide micro-ring resonator [J]. Opt. Express 25 (17), 20911-20922 (2017).

[30] Peng F C, Wang Z R, Yuan G H, et al. High-sensitivity refractive index sensing based on Fano resonances in a photonic crystal cavity-coupled microring resonator [J]. IEEE Photonics J. 10 (2), 6600808 (2018).

[31] Wen Y J, Sun Y, Deng C Y, et al. High sensitivity and FOM refractive index sensing based on Fano resonance in all-grating racetrack resonators [J]. Opt. Commun. 446, 141-146 (2019).

[32] Chauhan D, Adhikari R, Saini R K, et al. Subwavelength plasmonic liquid sensor using Fano resonance in a ring resonator structure [J]. Optik 223, 165545 (2020).

[33] Yu Y X, Cui J G, Liu G C, et al. Research on Fano Resonance Sensing Characteristics Based on Racetrack Resonant Cavity [J]. Micromachines 12, 1359 (2021).

[34] Jiang X X, Ye J J, Zou J, et al. Cascaded silicon-on-insulator double-ring sensors operating in high-sensitivity transverse-magnetic mode [J]. Opt. Lett. 38, 1349-1351 (2013).

[35] Jin L, Li M Y, He J J. Optical waveguide double-ring sensor using intensity interrogation with a low-cost broadband source [J]. Opt. Lett. 36, 1128-1130 (2011).

[36] Jin L, Li M Y, He J J. Analysis of wavelength and intensity interrogation methods in cascaded double-ring sensors [J]. J. Lightwave Technol. 30 (12), 1994-2002 (2012).

[37] Xie Z Y, Cao Z W, Liu Y, et al. Highly-sensitive optical biosensor based on equal FSR cascaded microring resonator with intensity interrogation for detection of progesterone molecules [J]. Opt. Express 25 (26), 33193-33201 (2017).

[38] Zhu H H, Yue Y H, Wang Y J, et al. High-sensitivity optical sensors based on cascaded

reflective MZIs and microring resonators [J]. Opt. Express 25 (23), 28612-28618 (2017).
[39] Barrios C A. Integrated microring resonator sensor arrays for labs-on-chips [J]. Anal. Bioanal. Chem. 403 1467-1475 (2012).
[40] Chao C Y, Guo L J. Design and optimization of microring resonators in biochemical sensing applications [J]. J. Lightwave Technol. 24, 1395-402 (2006).
[41] Chremmos I, Schwelb O, Uzunoglu N. 2010 Photonic Microresonator Research and Applications (New York: Springer).
[42] Li H H. Refractive index of alkali halides and its wavelength and temperature derivatives [J]. J. Phys. Chem. Ref. Data 5 (2), 329-528 (1976).
[43] Hale G M, Querry M R. Optical constants of water in the 200-nm to 200-μm wavelength region [J]. Appl. Opt. 12 (3), 555-563 (1973).
[44] Bideau-Mehu A, Guern Y, Abjean R, et al. Interferometric determination of the refractive index of carbon dioxide in the ultraviolet region [J]. Opt. Commun. 9 (4), 432-434 (1973).
[45] Wang S H, Wang X H, Wang C, et al. Liquid refractive index sensor based on a 2D 10-fold photonic quasicrystal [J]. J. Phys. D: Appl. Phys. 50, 365102 (2017).
[46] Tavousi A, Rakhshani M R, Mansouri-Birjandi M A. High sensitivity label-free refractometer based biosensor applicable to glycated hemoglobin detection in human blood using all-circular photonic crystal ring resonators [J]. Opt. Commun. 429, 166-174 (2018).
[47] 王昌辉，赵国华，常胜江. 基于光子晶体马赫-曾德尔干涉仪的太赫兹开关及强度调制器 [J]. 物理学报，61 (15), 157805 (2012).
[48] Krauss T F, Richard M, Brand S. Two-dimensional photonic-bandgap structures operating at near-infrared wavelengths [J]. Nature 383 (6602), 699-702 (1996).
[49] 孙富君. 基于光子晶体高性能微腔设计的双参量传感模型结构分析与特征研究 [D]. 北京：北京邮电大学，2020.
[50] Yang D Q, Tian H P, Ji Y F. The properties of lattice-shifted microcavity in photonic crystal slab and its applications for electro-optical sensor [J]. Sens. Actuators: A Phys. 171 (2), 146-151 (2011).
[51] Zhang Y N, Zhao Y, Wu D, et al. Fiber loop ring-down refractive index sensor based on high-Q photonic crystal cavity [J]. IEEE Sensors J. 14 (6), 1878-1885 (2014).
[52] Zhang Y, Li D, Zeng C, et al. Low power and large modulation depth optical bistability in an Si photonic crystal L3 cavity [J]. IEEE Photonics Technol. Lett. 26 (23), 2399-2402 (2014).
[53] Li B, Lee C K. NEMS diaphragm sensors integrated with triple-nano-ring resonator [J]. Sens. Actuators: A Phys. 172 (1), 61-68 (2011).
[54] Caër C, Serna-Otálvaro S F, Zhang W W, et al. Liquid sensor based on high-Q slot photon-

ic crystal cavity in silicon-on-insulator configuration [J]. Opt. Lett. 39, 5792-5794 (2014).

[55] Wülbern J, Hampe J, Petrov A, et al. Electro-optic modulation in slotted resonant photonic crystal heterostructures [J]. Appl. Phys. Lett. 94 (24), 241107 (2009).

[56] Yan D X, Li J S, Wang Y. Photonic crystal terahertz wave logic AND-XOR gate [J]. Laser Phys. 30 (1), 016208 (2019).

[57] Yan D X, Li J S. Design for realizing an all-optical terahertz wave half adder based on photonic crystals [J]. Laser Phys. 29, 076203 (2019).

[58] Fink Y, Winn J N, Fan S, et al. A dielectric omnidirectional reflector [J]. Science 282, 1679-1682 (1998).

[59] Wu F, Lu G, Guo Z, et al. Redshift gaps in one-dimensional photonic crystals containing hyperbolic metamaterials [J]. Phys. Rev. Appl. 10 (6), 064022 (2018).

[60] Yan D X, Li J S, Jin L F. Light-controlled tunable terahertz filters based on photoresponsive liquid crystals [J]. Laser Phys. 29, 025401 (2019).

[61] Wang X, Jiang X, You Q, et al. Tunable and multichannel terahertz perfect absorber due to Tamm surface plasmons with graphene [J]. Photon. Res. 5, 536-542 (2017).

[62] Kraeh C, Martinez-Hurtado J L, Popescu A, et al. Slow light enhanced gas sensing in photonic crystals [J]. Opt. Mater. 76, 106-110 (2018).

[63] Li L Q, Li T L, Ji F T, et al. The effects of optical and material properties on designing of a photonic crystal mechanical sensor [J]. Microsyst. Technol. 23, 3271-3280 (2017).

[64] Ghanaatshoar M, Zamani M. Magneto-optical Magnetic Field Sensors Based on Compact Magnetophotonic Crystals [J]. J. Supercond. Nov. Magn. 28, 1365-1370 (2015).

[65] Wang B, Jin H T, Zheng Z Q, et al. Low-temperature and highly sensitive $C_2H_2$ sensor based on Au decorated $ZnO/In_2O_3$ belt-tooth shape nano-heterostructures [J]. Sens. Actuators B Chem. 244, 344-356 (2017).

[66] Li K, Feng X, Cui K Y, et al. Integrated refractive index sensor using silicon slot waveguides [J]. Appl. Opt. 56, 3096-3103 (2017).

[67] Ouerghi F, AbdelMalek F, Haxha S, et al. Nonophotonic sensor based on photonic crystal structure using negative refraction for effective light coupling [J]. IEEE J. Lightwav. Technol. 27, 3269-3274 (2009).

[68] Ge R, Xie J L, Yan B, et al. Refractive index sensor with high sensitivity based on circular photonic crystal [J]. J. Opt. Soc. Am. A 35, 992-997 (2018).

[69] Yan D X, Meng M, Li J S, et al. Terahertz wave refractive index sensor based on a sunflower-type photonic crystal [J]. Laser Phys. 30 (6), 066206 (2020).

[70] 严德贤，李九生，王怡. 基于向日葵型圆形光子晶体的高灵敏度太赫兹折射率传感器. 物理学报，68 (20)，207801 (2019).

[71] Lee P T, Lu T W, Fan J H, et al. High quality factor microcavity lasers realized by circular

photonic crystal with isotropic photonic band gap effect [J]. Appl. Phys. Lett. 90, 151125 (2007).

[72] Pors A, Moreno E, Martin-Moreno L, et al. Localized spoof plasmons arise while texturing closed surfaces [J]. Phys. Rev. Lett. 108 (22), 223905 (2012).

[73] Barnes W L, Dereux A, Ebbesen T W. Surface plasmon subwavelength optics [J]. Nature 424 (6950), 824-830 (2003).

[74] Zhu P, Shi H F, Guo L J. SPPs coupling induced interference in metal/dielectric multilayer waveguides and its application for plasmonic lithography [J]. Opt. Express 20, 12521-12529 (2012).

[75] O'Hara J F, Averitt R D, Taylor A J. Terahertz surface plasmon polariton coupling on metallic gratings [J]. Opt. Express 12, 6397-6402 (2004).

[76] Wood R W. On a remarkable case of uneven distribution of light in a diffraction grating spectrum. Philos. Mag. 4, 396-402 (1902).

[77] Fano U. The Theory of Anomalous Diffraction Gratings and of Quasi-Stationary Waves on Metallic Surfaces (Sommerfeld's Waves) [J]. J. Opt. Soc. Am. 31, 213-222 (1941).

[78] Stern E A, Ferrell R A. Surface plasma oscillations of a degenerate electron gas [J]. Phys. Rev. 120 (1), 130-136 (1960).

[79] Ebbesen T W, Lezec H J, Ghaemi H F, et al. Extraordinary optical transmission through sub-wavelength hole arrays [J]. Nature 391, 667-669 (1998).

[80] Cao H, Nahata A. Resonantly enhanced transmission of terahertz radiation through a periodic array of subwavelength apertures [J]. Opt. Express 12, 1004-1010 (2004).

[81] Pendry J B, Martín-Moreno L, Garcia-Vidal F J. Mimicking Surface Plasmons with Structured Surfaces [J]. Science 305 (5685), 847-848 (2004).

[82] Hibbins A P, Evans B R, Sambles J R. Experimental Verification of Designer Surface Plasmons [J]. Science 308 (5722), 670-672 (2005).

[83] Kumar G, Pandey S, Cui A, et al. Planar plasmonic terahertz waveguides based on periodically corrugated films [J]. New J. Phys. 13 (3), 033024 (2011).

[84] Fernández-Domínguez A I, Moreno E, Martin-Moreno L, et al. Guiding terahertz waves along subwavelength channels [J]. Phys. Rev. B 79 (23), 233104 (2009).

[85] Fernández-Domínguez A I. Esteban Moreno, L. Martín-Moreno, and F. J. García-Vidal, Terahertz wedge plasmon polaritons [J]. Opt. Lett. 34, 2063-2065 (2009).

[86] Martin-Cano D, Nesterov M L, Fernandez-Dominguez A I, et al. Domino plasmons for subwavelength terahertz circuitry [J]. Opt. Express 18, 754-764 (2010).

[87] Shen X, Cui T J, Martin-Cano D, et al. Conformal surface plasmons propagating on ultrathin and flexible films [J]. Proc. Natl. Acad. Sci. U. S. A. 110 (1), 40-45 (2013).

[88] Xiang H, Meng Y, Zhang Q, et al. Spoof surface plasmon polaritons on ultrathin metal strips with tapered grooves [J]. Opt. Commun. 356, 59-63 (2015).

[89] Liu X Y, Feng Y J, Zhu B, et al. High-order modes of spoof surface plasmonic wave transmission on thin metal film structure [J]. Opt. Express 21, 31155-31165 (2013).

[90] Yang Y, Shen X P, Zhao P, et al. Trapping surface plasmon polaritons on ultrathin corrugated metallic strips in microwave frequencies [J]. Opt. Express 23, 7031-7037 (2015).

[91] Li Y F, Zhang J Q, Qu S B, et al. Spatial k-dispersion engineering of spoof surface plasmon polaritons for beam steering [J]. Opt. Express 24, 842-852 (2016).

[92] Pang Y, Wang J, Ma H, et al. Spatial k-dispersion engineering of spoof surface plasmon polaritons for customized absorption [J]. Sci. Rep. 6, 29429 (2016).

[93] Zhang J X, Zhang L D, Xu W. Surface plasmon polaritons: physics and applications [J]. J. Phys. D: Appl. Phys. 45 113001 (2012).

[94] Sun W, He Q, Sun S, et al. High-efficiency surface plasmon meta-couplers: concept and microwave-regime realizations [J]. Light Sci. Appl. 5 (1), e16003 (2016).

[95] Ng B, Wu J, Hanham S M, et al. Spoof plasmon surfaces: a novel platform for THz sensing [J]. Adv. Opt. Mater. 1 (8), 543-548 (2013).

[96] Ng B, Hanham S M, Wu J, et al. Broadband terahertz sensing on spoof plasmon surfaces [J]. ACS Photonics 1 (10), 1059-1067 (2014).

[97] Huang Y, Zhong S, Shi T, et al. Terahertz plasmonic phase-jump manipulator for liquid sensing [J] Nanophotonics, 9, 3011-3021 (2020).

[98] Chen X, Xiao H, Lu G, et al. Refractive index sensing based on terahertz spoof surface plasmon polariton structure [J]. J. Phys., Conf. Ser. 1617, 012008 (2020).

[99] Sathukarn A, Yi C J, Boonruang S, et al. The simulation of a surface plasmon resonance metallic grating for maximizing THz sensitivity in refractive index sensor application [J]. Int. J. Opt. 2020, 3138725 (2020).

[100] Zhang Y, Hong Z, Han Z. Spoof plasmon resonance with 1D periodic grooves for terahertz refractive index sensing [J]. Opt. Commun. 340, 102-106 (2015).

[101] Chen L, Yin H, Chen L, et al. Ultra-sensitive fluid fill height sensing based on spoof surface plasmon polaritons [J]. J. Electromagn. Waves Appl. 32, 471-482 (2018).

[102] Sun S, He Q, Hao J, et al. Electromagnetic metasurfaces: Physics and applications [J]. Adv. Opt. Photon. 11, 380-479 (2019).

[103] Li X J, Wang L Y, Cheng G, et al. Terahertz spoof surface plasmon sensing based on dielectric metagrating coupling [J]. APL Materials 9 (5), 051118 (2021).

[104] Dong X P, Cheng J R, Fan F, et al. Efficient wide-band large-angle refraction and splitting of a terahertz beam by low-index 3D-printed bilayer metagratings [J]. Phys. Rev. Appl. 14 (1), 014064 (2020).

[105] Huang Y, Zhong S, Yao H, et al. Tunable terahertz plasmonic sensor based on graphene/insulator stacks [J]. IEEE Photonics J. 9 (1), 5900210 (2017).

[106] Omar N A S, Fen Y W, Saleviter S, et al. Development of a graphene-based surface plas-

mon resonance optical sensor chip for potential biomedical application [J]. Materials 12, 1928 (2019).

[107] Yao H, Zhong S. High-mode spoof SPP of periodic metal grooves for ultra-sensitive terahertz sensing [J]. Opt. Express 22 (21), 25149-25160 (2014).

[108] Endres C P, Lewen F, Giesen T F, et al. Application of superlattice multipliers for high resolution THz spectroscopy [J]. Rev. Sci. Instrum. 78, 043106 (2007).

[109] Vengsarkar A M, Lemaire P J, Judkins J B, et al. Long-period fiber gratings as band-rejection filters [J]. J. Lightwave Tech. 14, 58-65 (1996).

[110] Rao Y J, Wang Y P, Ran Z L, et al. Novel Fiber-Optic Sensors Based on Long-Period Fiber Gratings Written by High-Frequency $CO_2$ Laser Pulses [J]. J. Lightwave Technol. 21, 1320-1327 (2003).

[111] Kondo Y, Nouchi K, Mitsuyu T, et al. Fabrication of long-period fiber gratings by focused irradiation of infrared femtosecond laser pulses [J]. Opt. Lett. 24, 646-648 (1999).

[112] Fujimaki M, Ohki Y, Brebner J L, et al. Fabrication of long-period optical fiber gratings by use of ion implantation [J]. Opt. Lett. 25, 88-89 (2000).

[113] Lin C Y, Wang L A, Chern G W. Corrugated Long-Period Fiber Gratings as Strain, Torsion, and Bending Sensors [J]. J. Lightwave Technol. 19, 1159-1168 (2001).

[114] Savin S, Digonnet M J F, Kino G S, et al. Tunable mechanically induced long-period fiber gratings [J]. Opt. Lett. 25, 710-712 (2000).

[115] 王笑. 长周期光纤光栅在高折射率介质中的传感研究 [D]. 浙江工业大学, 2020.

[116] 朱涛, 饶云江, 莫秋菊. 基于超长周期光纤光栅的高灵敏度扭曲传感器 [J]. 物理学报, 55, 249-253 (2006).

[117] 苏伟理, 欧启标, 张超, 等. 长周期光纤光栅的原理及谱特性研究 [J]. 科技信息, (8), I0111-I0112 (2011).

[118] Kashyap R, Swanton A, Armes D J. A simple technique for apodising chirped and unchirped fibre Bragg gratings [J]. Electron. Lett. 32, 1227-1229 (1996).

[119] Martinez C, Ferdinand P. Analysis of phase-shifted fiber Bragg gratings written with phase plates [J]. Appl. Opt. 38, 3223-3228 (1999).

[120] Kashyap R, Wyatt R, McKee P F. Wavelength flattened saturated erbium amplifier using multiple side-tap Bragg gratings [J]. Electron. Lett. 29, 1025-1026 (1993).

[121] Erdogan T. Cladding-mode resonance in short-and long-period fiber grating filter [J]. J. Opt. Soc. Am. A 14 (8), 1760-1773 (1997).

[122] 石嘉, 徐德刚, 严德贤, 等. 基于长周期光纤光栅和 ZigBee 组网技术的无线溶液折射率传感网络 [J]. 激光与光电子学进展, 52 (3), 100-106 (2015).

[123] Haynes W M. CRC Handbook of Chemistry and Physics [M]. London: CRC Press, 2011: 5-142.

# 第9章

# 基于微结构波导的功能器件研究

本章主要介绍基于微结构波导的功能器件，利用负曲率结构实现轨道角动量（OAM）光纤波导器件，利用太赫兹光子晶体实现光控可调谐滤波器的研究。

## 9.1 支持多轨道角动量模式的负曲率光纤波导设计

### 9.1.1 轨道角动量光纤波导研究进展

轨道角动量太赫兹光纤波导是目前的一个研究热点，在太赫兹光纤中轨道角动量的产生主要集中在光子晶体光纤中，通过在光子晶体光纤中引入环芯区域产生轨道角动量模式，然而光子晶体光纤存在结构复杂以及制备困难等缺点。因此在结构相对简单的负曲率光纤中产生轨道角动量模式成为当前新的研究热点。目前国内外研究人员已经提出多种可产生轨道角动量模式的光纤波导，这些光纤波导在产生多轨道角动量模式的基础上实现了低损耗和低平坦波导色散等传输特性。2017年，北京交通大学的H. S. Li等人研究了在多模Kagome空芯光纤波导中支持太赫兹轨道角动量模式[1]。采用数值模型研究了在0.2～0.9THz频率范围内矢量模的有效折射率和限制损耗，能够稳定产生3个轨道角动量模式，限制损耗最低达到$10^{-3}$dB/cm量级。轨道角动量模式在0.25THz的带宽内达到了0.9以上。并且对一圈和两圈Kagome结构的空芯太赫兹光纤进行了对比研究。2018年，悉尼大学的A. Stefani等人提出了可通过扭转柔性光纤的方式产生轨道角动量模式[2]，他们将空芯负曲率光纤波导进行扭转，在0.60～0.90THz频率范围内产生了少量轨道角动量模式，并指出通过优化扭曲率能够产生高阶轨道角动量模式。2019年，J. J. Tu等人设计和拉制了具有环芯区域的中红外波段负曲率光纤波导来支持轨道角动量模式[3]。他们研究发现，由于包层管的负曲率结构，这种光纤结构所支持的模式可以通过调整包层管管壁厚度来实现限制或者滤波。理论仿真结果表明，该光纤在相应波长处成功产生 28 个 OAM 模式，限制损耗最低可达 $10^{-15}$dB/cm 量级；对于制备的负曲率环形光纤，其长度至少需要为 15～20m，以确保单层波束轮廓，且模式 $OAM_{+1,1}$、$OAM_{+2,1}$、$OAM_{+3,1}$、$OAM_{+4,1}$的损耗分别是 0.30dB/cm、0.36dB/cm、0.37dB/cm 和 0.42dB/cm。次年，该课题组提出了一种弯曲不敏感的葡萄柚型空气孔环形光纤来支持轨道角动量模式[4]。在包层中较大的空气区域会导致环形纤芯和包层之间的折射率对比较大，使得所设计的光纤对弯曲不敏感，并且使矢量本征模很好地实现分离。研究证明了环形周围的外层二氧化硅层厚度对光信号的限制起着重要的作用。在理论上，该光纤结构可以支持 22 个轨道角动量模式。他们使用“堆叠-拉制”的方法制备了所提出的光纤结构，测试结果表明该光纤具有较高的模式纯度，并且限制损耗可以低至 0.095dB/cm。同年，Md. A. Kabir 等人提出了一种可以支持 48 个轨道角动量模式的太赫兹空芯环形光纤结构[5]。该光纤通过引入高折射率肖特二氟化硫（$SF_2$）玻璃材料掺杂的环芯结构，在 0.2～0.55THz 频率范围内实现了轨道角动量模式的稳定传输，限制损耗低至 $10^{-10}$dB/cm 量级，波导色散特性为 1.005ps/(THz·cm)；此外，该光纤结构的最高数值孔径和功率分数分别为 0.35 和 99.7882%，能够获得高达 267dB 的隔离功率效应，串扰低至－14dB。2021 年，F. A. Al-Zahrani 和 M. A. Kabir 提出由二氧化硅为基底材料和二氟化硫玻璃掺杂的环芯纤芯结构所构成的太赫兹光纤波导[6]。该光纤在 0.2～0.9THz 频率范围内可稳定产生 58 个轨道角动量模式，限制损耗低至 $10^{-9}$dB/cm 量级，所有模式的波导色散取值范围为 0.23～0.77ps/(THz·cm)，模式纯度高达 0.932。2022 年，B. Kuiri 等人设计了具有三层空气孔和二氟化硫掺杂环形纤芯的太赫兹光子晶体光纤[7]。仿真结果表明，该光纤在 1～3THz 频率范围内可以稳定支持 98 个轨道角动量模式，所有模式的纯度在 0.86 以上，限制损耗低于 $10^{-11}$dB/cm，波导色散特性低于 0.02ps/(THz·cm)，有效模场面积大于 $0.1mm^2$。

在本节内容中，设计了双层椭圆包层管轨道角动量负曲率光纤波导，研究了其相关传输特性，在两层倾斜椭圆管之间通过引入环芯结构实现了支持多达 50～52 个轨道角动量模式。并且研究了椭圆管的倾斜角度对限制损耗特性的影响，详细分析了该光纤波导的有效模式折射率差、波导色散、模式纯度等传输特性。

### 9.1.2 光纤结构与设计

在负曲率轨道角动量太赫兹光纤的研究中，使用两层倾斜椭圆管的结构设计，在两层倾斜椭圆管之间嵌入环芯区域实现对光纤 HE 和 EH 矢量模式进行传输[8]。所设计的支持多轨道角动量模式的负曲率太赫兹光纤波导二维截面如图 9-1 所示，光纤内部采用了三层结构的设计。在第一层通过设置 12 个倾斜 15°的环形椭圆管作为光纤的外包层结构，第二层环形区域与外包层结构相互连接，第三层由 18 个倾斜 15°的椭圆管作为光纤的内包层结构，内包层结构也与第二层环形区域保持相互连接。在图 9-1 所示的光纤结构中，白色区域表示空气，折射率值为 1，蓝色区域表示耐高温树脂材料（HTL 材料）[9]，使用太赫兹时域光谱系统对该材料进行测量，其在 0.4～0.8THz 频段内折射率值稳定在 1.72，测量的吸收系数在 0.6THz 频率处约为 $12.63\mathrm{cm}^{-1}$。外椭圆包层结构的长轴 $2a_1$ 为 1.342mm，短轴 $2b_1$ 为 0.6mm，管壁厚度 $t_1$ 为 0.1mm。环形区域的厚度为 $d_3-d_2=0.351\mathrm{mm}$，其中 $d_3$ 为 1.501mm，$d_2$ 为 1.15mm。内椭圆包层结构的长轴 $2a_2$ 为 0.2mm，短轴 $2b_2$ 为 0.106mm，纵向壁厚 $t_2$ 为 0.053mm，横向壁厚 $t_3$ 为 0.047mm。光纤内部径向直径 $D_1$ 为 6mm，光纤尺寸 $D_2$ 为 6.6mm，在模型最外层设置了厚度为 0.3mm 的完美匹配层，用于吸收额外的电磁波。

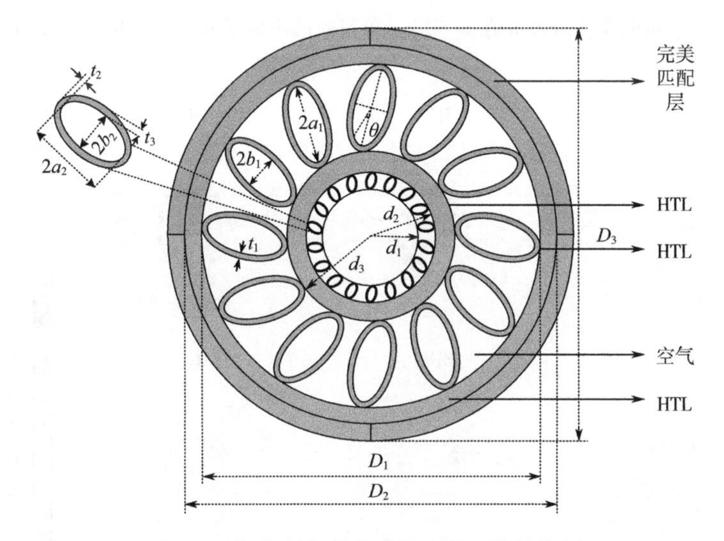


图 9-1　负曲率轨道角动量光纤二维结构图

太赫兹波在光纤波导内部传输时通过包层椭圆管的反谐振作用将太赫兹波束缚在环形纤芯区域，提高传输效率。在外包层椭圆管结构与内包层椭圆管结构厚度不变的情况下，分析研究了轨道角动量光纤波导在 0.4～0.8THz 频率范围内的工作性能。仿真的过程中采用了物理场划分网格的方法，对于光纤波导模型，完整的网格划分包含 65716 个三角形元素，2760 个四边形元素，6457 个边界元素和 384 个顶点单元，平均单元质量是 0.8264。

## 9.1.3 轨道角动量负曲率光纤波导工作特性研究

使用有限元仿真软件对负曲率光纤结构的工作特性进行研究计算，得到了光纤在频率为 0.5THz 处的矢量模式模场分布。图 9-2 是光纤 HE 模式不同拓扑荷数的归一化电场分布，图 9-3 是 HE 模式和 EH 模式不同拓扑荷数在 $E_z$ 方向的模场分布。从图 9-2 和图 9-3 可以看出，不同拓扑荷数下的各种模式模场分布均被限制在环芯区域中，模式的归一化电场分布产生了中心暗斑现象，符合涡旋电磁波波束分布特征。

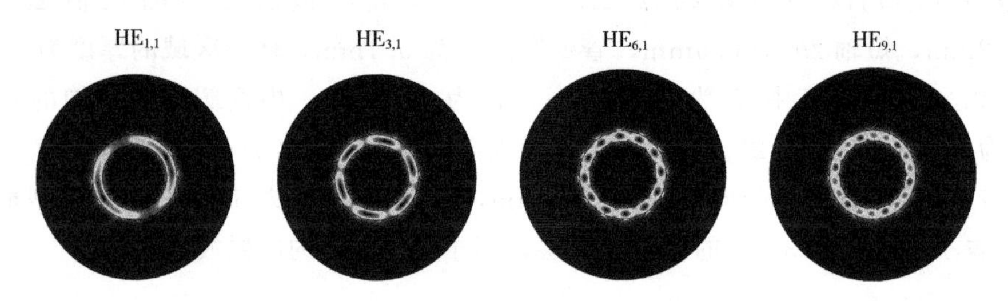


图 9-2 负曲率光纤波导在 0.5THz 频率处的不同模式归一化电场强度分布

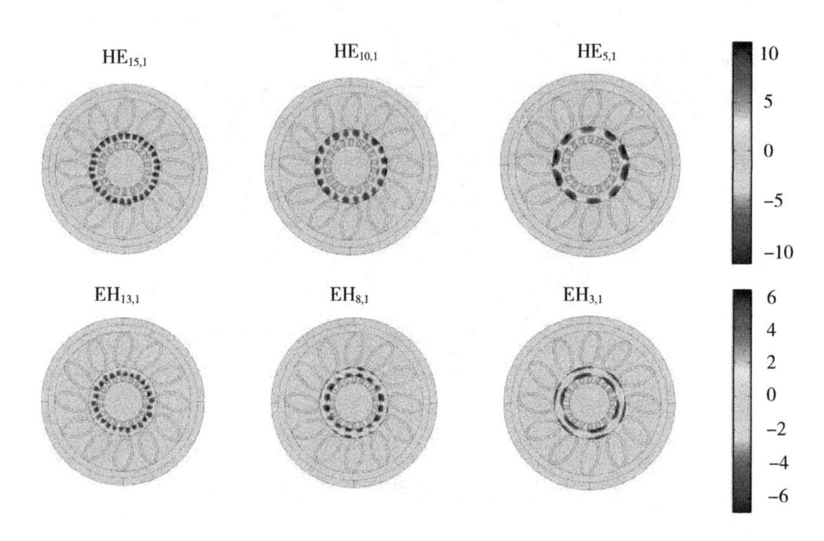


图 9-3 轨道角动量光纤结构在 0.5THz 频率处的不同模式在 $E_z$ 方向的模场分布

在 $E_z$ 方向的模场分布中，环芯区域中具有明显的红蓝斑分布（代表的是电场的强弱分布），并且红蓝斑以相间的方式成对存在，根据红蓝斑的对数可以确定模式的阶数。在 HE 模式的模场分布中可以观察到红蓝斑靠着环芯区域外边界分布，EH 模式中红蓝斑靠着环芯区域内边界分布，因此根据模场分布位置即可确定光纤的矢量模式是 HE 模式还是 EH 模式[10-12]。

根据光纤中合成轨道角动量模式的理论基础，在图 9-4 中给出了 $OAM_{4,1}^{+}$ 和 $OAM_{6,1}^{+}$ 在 0.5THz 频率处的线性叠加过程以及相位分布。轨道角动量模式的线性叠加过程和相位分布可以通过 Matlab 软件进行计算求解，由线性叠加过程可以发现 HE 模式奇模和偶模的模场分布存在分离现象，合成之后具有连续的环形模场分布。由相位分布不难发现随着拓扑荷数 $l$ 的增加，在一个周期内光纤的相位变化为 $2\pi l$。

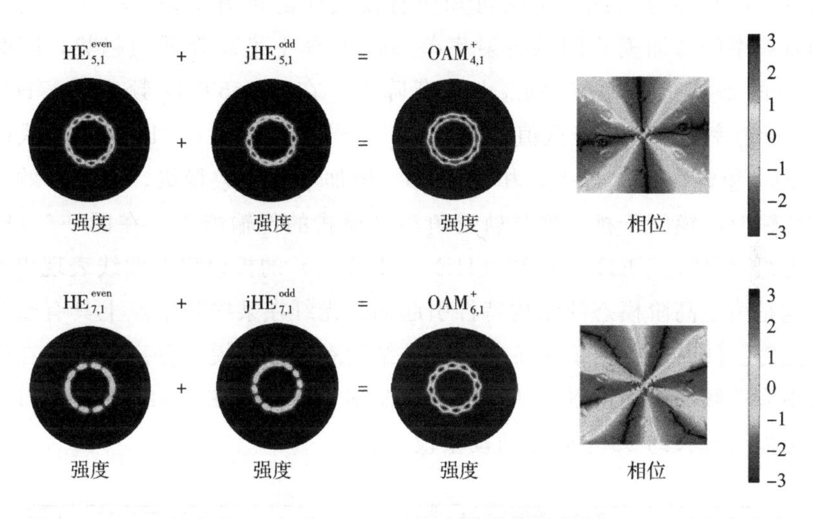


图 9-4 $OAM_{4,1}^{+}$ 和 $OAM_{6,1}^{+}$ 在 0.5THz 频率处的线性叠加过程以及相位分布

在所设计的轨道角动量光纤中具有与传输光纤相同的传输特性，具有优良传输特性的轨道角动量光纤可以在大容量的基础上进行信息的快速传输。矢量模式有效折射率、限制损耗、波导色散、模式纯度以及有效模场面积是轨道角动量光纤的主要传输特性。根据矢量模式有效折射率差异可以判定轨道角动量模式是否可以成功合成；光纤的限制损耗、波导色散以及有效模场面积可以保证光纤波导的有效传输距离和传输速度以及传输性能的稳定性等；模式纯度是轨道角动量光纤有效携带信息的判定依据，一般情况下较高的模式纯度可以保证信息在传输时不易丢失。

矢量模式的有效折射率 $n_{eff}$ 是光纤传输特性的重要引导参数，有效折射率的虚部可以表征限制损耗特性，有效折射率的实部可以在连续的频段内计算出光纤的波导色散特性，同时也可以根据轨道角动量模式的合成规则获得矢量模式间的折射率差异。如图 9-5（a）所示是不同矢量模式折射率与频率之间的关系。由图 9-5（a）可知，在连续的频率范围内折射率呈现逐渐增加的趋势，并且在同一频率下高阶模式增加趋势更快，在较低频率下由于电磁场分布趋近于包层区域，所以有效折射率实部较低。图 9-5（a）中的插图显示了 0.65～0.80THz 频率范围内的放大图，清楚地显示了有效折射率和频率之间的关系。有效折射率在 0.40～0.65THz 频率范围内以较快速度增加，然后随着频率增加到 0.80THz 而缓慢增加。此外，低阶轨道角动量模式的有效折射率也略有增加。光纤中产生轨道角动量模式的首要前提是 $HE_{l+1,1}$ 与 $EH_{l-1,1}$ 的有效折射率实部差异大于 $10^{-4}$，如图 9-5（b）所示是该光纤支持的所有模式间的折射率差异在 0.40～0.80THz 频率范围内的趋势分布图。由图可知所有模式间的折射率差 $\Delta n_{\rm eff}$ 均高于 $10^{-4}$，并且随着频率的增加模式间的折射率差 $\Delta n_{\rm eff}$ 总体上呈现降低的趋势，同时随着模式阶数的增加折射率差 $\Delta n_{\rm eff}$ 也逐渐降低。在 0.475THz 频率处，$HE_{15,1}$ 与 $EH_{13,1}$ 的折射率差异取得最低值为 $5\times10^{-4}$。当模式阶数 $l\leqslant10$ 时，模式间的折射率差 $\Delta n_{\rm eff}$ 稳定在 $10^{-2}$ 以上，相比于 $10^{-4}$ 增加了两个数量级，可以有效避免不同模式传输时的模间干扰，增强轨道角动量模式的传输能力。在图 9-5（b）中，两个模态组（$HE_{14,1}/EH_{12,1}$）和（$HE_{15,1}/EH_{13,1}$）的折射率差曲线表现出明显的振荡。这是由于高阶模态的结构特性引起的，光纤在某些频率点上具有较强的模态分离能力。同时也证明了该负曲率光纤结构有较强的模式分离能力，在模分复用系统中有广阔的应用前景。所设计的负曲率光纤波导在 0.425～0.80THz 频率范围内可以支持大约 52 个轨道角动量模式。

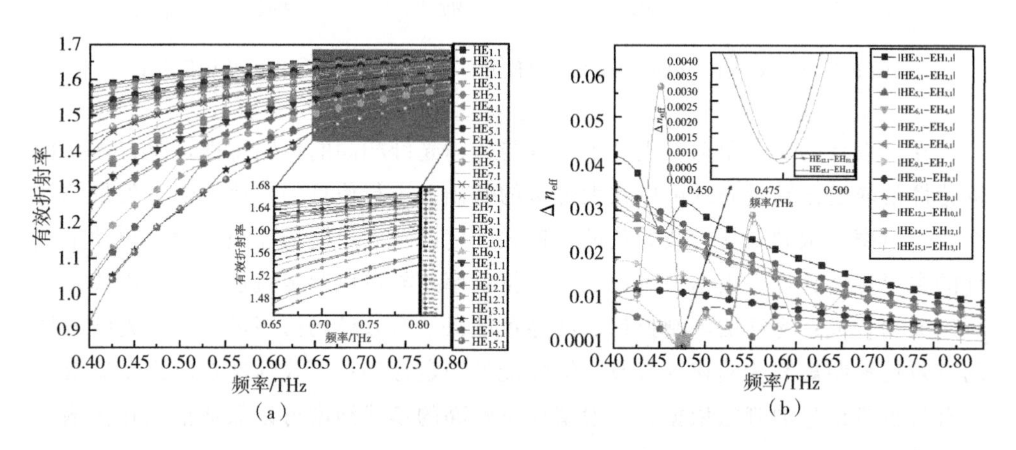


图 9-5 不同矢量模式有效折射率随频率的变化关系（a）；负曲率轨道角动量光纤中模式有效折射率差异随频率的变化趋势（b）

此处，除了 $HE_{2,1}$ 和 $HE_{13,1}$ 模态组支持 2 个轨道角动量模式之外，其他所有的模态组都能够产生 4 个轨道角动量模式（2 个极化和 2 个旋转方向）。所支持的 52 个轨道角动量模式如下：$OAM^{\pm}_{\pm1,1}$（2 个状态）、$OAM^{\pm}_{\pm2,1}$（4 个状态）、

$OAM^{\pm}_{\pm 3,1}$（4 个状态）、$OAM^{\pm}_{\pm 4,1}$（4 个状态）、$OAM^{\pm}_{\pm 5,1}$（4 个状态）、$OAM^{\pm}_{\pm 6,1}$（4 个状态）、$OAM^{\pm}_{\pm 7,1}$（4 个状态）、$OAM^{\pm}_{\pm 8,1}$（4 个状态）、$OAM^{\pm}_{\pm 9,1}$（4 个状态）、$OAM^{\pm}_{\pm 10,1}$（4 个状态）、$OAM^{\pm}_{\pm 11,1}$（4 个状态）、$OAM^{\pm}_{\pm 12,1}$（2 个状态）、$OAM^{\pm}_{\pm 13,1}$（4 个状态）和 $OAM^{\pm}_{\pm 14,1}$（4 个状态）。表 9-1 给出了在设计的轨道角动量负曲率光纤中支持的所有轨道角动量模式。

**表 9-1　负曲率光纤支持的所有轨道角动量模式**

| OAM mode | $OAM^{\pm}_{\pm 1,1}$ | $OAM^{\pm}_{\pm 2,1}$ | $OAM^{\pm}_{\pm 3,1}$ | $OAM^{\pm}_{\pm 4,1}$ | $OAM^{\pm}_{\pm 5,1}$ | $OAM^{\pm}_{\pm 6,1}$ | $OAM^{\pm}_{\pm 7,1}$ |
|---|---|---|---|---|---|---|---|
| HE mode | $HE_{2,1}$ | $HE_{3,1}$ | $HE_{4,1}$ | $HE_{5,1}$ | $HE_{6,1}$ | $HE_{7,1}$ | $HE_{8,1}$ |
| EH mode |  | $EH_{1,1}$ | $EH_{2,1}$ | $EH_{3,1}$ | $EH_{4,1}$ | $EH_{5,1}$ | $EH_{6,1}$ |
| OAM mode | $OAM^{\pm}_{\pm 8,1}$ | $OAM^{\pm}_{\pm 9,1}$ | $OAM^{\pm}_{\pm 10,1}$ | $OAM^{\pm}_{\pm 11,1}$ | $OAM^{\pm}_{\pm 12,1}$ | $OAM^{\pm}_{\pm 13,1}$ | $OAM^{\pm}_{\pm 14,1}$ |
| HE mode | $HE_{9,1}$ | $HE_{10,1}$ | $HE_{11,1}$ | $HE_{12,1}$ | $HE_{13,1}$ | $HE_{14,1}$ | $HE_{15,1}$ |
| EH mode | $EH_{7,1}$ | $EH_{8,1}$ | $EH_{9,1}$ | $EH_{10,1}$ |  | $EH_{12,1}$ | $EH_{13,1}$ |

轨道角动量光纤中限制损耗特性影响着传输距离的远近，由于空芯负曲率光纤中包层区域是有限的，当太赫兹波传输一段距离后能量将大幅度消散在包层外的无穷远处从而引发强烈的能量衰减。因此设计良好的包层结构有利于减弱能量在包层区域的快速衰减，延长信号传输距离。图 9-6（a）所示是轨道角动量负曲率光纤中矢量模式限制损耗随频率的变化趋势。结果表明除高阶模式（$l>10$）的限制损耗变化幅度较大外，低阶模式的限制损耗均处于 $10^{-8}\sim10^{-15}$dB/cm 量级。$EH_{6,1}$在 0.675THz 频率处可以获得最低的限制损耗为 $1.2\times10^{-15}$dB/cm。在 0.4～0.525THz 频率范围内低阶模式的限制损耗呈现线性变化，在 0.525～0.8THz 频率范围内限制损耗出现明显的振荡趋势。振荡趋势的产生与普通负曲率传输光纤限制损耗振荡特性类似，包层区域的有效模式折射率接近研究模式的有效模式折射率时易导致包层模式的横向相位不匹配而引起快速振荡[13]。从图 9-6（a）可以看出，部分矢量模式可以在 0.525THz、0.625THz 以及 0.675THz 频率处获得最低的限制损耗。为了研究光纤内外包层结构与损耗之间的变化关系，调整了与环形区域相连接的两层椭圆管的倾斜角度 $\theta$ 以研究所提出光纤的限制损耗变化趋势。图 9-6（b）给出了不同倾斜角 $\theta$ 值（0°、5°和 10°）和频率（0.525THz、0.625THz 以及 0.675THz）时的一些矢量模式的限制损耗（包括 $HE_{2,1}$、$HE_{3,1}$、$EH_{1,1}$、$HE_{4,1}$、$EH_{2,1}$、$HE_{5,1}$、$EH_{3,1}$、$HE_{6,1}$、$EH_{4,1}$、$HE_{8,1}$、$EH_{6,1}$、$HE_{12,1}$、$EH_{10,1}$、$HE_{15,1}$、$EH_{13,1}$）。结果表明，与图 9-7（a）所示结果一致，高阶模式（$l>10$）在 0.525THz 频率处的限制损耗值处于较高的水平，达到 $10^{0}\sim10^{-7}$dB/cm 量级。在高阶模式中，当椭圆管倾斜角度为 15°时限制损耗

在不同频率下均处于最低水平，低阶模式仍然呈现出快速振荡的特性。具有较大限制损耗的高阶矢量模式也印证了光纤内部并不能有效传输高阶模。

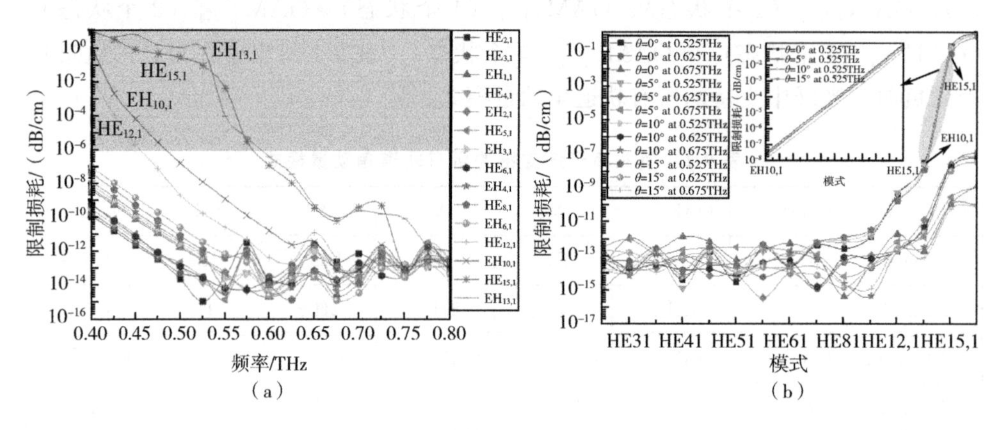


图 9-6　负曲率光纤波导中矢量模式限制损耗随频率的变化趋势（a）；不同椭圆管倾斜角度下在 0.525THz、0.625THz 和 0.675THz 频率处的限制损耗曲线（b）

轨道角动量传输光纤的波导色散特性与普通传输光纤的波导色散特性具有相同的物理意义，即信号在光纤内部传输一段距离后由于传输速度存在差异会导致信号失真，从而大大降低光纤的传输能力。在太赫兹光纤中对色散的控制是非常重要的，因为它会对脉冲扩散造成的传输性能产生负面影响。具有超低平坦色散特性的太赫兹光纤可用于同时传输多个信号，对实现宽带信号的远距离传输也具有极大的促进作用。波导色散主要是由光纤的结构设计所引起，与光纤的整体尺寸和结构参数密切相关，在合适的光纤尺寸和结构参数下光纤的波导色散可以被有效控制。此外负曲率光纤波导中的包层结构具有较大的设计自由度。所设计的负曲率光纤波导在 0.40～0.80THz 频率范围内的波导色散特性如图 9-7（a）所示。结果表明，与损耗特性类似，高阶模式波导色散的变化幅度较大，在较高的频率有低平坦特性，在 0.4～0.5THz 频率范围内色散值从最大值 16.55ps/(THz・cm) 迅速下降到－4.67ps/(THz・cm)，峰值绝对值相差 11.88ps/(THz・cm)。而低阶模式在 0.45～0.8THz 频率范围内保持了较为平坦的变化趋势，其中 $HE_{4,1}$ 有最佳的色散特性，在 0.45～0.75THz 频率范围内色散绝对值介于 0.33～0.8ps/(THz・cm)。其他低阶模式的色散峰值绝对值差处于 2.5～4.8ps/(THz・cm) 之间。低阶模式的低平坦色散特性有利于太赫兹波在光纤内部的快速传播。

轨道角动量模式纯度是影响轨道角动量光纤传输特性的另一个重要参数，具有高纯度的轨道角动量模式是信息高效传输的基本保证，也是模分复用技术可以推广使用的重要前提。轨道角动量的模式纯度可以通过光纤内部电场强度重叠因子进行计算，计算步骤可通过表达式（9-1）进行分析[14]：

$$\eta=\frac{I_{\mathrm{r}}}{I_{\mathrm{c}}}=\frac{\iint_{\mathrm{ring}}|\boldsymbol{E}|^{2}\mathrm{d}x\,\mathrm{d}y}{\iint_{\mathrm{cross-section}}|\boldsymbol{E}|^{2}\mathrm{d}x\,\mathrm{d}y} \tag{9-1}$$

$I_{\mathrm{r}}$和$I_{\mathrm{c}}$分别表示负曲率光纤波导内环形区域和整个二维截面区域内的电场强度，通过$I_{\mathrm{r}}$与$I_{\mathrm{c}}$的比值可以估算轨道角动量光纤的模式纯度。图 9-7（b）给出了某些轨道角动量模式的模式纯度特性在 0.45～0.80THz 频率范围内的变化趋势。结果表明光纤的模式纯度随着频率的增加而增大，并且 HE 模式的模式纯度高于 EH 模式。在 0.575～0.8THz 频率范围内 HE 模式的模式纯度均高于 90%，其中 $HE_{l,1}$（$l<6$）的模式纯度可以达到 95%左右。EH 模式在 0.6～0.8THz 频率范围内也达到了 85%以上的模式纯度。具有较高模式纯度的矢量模式确保了信息的稳定传输，对于模分复用技术的推广应用具有重要意义。

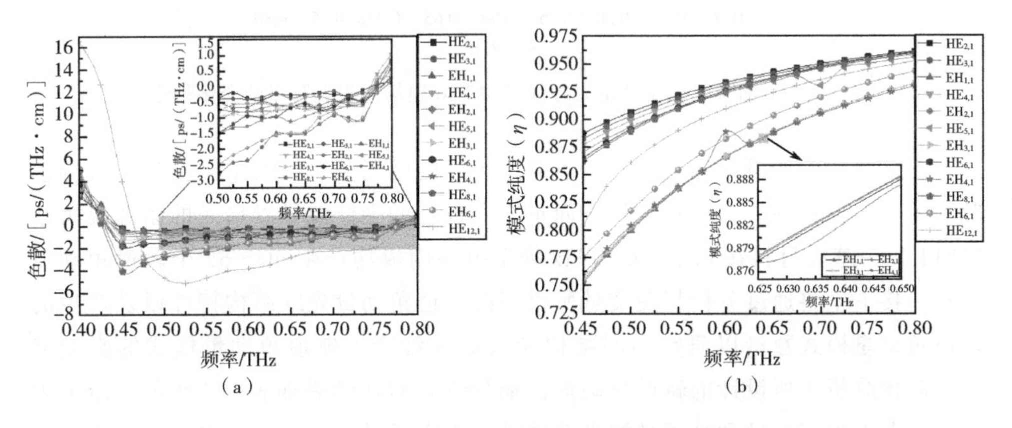


图 9-7　负曲率光纤中波导色散特性随频率的变化趋势（a）；负曲率光纤中模式纯度特性随频率的变化趋势（b）

在轨道角动量光纤中有效模场面积表示着轨道角动量模式的实际模场分布，由于该负曲率光纤波导结构主要是在环芯区域生成轨道角动量模式，因此环芯区域的场强大小对于有效模场面积有着不可忽视的影响。如图 9-8 所示为该轨道角动量负曲率光纤的有效模场面积 $A_{\mathrm{eff}}$随频率的变化趋势。结果表明轨道角动量光纤的有效模场面积随着频率的增加而降低，高阶模式（$l\geqslant10$）的变化幅度在 0.4～0.575THz 频率范围内非常明显，如图 9-8 中的蓝色矩形区域，而高阶模式 $EH_{13,1}$和 $HE_{15,1}$在 0.575～0.8THz 频率范围内变化平稳。与限制损耗和波导色散的特性类似，高阶模式在传输太赫兹波时的稳定性能需要进一步加强。低阶模式（$l<10$）在 0.4～0.8THz 频率范围内较为平稳，且有效模场面积随着阶数的增长而增大。低阶模式中 $EH_{6,1}$ 的有效模场面积要高于其他模式，0.4THz 频率处取得最大值 $3.512\times10^{-6}m^2$。大模场面积有利于轨道角动量光纤产生高阶矢量模式，从而有利于光纤支持更多的轨道角动量模式。

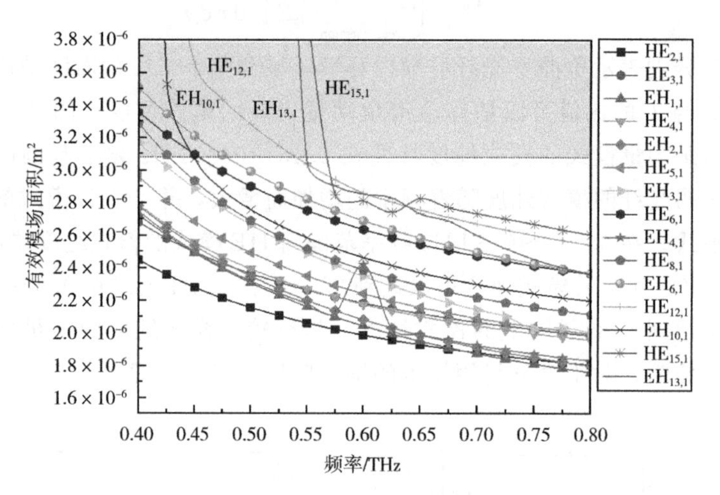


图 9-8　负曲率轨道角动量光纤波导中有效模场面积随频率的变化趋势

上文介绍了所设计轨道角动量负曲率光纤的模场分布以及限制损耗、波导色散等关键传输特性，在材料选择方面本文所设计的光纤波导以单一的耐高温树脂（HTL）为基底材料在 0.4～0.8THz 频率范围内成功产生 50～52 个轨道角动量模式。接下来将通过分析相关文献所报道的轨道角动量光纤结构特性以及产生的轨道角动量模式数量以研究不同结构参数对光纤产生轨道角动量模式的影响能力。对比分析了所设计的轨道角动量传输特性，对比结果如表 9-2 所示。结果表明在负曲率光纤波导和光子晶体光纤波导结构中通过引入环芯结构可以产生较多的轨道角动量模式，并且有极低的限制损耗特性。本书所设计的轨道角动量光纤在仅使用一种材料的基础上可以获得 50～52 个轨道角动量模式，同时也进一步说明在太赫兹光纤中引入环芯结构是产生轨道角动量模式极其有效的一种方式。

**表 9-2　设计的轨道角动量负曲率光纤与文献报道结构性能对比**

| 文献 | 光纤类型 | 模式数量 | 频率范围 | 材料 | 限制损耗/(dB/cm) |
|---|---|---|---|---|---|
| [3] | 负曲率 | 22 | 中红外 | $SiO_2$ | $10^{-12}$ |
| [4] | 负曲率 | 28 | 中红外 | $SiO_2$ | $10^{-15}$ |
| [15] | Kagome | 3 | 太赫兹 | Zeonex | $10^{-3}$ |
| [2] | 光子晶体 | 48 | 太赫兹 | $SiO_2$ 和 $SF_2$ | $10^{-10}$ |
| 本书 | 负曲率 | 50～52 | 太赫兹 | HTL | $10^{-15}$ |

本节提出了双层椭圆管结构在环形区域产生 52 个轨道角动量模式的负曲率光纤。数值模拟了光纤在 0.4～0.8THz 频率范围内的有效折射率差、限制损耗、波导色散、轨道角动量模式纯度和有效模场面积等传输特性。结果表明光纤支持的轨道角动量模式的矢量模式折射率差可以达到 $10^{-2}$ 量级，可以有效抑制线性偏振模的产生。同时光纤具有极低的限制损耗，$EH_{6,1}$ 在 0.675THz 频率处可以获得最低 $1.2\times10^{-15}$dB/cm 的限制损耗，高阶模式（$l>10$）在椭圆管倾斜角度为 15°时有相对较低的限制损耗。且低阶模式（$l<10$）的色散特性在 0.45～0.8THz 频率范围内保持了较为平坦的变化趋势，其中 $HE_{4,1}$ 有最佳的色散特性，在 0.45～0.75THz 频率范围内色散绝对值介于 0.33～0.8ps/(THz·cm)。同时，在 0.6～0.8THz 频率范围内较高的模式纯度（85%～95%）进一步促进了轨道角动量光纤模分复用技术的应用。

# 9.2 光控可调谐光子晶体滤波器

光子晶体滤波器具有低损耗、强带外抑制能力、边带陡峭等优势，广泛应用于不同的领域。通常来说，由于具有灵活的结构设计，使用光子晶体滤波器可以提高滤波效率和质量因子。此外，由于具有超紧凑的结构特点，研究人员对基于全光学滤波的光子晶体也进行了大量的研究。近年来，研究人员致力于优化谐振腔的结构从而提高透过率。

## 9.2.1 研究进展

基于光子晶体的滤波器主要分为两种类型：非圆形谐振腔和环形谐振腔。非圆形谐振腔是通过移除介质棒或者在光子晶体晶格中产生点缺陷，如 T 形环形谐振腔等[16]。

### (1) 非圆形谐振腔光子晶体滤波器

M. Y. Mahmoud 等人提出了 X 形环形谐振腔的滤波器[17]。为了具备波长选择性和提高透射效率，需要引入散射结构和缺陷柱。在所提出的谐振系统上、下部分引入 8 个介质散射柱。此外，由于在 TM 模式中存在一个光子带隙，其光子带隙结构适合用于波分复用中。该结构是通过将三角形晶格排列的硅介质柱（$n=3.46$）分布在空气（$n=1$）中构成的。通过增加散射柱，在 1.55μm 处的滤波效率和质量因子分别为>99%和 196。S. Rezaee 等人提出了一种 H 形通道下载滤波器[18]。该设计包括方形晶格，H 形滤波结构设置在两个波导之间。介质柱的折射率、半径和晶格常数分别是 4.1、94nm 以及 500nm。该结构的效率和质量因子分别为 100%和 221。为了提高滤波器的性能，他们改变折射率和介质柱半径，实现将质量因子增加到 230。与 X 形和 T 形通道构成的滤波器相比较[16,17]，该滤波器结构具有更好的性能。在光通信网络中，采用 H 形结构作为光学滤波器的耦合元件。A. Dideban 等人设计了一种包括一个谐振腔和两个波导的通道滤波器，通过移除两排硅介质柱作为输入和输出端口[19]。该结构由在硅平板上、下部分的两个二氧化硅板组成，气孔按照三角形晶格排列。在硅平板上的孔半径、二氧化硅和硅的折射率分别为 194.4nm、3.518 和 1.44。该谐振腔由六个内径为 65nm、外径为 $R_c$和四个内径为 97nm、外径为 $R_m$的环构成。在内环和外环之间是空气。此外，他们引入了内半径为 $R_o$=65nm 的环。当输入波导的末端被阻塞时，下载效率降低。下载效率、$Q$ 因子和最小线宽分别是 84.95%、5689.81 和 0.27。M. Qiu 等人在 Ga（Al）As（$n$=3.32）衬底上添加三角晶格空气孔的二维光子晶体从而构成通道滤波器[20]。该滤波器包括两个波导和两个谐振腔。通过改变谐振腔中空气孔的半径，从而获得频率的偶然简并。为了获得最大的通道下载滤波效率，两个谐振腔的距离设置为“5$a$”。研究结果表明，在此情形下，下载效率和质量因子分别为＞98%和 1500。所有结构参数，包括空气孔直径、谐振腔、工作波长以及其他的设计参数，都可以使用电子束光刻的纳米制备技术实现。H. Xu 等人基于带有环形介质柱的二维光子晶体设计了一个可调谐双波长滤波器[21]。利用扰动柱可以影响滤波器透过率，该设计由硅-空气晶格构成。环形介质柱和四个硅介质柱放置在波导的中心部位。扰动柱以一定角度 $\theta$ 放置在环形柱和硅柱之间。通过增加介质柱尺寸和扰动柱的折射率，透射谱的带间隔会更宽。同时，当扰动柱和相邻介质柱之间的距离增加时，带间隔会变窄。通过改变环形柱的半径、折射率、距离以及扰动柱的角度 $\theta$，可以实现透过程度的调谐。在该结构中引入扰动柱可以用来产生多波长滤波。K. Tao 等人基于二维光子晶体的非互易光子晶体滤波器[22]。该结构由两个具有不同材料的方形晶格非互易波导构成。该设计包括钇铁石榴石和氧化铝柱，其相对介电常数分别为 $\varepsilon$=15 和 $\varepsilon$=10。为了获得两个谐振频率和改善滤波器的性能，引入了两个不同半径的谐振腔。S. M. Mirjalili 等人报道了由 5 根不同半径的介质柱构成的光子晶体滤波器[23]。该结构包括 $In_{0.53}Al_{0.16}Ga_{0.31}As$-空气方形晶格和一个由移除几个介质柱构成的波导。作为输入端的线缺陷波导沿着滤波器设置。滤波器的谐振波长为 1.54μm。

（2）环形谐振腔光子晶体滤波器

H. A. Banaei 等人使用椭圆环设计了通道下载滤波器[24]，用在光通信网络等系统。该结构包括 30×40 个在空气中按照方形晶格排列的介质柱（$n$=4.2）。该滤波器由一个内椭圆形和一个外椭圆形的滤波结构和两个波导组成。输出的谐振波长为 1.555μm，质量因子 $Q$=647。此外，他们将三个环形谐振腔平行放置，它们之间不存在空隙。此滤波器的谐振波长为 1.559μm，通过使用三环谐振腔，增加了质量因子，传输效率比单环谐振腔更尖锐，但传输效率有所降低。J. Jiang 等人设计了两种滤波器，一种是具有大孔的新型六方晶格光子晶体环形谐振腔，另一种是具有多空气孔内环的传统六方晶格光子晶体环形谐振腔[25]。这些提出的滤波器由一个硅-空气孔晶格构成，包括在六方晶格中的两个波导和光子晶体环形谐振腔。M. R. Almasian 等人提出了基于二维光子晶体的通道下载滤波器[26]。该结构包括总线和下载波导，以及它们之间“8”形谐振腔，如图 9-9 所示。所有设计都是利用在空气背景中的二维六方晶格排布的硅介质柱实现。晶格常数、硅介质柱半径以及折射率分别为 632nm、126nm 以及 3.46。为了提高下载效率，黑色介质柱放置在谐振腔的上部和下方。谐振腔中心区域的白色介质柱引起质量因子的提升。通过弯曲波导（$\alpha=30°$和 $\theta=60°$），下载效率可以提高。其质量因子 $Q=1500$，端口 C 在 1.55μm 处的透射效率达到 100%。

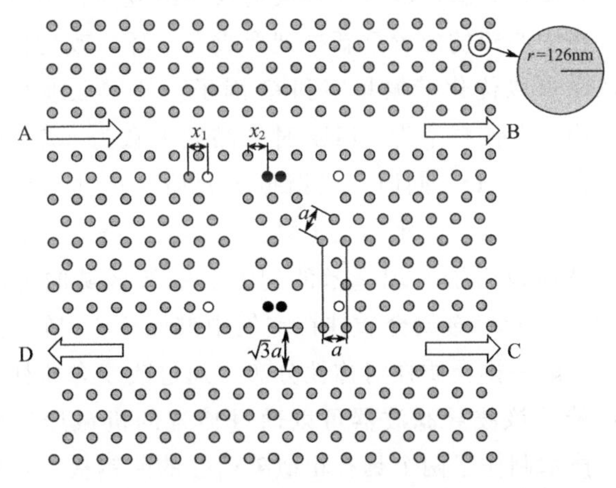


图 9-9　二维光子晶体滤波器结构示意图[26]

A. Dideban 等人利用分形模式设计了两种新的通道下载滤波器[27]。他们在空气背景中使用方形晶格的砷化镓（GaAs，$n=3.4$）介质柱构成光子晶体。此结构可以用于光通信系统。为了提高效率，两个波导的末端被封闭。通过优化结构参数，其在 1539.60nm 处的质量因子和效率分别为 1148.95 和 95.86%。可以使用单环或者双环谐振腔来构建光子晶体滤波器[28, 29]。在这种结构中，通常需要考虑三种情形。第一种情形是由两个波导之间的环形谐振腔构成。在谐振波长为 1494nm 处，耦合效率、输出效率以及质量因子分别为 100%、100% 和 186.75。在第二种情况中，研究人员提出了串联和平行组合的双环谐振腔。在串联时，两个环形谐振腔之间存在一定的距离。存在有两个谐振峰 1497nm 和

1518nm，耦合效率和传输效率分别为85%和96%以及97%和99%，此时在第二个环形谐振腔的耦合效率和输出效率有所降低。最后，在平行组合中，两个环形谐振腔之间也会存在一定的间距。第二个环形谐振腔的位置在下载波导附近，该结构的耦合效率、传输效率以及质量因子分别为95%、60%以及213.74[30]。

根据上述研究，非环形谐振腔结构比圆环形谐振腔结构具有更高的质量因子。而且环形谐振腔的光子带隙比非环形谐振腔的限制小，限制了波长的范围。

上述研究大多是聚焦于光学通信波段。随着太赫兹技术的快速发展，基于光子晶体结构可以构建太赫兹低损耗滤波器。太赫兹光子晶体滤波器具有较好的频率选择、增益均衡以及低损耗等功能，和传统的太赫兹滤波器相比能够提供更好的滤波特性。随着无线通信系统的迅速发展，基于光子晶体的太赫兹滤波器展现出巨大的应用潜力。2014年，S. Matloub等人利用基于金属光子晶体的波导和环形谐振腔的耦合设计了工作在太赫兹波段的带通滤波器[31]。将上下两部分光子晶体结构中的半排介质柱去除形成缺陷构成输入输出波导，余下的半排介质柱可以形成反射结构，在中心棒的位置重新排列形成一个环，改变反射介质柱和环形谐振器的半径，从而可以优化谐振频率和 $Q$ 因子。使用三维时域有限差分法进行仿真研究，该结构在谐振频率为1THz时的品质因数为333，归一化透射深度超过0.7，3dB带宽为3GHz。同时，当谐振腔介质柱尺寸增加时，中心频率也随之增加，但透射效率降低。同年，电子科技大学的兰峰等人提出了具有方形晶格的二维金属光子晶体板用于实现毫米波到太赫兹波区域的可调波导带通滤波器[32]。该滤波器结构简单，金属介质柱在空气中按照3×5阵列周期性排布，整体结构沿着位于中间的一排介质柱对称性分布。通过改变介质柱半径和晶格常数来研究滤波器的性能。该波导滤波器可以通过传统的机械加工而制备出来。首先，使用激光加工技术制作了两个具有相似阵列孔的薄钢板，然后进行镀金。镀金棒是通过涂层去除漆包线制成的。过滤器谐振腔分成两个对称的平板。然后将过滤部件安装在重组型腔板上。最后将镀金的金属线焊接到镀金的薄板上，并将过滤结构嵌入到波导中。测量结果表明，该滤波器的中心频率为145.5GHz，3dB带宽为5.26GHz。2015年，S. P. Li等人提出了一种具有一个点缺陷和两段线缺陷的三角形晶格硅光子晶体的磁性可调谐窄带太赫兹滤波器[33]。在透射谱中，存在一个中心频率约为1THz的单谐振峰，其半高宽（FWHM）的宽度小于2GHz。将磁控液晶填充到中心点缺陷处，在外部磁场的控制下，其中心谐振频率可以从1.126THz调谐到1.193THz。2016年，南京邮电大学腾晨晨等人报道了一种基于石榴石型铁氧体磁性材料的太赫兹滤波器[34]。利用光子晶体结构的线缺陷和腔内点缺陷的耦合特性，通过调整腔内介质柱半径和排列情况，通过对特定波长的耦合，能够实现高效滤波；通过调谐外部磁场，改变铁氧体材料的磁导率，使谐振频率产生变化，从而实现滤波调谐。仿真结果表明，在谐振波长为 82.539μm 时，该滤波器的插入损耗为 0.0997dB，3dB 带宽为 8.22GHz。同年，Y. Luo 等人基于二维光子晶体设计了一种宽带太赫兹滤波器[35]。为了拓宽带宽，他们通过在光子晶体中引入完全对称的线缺陷和点缺陷，在谐振微腔中加入散射介质圆柱体，点缺陷由 HgTe 材料构成，并调整线波导两侧介质柱的半径从而获得较宽的带宽。通过变化介质柱的尺寸大小和调节内部介质柱的有效介电常数，研究了滤波器的工作特性。仿真结果表明，该新型的太赫兹光子晶体滤波器具有较好的综合性能，其带宽达到 74.2GHz，相对带宽高达 21.95%，其矩形系数接近于 1，在频带外具有明显的抑制作用，其峰值下降效率达到 96.79%。2018 年，日本神奈川大学的 C. L. Xie 等人提出了一种基于 M-矩阵格式的金属光子晶体带通滤波器的系统合成方法[36]。采用中心加载介质柱的金属光子晶体点缺陷腔来设计滤波器，设计了一种基于内联结构的五阶切比雪夫式滤波器。该滤波器的仿真结果和理论分析结果吻合，验证了所提出的滤波器结构和设计方案。同年，梁龙学等人设计了基于石榴石型铁氧体磁性材料的光子晶体滤波器和光开关[37]。该器件在不施加磁场时可以实现选频滤波功能，谐振频率的透过率均高达 90%，且信道串扰较小；当施加磁场时，耦合腔的耦合频率发生变化，器件被关断，关断最大稳定时间为 26.7ps，此时的透过率仅为 8%。2021 年，南京邮电大学的陈鹤鸣等人提出了一种新型的基于二维光子晶体的带阻滤波器，由线缺陷波导和 AAH 谐振腔构成[38]。通过改变 AAH 谐振腔和主波导之间的间距，增强它们之间的耦合系数，实现中心波长为 1668.3μm 的阻带滤波特性，阻带衰减为 25.2dB，通带插入损耗为 0.2dB，品质因数为 $1.5\times10^4$，结构简单紧凑，可实现大规模集成，在超宽带通信领域具有重要的应用潜力。同年，O. O. Karakilinc 等人将二维光子晶体驻波谐振器的带通滤波器特性与微机电系统（MEMS）执行器集成，以调整简并模式分裂[39]。在二维光子晶体中形成了由波导和驻波谐振腔组成的单连续连接间接耦合结构。执行器连接到光子晶体腔，基于执行器的机械位移可以实现系统的调谐。当偏置电压施加到 MEMS 驱动器时，谐振腔介质柱被产生的静电力位移。这将导致共振区域的光场失真。带通滤波选择性和模式分裂可以随着施加在 MEMS 结构的偏置电压而改变。

### 9.2.2 偶氮苯和液晶概述

偶氮苯是由两个苯基分别和偶氮基（—N ═N—）进行连接而形成的分子。偶氮苯基团具有两种异构体：稳定状态的平面反式异构体（trans）以及亚稳定状态的拐状顺式异构体（cis）[40]。反式和顺式异构体之间的能量差异大概有 50kJ/mol[41]，在光场或者温度场的激励下二者可以实现可逆的相互转换，其能垒数量级大概有 200kJ/mol[42]。偶氮苯的光致异构化是由于偶氮苯分子在激光辐照下能够发生可逆的顺反异构化转变（如图 9-10 所示）。当处于反式结构的偶氮苯在特定波长作用下将会高效地转变为顺式结构，异构化之后 4，4′位的间距从 10Å 变化为 5.6Å，偶极矩也会随着从 0.5Debye 改变为 3.1Debye；当顺式结构的偶氮苯在其他特定波长作用下将会重新转变到反式结构。此光致异构化过程一般发生在皮秒时间量级[43]。此外，处于顺式结构的偶氮苯还能够在热弛豫下变为反式结构。此热弛豫过程一般在毫秒到小时量级，不同取代基的偶氮苯以及外部环境不同也会导致异构化过程发生的时间不同。使用光辐照或者温度场激励就可以实现偶氮苯基团在 cis 和 trans 两种异构体之间的相互转换。具有 trans 结构的偶氮苯基团是棒状分子，其基团的轴径比较大，能够用作介晶基元，而 cis 结构的偶氮苯基团是拐状结构，轴径比小，无法用作介晶基元。在 trans 和 cis 结构进行异构化过程中材料的折射率、分子空间分布以及材料聚集体都将产生改变。

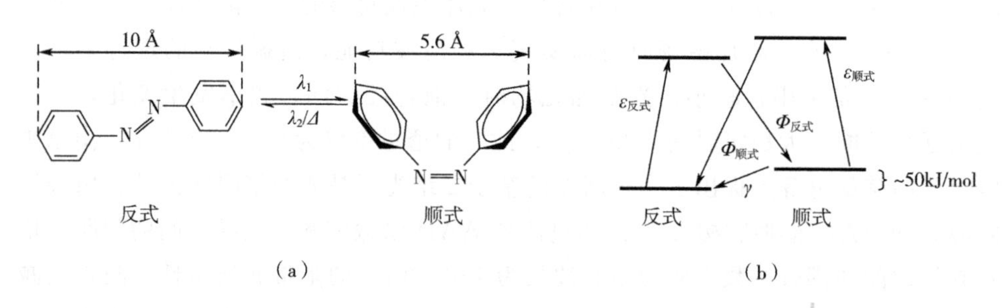


图 9-10　偶氮苯的异构化

通常情况下，偶氮苯的光致取向是因为偶氮苯基团在光场或者温度场的激励下发生的多次可逆的 trans-cis-trans 转变产生的[44]。偶氮苯对激励光的吸收概率和 $\cos^2\varphi$ 呈现正比例关系（$\varphi$ 为激励光的偏振方向和偶氮苯长轴的夹角）。因此，偶氮苯长轴方向和光偏振方向一致时容易吸收光，长轴方向和光偏振方向相互垂直时不吸收光。使用线偏振激光辐照偶氮苯聚合物材料时，排列方向没有和电场方向垂直的 trans 偶氮苯基团将进行 trans-cis 的转换，获得 cis 的拐状结构，然后又经过弛豫过程自发地恢复为 trans 结构。上面的过程反复进行，最终偶氮苯基团长轴和入射光的电场矢量相互垂直，此时基团的光致取向不再改变，沿着和入射光电场相互垂直的方向排列，实现光致取向。

通常由各向异性分子形成的有机物晶体，在由固体向液体转变过程中会产生一种性质介于晶体和液体之间的中间相，定义为介晶相。在一定的温度范围内，液晶的分子指向具有规律性，而分子之间的相对位置分布没有规律，表明其具有液体的流动性和连续性，以及具有类似晶体结构的有序性和光学各向异性，因此液晶还可以被称为液态晶体。

液晶按照生成方式主要包括热致性（Thermotropic）和溶致性（Lyotropic）。热致液晶是由温度改变而导致的相变，产生液晶中间态，其只能存在于特定的温度范围，当温度高于熔点时能够稳定存在的称为互变液晶；当温度低于熔点时稳定存在且随着温度降低表现出液晶态的称为单变液晶。溶致液晶是将溶质溶解在溶液中时由浓度改变导致的相变，从而产生液晶中间态。溶致液晶在自然界中较为常见，在生物科技、生物化学物理以及人工合成生物组织中具有显著的应用价值。

从分子排列的有序性角度分类，热致液晶的状态可以划分为向列相、胆甾相和近晶相，示意图如图 9-11 所示[45]。向列相液晶分子的长轴指向有序性，分子之间趋近于彼此相互平行排列分布，其分子是流动的，众多分子的中心排列是无序的或长程无序，使用 X 射线衍射观测不到衍射图样。分子中心部分是短程有序排列，使用电子束斑很小的电子衍射能够观测到衍射图样。胆甾相液晶是由液晶分子螺旋构成，在某一平面内长轴的指向一致，和该平面相邻的另一个平面内分子长轴的指向和其存在一定的夹角，并且分子的排列近似按照螺旋式变化方向。单层液晶分子的排列分布和向列相液晶分子的排列分布特点一致，可以把向列相液晶看作是螺距趋向于无穷大的胆甾相液晶。可以在向列相液晶中加入胆甾醇酯就能够形成胆甾相液晶。近晶相液晶结构比较接近晶体结构，其空间位置是一维有序性的。

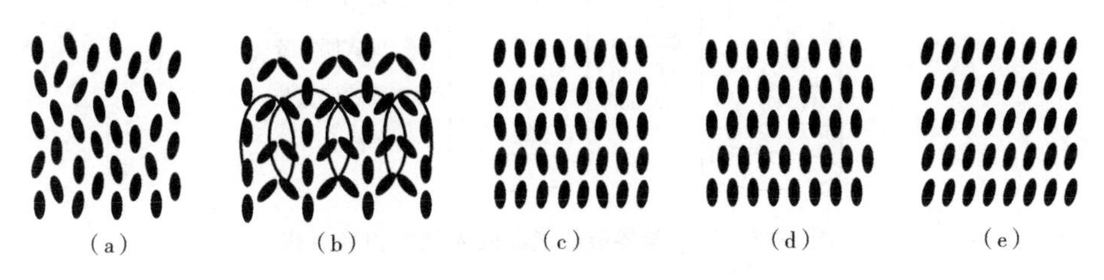


图 9-11　不同状态液晶示意图：向列相（a）；胆甾相（b）；近晶相（c）～（e）[45]

液晶材料主要有以下基本的光学特性：①各向异性：向列相液晶的分子通常是棒状结构，分子头尾、侧面所接的分子集团不同，则在液晶分子长轴和短轴两个方向具有不同的折射率、介电常数、磁化率、电导率等特性，即存在各向异性。②旋光性：光在扭曲排列的液晶的螺旋轴方向传输时，根据螺距的不同存在三种情况：首先是光矢量按照液晶分子的扭曲情况旋转其偏振面，在输出时光矢量旋转的角度和扭曲角一致，这是光波导作用；其次是入射光能够产生布拉格反射；最后是偏振面会旋转一个和波长相关的角度，称为旋光效应。③二向色性：

在特定波长范围内，光波或被全部吸收或全部不吸收，和晶体光矢量的相对位置无关。在液晶材料中，光矢量和液晶分子长轴平行时能够吸收特定波长的光，和长轴相互垂直时吸收其他特定波长的光。液晶分子取向能够通过外加激励场进行控制，可以实现不同的二向色性。④散射特性：液晶中的散射包括两类，一类是粒子散射，大小为原子量级的微粒，主要是瑞丽散射，稍大点的微粒主要是Rayleigh-Gans散射以及异常衍射近似。另一类散射是由于均匀介质的热涨落现象导致的。

在向列相液晶中掺杂少量偶氮苯聚合物，基于偶氮苯聚合物的光致异构化效应改变向列相液晶分子的排布，进一步实现对液晶混合物光学特性的调节。偶氮苯的trans结构异构体通常情况下是棒状结构，掺杂到向列相液晶中不会对液晶结构产生影响；偶氮苯的cis结构异构体通常情况下为拐状结构，会引起向列相液晶的不稳定。光响应性液晶的客体（偶氮苯）/宿主（向列相液晶）混合物产生的光化学异构化如图9-12所示。在向列相液晶中加入少量的光致变色偶氮苯材料时，就产生了液晶混合物的各向同性相。在外界光场激励下，由于偶氮苯分子的顺式-反式光异构化，向列相液晶改变其取向。偶氮苯的反式结构在外部光场刺激下稳定了棒状向列相液晶的相位结构。当外部场被释放时，偶氮苯的顺式结构进一步破坏了光响应液晶混合物的相位结构。

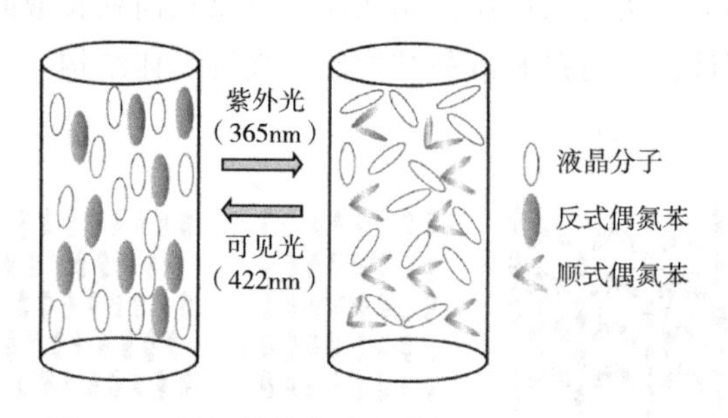


图9-12　偶氮苯掺杂的液晶的光化学相变过程

本节提出了一种基于正方形晶格硅光子晶体的新型光控太赫兹滤波器，包括线缺陷和点缺陷[46]。含有少量的手性偶氮苯材料和液晶材料的光响应液晶填充到点缺陷中。混合物的折射率调制是由偶氮苯的光致取向变形引起的。与传统的填充材料相比，此工作中使用的混合材料可以通过 $mW/cm^2$ 量级功率的激光控制，这远远小于一般非线性材料所需的 $GW/cm^2$ 的功率。器件的响应时间为纳秒量级，比使用电场调制液晶材料的响应时间快得多。该窄带滤波器的半高宽为10GHz，可调范围在1.0330～1.0625THz，在谐振频率处的透过率在95%以上。同时设计了一种双频可调滤波器，具有两个调谐的响应波长。

## 9.2.3 结构设计和工作原理

向列相液晶可用于许多应用领域的可调设备[43, 47-49]。研究人员对偶氮苯材料的光异构化特性进行了大量的研究[50-53]。偶氮苯发光团存在两种异构状态：热力学棒状 trans 异构体和拐状 cis 异构体[54]。中心键的方向可以用来区分两种异构体。线偏振紫外光（UV）和可见光激励可以将偶氮苯在 trans-cis 和 cis-trans 异构化之间快速转换。

图 9-13 表示了由高阻硅介质柱构成的光控太赫兹滤波器的结构示意图。硅介质柱的折射率为 3.42[55, 56]。二维光子晶体能够产生光子带隙或者谐振模式用来传输太赫兹波横电（TE）模式和横磁（TM）模式。改变正方形晶格介质柱的半径和折射率能够调整微腔谐振频率。相关的结构参数晶格常数和硅介质柱半径分别为 $a=100\mu m$ 和 $r=20\mu m$。中心点填充有液晶和偶氮苯材料的混合物[57]。在频率为 1THz 附近，液晶材料 E7 的寻常光和异常光折射率分别为 $n_o=1.57$ 和 $n_e=1.75$[58]。

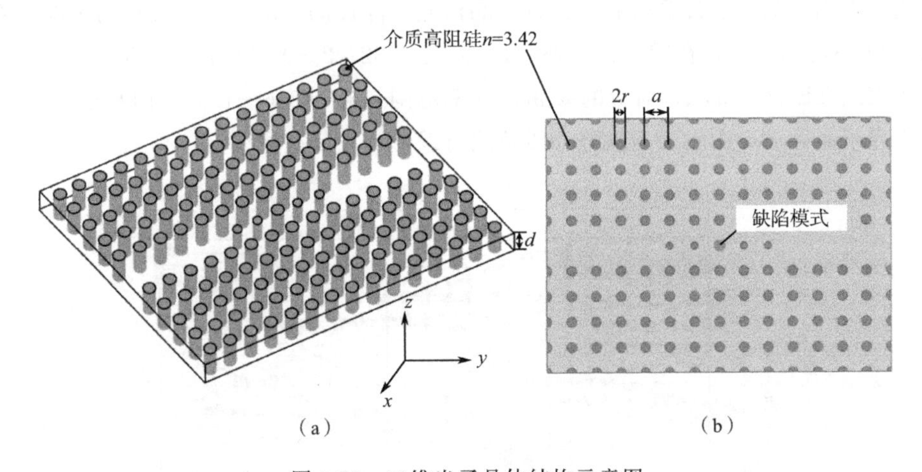


图 9-13 二维光子晶体结构示意图

中心点填充少量的液晶混合物，在腔内形成一个新的点缺陷。液晶分子的方位（平面内）重新定向是通过使用线偏振的紫外光（365nm，强度>0.7mW/cm$^2$）激励混合物填充点实现 trans-cis 光异构化，使用线偏振可见光（422nm）照射填充点实现 cis-trans 可逆过程[59, 60]。使用线偏振紫外光照射点缺陷，棒状的 trans 异构体偶氮苯材料的浓度降低，拐状的 cis 异构体的浓度增加。在线偏振激光作用下，液晶分子重新定向，新的方向垂直于泵浦光偏振方向[50]。如果使用可见激光（422nm）代替紫外激光激励，顺式 cis 状态将会恢复到棒状反式 trans 状态。在 cis-trans-cis 异构化转换的循环过程中，可以通过改变泵浦激光偏振方向来控制液晶分子的方向。此时，液晶分子的折射率和二维光子晶体滤波器的谐振频率将被调制。在这个循环过程中，通过定义介电常数来表征液晶的各向异性[61, 62]：

$$
\begin{aligned}
\varepsilon_{xx}(r) &= \varepsilon_0(r)\sin^2\varphi + \varepsilon_e(r)\cos^2\varphi \\
\varepsilon_{zz}(r) &= \varepsilon_0(r)\cos^2\varphi + \varepsilon_e(r)\sin^2\varphi \\
\varepsilon_{xz}(r) &= \varepsilon_{zx}(r) = [\varepsilon_e(r) - \varepsilon_0(r)]\sin\varphi\cos\varphi
\end{aligned}
\tag{9-2}
$$

其中，$\varphi$ 是液晶方向的旋转角。因此，液晶分子的取向会导致液晶有效折射率 $n(\varphi)$ 的变化，通过施加不同的线偏振光，E7 液晶的有效折射率在 1.57～1.75 之间变化。

## 9.2.4 窄带滤波器的透射特性

利用 K. M. Ho 等人报道的平面波展开方法（Plane Wave Expansion，PWE，具体介绍见前面章节），研究了没有缺陷存在时的正方形晶格的光子带隙[63]。图 9-14 为使用平面波展开法计算得到的正方形晶格光子晶体的 TM 和 TE 模式的带隙。在图 9-14 中可以看出，在归一化频率（$a/\lambda$）为 0.32122～0.43837 范围内存在一个相对较大的 TE 偏振带隙，对应的太赫兹频率范围为 0.96366～1.31511THz。通过在二维光子晶体波导中引入点缺陷和线缺陷可以形成太赫兹滤波器。

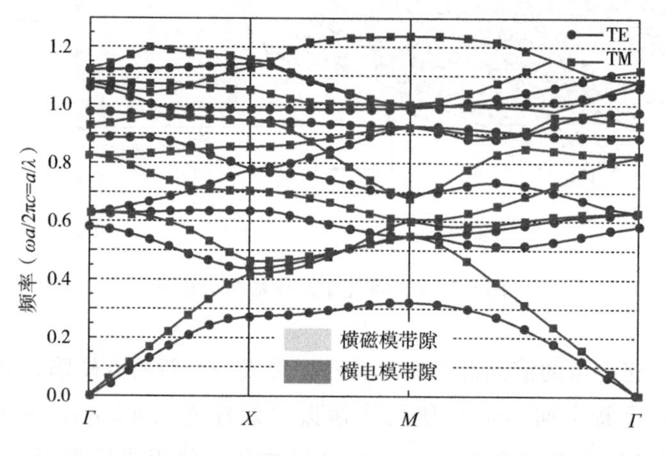


图 9-14 不存在缺陷时的正方形晶格光子晶体带隙图

首先使用有限元法分析了由一个中心空气孔点缺陷和两个线缺陷构成的太赫兹滤波器的性能。图 9-15（a）给出了该滤波器的透射谱。从中可以看出，频率为 1.1305THz 的太赫兹波可以通过空腔缺陷传输，计算得到的功率透过率可以达到 95%。此外，滤波器的通带的半高宽可以低至 10GHz。利用时域有限差分方法进行数值计算和仿真，得到频率分别为 1.130THz 和 1.055THz 的连续太赫兹波传输情况和场分布，如图 9-15（b）～（e）所示，与图 9-15（a）理论计算的透射谱能够很好地吻合。图 9-15（b）和（d）分别给出了太赫兹波工作频率为 $f_1$=1.130THz 和 $f_2$=1.055THz 时的稳态电场分布。根据图 9-15（b），对于 $f_1$=1.130THz，可以看出输入的太赫兹波能够传播到输出波导，且在光子晶体内的能量泄漏很小。在图 9-15（d）中可以看出，此时的输入太赫兹波泄漏到周围的光子晶体区域中，几乎没有能量达到输出波导。同时还计算了归一化的传输能量分布，如图 9-15（c）和（e）所示。

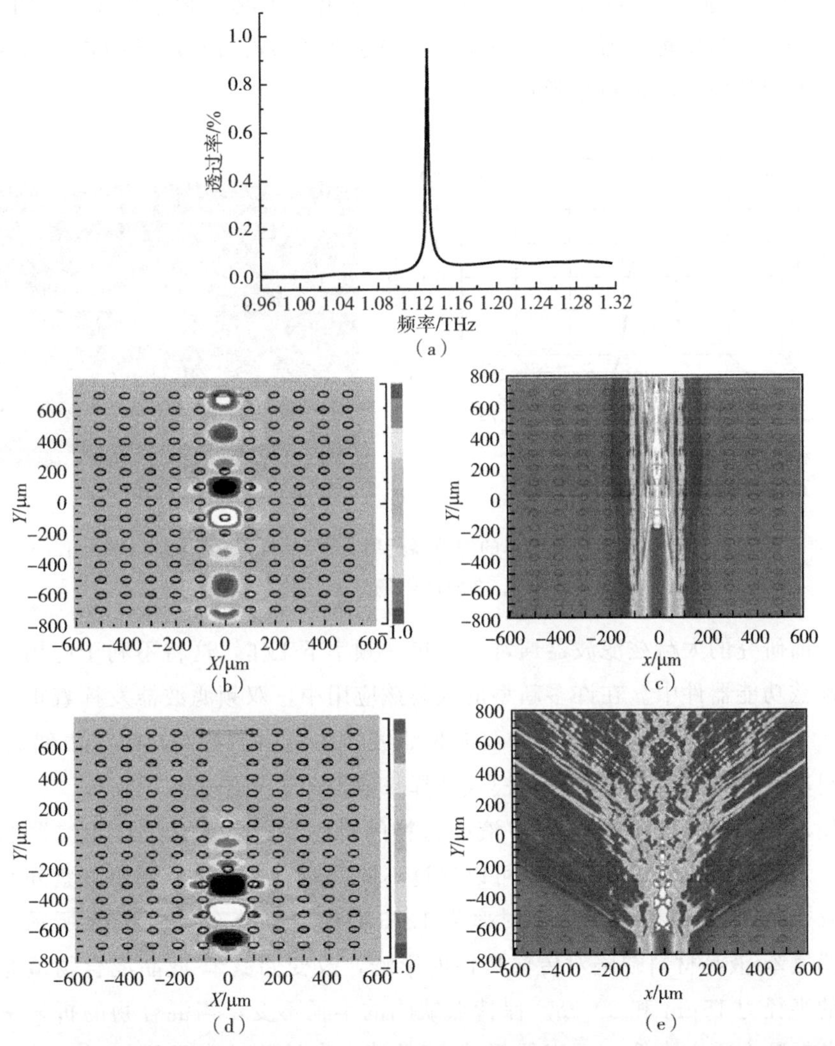


图 9-15　有缺陷的滤波器的透射谱（a）；频率为 1.130THz 和 1.055THz 的 TE 偏振的稳态太赫兹波场强分布（b）和（d）；光场的颜色分布图（c）和（e）

为了实现滤波器的可调谐特性，中间部位的点缺陷填充偶氮苯-液晶材料。点缺陷的半径为 20μm，使用不同的线偏振光场激励可以实现对折射率的调节。在线偏振激光激励下，液晶分子被重新定向，新的方向垂直于泵浦光的偏振方向[50]。在这个循环过程中，偶氮苯-液晶材料的折射率将在 1.57～1.75 之间变化。图 9-16（a）给出了点缺陷折射率不同时的透射光谱。谐振频率随着偶氮苯-液晶材料折射率的降低而增加。从上述现象可以看出，当改变偶氮苯-液晶材料的折射率时，谐振腔模式的谐振频率也会随之发生变化。通过改变辐照的紫外光和可见光场的不同偏振方向，可以调整中心谐振峰的频率以覆盖 1.0330～1.0625THz 的透射光谱范围。图 9-16（b）给出了太赫兹频率为 1.0530THz 时的电场分布。从中可以看出，该频率的太赫兹波能够沿着空腔低损耗、高效率地传输，此时滤波器的透过率超过 95%。

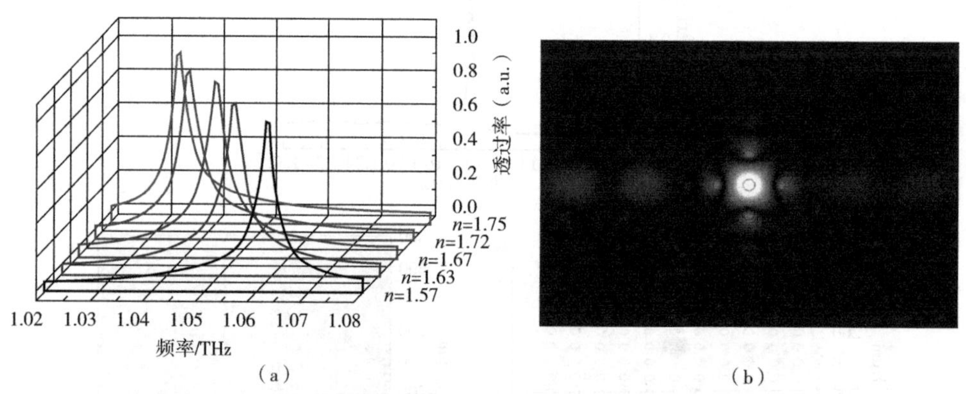


图 9-16　不同偶氮苯-液晶材料折射率的滤波器透射光谱（a）；当太赫兹频率为 1.0530THz、偶氮苯-液晶材料折射率为 1.63 时的电场分布（b）

之前研究的太赫兹滤波器通常是在单一频率下工作，这将不利于应用在多波长太赫兹功能器件中。在许多新型的太赫兹应用中，双频滤波器发挥着重要的作用[64-68]。图 9-17 给出了所设计的双波长滤波器的结构示意图。两个由偶氮苯-液晶材料填充的点缺陷可以作为双模式选择来确定两个工作频率。

使用线偏振光场控制偶氮苯-液晶材料的折射率，实现双波长滤波器的可调特性。双波长滤波器的谐振频率可以通过不同偏振方向的光场调制（紫外光和可见光）。谐振腔的谐振频率和折射率为 1.75 时的电场分布如图 9-18 所示。为了分析偶氮苯-液晶材料缺陷对传输特性的影响，改变偶氮苯-液晶混合物填充的点缺陷的半径为 15μm 和 20μm。保持点缺陷的半径不变，当混合物的折射率增加时，谐振频率随之降低。而当偶氮苯-液晶填充点缺陷的半径增加时，谐振频率将降低。图 9-18（b）和（c）给出了太赫兹工作频率固定在 1.0445THz 和

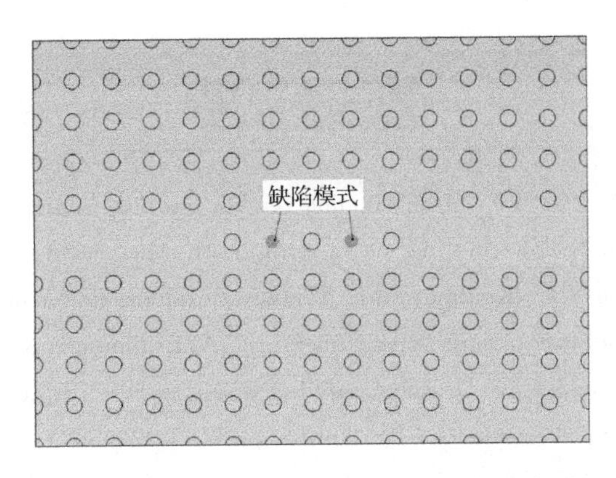


图 9-17　基于光子晶体的双波长太赫兹滤波器结构示意图（二维视图）

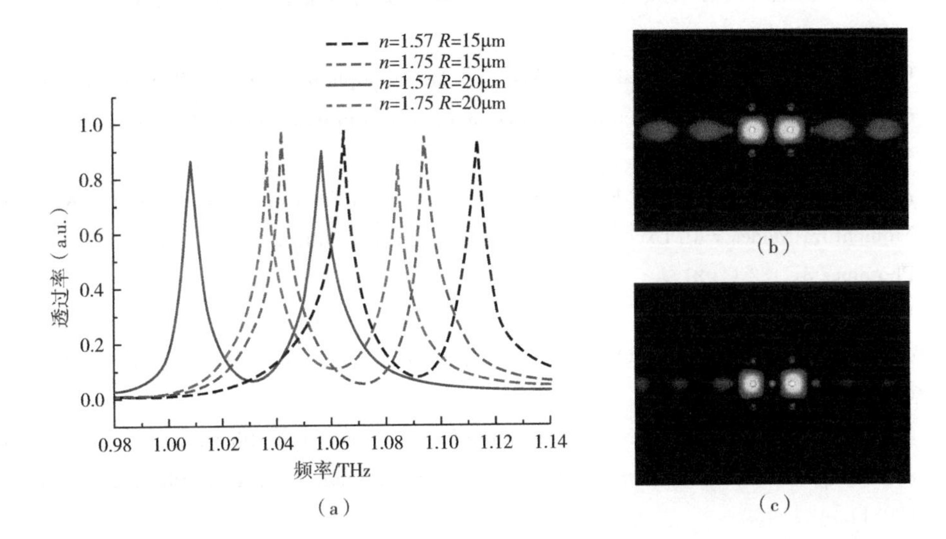


图 9-18　双波长太赫兹滤波器的透射谱（a）；太赫兹频率为 1.0445THz、$r=15\mu m$、$n=1.75$ 时的电场分布（b）；太赫兹频率为 1.0945THz、$r=15\mu m$、$n=1.75$ 时的电场分布（c）

1.0945THz 时的电场分布。结果表明，这两个谐振频率的太赫兹波能够沿着缺陷谐振腔低功率损耗和高透过率地传输。双波长滤波器的透过率大于 90%。

本节研究了基于二维光子晶体的光控可调谐太赫兹滤波器。通过施加外部线偏振光场，可以调控滤波器的输出特性。滤波器的调谐是基于偶氮苯材料在外加线偏振激光作用下实现的反-顺或者顺-反变形。在偶氮苯光异构化过程中，液晶的折射率将在 1.57～1.75 之间变化，从而导致由点缺陷和线缺陷形成的空腔的模式选择不同。所提出的滤波器为太赫兹成像系统、通信设备和太赫兹激光应用的研究提供了理论基础。

## 参考文献

[1] Li H S, Ren G B, Zhu B F, et al. Guiding terahertz orbital angular momentum beams in multimode Kagome hollow-core fibers [J]. Opt. Lett. 42, 179-182 (2017).

[2] Stefani A, Fleming S C, Kuhlmey B T. Terahertz orbital angular momentum modes with flexible twisted hollow core antiresonant fiber [J]. APL Photonics 3 (5), 051708 (2018).

[3] Tu J J, Liu Z Y, Gao S C, et al. Ring-core fiber with negative curvature structure supporting orbital angular momentum modes [J]. Opt. Express 27, 20358-20372 (2019).

[4] Tu J J, Gao S C, Wang Z, et al. Bend-insensitive grapefruit-type holey ring-core fiber for weakly-coupled OAM mode division multiplexing Transmission [J]. J. Lightwave Technol. 38 (16), 4497-4503 (2020).

[5] Kabir Md A, Ahmed K, Hassan Md M, et al. Design a photonic crystal fiber of guiding terahertz orbital angular momentum beams in optical communication [J]. Opt. Commun. 475, 126192 (2020).

[6] Al-Zahrani F A, Kabir M A. Ring-Core Photonic Crystal Fiber of Terahertz Orbital Angular Momentum Modes with Excellence Guiding Properties in Optical Fiber Communication [J]. Photonics 8, 122 (2021).

[7] Kuiri B, Dutta B, Sarkar N, et al. Design and optimization of photonic crystal fiber with low confinement loss guiding 98 OAM modes in THz band [J]. Opt. Fiber Techn. 68, 102752 (2022).

[8] Meng M, Yan D X, Cao M X, et al. Design of negative curvature fiber carrying multiorbital angular momentum modes for terahertz wave transmission [J]. Res. Phys. 29, 104766 (2021).

[9] Boston Micro Fabrication http: //www. bmftec. cn/zh/nano.

[10] Ke X, Wang S. Design of Photonic Crystal Fiber Capable of Carrying Multiple Orbital Angular Momentum Modes Transmission [J]. Opt Photon J 10 (04), 49-63 (2020).

[11] Brunet C, Ung B, Belanger P A, et al. Vector mode analysis of ring core fibers: design tools forSpatial division multiplexing [J]. J. Lightwave Technol 32 (23), 4648-4659 (2014).

[12] Bai X, Chen H, Yang H. Design of a circular photonic crystal fiber with square air-holes for orbital angular momentum modes transmission [J]. Optik 158, 1266-1274 (2018).

[13] Wei C, Joseph W R, Menyuk C R, et al. Negative curvature fibers [J]. Adv. Opt. Photonics 9 (3), 504-561 (2017).

[14] Zhang H, Zhang X, Li H, et al. A design strategy of the circular photonic crystal fiber supporting good quality orbital angular momentum mode transmission [J]. Opt. Commun. 397, 59-66 (2017).

[15] Thumm M. Gyro-devices-natural sources of high-power high-order angular momentum millimeter-wave beams [J]. Terahertz Sci Technol 13 (1), 1-21 (2020).

[16] Djavid M, Ghaffari A, Monifi F, et al. T-shaped channel-drop flters using photonic crystal ring resonators [J]. Phys. E Low Dimensional Syst. Nanostructures 40, 3151-3154 (2008).

[17] Mahmoud M Y, Bassou G, Taalbi A, et al. Optical channel drop flters based on photonic crystal ring resonators [J]. Opt. Commun. 285, 368-372 (2012).

[18] Rezaee S, Zavvari M, Alipour-Banaei H. A novel optical flter based on H-shape photonic crystal ring resonators [J]. Optik 126, 2535-2538 (2015).

[19] Dideban A, Habibiyan H, Ghafoorifard H. Photonic crystal channel drop flter based on ring-shaped defects for DWDM systems [J]. Phys. E Low Dimens. Syst. Nanostructures 87, 77-83 (2017).

[20] Qiu M, Jaskorzynska B. Design of a channel drop flter in a two-dimensional triangular photonic crystal [J]. Appl. Phys. Lett. 83, 1074-1076 (2003).

[21] Xu H, Zhong R, Wang X, et al. Dual-wavelength flters based on two-dimensional photonic crystal degenerate modes with a ring dielectric rod inside the defect cavity [J]. Appl. Opt. 54, 4534-4541 (2015).

[22] Tao K, Xiao J, Yin X. Nonreciprocal photonic crystal add-drop flter [J]. Appl. Phys. Lett. 105, 211105 (2014).

[23] Mirjalili S M, Mirjalili S Z. Single-objective optimization framework for designing photonic crystal flters [J]. Neural. Comput. Appl. 28, 1463-1469 (2017).

[24] Banaei H A, Mehdizadeh F, Hassangholizadeh K M. A new proposal for PCRR-based channel drop flter using elliptical rings [J]. Phys. E Low Dimens. Syst. Nanostructures 56, 211-215 (2014).

[25] Jiang J, Qiang Z, Zhang H, et al. A high-drop hole-type photonic crystal add-drop flter [J]. Optoelectron. Lett. 10, 34-37 (2014).

[26] Almasian M R, Abedi K. Performance improvement of wavelength division multiplexing based on photonic crystal ring resonator [J]. Optik 126, 2612-2615 (2015).

[27] Dideban A, Habibiyan H, Ghafoorifard H. Photonic crystal channel drop flters based on fractal structures [J]. Phys. E Low Dimens. Syst. Nanostructures 63, 304-310 (2014).

[28] Robinson S, Nakkeeran R. Photonic crystal ring resonator-based add drop flters: a review [J]. Opt. Eng. 52, 60901 (2013).

[29] Qiang Z, Zhou W, Soref R A. Optical add-drop flters based on photonic crystal ring resonators [J]. Opt. Express 15, 1823-1831 (2007).

[30] Rashki Z, Chabok S J S M. Novel design of optical channel drop flters based on two-dimensional photonic crystal ring resonators [J]. Opt. Commun. 395, 231-235 (2017).

[31] Matloub S, Hosseinzadeh M, Rostami A. The narrow band THz filter in metallic photonic

crystal slab framework: Design and investigation [J]. Optik, 125 (21), 6545-6549 (2014).

[32] Lan F, Yang Z Q, Qi L M, et al. Compact waveguide bandpass f ilter employing two-dimensional metallic photonic crystals for millimeter to terahertz frequencies [J]. Chin. Opt. Lett. 12, 040401- (2014).

[33] Li S P, Liu H J, Sun Q B, et al. A tunable terahertz photonic crystal narrow-band filter [J]. IEEE Photonics Technol. Lett. 27, 752-754 (2015).

[34] 滕晨晨，周雯，庄煜阳，等. 基于磁光子晶体的低损耗窄带 THz 滤波器 [J]. 物理学报，65 (2), 024210 (2016).

[35] Luo Y, Li Y Y, Hu Z F, et al. A novel broadband terahertz filter for photonic crystal [J]. J. Mod. Optic. 63: 17, 1688-1694 (2016).

[36] Xie C L, Chen C P, Zhang Z J, et al. Theoretical Design of M-PhC Bandpass Filter In THz Regime [C]. in 2018 Asia-Pacific Microwave Conference (APMC). IEEE, 2018: 518-520.

[37] 梁龙学，张晓金，吴小所，等. 基于磁光子晶体的太赫兹滤波器和光开关 [J]. 光学学报，38 (5), 0513002 (2018).

[38] 司阳，陈希，陈鹤鸣. 基于二维光子晶体高 Q 值微波带阻滤波器 [J]. 太赫兹科学与电子信息学报，19 (1), 96-100 (2021).

[39] Karakilinc O O, Tez S, Kaya M. Photonic crystal bandpass filter exploiting the degenerate modes tunable with MEMS actuator for terahertz application [J]. Microw. Opt. Technol. Lett. 63 (7): 1813-1819 (2021).

[40] 李浩智. 基于掺杂偶氮苯混合液晶的全光开关和光纤包层光栅研究 [D]. 广州：暨南大学，2013.

[41] Rabek J F. Photochemistry and Photophysics [M]. Vol. 3, CRC Press, Boca Raton, 1990.

[42] Monti S, Orlandi G, Palmieri P. Features of the photochemically active state surfaces of azobenzene [J]. Chem. Phys. 71, 87-99 (1982).

[43] Hsiao V K S, Ko C Y. Light-controllable photoresponsive liquid-crystal photonic crystal fiber [J]. Opt. Express 16 2670-2676 (2008).

[44] Anderle K, Birenheide R, Werner M J A, et al. Molecular addressing? Studies on light-induced reorientation in liquid-crystalline side chain polymers [J]. Liq. Cryst. 9 (5), 691-699 (1991).

[45] 李勇. 染料掺杂胆甾相液晶激光器制备与特性的研究 [D]. 沈阳：沈阳理工大学，2014.

[46] Yan D X, Li J S, Jin L F. Light-controlled tunable terahertz filters based on photoresponsive liquid crystals [J]. Laser Phys. 29 (2), 025401 (2019).

[47] Wang T J, Chaung C K, Chen T J, et al. Liquid crystal optical channel waveguides with strong polarization-dependent mode tunability [J]. J. Lightwave Technol. 32, 4289-4295 (2014).

[48] Wei L, Alkeskjold T T, Bjarklev A. Compact design of an electrically tunable and rotatable polarizer based on a liquid crystal photonic bandgap fiber [J]. IEEE Photonics Technol. Lett. 21 1633-1635 (2009).

[49] Feng J, Zhao Y, Li S S, et al. Fiber-optic pressure sensor based on tunable liquid crystal technology [J]. IEEE Photonics J. 2 292-298 (2010).

[50] Simoni F, Francescangeli O. Effects of light on molecular orientation of liquid crystals [J]. J. Phys.: Condens. Matter 11, R439 (1999).

[51] Liu Y J, Si G Y, Leong E S P, et al. Optically tunable plasmonic color filters [J]. Appl. Phys. A 107, 49-54 (2012).

[52] Que W X, Yao X, Liu W G. Azobenzene-containing small molecules organic-inorganic hybrid sol-gel materials for photonic applications [J]. Appl. Phys. B 91, 539-543 (2008).

[53] Kim K T, Moon N I, Kim H K. A fiber-optic UV sensor based on a side-polished single mode fiber covered with azobenzene dye-doped polycarbonate [J]. Sensors Actuators A 160, 19-21 (2010).

[54] Chen L J, Lin J D, Lee C R. An optically stable and tunable quantum dot nanocrystal-embedded cholesteric liquid crystal composite laser [J]. J. Mater. Chem. C 2, 4388-4394 (2014).

[55] Li J S. Tunable dual-wavelength terahertz wave power splitter [J]. Optik 125 (16), 4543-4546 (2014).

[56] Jian Z, Mittleman D M. Broadband group-velocity anomaly in transmission through a terahertz photonic crystal slab [J]. Phys. Rev. B 73, 15118 (2006).

[57] Chen C Y, Pan C L, Hsieh C F, et al. Liquid crystal-based terahertz tunable Lyot filter [J]. Appl. Phys. Lett. 88 101107 (2006).

[58] Chen C Y, Hsieh C F, Lin Y F, et al. Magnetically tunable room-temperature $2\pi$ liquid crystal terahertz phase shifter [J]. Opt. Express 12 2625-2630 (2004).

[59] Schadt M, Schmitt K, Kozinkov V, et al. Surface-induced parallel alignment of liquid crystals by linearly polymerized photopolymers [J]. Japan. J. Appl. Phys. 31, 2155-2164 (1992).

[60] Ichimura K, Hayashi Y, Akiyama H, et al. Photo-optical liquid crystal cells driven by molecular rotors [J]. Appl. Phys. Lett. 63, 440-451 (1993).

[61] Ertman S, Wolinski T R, Pysz D, et al. Low-loss propagation and continuously tunable birefringence in high-index photonic crystal fibers filled with nematic liquid crystals [J]. Opt. Express 17 19298-19310 (2009).

[62] Johannes W, Jesper L, Lara S, et al. Biased liquid crystal infiltrated photonic bandgap fiber [J]. Opt. Express 17 4442-4453 (2009).

[63] Ho K M, Chan C T, Soukoulis C M. Existence of a photonic gap in periodic dielectric structures [J]. Phys. Rev. Lett. 65 3152-3155 (1991).

[64] Trevino-Palacios C G, Wetzel C, Zapata-Nava O J. Design of a dual wavelength birefringent filter [C]. AIP Conf. Proc. 992, 392-397 (2008).
[65] Ji K, Chen H, Zhou W. Design and performance analysis of a multi wavelength terahertz modulator based on triple-lattice photonic crystals [J]. J. Opt. Soc. Korea 18, 589-593 (2014).
[66] Guo W Y, He L X, Sun H, et al. A dual-band terahertz metamaterial based on a hybrid 'H' -shaped cell [J]. Prog. Electromagn. Res. M 30, 39-50 (2013).
[67] Chun-Ping C, Anada T, Greedy S, et al. A novel photonic crystal band-pass filter using degenerate modes of a point-defect microcavity for tera hertz communication systems [J]. Microw. Opt. Technol. Lett. 56, 792-797 (2014).
[68] Kee C S, Lee J, Lee Y L. Multiwavelength Solc filters based on $\chi^{(2)}$ nonlinear quasiperiodic photonic crystals with Fibonacci sequences [J]. Appl. Phys. Lett. 91, 251110 (2007).